LTE 음성통신

Voice over LTE
VoLTE

Miikka Poikselkä
Harri Holma
Jukka Hongisto
Juha Kallio
Antti Toskala 공저

박용서
위규진
나관영 공역

홍릉과학출판사

서문

음성통신은 전폭적으로 이동통신으로 발전하였으며 이미 전 세계적으로 60억이 넘는 가입자가 이동통신을 음성통신 수단으로 선호하고 있다. HSPA(High Speed Packet Access; 고속 패킷 접속) 시스템이 도입되면서 스마트폰, 태블릿, 랩탑 PC 등을 사용하는 다양한 데이터 서비스가 이동통신을 통해 가능해졌다. 트래픽 관점에서 볼 때 이동통신망으로 전달되는 데이터 양이 음성 양을 훨씬 초과하고 있으며 음성으로 추진되어 왔던 이동통신망이 이미 데이터 주도로 바뀌었다. 2009년 LTE(Long Term Evolution)라고 하는 차세대 이동 무선 시스템의 상용 서비스가 시작됨으로써 데이터 속도와 용량이 더 한층 높아지게 되었다. LTE 무선은 무엇보다도 고성능 데이터에 최적화되어 있지만 음성도 효과적으로 지원할 수 있다. 2012년에는 LTE 망을 사용하여 음성 서비스를 제공할 수 있는 능력을 갖춘 스마트폰이 가능해졌다. 이 책은 LTE가 가능한 단말기에서 음성 서비스를 지원하는 해법을 다루고 있다. LTE는 PS(Packet Switched; 패킷 교환) 연결만을 지원하도록 설계되었기 때문에 LTE에서 음성을 지원하는 솔루션은 2G GSM과 3G WCDMA에서 지원되는 CS(Circuit Switched; 회선 교환) 음성 솔루션과 다르며 한층 더 복잡한 절차를 포함한다. LTE에서의 음성 서비스는 IMS(IP Multimedia Subsystem; IP 멀티미디어 부시스템)와 함께 VoLTE(Voice over LTE; LTE상의 음성통신)라고 하는 VoIP(Voice over Internet Protocol; 인터넷 프로토콜 상의 음성) 기술을 사용한다. 한편 초기 단계의 LTE는 데이터만을 지원하고 음성 서비스는 레거시 2G/3G 망에서 제공하는 대체방법도 가능하다.

이 책에서는 음성 해법, 구조 및 그에 요구되는 기능을 설명한다. 이 책은 다음과 같이 구성되어 있다. 제 1장에서 VoLTE의 개요를 소개하고 제2장에서 사업자가 VoLTE를 구현하는 전략을 논의한다. 그 다음 제3장에서 VoLTE의 시스템 구조를 설명하고 뒤이어 VoLTE의 기능을 제4장에서 상세히 설명한다. 제5장은 종단 대 종단 시그널링을 실예를 들어 상세히 설명하고 있다. 제6장에서 IMS-집중서비스에 대해 논의하고 제7장과 제8장에서 각각 VoLTE의 무선 성능과 HSPA 무선 접속망에서의 VoIP에 대해 살펴본다.

LTE는 매우 큰 글로벌 마켓을 대상으로 하고 있어서 비단 GSM/WCDMA 사업자뿐만 아니라 CDMA와 WiMAX 사업자, 그리고 잠재적으로 고정망 서비스 사업자까지 이에 포함한다. 이와 같이 커다란 잠재력이 있는 마켓은 많은 기업체를 시장에 끌어 들여서 대단위 경제를 추진하여 LTE가 저렴한 경비로 광범위하게 구현될 수 있도록 한다. 음성 해법은 시스템 개발의 핵심 부분이다 - LTE가 가능한 스마트폰은 모두 양질의 음성 해법을 가져야 된다. 이 책은 특히 LTE 상의 음성통신에 대해 깊은 지식을 얻고자 하는 칩 세트 및 이동단말기 제조업체, 망 제조업체, 망 사업자, 기술 매니저 및 통신 정책 전문가들을 위해 저술되었다.

감사의 글

소중한 의견을 제안해 준 저자들의 동료 Jari Välimäki, Peter Leis, Curt Wong, Martin Öttl 씨에게 감사의 뜻을 전합니다. 또한 신속하고 매끄럽게 편집을 맡아 준 John Wiley & Sons Ltd. 출판사와 특히 Susan Barclay, Sandra Grayson, Sarah Tilley, Sophia Travis, Mark Hammond 씨에게 감사드립니다.

저자들이 이 책을 저술하는 동안 늦은 밤과 주말에도 참을성 있게 지켜 보아준 가족들에게 감사할 따름입니다.

이 책에서 수정해야 할 점이나 앞으로 개선해야 될 내용에 대한 지적과 제안이 있으면 다음 판을 준비하는데 유용하게 참작할 수 있도록 언제든지 다음 연락처로 보내 주시기 바랍니다. 독자들의 피드백은 다음과 같은 저자들의 이메일 주소로 보내 주시기 바랍니다.

miikka.poikselka@nsn.com, harri.holma@nsn.com, jukka.hongisto@nsn.com, juha.kallio@nsn.com and antti.toskala@nsn.com.

역자서문

이 책은 우리나라에서 세계 최초로 LTE 상용 서비스와 VoLTE 서비스가 제공되었다는 사실에 커다란 자부심을 느끼며 번역하였다. VoLTE는 우선적으로 LTE 무선 접속망에서 음성통신을 지원하기 위한 솔루션이지만 미래의 관점에서 볼 때에는 기존의 CS 음성통신으로부터 PS 기반의 미래의 멀티미디어 통신 기술로 진화하는 과정의 근간이 되는 시작점이라고 볼 수 있다.

VoLTE 기술은 이동통신 기술과 인터넷 기술을 구성하고 있는 다수의 최신 분야를 포함하고 있으며 망과 단말기의 시스템뿐만 아니라 음성을 비롯한 멀티미디어 애플리케이션과 서비스 분야를 망라하여 매우 다양하고 복잡한 종합적 기술이다. VoLTE는 최근에 도입된 새로운 기술임에도 불구하고 그에 대한 문헌의 양은 매우 방대하다. VoLTE에 대해 정확하고 전반적인 개념을 얻기 위해서는 이 책과 같이 매우 광범위하고 복잡한 VoLTE 기술의 구성요소 중에서 기본적으로 꼭 필요한 내용을 선별하여 설명한 문헌의 도움이 필요하다. 이러한 이유에서 이 책을 선택하여 번역하게 되었다.

이 책은 표준화에 근거하여 저술되어 있으며, 특히 3GPP의 표준 규격과 밀접하게 연관지어 설명하고 있어서 독자들이 관심있는 주제에 대한 표준 규격을 참조하면서 깊이 있게 이해하기 쉽도록 구성되어 있다. 이 책에서는 기본 원리, 구조, 작동에 대해 설명하고 있으나 구체적인 실제 시스템 구현에 관한 결정사항에 관해서는 장비 제조업체나 통신서비스 사업자의 선택에 맡기고 있는 표준화의 일반적인 방향을 따르고 있다.

이 책에서는 VoLTE의 경쟁 기술인 소위 OTT(Over the Top) 기술은 범주에 포함하지 않고 있다. 그러나 VoLTE가 전 세계의 선두 기술 기업들이 긴밀히 협력하여 수년 동안 엄격한 표준화의 절차를 따라 개발하고 공개 문서화한 기술이라는 점에서 볼 때 이 책은 VoLTE의 개발 과정과는 비교적 다른 과정을 거치는 OTT 등의 경쟁 기술에도 매우 유용하게 쓰일 수 있다고 말할 수 있다. 한편 이러한 맥락에서 이 책에서 다루고 있는 특정한 구현방법이나 견해는 번역자 각각의 개인적인 의견이나 소속 기관의 방향과 반드시 일치하는 것은 아니라는 것을 밝혀둔다.

독자들이 이 책을 통하여 VoLTE 기술을 더욱 쉽게 이해하고 미래의 음성 및 멀티미디어 통신 기술 개발에 한층 더 많은 기여를 할 수 있기를 바라면서 번역 서문을 마치며, 이 책을 번역 출판할 수 있도록 해주신 홍릉과학출판사 우명찬 사장님, 김기용 이사님 그리고 편집부께 감사드린다. 번역 작업의 마지막 단계에서 원고 전부를 읽고 표준 용어 사용에 관한 검토는 물론 어색하거나 모호하게 번역된 부분을 이해하기 쉽게 고치도록 조언해 주신 TTA(Telecommunications Technology Association; 한국 정보 통신 기술 협회)의 정용준 선임께 감사드린다.

2013년 가을

번역자 일동

번역 용어 사용에 대한 설명

번역자 서문에서 언급한 것처럼 VoLTE는 이동통신 기술과 인터넷 기술의 여러 최신 분야를 포함하고 있으며 망과 단말기 등의 시스템뿐만 아니라 음성과 SMS를 비롯한 다양한 멀티미디어 서비스와 애플리케이션의 최신 기술을 모두 망라하여 종합하고 있는 매우 복잡한 기술이다.

이 책의 범주에 속하는 내용만으로 제한해서 보더라도 3GPP, IETF, IEEE에서 표준화된 용어들을 매우 광범위하게 사용하고 있으며 많은 경우 기술적으로 매우 세밀한 부분의 용어들도 나타나고 있다. 또한 VoLTE가 기존의 이동통신(2G/3G)에서 제공되던 서비스를 뒤이어서 개선된 기능을 제공하는 것을 그 목적 중의 하나로 가지고 있어서 VoLTE에 관련된 2G/3G의 기본적인 기술 용어도 제한적으로 나타나고 있다.

이 책에서는 기술 용어를 번역할 때 무엇보다도 독자가 쉽게 이해하는데 도움이 되도록 하였다. 표준 번역이 있는 용어인 경우는 당연히 표준 번역을 사용하였으며 그렇지 않은 경우에는 가능한 한 그 의미를 쉽게 전달할 수 있는 번역을 넣었다. 특히 이러한 기술 용어들은 학교와 기업체에서 대부분 원어의 약어를 사용하고 있다는 현실을 그대로 반영하였다. 간단한 예로 EPC (Evolved Packet Core; 진화된 패킷 코어)를 생각해 볼 수 있다. 모든 사람들이 필경 이를 EPC라고 부르고 있을 것이며 동시에 그 의미가 '진화된 패킷 코어' 또는 '진화된 이동통신 패킷 핵심망'으로 이해하고 있을 것이다. 이러한 관점에서 대부분의 용어는 아래와 같이 번역하였으며 같은 용어가 반복될 경우 원어 약어를 그대로 사용하였다.

본문의 내용과 맥락에 맞추기 위해 책 전체에서 일관성을 잃지 않는 한도 내에서 어떤 경우에는 원어 용어 약어를 먼저 사용하지 않고 번역 용어를 먼저 사용하였다. 이 경우에는 번역 용어 (원어 용어 전문, 약어) 형식을 취하였으며 필요한 경우에는 역자주를 첨부하였다.

한편 예를 들어 Circuit Switched Core Network와 같은 표현은 '회선 교환 핵심 망'이라는 표현 보다는 'CS 코어망'과 같이 일반적으로 통용되고 있는 표현을 그대로 반영해서 사용하여 독자들의 이해를 쉽게 하고 이 책의 내용을 실무에 직접 연계하여 사용할 수 있도록 하였으며 필요한 경우에는 역자주를 첨부하였다.

이 책에 나타난 주요 용어를 정리하여 '주요 용어 목록'에 수록하였다.

주요 용어 목록

이 책에 나온 주요 용어를 선별하여 원어 약자의 알파벳순으로 나열한다.

1xRTT	Single Carrier Radio Transmission Technology 단일 캐리어 무선 송신 기술
AAA	Authentication, Authorization and Accounting 인증, 인가 및 회계
ACR	Anonymous Communication Rejection 익명 사용자 호 거부
AGCF	Access Gateway Control Function 접속 게이트웨이 제어 기능
A-GNSS	Assisted Global Navigation Satellite System 위성 항법 시스템
AKA	Authentication and Key Agreement 인증 및 키 교환 합의
ALG	Application Layer Gateway 애플리케이션 계층 게이트웨이
AMBR	APN-aggregate MBR APN-합계 최고 비트 속도
AMR Codec	Adaptive Multi-Rate Codec 적응성 다중 비율 코덱
AMR-WB	AMR-Wideband AMR-광대역
AP	Authentication Proxy 인증 프록시
APN	Access Point Name 액세스 포인트 이름
ARP	Allocation and Retention priority 배정 및 유지 우선순위
AS	Application Server 애플리케이션 서버
ASA	Abort Session Answer 세션 중단 응답
ASR	Abort Session Request 세션 중단 요청
ATCF	Access Transfer Control Function 접속 전달 제어 기능
ATGW	Access Transfer Gateway 접속 전달 게이트웨이
AuC	Authentication Center 인증 센터
AVP	Audio Video Profile 오디오 비디오 프로파일
AVPF	RTP/Audio-Visual Profile RTP/오디오-비주얼 프로파일
BCSM	Basic Call State Model 기본 호 상태 모델
BGCF	Breakout Gateway Control Function 망 이탈 게이트웨이 제어 기능
BICC	Bearer Independent Call Control 베어러에 독립적인 호 제어
BSC	Base Station Controller 기지국 제어기
BTS	Base Transceiver Station 송수신 기지국
CAMEL IM-SSF	CAMEL(Customized Applications for Mobile Network Enhanced Logic) IP Multimedia-Service Switching Function CAMEL IP 멀티미디어 교환 기능
CAP	CAMEL Application Part CAMEL 애플리케이션 부분
CB	Communication Barring Service 통신 차단 서비스
CCR	Credit Control Request 신용 제어 요청

CD Communication Deflection 통신 전환
CDF Charging Data Function 과금 데이터 기능
CDIV Communication Diversion 호 우회
CDR Charging Data Record 과금 데이터 기록
CGF Charging Gateway Function 과금 게이트웨이 기능
CGI Cell Global ID 셀 글로벌 ID
CLI Calling Line Identification 발신번호 표시
CM Connection Management 연결 관리
C-MSISDN Correlation Mobile Station International Subscriber Directory Number 상호 연계 이동 단말국 가입자 목록번호
Combined EPS/IMSI attach IMSI/EPS 복합 합류
Combined IMSI/EPS attach IMSI/EPS 복합 합류
CPC Continuous Packet Connectivity 지속적 패킷 연결
CS Circuit Switched 회선 교환
CSCF Call Session Control Functions 호 세션 제어 기능
CSE CAMEL Service Environment CAMEL 서비스 환경
CSFB Circuit Switched Fallback 회선 교환 폴백
CSMO CS Mobile Originating CS 단말기 발신
CSMT Circuit Switched fallback Mobile Terminated call CSFB 단말기 착신 호
CTF Charging Trigger Function 과금 트리거 기능
DCH Dedicated Traffic Channel 전용 트래픽 채널
DFCA Dynamic Frequency and Channel Allocation 동적 주파수 및 채널 배정
Diameter RAR Diameter re-auth-request 다이아미터 재-인가-요청
Diameter AAR Diameter AA Request 다이아미터 인증 및 인가 요청
Diameter ACA Diameter Accounting Answer 다이아미터 회계 답신
Diameter ACR Diameter Accounting Requests 다이아미터 회계 요청
Diameter AVP Diameter Accounting Record Type 다이아미터 회계 기록 유형
Diameter STR Diameter Session Termination Request 다이아미터 세션 종료 요청
DNS Domain Name Server 도메인 이름 서버
DRX Discontinuous reception 불연속 수신
DTAP Direct Transfer Application Part 직접 전달 애플리케이션 부분
DTM Dual Transfer Mode 이중 전달 모드
DTX Discontinuous transmission 단속적 송신
EATF Emergency Access Transfer Function 비상 접속 전환 기능
E-CGI Evolved-Cell Global Identifier 진화된 범용 셀 식별자
ECM EPS Connection Management EPS 연결 관리
E-CSCF Emergency-CSCF 비상-CSCF
EFR Enhanced Full Rate 확장된 완전 비율
eHRPD Evolved High Rate Packet Data 진화된 고속 패킷 데이터

EMM	EPS Mobility Management	EPS 이동성 관리
eNodeB	evolved Node B	진화된 노드 B
EPC	Evolved Packet Core	진화된 패킷 코어
ePDG	Evolved Packet Data Gateway	진화된 패킷 데이터 게이트웨이
EPS	Evolved Packet System	진화된 패킷 시스템
E-SMLC	Evolved-Serving Mobile Location Center	진화된 이동 단말기 위치 서빙 센터
E-STN-SR	Emergency Session Transfer Number for SRVCC	SRVCC를 위한 비상 세션 전환번호
E-UTRAN	Evolved-UMTS Radio Access Network	진화된 UMTS 무선 접속망
FGI	Feature Group Indicators	기능 그룹 표식
GAA	Generic Authentication Architecture	포괄적 인증 구조
GBR	Guaranteed Bit Rate	보장된 비트 속도
GGSN	Gateway GPRS Support Node	게이트웨이 GPRS 지원 노드
GLONASS	Assisted Global Navigation Satellite System	글로벌 항행 위성 시스템
GMLC	Gateway Mobile Location Center	게이트웨이 이동 단말기 위치 센터
GPS	Global Positioning System	위성 위치확인 시스템
GRUU	Globally Routable User Agent Uniform Resource Identifier	통합 자원 식별자
GTP-C	(GPRS Tunneling Protocol-Control Plane, GPRS 터널링 프로토콜-제어 평면)	
GTP-U	(GPRS Tunneling Protocol-User Plane, GPRS 터널링 프로토콜-사용자 평면)	
GUTI	Globally Unique Temporary Identifier	세계적으로 고유한 임시 식별자
HARQ	Hybrid Automatic Repeat Request	하이브리드 자동 재송신 요청
HLR	Home Location Register	홈 위치 등록기
HLR/AUC	Home Location Register and Authentication Center	홈 위치 등록기 및 인증센터
HPLMN	Home PLMN	홈 PLMN
HSGW	High rate packet data Serving Gateway	고속 패킷 데이터 서빙 게이트웨이
HSPA	High Speed Packet Access	고속 패킷 접속
HSS	Home Subscriber Server	홈 가입자 서버
IBCF	Interconnection Border Control Function	서비스 사업자 간 연동 제어 기능
ICB	Incoming Communication Barring	착신 차단
ICID IOI	IMS Charging Correlation Identifier－Inter Operator Identifier	IMS 과금 연계 식별자－운영자간 식별자
ICID	IMS Charging Correlation Identifier	IMS 과금 연계 식별자
ICS	IMS Centralized Services	IMS-중심 서비스
I-CSCF	Interrogating-CSCF	정보 문의-CSCF
ICSI	IMS Communication Service Identifier	IMS 통신서비스 식별자
IE	Information Element	정보 요소
IEC	Immediate Event Charging	즉시 이벤트 과금
IMEI	International Mobile Equipment Identity	단말기 국제 고유 식별번호
IMS	IP Multimedia Subsystem	인터넷 멀티미디어 서브시스템

IMS-AGW	IMS Access Gateway IMS 접속 게이트웨이
IMSI	International Mobile Subscriber Identity 가입자 국제 고유 식별번호
IOI	Inter Operator Identifier 운영자간 식별자
IP-CAN	IP Connectivity Access Network IP 연결 접속망
IPSec	Internet Protocol Security 인터넷 프로토콜 보안
IPSec SA	IPSec Security Association IPSec 보안 연합
IP-SM-GW	IP-Short Message Gateway IP 단문 게이트웨이
IPv6 Stateless Address Autoconfiguration IPv6 상태 비 보존형 주소 자동 생성 방식	
ISIM	IMS Service Identity Module IMS 서비스 식별 모듈
ISR	Idle-mode Signalling Reduction 대기 모드 시그널링 감축
ISUP	ISDN User Part ISDN 사용자 부분
LA	Location Area 위치 지역
LAI	Location Area Identity 위치 지역 식별
LBI	Linked EPS Bearer Identity 연계된 EPS 베어러 식별
LCS	Location Control Services 위치 제어 서비스
LIA	Location Information Answer 위치 정보 응답
LIR	Location Information Request 위치 정보 요청
LRF	Location Retrieval Function 위치 검색 기능
LTE/eHRPD	Evolved High Rate Packet Data 진화된 고속 패킷 데이터
MAC	Medium Access Control 매체 접속 제어
MaM	mid-call assisted MSC Server mid-call 보조 MSC 서버
MAP ATI	Mobile Application Part Any Time Interrogation MAP 상시 문의
MAP PRN	MAP Provide Roaming Number MAP 로밍번호 제공
MAP PSI	Mobile Application Part Provide Subscription Information MAP 가입자 정보 제공
MAP RCH	MAP RESUME CALL HANDLING MAP호 처리 재개
MBR	Maximum Bit Rate 최대 비트 속도
MGCF	Media Gateway Control Function 미디어 게이트웨이 제어 기능
MGW	Media Gateway 미디어 게이트웨이
MIME	Multipurpose Internet Mail Extensions 다목적 인터넷 메일 확장
MI-USSD	Mobile Initiated-USSD 단말기 주도-USSD
MME	Mobility Management Entity 이동성 관리개체
MMTEL	Multimedia Telephony 멀티미디어 전화
MO-LR	Mobile Originating Location Request 단말기 발신 위치 요청
MRB	Multimedia Resource Broker 멀티미디어 자원 중개기
MRFC	Multimedia Resource Function Controller 멀티미디어 자원 기능 제어기
MSISDN	Mobile Station International Subscriber Directory Number 이동국 국제 가입자 목록번호
MSRN	Mobile Station Roaming Number 이동 단말국 로밍번호

MSRP	Message Session Relay Protocol	메시지 세션 중계 프로토콜
MT-LR	Mobile Terminating Location Request	단말기 착신 위치 요청
MTRF	Mobile Terminating Roaming Forwarding	이동 단말기 로밍 전달
MTRR	Mobile Terminating Roaming Retry	이동 단말기 착신 로밍 재시도
MTU	Maximum Transmission Unit	최대 전송 단위
Multi-RAB	Multi-Radio Access Bearer	다중-무선 접속 베어러
NACC	Network Assisted Cell Change	망 보조 셀 변경
NAI	Network Access Identifier	망 접속 ID
NAS	Non-Access Stratum	비-접속 계층
NAT	Network Address Translator	망 주소 번역
NI-USSD	Network Initiated-USSD	망 주도-USSD
NNI	Network to Network Interface	망대망 인터페이스
NRI	Network Resource Identifier	망 자원 ID
NITZ	Network Information Time Zone	망 정보 시간대
OCB	Outgoing Communication Barring	발신 차단
OCS	Online Charging System	온라인 과금 시스템
OFCS	Offline Charging System	오프라인 과금 시스템
OFDMA	Orthogonal Frequency Division Multiple Access	직교 주파수 분할 다중접속
OSA SCS	OSA Service Capability Server	OSA 서비스 기능 서버
OSA	Open Service Architecture	개방형 서비스 구조
OTDOA	Observed Time Difference of Arrival	관측된 도착시간 차이
PCC	Policy and Charging Control	정책 및 과금 제어
PCEF	Policy and Charging Enforcement Functionality	정책 및 과금 실행 기능
PCOs	Protocol Configuration Options	프로토콜 구성 선택 사항
PCRF	Policy and Charging Rules Function	정책 및 과금 규정 기능
PDCCH	Physical Downlink Control Channel	물리계층 하향링크 제어 채널
PDCP	Packet Data Convergence Protocol	패킷 데이터 융합 프로토콜
P-GW, PDN-GW	Packet Data Network-Gateway	패킷 데이터 망 게이트웨이
PLMN	Public Land Mobile Network	공공 지상 이동통신망
PRN	Provide Roaming Number	로밍번호 제공
PS	Packet Switched	패킷 교환
PS HO	Packet Switched Handover	패킷 교환 핸드오버
PSAP	Public Safety Answering Point	공공 안전 대응센터
P-TMSI	Packet-Temporary Mobile Subscriber Identity	패킷-이동통신 가입자 임시 ID
QCI	QoS Class Identifier	QoS 클래스 식별 번호
RAB	Radio Access Bearer	무선 접속 베어러
RAT	Radio Access Technology	무선 접속 기술
RLC	Radio Link Control	무선 링크 제어
RLC AM	RLC Acknowledged Mode	무선 링크 계층 제어 확인 모드

RNC Radio Network Controller 무선 망 제어기
ROHC Robust Header Compression 강력한 헤더 압축
RP Relay layer Protocol 중계 계층 프로토콜
RRC Radio Resource Control 무선 자원 제어
RRC UM Radio Link Control Unacknowledged Mode 무선 링크 계층 제어 비 확인 모드
RSRP Reference Symbol Received Power 기준 심벌 수신 전력
RSRQ Reference Signal Received Quality 기준 신호 수신 품질
RTCP Real-time Transport Protocol Control Protocol 실시간 전송 프로토콜 제어 프로토콜
S1AP UE context modification request S1AP 단말기 내역 변경 요청
SAE System Architecture Evolution 시스템 구조 진화
SAIC Single Antenna Interference Cancellation 단일 안테나 간섭 제거
SC IMS Service Control IMS 서비스 제어
SCC AS Service Centralization and Service Continuity Application Server 서비스 연속성 서버
SC-FDMA Single Carrier Frequency Division Multiple Access 단일 캐리어 주파주 분할 다중접속
SCTP Stream Control Transmission Protocol 스트림 제어 송신 프로토콜
SEG Security Gate way 보안 게이트웨이
SGSN Serving GPRS Support Node 서빙 GPRS 지원 노드
S-GW Serving-Gateway 서빙-게이트웨이
SGW Signalling Gateway 시그널링 게이트웨이
SIB System Information Block 시스템 정보 블록
SIM Subscriber Identity Module 가입자 식별 모듈
SIP B2B UA SIP Back to Back User Agent SIP 연립 사용자 에이전트
SIP URI SIP Uniform Resource Identifier 통합 자원 식별자
SM-CP Short Message-Control Protocol 단문-제어 프로토콜
SM-RL Short Message-Relay Layer 단문-중계 계층
SM-RP Short Message-Relay Protocol 단문-중계 프로토콜
SM-TL Short Message-Transfer Layer 단문-전달 계층
SMSC SMS Center SMS 센터
SPR Subscription Profile Repository 가입 프로파일 저장소
SPS Semi Persistent Scheduling 반영구적으로 지속되는 스케줄링
SRI Send Routing Information 라우팅 정보 송신
SRS Sounding Reference Signal 사운딩 기준 신호
SRVCC Single Radio-Voice Call Continuity 단일 무선 음성 호 연속성
SUPL Secure User Plane Location 보안 사용자 평면 위치
SV-DO Simultaneous Voice and Data Only 음성과 데이터 동시 사용
SV-LTE Simultaneous Voice and Long Term Evolution 음성과 LTE 동시 사용

TAC	Type Allocation Code	형식 배정 부호
TAI	Tracking Area Identity	추적 지역 ID
TAS	Telephony Application Server	전화 애플리케이션 서버
TD-CDMA	Time Division-CDMA	시분할-CDMA
TEID	Tunnel Endpoint Identifier	터널 종단점 ID
tel URL	tel Universal Resource Locator	tel 통합 자원 위치 표시
TFT	Traffic Flow Template	트래픽 흐름 서식
TLS	Transport Layer Security Protocol	전송계층 보안 프로토콜
TMR	Transport Medium Requirement	전송 미디엄 요구사항
TMSI	Temporary Mobile Subscriber Identity	임시 이동 가입자 ID
TPDU	Transfer Protocol Data Unit	전달 프로토콜 데이터 단위
TrGW	Transition Gateway	과도 게이트웨이
TTI	Transmission Time Interval	송신시간 간격
TTI Bundling	TTI 결속	
UICC	Universal Integrated Circuit Card	범용 집적 회로 카드
URN	Uniform Resource Name	통합 자원 이름
USI	User Service Information	사용자 서비스 정보
USIM	Universal Subscriber Identity Module	범용 가입자 식별 모듈
USSD	Unstructured Supplementary Service Data	비구조화 보조 서비스 데이터
USSI	Unstructured Supplementary Service Data Simulation in IMS	IMS에서의 비구조화 보조 서비스 데이터 시뮬레이션
UTDOA	Uplink Time Difference of Arrival	상향링크 도착시간 차이
VCC	Voice Call Continuity	음성 호 연속성
VPLMN	Visited PLMN	방문 PLMN
WCDMA Multi RAB	WCDMA Multi Radio Access Bearer	WCDMA 다중 무선 접속 베어러
VoIP	Voice over Internet Protocol	인터넷 프로토콜 상의 음성
XCAP	XML configuration access protocol	XML 구성 접속 프로토콜
XCAP AUID	Application Usage ID	애플리케이션 사용 ID

차례

1 배경

2004년 말에 3GPP(the Third Generation Partnership Project) 표준화 포럼에서는 WCDMA의 후속으로 새로운 무선 접속 기술을 검토하기 시작하였다. LTE(Long Term Evolution)*로 명명된 이 작업은 현재 대부분의 공식적인 출판물에서 WCDMA 이후의 새로운 무선 접속 인터페이스를 지칭하는 용어로 통용되고 있다. 이렇게 새로 개발된 무선 접속망을 3GPP에서는 E-UTRAN(Evolved-UMTS Radio Access Network)으로 지칭하기도 하나, 현재 LTE라는 이름이 더 널리 통용되고 있다. 이는 GPRS/EDGE로부터 UTRAN(WCDMA/HSPA)을 거쳐 그 다음 단계로 E-UTRAN, 즉 LTE로 진화하는 발전 경로를 보인다. 한편 3GPP는 코어망에 대한 LTE로부터의 새로운 요구에 대응하기 위하여 새로운 무선 접속 인터페이스에 대한 연구와 병행하여 2G/3G 패킷 코어망(GPRS)의 진화에 대한 연구를 함께 주도하였다. 이러한 코어망에 대한 연구를 SAE(System Architecture Evolution)라고 명명하고 기술 보고서(3GPP TS 23.882)를 발행하였다. 본 작업의 결과는 새로운 패킷 코어망을 설계한 규격으로 2008년 릴리스 8에 포함되었다[(3GPP TS 23.401)과 (3GPP TS 23.402)]. 최초의 상용 LTE 망은 2009년 12월에 개설되었다.

릴리스 8에는 이동통신망에 있어서 매우 중요한 발전 사항이 도입되어 있다. 가입자 입장에서는 보다 빠른 접속 속도와 짧은 연결 지연으로 향상된 서비스를 제공받게 되었고, 이동통신 서비스 사업자는 LTE 무선 접속 기술을 사용함으로써 무선망 자원을 보다 효율적으로 사용하게 되어 비트당 전송 비용을 줄일 수 있고, 또 탁월한 음성 스펙트럼 효율성을 지원하게 되었다(자세한 내용은 제7장에 설명한다). LTE 망은 넓은 주파수 대역에 걸쳐서 운용될 수 있기 때문에 보다 유연성 있게 주파수를 할당할 수 있도록 해준다. 릴리스 8은 종단 사용자에게 보다

* 역자주 2004년 당시 WCDMA 이외의 다른 무선 접속 기술을 표준화 하게 되었는데, 2001년부터 상용화되고 있던 WCDMA 시스템 확산에 장애를 줄 수 있다는 통신서비스 사업자와 망 장비 제조업체들의 우려에 따라 LTE(Long Term Evolution)라는 기술 외적인 용어를 채택하여 표준화 작업을 진행하게 되었다.

나은 서비스를 제공할 수 있도록 서비스 품질과 통신망 효율이 대폭 개선된 코어망을 도입하고 있다. 'Always On' 개념은 GPRS에서 최초로 도입되었으며 릴리스 8에서는 'Always On'을 필수 기능으로 규정하고 모든 가입자에게 적어도 하나의 디폴트 베어러가 항상 사용 가능한 상태가 되도록 하였다. 'Always On' 기능은 서비스에 신속히 접속할 수 있도록 해주는 한편 착신 음성 호와 푸쉬 이메일과 같은 망 주도 서비스에도 적용된다는 이점이 있다. 또한 LTE에서 'Always On ' 베어러를 사용함으로써 대인 통신의 연결 지연시간과 단말기의 전력소모를 최소화시킬 수 있다.

LTE는 All-IP 기술에 근간을 두어 개발되었다. 따라서 LTE 망에서는 CS(Circuit Switched; 회선 교환) 방식의 음성통신이 불가능하며 결과적으로 음성 서비스를 지원하기 위한 새로운 해결 방안이 요구된다. IP 세계에서 음성통신은 VoIP(Voice over Internet Protocol; 인터넷 프로토콜 상의 음성)로 구현되며 VoIP를 지원하기 위한 IMS(IP Multimedia Subsystem; 인터넷 멀티미디어 서브시스템) 방식이 3GPP에 도입되었다. IMS는 특정 접속방법에 의존하지 않으며 표준화 기반의 IP 접속성을 갖추고 있으므로 공통적인 인터넷 기반 프로토콜을 사용하는 다양한 형태의 멀티미디어 서비스를 종단 사용자들에게 제공할 수 있는 서비스 제어 구조를 가진다. 3GPP는 2000년부터 IMS에 대해 작업을 해 왔으며 다른 사양 가운데 IMS와 관련된 기능을 포함하는 문서가 수천 쪽에 달하며, 그런 가운데 정교한 구조와 특성이 개발되었다. 다만 그 한편으로는 단일 기능(예: 인증, 세션 수립, 보조 서비스 수행, 베어러 수립 등)에 대한 해법이 여러 다른 방식들로 규정되는 경우가 있어서 IMS의 복잡도를 더욱 증가시키게 되었다.

3GPP는 IMS 기반의 VoLTE를 구현하는데 요구되는 모든 요소들 - 예를 들어 SIP, 신호 압축, 호 수립, 보조 서비스 등 - 을 구체화하고 있으나, 규정되어 있는 몇 가지 대안들 가운데 어떤 것을 채택하여 구현할 것인지를 결정하는 일은 통신서비스 사업자와 장비 제조업자의 몫으로 남겨두고 있다. 이는 통신 사업자에게 시스템 구축의 자유도를 줄 수 있으나 현실상 모든 업체가 서로의 경쟁자와 동일한 대안을 선택하여 시스템을 구현하도록 보장할 방법이 없기 때문에 이러한 방식은 오히려 사업자간의 IMS 기반 VoLTE 연동을 위한 별도의 표준이 필요할 만큼 혼란을 초래할 여지를 두었다.

VoLTE에 대한 분명한 접근방법이 없었던 상황에서 여러 가지 대안이 나타나는 것은 놀라울 일이 아니지만, 그중 주목할 만한 기술은 3GPP에서 구체화된 CSFB(Circuit Switched Fall-back; 회선 교환 폴백)이다. CSFB 방식에서는 기존의 2G/3G 망을 사용하여 음성 호를 처리한다. 이 시나리오에서는 LTE 단말기가 발신 음성 호를 시작하거나 기존의 CS 망으로부터 착신 음성 호를 받을 경우 이때 진행 중인 LTE 데이터 세션을 음성 호가 끝날 때까지 3G 또는 HSPA의 속도로 낮추게 된다. 만약 음성 호 자체가 2G 망으로 전환된다면 2G 망에서의 데이터 속도가 광대역 데이터 애플리케이션에는 충분하지 않기 때문에 LTE 데이터 세션은 아마도 함께 중단될 것이다. 이는 어떤 경우에나 분명하게 사용자 경험에 부정적인 영향을 미치게 된다.

IMS 기반의 VoLTE에 대해서 나타난 또 다른 대안으로 VoLGA 포럼에서 촉진된 VoLGA(Voice over LTE via Generic Access)이 있다.

모든 주요 망 장비 제조업자와 단말기 제조업자들은 망 통신서비스 사업자의 사업분야 가운데에서 가장 크고 잠재력 있는 부분에서 서로 공격적으로 경쟁하고 있다. 그러나 동시에 그들의 사업은 깊이 상호 연계되어 있어서 장비간의 호환성, 특히 단말기와 망 사이의 호환성은 모든 사업자가 공존할 수 있는 열쇠이다. 통신서비스 사업자 측에서 볼 때 음성은 통신서비스 사업자들의 소위 '킬러 애플리케이션'이었으며, 대부분의 국가에서도 앞으로 수년 동안 커다란 수입원이 될 것이다. 그런데 LTE에 대한 음성통신 방법으로 IMS 기반 VoIP, CSFB, VoLGA 등 세 개의 다른 해법이 존재할 때 과연 어떻게 LTE가 음성을 지원할 수 있을지에 대해 심각한 의문이 제기되었으며, 2009년은 통신서비스 사업자와 장비 제조업자 모두에게 어려운 시기가 되었다. 이와 같은 이유 때문에 때때로 유력한 경쟁 상대들이 모여서 통신시장의 공통 이익을 수월하게 얻기 위한 기술협력을 하고 있으며, 이와 같은 맥락에서 2009년 11월 4일 AT&T, Orange, Telefonica, TeliaSonera, Verizon, Vodafone, Alcatel-Lucent, Ericsson, Nokia Siemens Networks, Nokia, Samsung 및 Sony Ericsson 등 12개의 기업체가 참여한 'One Voice Initiative'가 발표되었다. 'One Voice Initiative'에 참여한 12개 주요 기업체들은 기존 CS 전화 서비스로부터 All-IP 기반의 LTE 서비스로 진화할 때 3GPP에 의해서 정의된 IMS 기반 솔루션이 종단 사용자들의 서비스 품질, 신뢰도, 유용성에 대한 기대를 충족시키기에 가장 좋은 방법이라는 결론을 내렸다고 발표하였다.

One Voice Initiative에 참가한 기업체들은 표준화 기반 VoLTE를 순조롭게 도입하기 위한 탄탄한 토대를 만들기 시작하였고, 단말기와 망 기능에 요구되는 최소한의 필수사항과 통신서비스 사업자들이 기본적이며 상호연동이 가능한 VoLTE 서비스를 구현할 때 필요한 요구사항을 설정하기 위해 3GPP에 의해서 명세된 여러 가지 대안 요소들을 평가하고 합의하였다. 사용자 단말기(User Equipment, UE), LTE 접속망, EPC(Evolved Packet Core; 진화된 패킷 코어) 망, IMS 기능 등에 대해 합의된 이러한 필수 기능들은 One Voice Initiative에서 발간한 '기술 프로파일'에 수록되어 있다. 어느 면에서 볼 때 이 기술 프로파일은 산업에 종사하는 모든 투자자에게 자기들에게 맞도록 VoLTE 서비스를 향상시키기 위한 상황을 마련해주고 있지만, 특히 중요한 점은 전 통신산업에 걸쳐 VoLTE의 기본동작과 상호동작을 가능하게 해주는 상황을 제공하고 있다는 것이다.

2010년 2월 15일은 VoLTE의 에코 시스템 개발에 두 번째로 중요한 이정표가 되는 날이다. GSMA(GSM Association)는 LTE를 사용해서 음성을 전달하고 메시지 서비스를 지원하는 표준 방법으로 글로벌 이동통신 산업을 강화하기 위해 One Voice Initiative의 규격을 채택하였다고 발표하였으며, NGMN(Next Generation Mobile Networks) 연합은 모든 LTE 음성 제품과 망(NGMN)에서 CSFB를 지원하도록 권고함으로써 VoLTE에 대한 로밍을 보장하기 위한 통신서비스 사업자로부터 동의를 구하였다. 세계 최고의 이동통신서비스 사업자, 단말기 및 장비 제조업자들이 포함된 40여 회사의 지원을 받아 GSMA가 VoLTE를 주도하게 되었다. 그들 모두는 차세대 광대역 이동통신망에 대하여 원칙적으로 단일의 IMS 기반 음성 솔루션을 지원한다. 한편 3GPP, NGMN, IMTC(International Multimedia Teleconferencing Consortium)도 이 선언을 지지하였다. 이 선언 후 후속 작업이 매우 신속하게 진행되었다. 2010년 3월에는 개선된 One Voice 프로파일을 포함한 음성 및 단문자 메시지(SMS)용 IMS 프로파일에 대해 GSMA의 영구문서(IR.92)가 출간되었으며, 9월에 GSMA는 IR.92 영구문서의 내용을 확정하기로 합의하므로써 마침내 상용 VoLTE 채용을 위한 글로벌 기준이 안정적으로 마련되었다.

2
VoLTE 구현 전략

글로벌 이동통신망은 처음부터 음성 서비스로 추진되었고, 음성은 수년 동안 킬러 애플리케이션의 자리를 차지해오고 있다. 음성 서비스가 없으면 이동통신망이 있을 수 없다고 말할 수 있다. 그런데 이제는 이동통신망에서 데이터 트래픽이 급격히 증가하는 새로운 상황을 맞이하고 있으며, 앞으로 구현되는 모든 망은 이렇게 증가하는 데이터를 고려하여 구현될 것이 확실하다. 마찬가지로 표준화 관점에서도 IP 기술에 근간을 두는 미래의 이동통신망 기술과 '데이터 계층' 상부의 모바일 서비스가 구축되는 데이터 위주의 접근 방향으로 구축되고 있다.

3GPP LTE는 미래 이동통신망의 주된 기술로 개발되었으며 이미 가장 빠르게 발전하고 있는 이동통신시스템 기술이다. LTE의 초기 구현은 동글에 의한 데이터와 SMS 지원을 포함한 데이터 카드에 의해 이루어졌으며 뒤이어 음성과 같은 서비스들이 구현되고 있다. LTE 구현 관점에서는 LTE 음성 서비스도 단지 데이터 애플리케이션 중 하나로 간주될 수 있으나, 실시간 트래픽, QoS(Quality of Service; 서비스 품질), 기존 음성 인프라 구조(CS 코어망)와의 상호 운영 등과 같은 특별한 요구사항이 따른다. 음성이 LTE의 필수 서비스임은 분명하다.

LTE/EPC 표준들은 순전히 IP에 기반을 둔 이동통신 기술로 설계되어 왔으며 LTE/EPC 망은 이동 광대역 서비스들로 운영될 것이다. 음성과 SMS의 트래픽 양은 전체 데이터 트래픽의 작은 부분이겠지만, 여전히 가입자와 사업자 모두에게 중요한 애플리케이션이다. 기술면에서 보면 LTE/EPC 망은 모든 애플리케이션을 다루도록 설계되었으며 낮은 지연과 높은 용량으로 우수한 음성 서비스를 지원할 수 있다. 이는 궁극적으로 사업자가 음성과 데이터를 위한 별도의 망을 각각 유지하지 않아도 되기 때문에 결과적으로 설비 투자비를 절감할 수 있음을 의미한다.

LTE에서의 음성 서비스는 3GPP에서 구체화된 바와 같이 IMS에 의해 이루어진다. LTE 무선 접속은 CS 코어망과 서비스로의 직접적인 연결성을 지원하지 않으나, LTE 무선은 EPC에 연결되고, EPC는 기존 CS 망과 종단 사용자 서비스와의 상호연동을 제공한다.

2.1 현존하는 이동통신망에 대한 전반적인 고찰

CS 음성으로부터 본격적인 IMS 기반 VoIP으로 완전히 전이되려면 당연히 상당한 기간이 소요될 것으로 예상되어 3GPP는 ALL-IP 망을 목표로 하는 다양한 로드맵을 가능하게 해주는 몇 가지 구성요소를 표준화하였다. 통신서비스 사업자는 이 구성요소들을 가지고 자신의 음성 전략(CS를 더 많이 재사용하던가 또는 IMS 음성에 치중하던가 등)에 적합한 음성 기술을 도입할 수 있다.

LTE는 3GPP와 3GPP2 기술을 운영하는 업체 모두에게 공통된 기술이며, 따라서 음성 구현 전략의 관점에서 볼 때 기존 GSM, WCDMA, CDMA 간의 차이점을 이해하는 것이 중요하다. GSM과 WCDMA 두 기술은 음성 서비스와 데이터 서비스를 동시에 지원하는데, GSM DTM(Dual Transfer Mode; 이중 전달 모드)은 실제로 WCDMA의 Multi RAB(Multi Radio Access Bearer; 다중 무선 접속 베어러)처럼 광범위하게 쓰이지 않는다. CDMA 기술은 대체로 EV- DO에 국한되어 있어서 음성과 데이터 서비스를 동시에 제공하지 못한다.

2.2 GSM / CDMA 관점

기존의 GSM/WCDMA 통신서비스 제공업체를 위한 구현 전략은 일단 CSFB로 시작한 뒤 점차적으로 IMS 기반 VoIP으로 구현하는 것이다. 한편 이러한 진화 경로에서 ALL-IP의 중간 단계가 생략될 수도 있다. LTE 무선망 도입 시 음성을 지원하기 위한 주요 단계는 다음과 같다.

1. LTE 가입자를 위한 초기 음성 솔루션으로서 CSFB
2. 전국적인 LTE 커버리지가 이루어지기에 앞서 SRVCC(Single Radio Voice Call Continuity ; 단일 무선 음성 호 연속성)가 지원되는 IMS 기반 VoIP. SRVCC는 단말기가 LTE VoIP 서비스 지역을 벗어날 경우 IMS 기반의 VoIP으로부터 CS 음성으로 핸드오버될 수 있도록 한다. 역 SRVCC는 CS 음성으로부터 IMS 기반 VoIP으로의 핸드오버를 가능하게 한다.
3. 모든 호가 패킷 교환망에서 이루어지게 되는 IMS 기반 VoIP(ALL-IP).

위에 열거한 단계 외에 어떤 음성 서비스는 CSFB를 사용하고, 어떤 것은 IMS 기반 VoIP를 사용하는 혼합 환경도 가능하다. 예를 들면, 어느 한 통신서비스 사업체의 자체 가입자들은 VoIP를 사용하고 외부에서 들어 온 로밍 사용자들은 CSFB를 사용하는 것이다.[1]

1 초기 음성 로밍 솔루션으로 CSFB가 사용될 것이다. 이 책을 기술하는 시점에서 IMS 기반 VoIP 로밍이 아직 GSMA와 3GPP에서 종결되지 않았다.

2.3 CDMA 관점

기존 CDMA 사업자의 출발점은 음성 서비스를 CS 망에서 제공하는 것이다. LTE 무선망 도입 시 음성 서비스를 제공하기 위한 가능한 단계는 다음과 같다.

1. SV-LTE(Simultaneous Voice and Long Term Evolution; 음성과 LTE 동시 사용) 또는 SV-DO(Simultaneous Voice and Data Only; 음성과 데이터 동시 사용) 단계로 듀얼 무선 단말기가 동시에 LTE/eHRPD(Evolved High Rate Packet Data; 진화된 고속 패킷 데이터)와 CDMA 1x 음성을 지원한다. 이로써 CDMA 사용자에게 음성과 데이터 서비스를 동시에 지원할 수 있다.
2. 어떤 CDMA 사업자들은 CSFB를 사용할 수도 있겠으나, 만약 이동 단말기가 SV-LTE를 지원하게 되면 이것은 필요하지 않다.
3. 궁극적으로 IMS는 ALL-IP 망에 대해서 음성을 제어한다. 여기에서 모든 호는 LTE만, 또는 LTE와 eHRPD 상에서 패킷 교환망에 대해 이루어진다.

LTE로부터 1xRTT(Single Carrier Radio Transmission Technology; 단일 캐리어 무선 송신 기술)로 전환하는 단일 무선 음성 호 연속성(SRVCC)이 표준화되어 있으나, 여기에도 CSFB에 가해진 것과 동일한 제약이 있다. 이것은 단말기가 음성 호를 처리하기 위해 일단 1x RTT로 동작하게 되면 그 다음에는 데이터 및 음성 서비스가 동시에 제공될 수 없다는 점이다. 일반적으로는 CSFB와 SRVCC 모두가 가능하다고 하지만 그것을 구현하기 위해서는 기존 CDMA 망에 대한 적지 않은 투자를 요구하기 때문에 사업자들의 관심은 가능한 한 빨리 LTE 커버리지를 전반적으로 늘리고 IMS 기반 VoIP으로 음성 서비스를 제공하는 것이다. 중간 단계는 SV-LTE 단말기를 사용하게 될 경우에 나타나게 될 것이고, CSFB는 단지 몇몇 사업자들에 의해서만 사용될 것으로 보이며 대부분 SV-LTE 단말기를 사용하게 될 것으로 보인다.

3 VoLTE 시스템 구조

3.1 개요

이 장에서는 VoLTE 시스템 구조를 소개하고, 망 구성요소와 그 요소들이 여러 가지 참조점을 통하여 서로 어떻게 작용하는가를 살펴본다. VoLTE 시스템 구조는 그림 3.1과 같이 접속, EPC, 제어 세 가지 도메인으로 나누어 볼 수 있다.

그림 3.1에서 접속 도메인의 참조점은 '진화된 NodeB' 망, 즉 eNodeB 또는 eNB이라고 하는 망 요소 한 가지만을 포함하고 있는 것을 보인다. LTE 이전의 3GPP 무선 구조에는 두 가지 망 요소가 정의되어 있었다: (i) UTRAN의 Node B와 RNC(Radio Network Controller; 무선망 제어기), (ii) GERAN의 BTS(Base Transceiver Station; 송수신 기지국)와 BSC(Base Station Controller; 기지국 제어기). 이러한 구조를 LTE에서 한 가지 망 요소로 간략하게 줄인 주요 이유는 복잡성, 지연도 및 가격을 줄이는 동시에 데이터 처리량을 늘리기 위한 것이다. 이에 대해서 3.2절에 상세히 설명한다.

EPC는 기본적으로 세 가지 기능적 요소로 구성되어 있다. 첫째, MME(Mobility Management Entity; 이동성 관리개체)는 EPC의 제어 평면에 존재한다. MME는 GPRS(General Pac-

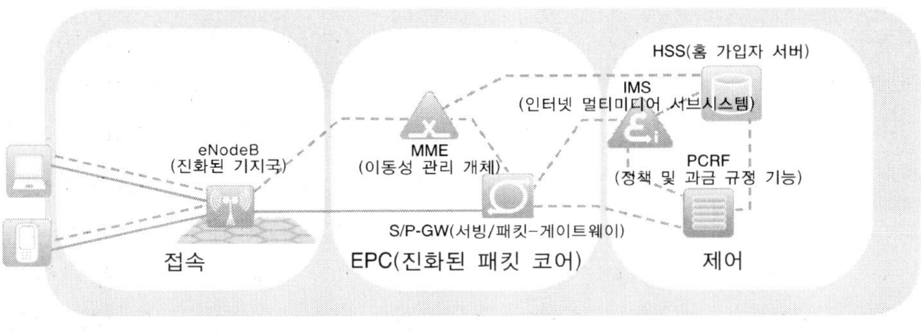

그림 3.1 VoLTE 시스템 구조

ket Radio Service)의 SGSN(Serving GPRS Support Node; 서빙 GPRS 지원 노드) 제어 평면에서 진화된 것이라고 볼 수 있다. 둘째, S-GW(Serving-Gateway; 서빙-게이트웨이)는 GPRS의 SGSN 사용자 평면과 연관 지어 이해할 수 있다. 사용자 평면의 패킷은 상방향, 하방향 모두 S-GW를 거쳐 처리된다. S-GW는 핸드오버 시에 패킷을 전달하는 로컬 이동성의 지주 역할을 한다. 셋째, P-GW(Packet Data Network-Gateway; 패킷 데이터 망 게이트웨이)는 글로벌 IP 이동성의 지주점으로, GPRS 구조의 GGSN(Gateway GPRS Support Node; 게이트웨이 GPRS 지원 노드)에 비할 수 있다. P-GW는 사용자 단말기에 IP 주소를 배정해주며, IMS나 인터넷 등의 패킷 데이터 망에 대한 인터페이스를 제공한다. 또한 P-GW는 PCEF(Policy and Charging Enforcement Function; 정책 및 과금 실행 기능)를 가지고 서비스 데이터 유통을 감지하며, 정책 시행(예: 패킷 폐기) 및 유통 기반 과금 기능을 수행한다. 3.3절에서 EPC 구조를 자세히 살펴본다.

제어 도메인은 세 가지 구성요소를 포함한다: (i) IMS, (ii) HSS(Home Subscriber Server; 홈 가입자 서버), (iii) PCRF(Policy and Charging Rules Function; 정책 및 과금 규정 기능). IMS 구조는 음성 세션 제어에 필요한 기능적인 요소를 포함한다. HSS는 모든 가입자 데이터와 함께 접속, EPC 및 IMS 서비스에 관련된 데이터를 저장하는 주저장 서버이다. PCRF는 IMS와 EPC 간의 가교 역할을 하는데, 예를 들면, 새로운 음성 세션을 수립할 때 필요한 EPC 베어러를 제공한다. 3.4절에서 제어 도메인에 속하는 모든 구성요소에 대하여 설명한다.

3.2 LTE 무선

이 절에서는 LTE를 소개한다. 먼저 LTE의 개요를 소개하며 핵심이 되는 설계원칙을 소개한다. 또한 주요 무선 기능의 개요를 살펴보고, 특히 VoLTE와 관련된 중요한 점들을 소개한다.

3.2.1 LTE 무선의 배경

3GPP에서는 데이터 용량에 대한 요구가 아직 급격히 증가하기 전인 2005년부터 LTE 무선 개발을 시작했다. LTE는 이름이 의미하는 바와 같이 3GPP 무선 접속 계열의 일부로써 차세대 무선 접속 기술을 보유하기 위해 보다 장기적인 발전을 추진할 목적이 있었다. 그런데 LTE 무선 규격을 정의하는 동안, HSPA(High Speed Packet Access; 고속 패킷 접속) 데이터 솔루션의 성공적인 도입과 더불어 무선 패킷 데이터 서비스에 대한 수요가 급격히 증가하였고, 이것은 시작부터 설계기준이었던 패킷 데이터에 대하여 최적화된 새롭고 효율적인 무선 시스템의 개발에 대한 보다 분명한 동기를 주었다. 그림 3.2에 보이는 것처럼 3GPP 릴리스 8의 내용은 2008년 말에 정해졌고, 단말기와 망 사이의 프로토콜은 2009년 3월에 확정되었다. 3GPP는

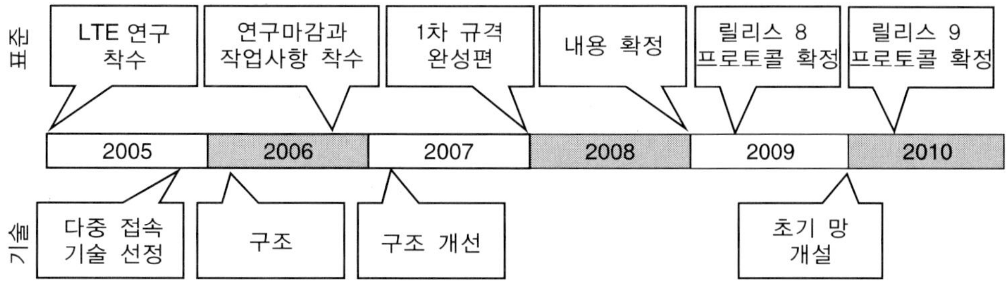

그림 3.2 LTE 개발 일정

다음 릴리스의 개발을 계속하여 1년 뒤에 릴리스 9를 완성하였다. 릴리스 9는 비교적 소규모의 릴리스이었는데, 음성을 채용하기 위한 위치 확인 서비스와 같은 몇 가지 중요한 내용이 포함되었다(4.2.6절 참조). 2011년 6월에 완결된 릴리스 10은 LTE 어드밴스드와 함께 고속 데이터를 운용하기 위한 LTE 능력을 증대시키는데 초점을 두고 있어 그와 같이 LTE에서의 음성 지원에 필요한 새로운 필수요소는 포함하지 않고 있다. LTE 어드밴스드에 관한 더욱 상세한 내용은 다음 문헌을 참조하기 바란다(Holma, H. and Toskala, A. "LTE for UMTS", 2nd edition, Wiley, 2011).

3.2.2 LTE 무선 구조

LTE의 구조는 싱글 박스 무선 구조의 원칙에 기본을 두고 있다. 제어기에 기반을 두었던 기존 무선 구조로부터 모든 요소가 eNodeB에 존재하는 구조로 진화되었다. 이러한 개념은 HSPA에서도 새로운 대체 구조로 이미 도입된 바 있다. 이 핵심 동기는 3.1절에 설명된 것처럼 코어망에서 사용자 데이터와 제어 신호를 따로 따로 다루는 기능과 더불어 트래픽이 증가할 때 망을 쉽게 확장할 수 있도록 하는 것이다. 이러한 평판형 구조에서는 모든 무선 레벨의 시그널링이 단말기와 eNodeB 사이로만 국한되기 때문에 지연도가 짧아지고 시그널링 교환이 빨라진다. 그림 3.3의 LTE 구조에서 무선 자원 관리를 쉽게 하기 위한 eNodeB 간의 X2 인터페이스를 볼 수 있다. X2 인터페이스는 기지국 간 무선 자원에 관한 정보를 교환하는데 필요한 시그널링을 담당하고 핸드오버 명령을 지원하는 한편, 사용자가 다른 eNodeB로 옮겨 갈 때에 데이터를 전달한다. 한편, 핸드오버 명령이나 데이터 전달과 같은 기능 몇 가지는 코어망을 통해서도 가능하다. 코어망에 관련된 제어 시그널링은 S1_MME 인터페이스를 통하여 MME로 연결되며, 사용자 데이터는 S1_U 인터페이스를 통하여 S-GW로 연결된다. 이를 이용하여 코어망의 처리 능력을 데이터 양이나 망 사용자 수에 따라 각각 별도로 확장할 수 있다.

LTE 구조에서 무선 관련 프로토콜은 모두 eNodeB에서 처리되어 종료된다. 즉, 무선 자원과

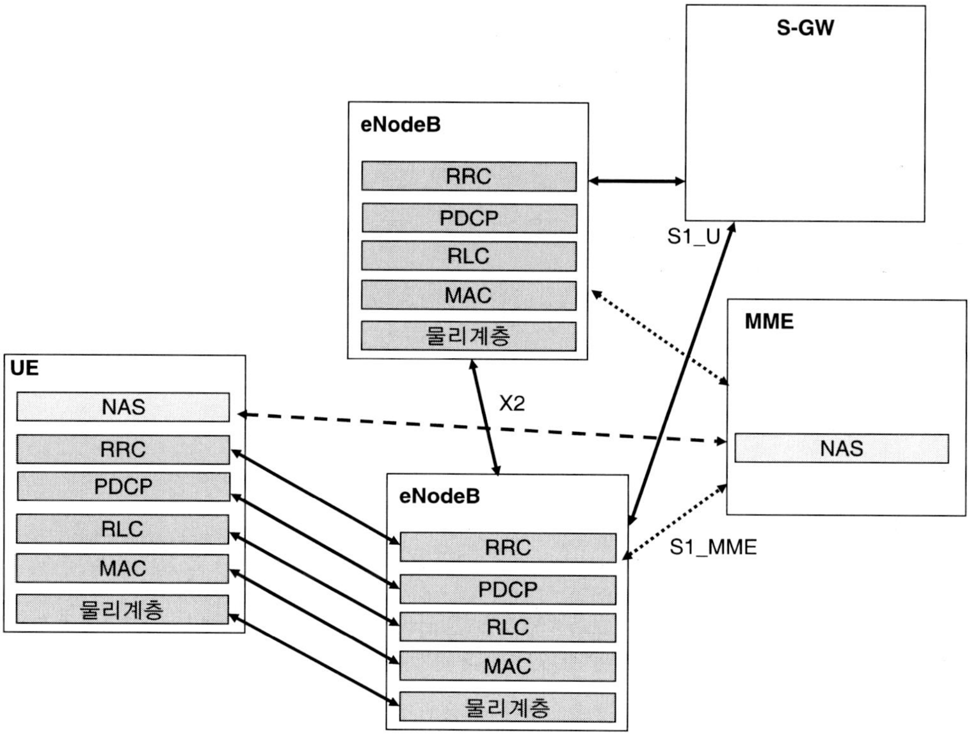

그림 3.3 LTE 구조

관련되는 시그널링 및 결정사항에 대한 모든 역할이 eNodeB에서 이루어진다. 한편, EPS(Evolved Packet System; 진화된 패킷 시스템) 합류 시 인증 신호와 같은 NAS(Non-Access Stratum; 비-접속 계층)* 시그널링은 MME에서 종료되며, 이를 비무선 시그널링이라 한다. 그림 3.4는 eNodeB 외의 프로토콜 스택을 보여준다. 사용자 데이터는 UDP로 전달되며, 이보다 한층 높은 신뢰도가 요구되는 제어 평면 데이터는 배열된 순서대로 메시지를 배달하는 SCTP(Stream Control Transmission Protocol; 스트림 제어 송신 프로토콜)로 전달된다. UDP 위의 GTP-U (GPRS Tunneling Protocol-User Plane; GPRS 터널링 프로토콜-사용자 평면)는 사용자 데이터를 S-GW로 전달한다. S1AP(S1 Application Protocol; S1 응용 프로토콜)는 MME와 eNodeB 간 시그널링 프로토콜이다.

---

* 역자주 3GPP 표준 용어 사용을 따르면 NAS는 Non-Access Stratum의 약어이며 LTE/E-UTRAN 접속을 위해 단말기와 MME 간에서 비무선 시그널링을 전달하는데 사용되는 EPS의 프로토콜 세트를 지칭한다. 원저에는 Network Access Stratum로 사용되고 있으나 이 번역서에서는 혼돈을 피하기 위해 3GPP 표준 용어를 따라 Non-Access Stratum(비-접속 계층)으로 고쳐 번역하였다(3GPP TS 24.301)(5.8.6절 및 5.9.2.1절 참조).

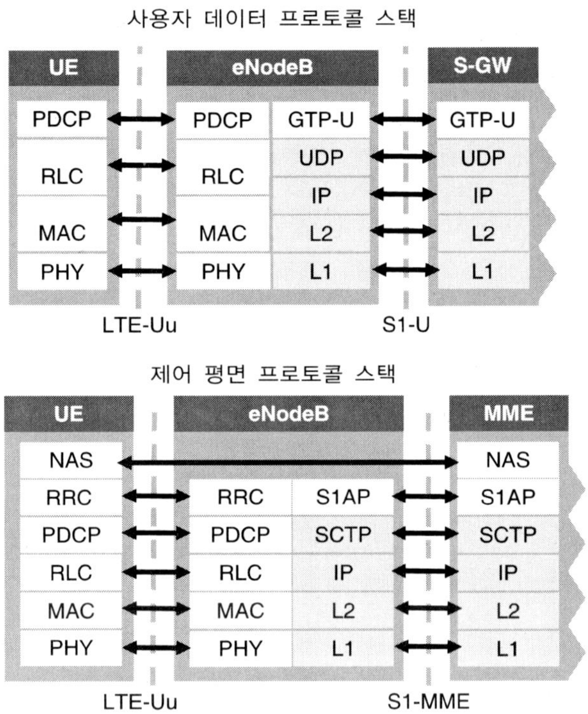

그림 3.4 EPS(Evolved Packet System; 진화된 패킷 시스템)를 향한 LTE 프로토콜 스택

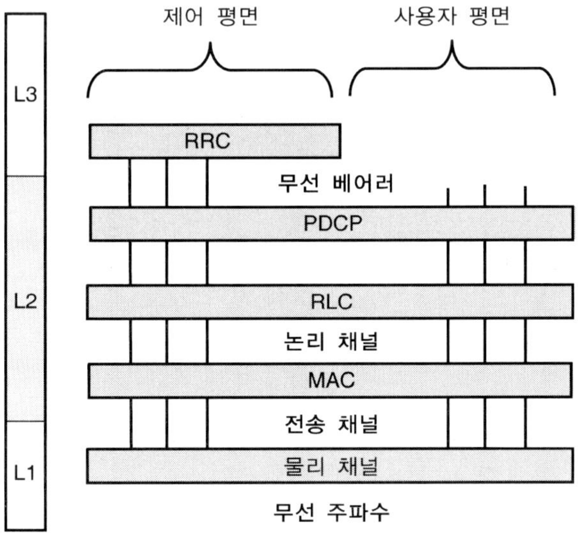

그림 3.5 LTE 무선 프로토콜 계층

S-GW와 MME 간의 기타 접속은 그림 3.7에서 보여준다. LTE 구조에는 CS 코어망으로부터 사용자 데이터를 제공받기 위한 CS 코어망과의 연결이 존재하지 않는 것에 주목한다. LTE는 음성을 별도로 고려하지 않고 오직 패킷 기반 통신만을 지원하도록 설계되었기 때문에 IMS를 사용하여 음성 서비스를 할 수 있다.

한편 4.2.3절에 CSFB 절차와 연관해서 설명한 것처럼 MME와 MSC 서버 간 시그널링 연결도 가능하다. 그림 3.5의 LTE 무선 프로토콜 스택은 다음과 같은 주요 기능을 가진다.

- RRC(Radio Resource Control; 무선 자원 제어)는 무선 운용에 필요한 모든 제어 신호를 다루며, 여기에는 측정 제어와 핸드오버 명령이 포함된다.
- PDCP(Packet Data Convergence Protocol; 패킷 데이터 융합 프로토콜)는 암호화와 IP 헤더 압축을 다룬다. 헤더 압축은 필수사항이 아니다. 그러나 음성 사용자가 많은 경우 각각 IP 헤더에 포함되어 있으면서 실상은 필요하지 않은 오버헤드만으로도 많은 용량이 소모될 수 있기 때문에 음성에 필요한 용량을 충분히 확보하는 데에 매우 중요한 기능이다.
- RLC(Radio Link Control; 무선 링크 제어)의 주요 역할은 재송신 제어인데, 음성에서는 일반적으로 재송신을 사용하지 않는다. 또한, RLC는 분절(segmentation)도 다룬다.
- MAC(Medium Access Control; 매체 접속 제어) 계층의 기능은 논리 채널(logical channel)을 전송 채널(transport channel)에 매핑하고 다중화할 뿐만 아니라 물리계층의 재송신을 관리하는 것을 포함하고 있다. VoLTE 사용자는 정체 상황에서 스케줄러가 동작될 때 높은 우선순위를 가진다. 우선권을 관리하는 스케줄링 기능도 MAC 계층의 기능이다.
- 물리계층은 채널 부호화 및 디코딩, 오류 검색, 물리계층 패킷 변조/복조, 전력 제어, 다중 안테나 운영 등에 필요한 여러 가지 절차를 담당한다. 물리계층은 높은 용량을 확보하는 한편, 하향링크에서는 OFDMA(Orthogonal Frequency Division Multiple Access; 직교 주파수 분할 다중접속) 방식을 사용하고 상향링크에서는 SC-FDMA(Single Carrier Frequency Division Multiple Access; 단일 캐리어 주파수 분할 다중접속) 방식에 기반을 두어서 수신기의 구조를 단순화하고 단말기가 효율적으로 전력을 사용할 수 있도록 한다. 자세한 분석은 "LTE for UMTS(Holma, H. and Toskala, A., 2nd edition, Wiley, 2011)"를 참조하기 바란다.

3.3 EPC (Evolved Packet Core; 진화된 패킷 코어)

본 절에서는 EPC를 소개하며, 패킷 코어망 개발의 역사를 살펴보고 EPC 구성요소와 이동성 및 세션 관리 등의 주요 절차를 설명한다.

3.3.1 EPC란 무엇인가?

EPC는 GPRS에서 사용되었던 모바일 데이터 서비스의 연속으로 볼 수 있다. GPRS는 ETSI/3GPP의 릴리스 97로 도입된 PS(Packet Switched; 패킷 교환) 이동통신 데이터 서비스이다. PS 데이터와 CS(Circuit Switched; 회선 교환) 데이터 간의 주된 차이점은 PS 데이터 서비스가 지속적으로 망 자원을 예약하고 있지 않으며 서비스 사용이 이용시간이 아니라 데이터 양에 기준을 둔다는 것이다.

GPRS의 PS 데이터 전용 코어망은 SGSN과 GGSN으로 구성되며, 데이터 서비스를 위한 지속적인 IP 기반의 연결성, 즉 'Always-On' 특성을 지원한다.

최초의 GPRS인 릴리스 97은 ETSI/3GPP 릴리스 98에서 보다 빠른 데이터 속도로 개선되었으며, 최초의 UMTS 릴리스는 ETSI/3GPP 릴리스 99로 도입되었다. 릴리스 99에는 새로운 UMTS 접속 기술과 더불어 PS 코어와 무선 접속망 사이의 새로운 인터페이스가 출현하였다. 후속의 3GPP 릴리스에서는 3GPP 릴리스 7에서 도입된 직통 터널(direct tunnel)과 같이 보다 빠른 데이터 속도와 망 최적화를 도입하였다.

3GPP 릴리스 8에서는 SAE(System Architecture Evolution; 시스템 구조 진화)에 근거해서 전반적인 시스템 재설계가 이루어졌고, 그 결과 EPC가 도입되었다. GPRS의 PS 코어망이 GSM과 UMTS 접속 기술에서 사용되는 한편, EPC는 GSM, UMTS, LTE 및 기타 비-3GPP 접속 기술에 사용되어 이동통신망에 IP 접속성과 서비스 지속성을 제공한다.

GPRS 코어망과 EPC 간의 차이점 중 한 가지는 EPC에서 제어 평면과 사용자 평면이 철저하게 분리되어 있다는 것이다. 물론 GPRS에서도 직통터널 기능을 사용하여 그렇게 분리할 수 있으나, 예를 들어 GPRS의 경우 직통터널 기능은 국제 로밍 시나리오에서 SGSN의 사용자 평면에 사용된다.

LTE의 EPC 사용자 평면은 S-GW와 P-GW의 요소를 포함하며, 제어 평면은 MME의 기능 요소를 포함한다. 결과적으로 EPS 사용자 평면의 경로에 최소한 두 가지 기능의 요소(eNodeB와 복합 S-GW/P-GW의 경우)가 존재하는데, 이것은 매우 간단한 구조와 낮은 지연성을 의미한다.

그림 3.6은 이동 PS 망으로 진화하는 3GPP 구조와 더불어 사용자 평면의 구성요소가 감소된 예를 보여 준다.

3.3.2 EPC의 개체와 기능

3GPP 릴리스 8은 EPC의 구성개체와 기능을 정의하고 있다. 그림 3.7은 릴리스 8의 표준 구조와 논리적 개체 간의 인터페이스를 보여준다.

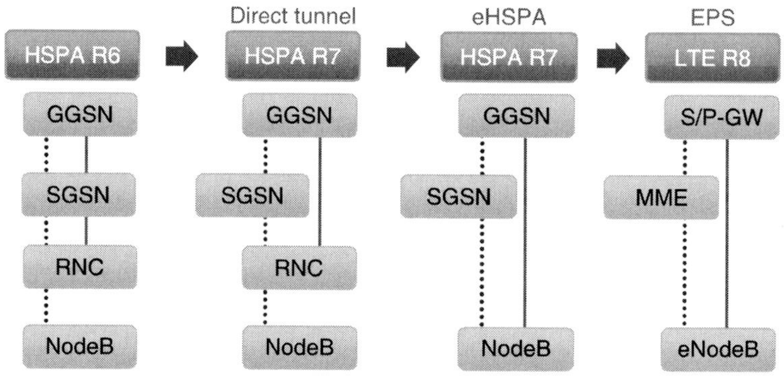

그림 3.6 이동 패킷 교환망의 진화(John Wiley & Sons Ltd.로부터 복제 허락)

MME는 2G/3G GPRS 망의 SGSN과 비슷한 역할을 한다. 3GPP 릴리스 8의 이동성 게이트웨이 기능은 S-GW와 P-GW 기능으로 나누어지고, 그 사이는 개방 S5 인터페이스로 연결된다. LTE 가입자는 항상 P-GW를 통해서 서비스와 연결되는데, 이것은 LTE 무선 접속망을 사용할 경우와 2G/3G 무선 접속망을 사용할 경우에 모두 해당된다. 한편, S-GW는 E-UTRAN으로 향하는 사용자 평면 인터페이스를 처리하여 종료시킨다.

각각의 사용자 단말기는 어느 주어진 시점에서 단일 S-GW로 배정된다. 배정된 S-GW는 eNodeB 내의 핸드오버 상황과 3GPP 안에서의 이동성(S4를 종료시키고, 2G/3G 시스템과 P-

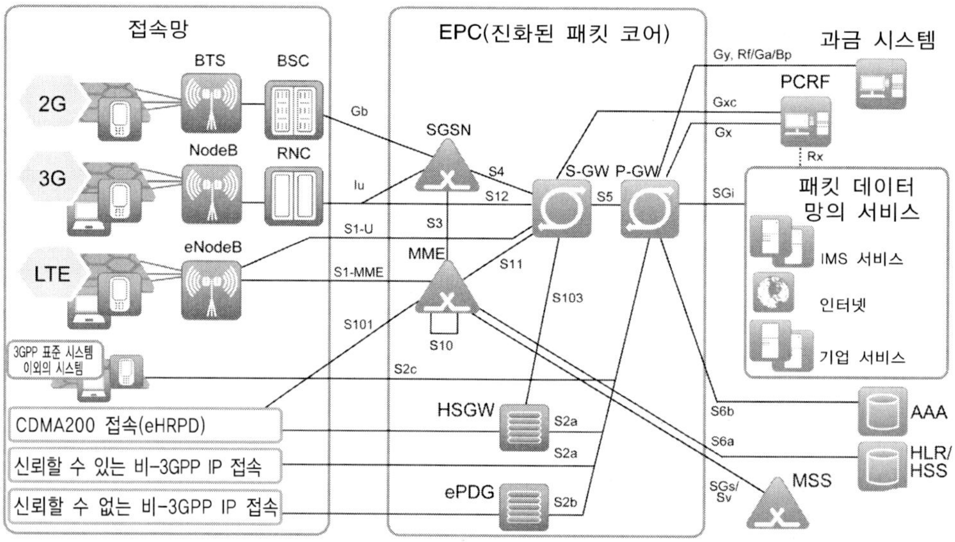

그림 3.7 3GPP 릴리스 8의 레퍼런스 구조

GW 간의 트래픽을 중계하는)을 위한 LTE 무선망의 사용자 평면 게이트웨이 역할을 한다. P-GW는 사용자 단말기가 합류하는 IP 포인트 역할을 하며, 서비스 망을 끝으로 SGi 인터페이스를 종료한다.

MME는 이름 그대로 LTE 망에서 이동성을 관리하는 주제어 요소이다. MME의 주된 임무는 다음과 같다.

- NAS 신호와 보안
- 인증과 허가
- 세션과 이동성 관리(LTE 내부 이동성 및 3GPP 내부 이동성)
- 단말기 호출 통제 및 실행
- 추적 지역 목록 관리
- (코어) 노드 간 신호
- 핸드오버 시 MME/SGSN 선택
- S-GW와 P-GW 선택과 S-GW 재배치
- 로밍(홈 HSS를 향한 S6a 인터페이스)
- 시그널링 트래픽에 대한 합법적인 감청
- LTE로 CS CSFB
- LTE SRVCC

S-GW는 2G, 3G, LTE 접속에 대한 3GPP 이동성을 위한 사용자 평면 프록시이다. S-GW의 주된 임무는 다음과 같다.

- eNodeB 간의 이동성 및 핸드오버시 사용자 평면의 지주점이 됨
- 2G/3G와 LTE 간 이동성에서 사용자 평면의 지주점이 됨
- eNodeB 간 핸드오버(데이터 전달) 동안 eNodeB를 보조함
- 하향링크 패킷의 완충 저장과 대기 모드(IDLE MODE)에 있는 단말기 호출을 트리거함
- 패킷 라우팅 및 전송
- 전송 레벨 하향 및 상향 패킷 표시
- 로밍의 합법적 감청
- 데이터 로밍에 대한 과금

P-GW는 3GPP와 비-3GPP 접속 간 사용자 평면의 지주점이다. P-GW의 주요 임무는 다음과 같다.

- PDN을 향한 게이트웨이(예: 인터넷/인트라넷/운용자 서비스)

- 패킷 라우팅과 전송
- 베어러 관리
- 단말기 IP 주소 배정
- 정책 및 과금 실행기능(PCEF)
- 데이터에 대한 회계 및 오프라인/온라인 과금 기능 지원
- 합법적 감청
- 3GPP와 비-3GPP 접속 시스템 간 이동성에서 사용자 평면의 지주점

EPS에는 MME, S-GW, P-GW 외에도 논리적인 기능이 몇 가지 있다.

- 그림 3.7의 SGSN(S4-SGSN이라고도 한다)은 EPS 베어러 모델과 MME와 S-GW에 대한 3GPP 릴리스 8 절차를 지원하도록 개선되었다. S4-SGSN은 EPC에 대하여 MME처럼 동작하면서 UTRAN에 대한 Iu 인터페이스와 GERAN에 대한 Gb 인터페이스를 제공한다.
- HSS는 사용자의 모든 가입 관련 데이터를 가지고 있다. 예를 들면, IMSI(International Mobile Subscriber Identity; 가입자 국제 고유 식별번호), MSISDN(Mobile Station International Subscriber Directory Number; 이동국 국제 가입자 목록번호), 가입된 APN (Access Point Name; 액세스 포인트 이름), 가입된 QoS(Quality of Service; 서비스 품질) 등이 포함된다. 이에 관한 전반적인 설명은 3.4.5절을 참조하라.
- PCRF는 P-GW에 과금 및 정책 규정을 제공하며 AS(Application Server; 애플리케이션 서버)에서 받은 애플리케이션 레벨의 세션 데이터(예: SIP 시그널링에 있는 SDP의 내용)를 3GPP 특정 매개변수로 변환한다. 이에 관한 전반적인 설명은 3.4.6절을 참조하라.
- AAA(Authentication, Authorization and Accounting; 인증, 인가 및 회계) 서버는 비-3GPP 접속 시스템으로부터 들어오려는 사용자를 인증하고 인가한다. 한편 선택적 방법으로, P-GW에 의해서 APN을 인가하고 단말기에 IP 주소를 배정할 수도 있다.
- ePDG(evolved Packet Data Gateway; 진화된 패킷 데이터 게이트웨이)는 신뢰되지 않는 비-3GPP 접속 시스템에 수용되어 있는 단말기로부터 들어오는 보안 터널을 EPC에서 종료시킨다.
- OCS(Online Charging System; 온라인 과금 시스템)는 실시간 신용 관리를 한다. 예를 들면, OCS 기능은 거래 취급, 신용 등급, 가입자 계좌와 잔액의 온라인 상호 연계 및 관리 등을 포함한다.
- OFCS(Offline Charging System; 오프라인 과금 시스템)은 가입자의 요금청구 기록을 생성하기 위해 망 요소로부터 과금에 관련된 데이터를 수집하여 운영업자의 요금청구 영역으로 전달한다.

- HSGW(고속 패킷 데이터 서빙 게이트웨이)는 3GPP2에 특정된 접속 게이트웨이인데, LTE 단말기가 CDMA 데이터 접속에 수용될 때 eHRPD(evolved HRPD; 진화된 고속 패킷 데이터)와의 연결성을 제공한다.

3.3.3 EPS 이동성 관리(EPS Mobility Management, EMM)

EPS 이동성 관리는 네 부분으로 나누어 볼 수 있다.

1. 합류(ATTACH)를 통한 사용자 단말기 등록과 이탈(DETACH)을 통한 등록 해지(5.3절, 초기 합류 절차 참조).*
2. 이동 중인 활성 사용자 단말기를 위한 시그널링 연결을 유지한다.
3. 등록된 사용자 단말기용으로 시그널링 접속이 설정되지 않았을 경우 그 단말기를 추적한다.
4. 그 단말기가 활성상태로 될 때 시그널링 연결을 다시 수립한다.

EMM 상태는 이동성 관리를 나타내며, ECM(EPS Connection Management; EPS 연결 관리) 상태는 단말기와 EPC 간 시그널링 연결성을 설명한다(그림 3.8과 그림 3.9).

단말기가 EMM-등록 해지 상태일 때 MME와 연락되지 않지만, 단말기 상황(UE CONTEXT)은 단말기와 MME에 계속해서 저장될 수 있다. 단말기가 EMM-등록 상태일 때는 단말기의 위치를 추적 지역(리스트) 범주의 정확도 한계 내에서 알 수 있으며, 이때 단말기는 적어도 하나의 PDN 연결이 활성화되어 있다.

단말기와 망 사이에 NAS 시그널링 연결이 존재하지 않을 경우 단말기는 ECM-IDLE(ECM-대기) 상태에 있다. 단말기는 EMM-등록 상태와 ECM-IDLE 상태에서 다음 기능을 수행한다.

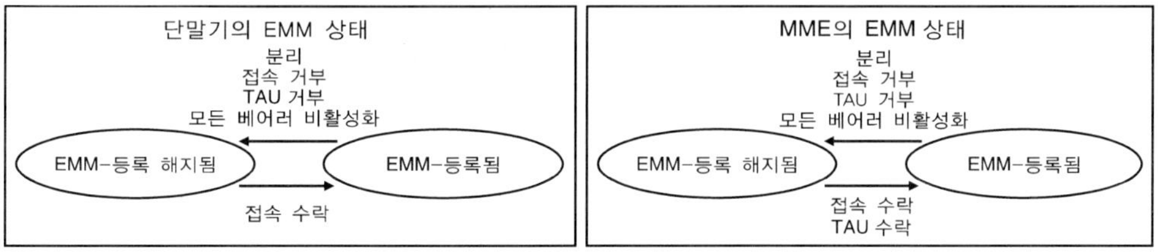

그림 3.8 EPS 이동성 관리(EMM) 상태

* 역자주 이 책에서 ATTACH는 단말기가 망의 동등 계층요소와 합류함으로써 그 계층에 대한 통신망 구성이 이루어진다는 일반적인 의미에서 '합류'로 번역하였다. DETACH는 망을 떠난다는 의미에서 '이탈'로 번역하였다. 구체적인 합류/이탈 절차는 그것이 이루어지는 계층요소에 따라 다르다. 예를 들면 LTE ATTCH와 IMS ATTACH를 생각해 볼 수 있다.

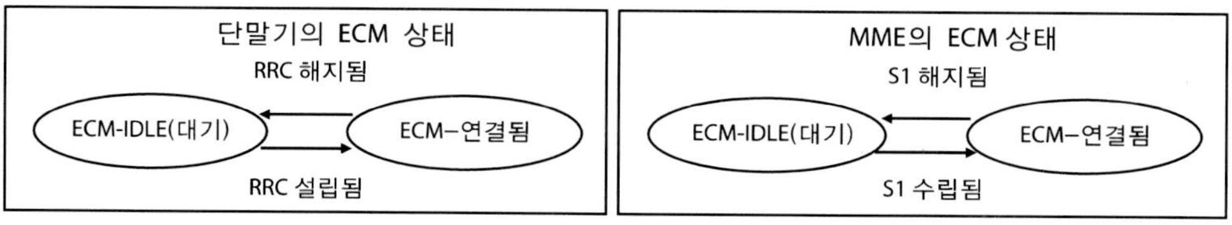

그림 3.9 EPS 연결 관리 상태(ECM)

(i) 추적 지역 업데이트, (ii) 주기적 추적 지역 업데이트, (iii) 서비스 요청, (iv) 서비스 요청에 대한 MME로부터의 페이징에 응답. 일단 시그널링 연결이 수립되면 단말기와 MME는 ECM-연결 상태가 된다. ECM-연결 상태일 때 MME는 단말기의 위치를 eNodeB가 지원하는 정확도 내에서 인지한다. 단말기와 MME의 상태가 ECM-연결 상태에서 ECM-IDLE로 바뀌는 것은 S1 릴리스 절차를 따른다.

3.3.3.1 추적 지역 업데이트

일단 등록이 이루어진 단말기는 그 위치를 망에다 계속 보고해야 되는데, 그 이유는 단말기에 대한 시그널링 연결이 해지되었을 때, 즉 단말기가 대기 모드로 전환되었을 때에도 하향링크 시그널링과 사용자 데이터를 수신할 수 있어야 되기 때문이다.

이를 위해서 E-UTRAN 셀로 구성된 그룹을 추적 지역으로 정한다. E-UTRAN 셀에 수용되어 있으면서 대기 모드 중인 단말기는 그 셀의 시스템 정보 방송을 듣고 있다. 시스템 정보에는 셀이 속해 있는 추적 지역이 표시되어 있다. 만약 단말기가 새로운 셀로 옮겨 갈 경우 수신된 추적 지역 표시로부터 새 추적 지역이 아직 등록되어 있지 않은 추적 지역인 것을 인지하게 되면 단말기는 추적 지역 업데이트 절차를 시작한다.

단말기에 대한 시그널링 연결이 해지되어 있을 때 망에서 하향링크 시그널링이나 사용자 데이터를 보내려면 MME는 추적 지역 업데이트 절차에서 MME가 배정한 추적 지역이나 추적 지역 목록 또는 합류 절차를 이용하여 특정 지역에 위치한 단말기를 호출한다.

3.3.3.2 LTE 내에서의 핸드오버

예를 들어 음성통화 중과 같은 활성상태에서 이동할 경우 단말기가 현재 서비스를 제공하고 있는 eNodeB에서 새로운 eNodeB로 핸드오버될 수 있다. 핸드오버 절차에는 X2-기반 핸드오버와 S1-기반 핸드오버 두 가지가 있는데, 이 명칭은 핸드오버 시그널링 메시지 교환에 사용하는 각각의 인터페이스 명칭을 따른 것이다.

X2-기반 핸드오버는 LTE 내에서 실시간 트래픽이 핸드오버될 경우에 최적화된 절차이며, 핸드오버 준비와 실행이 모두 무선 접속 요소에서 이루어진다. 핸드오버가 실행된 다음에 EPC

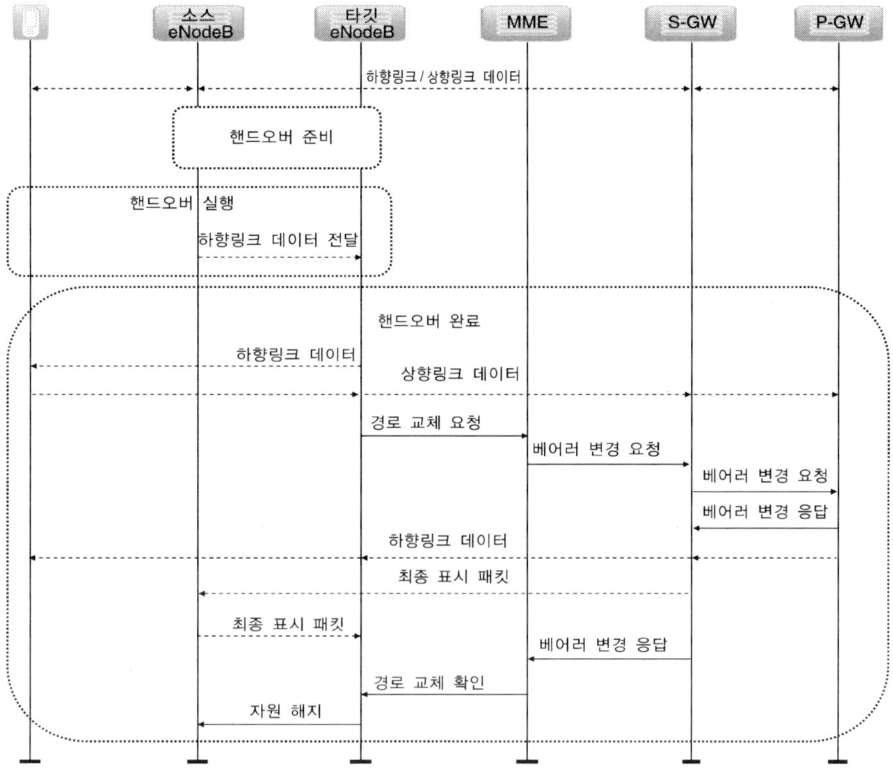

그림 3.10 LTE 내에서의 X2-기반 핸드오버: S-GW를 바꾸지 않을 경우

가 베어러 경로를 변경한다. S1-기반 핸드오버 절차는 X2-기반 핸드오버가 불가능한 경우나 MME를 변경해야 할 경우에 필요하다. 그림 3.10에 X2-기반 핸드오버를 보인다.

핸드오버 준비와 실행은 소스 eNodeB와 타깃 eNodeB 사이에서 이루어진다. 활성 음성 호의 데이터는 핸드오버의 준비과정 중에도 계속 전달된다. 핸드오버 실행과정에서는 소스 eNodeB가 단말기를 타깃 eNodeB로 보내고, 하향 패킷들을 소스 eNodeB로부터 타깃 eNodeB로 옮겨 전달한다.

단말기가 타깃 eNodeB로 옮겨진 다음 사용자 평면도 따라서 교체되고, EPC에서는 베어러 정보가 업데이트된다. 타깃 eNodeB는 MME에 경로 교체 요청 신호를 보내어 S1 인터페이스가 소스 eNodeB에서 타깃 eNodeB로 교체되어야 함을 전달한다. MME는 사용자 평면의 하향링크를 처리하는 새 eNodeB의 주소 정보를 S-GW에 업데이트하고, 경로 교체 확인을 보내어 S1 인터페이스가 타깃 eNodeB로 교체되었음을 확인한다. MME는 다른 S-GW를 배정할 수 있는데, 그 경우에는 사용자 평면의 상향링크를 위한 새로운 주소 정보를 경로 교체 확인 메시지를 통해서 타깃 eNodeB에 알려 준다. 한편, S-GW는 새로운 무선 접속 위치를 P-GW에 알려 줄 수 있거나 만약 S-GW가 변경되었을 경우에는 새 S-GW의 주소가 P-GW에 통보되어야 한다.

핸드오버가 완료된 다음 단말기는 타깃 셀의 시스템 정보 방송을 수신한다. 만일 단말기가 핸드오버 타깃 셀이 속한 추적 지역에 등록되어 있지 않았을 때에는 단말기가 추적 지역 업데이트 절차를 시작한다. 주파수 내 이동성에 대해서는 4.2.2절을 참조하기 바란다.

3.3.4 EPS 세션 관리와 QoS

단말기와 PLMN(Public Land Mobile Network; 공공 지상 이동통신망) 외부 PDN 간의 IP 연결성을 PDN 연결 서비스라 한다. 그림 3.11에 보이는 것처럼 각각의 PDN 연결은 EPS을 통하여 데이터를 운반하는 단일 혹은 다수의 베어러로 구성된다. EPS 베어러는 단말기가 PDN에 연결될 때 개설되어서 PDN과 'Always-on IP 연결성'을 제공한다. 이때 EPS 베어러를 디폴트 베어러(default bearer)라 한다(디폴트 베어러의 주요 특성은 표 3.1을 참조하기 바란다). 동일한 PDN 연결에 추가로 개설되는 EPS 베어러를 전용 베어러라고 한다(표 3.1 참조). VoLTE와 같은 IMS 기반의 서비스는 IMS에 등록하기 전에 IMS APN을 배정받아야 하며, 이를 위해서는 PDN 연결이 반드시 수립되어 있어야 한다.

단말기는 P-GW가 지정한 TFT(Traffic Flow Templates; 트래픽 흐름 서식)에 있는 상향링크 패킷 필터를 근거로 해서 상향링크 패킷을 각각의 EPS 베어러로 라우트한다. 비슷한 방법으로 P-GW는 TFT의 하향링크 패킷 필터를 근거로 해서 하향링크 패킷을 각각의 EPS 베어러로 보낸다. eNodeB와 S-GW 사이 그리고 S-GW와 P-GW 사이에 각각의 베어러에 대한 GTP-U 터널이 존재한다. 베어러 서비스 시그널링은 GPRS 터널링 프로토콜(GTP)에 의해서 이루어진다 – 즉, 코어망 내에는 GTP-Cv2(GTP 제어 평면 버전 2)를 사용하고, MME와 eNodeB 간에는 S1-AP 프로토콜을 사용한다.

각각 다른 APN을 통해서 복수의 서비스에 접속해야 되는 경우, 새로운 IP 주소를 갖는 디폴트 베어러가 추가로 개설된다. 예를 들면, 단말기는 초기 합류 동안 IMS APN으로 PDN 연결을 개설하여 사용하다가 사용자가 웹 브라우징을 시작하면 인터넷 APN으로 또 하나의 PDN 연결

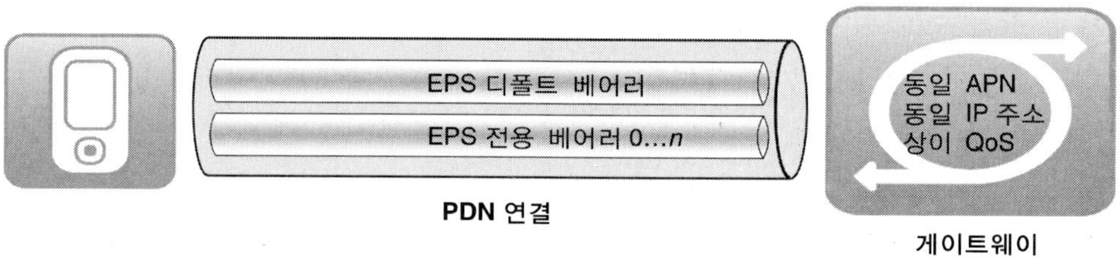

그림 3.11 EPS 베어러를 포함한 패킷 데이터 망 연결

표 3.1 디폴트 베어러 대 전용 베어러

디폴트 베어러(Default Bearer)	전용 베어러(Dedicated Bearers)
단말기가 LTE에 합류될 때 디폴트 베어러 하나가 개설되며, 단말기가 LTE에 합류되어 있는 동안은 적어도 하나의 디폴트 베어러가 활성화되어 있다(Always-On).	QoS 판별을 위해서 단말기나 망이 전용 베어러 개설을 트리거한다.
복수의 APN을 통해 복수의 서비스에 동시 접속이 필요한 경우, 추가로 디폴트 베어러를 개설할 수 있다. 예를 들면 인터넷 서비스를 위한 인터넷 APN과 IMS 서비스를 위한 IMS APN을 사용하는 경우이다.	전용 베어러는 망에서 운용정책에 따라 개설하고 관리한다.
디폴트 베어러는 항상 비-GBR 베어러이다(non-GBR).	전용 베어러는 비-GBR 또는 GBR 베어러이다.

을 추가한다. 추가 디폴트 베어러의 개설은 항상 단말기의 요청에 의해서 주도되며, 해지는 단말기 또는 망에 의해서 주도될 수 있다.

그림 3.12는 단말기가 IMS와 인터넷 접속을 위해 각각 PDN 연결을 동시에 가지고 있는 예를 보여준다.

각각 다른 APN은 각각 다른 P-GW에 의해 지원될 수도 있다는 점에 주목한다. 예를 들면, IMS APN은 소수의 제한된 P-GW에 의해서만 지원되고, 인터넷 APN은 모든 P-GW가 지원하는 경우가 있다.

3.3.4.1 IP 주소 배정

PDN 연결이 수립될 때 단말기에 최소한 하나의 IP 주소(즉, IP 버전 4(IPv4) 주소, IP 버전 6(IPv6) 프리픽스, 또는 두 가지 모두)가 배정된다. 동일한 PDN 연결 내 디폴트 베어러와 전용 베어러는 동일한 주소를 사용한다. IP 주소는 다음 방법 중 하나로 배정한다.

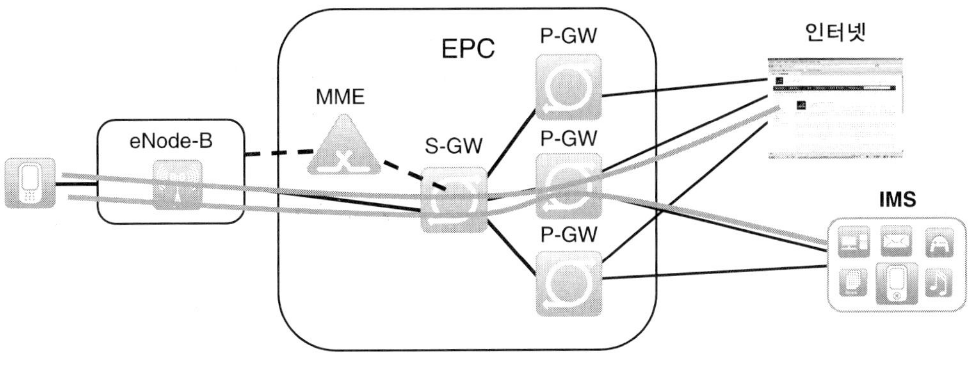

그림 3.12 IMS와 인터넷 APN들을 통한 PDN 연결

- 디폴트 베어러가 활성화될 때 HPLMN(Home PLMN; 홈 PLMN)이 단말기에 IP 주소를 부여한다. 이때 유동 주소 또는 고정된 HPLMN 주소가 가능하다.
- 디폴트 베어러가 활성화될 때 VPLMN(Visited PLMN; 방문 PLMN)이 단말기에 IP 주소를 부여한다. 이때에는 유동 VPLMN 주소가 부여된다.
- 디폴트 베어러가 활성화될 때 PDN 운용 관리자가 단말기에 IP 주소를 부여한다.

3.3.4.2 QoS(Quality of Service; 서비스 품질)

EPS는 베어러 수준의 QoS를 지원하는데, 이것은 같은 EPS 베어러에 할당된 트래픽의 패킷은 모두 동일한 서비스 수준으로 처리되어 전달된다는 것을 말한다. 패킷 전달을 상이한 수준으로 취급하려면 별도의 EPS 베어러를 사용해야 한다. EPS 베어러는 단말기와 P-GW(GTP 기반 S5/S8) 사이에서 공통된 QoS로 취급되는 트래픽 흐름을 확실하게 구분한다. 특정 EPS 베어러에 결합되어 있는 모든 패킷 필터로 구성된 조합을 “EPS 베어러 TFT”라 지칭한다.

QoS 편별을 위해서 전용 베어러(비-GBR 또는 GBR)를 사용한다. 디폴트 베어러와 동일한 PDN 연결 내 전용 베어러들은 디폴트 베어러와 동일한 IP 주소와 APN을 사용한다. 전용 베어러 수립은 망에서 시작하지만, 단말기의 자원 요청에 따라 트리거될 수도 있다(이때 망이 기존의 베어러를 사용할 것인지 혹은 새로운 베어러를 수립할지를 결정한다). 전용 베어러 수립에 대해서 4.3.3절에서 자세히 설명한다.

디폴트 베어러와 전용 베어러 간의 차이점은 eNodeB에 영향을 미치지 않는다. EPS 베어러 수립/변경 시 GBR 값에 관계된 전용망 자원이 영구적으로 사용되도록 배정되었으면, 이 EPS 베어러를 GBR 베어러라고 한다. 여타 경우의 EPS 베어러는 비-GBR 베어러이다.

디폴트 베어러 및 전용 베어러에 대한 QoS 지원은 다음과 같은 QoS 매개변수에 따른다.

- **QCI(QoS Class Identifier; QoS 클래스 식별 번호)** : 베어러 레벨의 패킷 전달을 제어하는 접속 노드의 특정 매개변수에 관한 정수치이다.
- **ARP(Allocation and Retention priority; 배정 및 유지 우선순위)** : 우선순위(정수치), 선점 능력(플래그), 선점에 대한 약점(플래그) 등에 관한 정보를 포함한다. ARP의 주된 목적은 베어러 수립/변경 요청을 수용할 수 있는지 혹은 자원이 제한되어 있어서 거부해야 되는지를 결정하는데 있다.
- **GBR(Guaranteed Bit Rate; 보장된 비트 속도)** : GBR 베어러로 제공될 수 있는 비트 속도를 나타낸다.
- **MBR(Maximum Bit Rate; 최대 비트 속도)** : GBR 베어러로 제공될 것으로 기대되는 비트 속도를 제한한다.

EPS 베어러 집합체 세트에 적용되는 QoS 매개변수는 다음과 같다.

- **AMBR(APN-aggregate MBR; APN-합계 최고 비트 속도)** : 모든 비-GBR 베어러와 APN의 모든 PDN 연결이 지원하는 각 비트 속도의 합을 제한하는 최고치를 나타낸다.
- **단말기-AMBR** : 단말기에 수립된 모든 비-GBR 베어러가 지원하는 각 비트 속도의 합을 제한하는 최고치를 나타낸다.

표 3.2에 표준화된 QoS 특성을 보인다. 이 표에서 VoLTE에 관련된 QCI를 특히 강조하여 나타내었다.

표 3.2 EPS QoS 특성

QCI	자원 유형	우선순위	패킷 지연 budget(ms)	패킷 오류 손실 비율	서비스 예
1	GBR	2	100	10^{-2}	음성 대화
2		4	150	10^{-3}	비디오 대화(생 스트리밍)
3		3	50	10^{-3}	실시간 게임
4		5	300	10^{-6}	비 대화 비디오(버퍼된 스트리밍)
5	비-GBR	1	100	10^{-6}	IMS 신호
6		6	300	10^{-6}	비디오(버퍼된 스트리밍) TCP 기반 (예: www, 이메일, 채트, ftp, p2p 파일 공유, 점진적 비디오 등)
7		7	100	10^{-3}	음성 비디오(생 스크리밍), 대화형 게임
8		8	300	10^{-6}	비디오(버퍼된 스트리밍) TCP 기반 (예: www, 이메일, 채트, ftp, p2p 파일 공유, 점진적 비디오 등)
9		9			

3.4 제어

이 절에서는 IMS, PCRF, HSS를 소개하고, 그 기능들이 어떻게 서로 연결되어 있는지, 또 주요 프로토콜이 어떻게 사용되는지 설명한다. 덧붙여 IMS 개발 역사의 개요를 살펴보고, IMS의 디자인 원칙을 설명한다.

3.4.1 IMS는 무엇인가?

IP 기반의 애플리케이션이 통신을 하려면 상대방까지 도달할 수 있는 어떤 체계가 필요하다. 전화망은 현재 이러한 연결을 제공하는 매우 중요한 수단이다. 전화망에서는 상대방에게

'다이얼'함으로써 IP 망을 사이에 둔 상대방 단말기와 그때그때 필요한 연결을 수립한다.

그러나 이와 같이 중요한 IP 연결 가능성은 각자 독립적으로 단일 서비스를 제공하는 인터넷 환경에서만 이루어지고 있다. 상호 배타적인 시스템들끼리 가입자 수를 가지고 서로 경쟁하면서 가입자를 자사에 묶어 놓는 것이 사업의 핵심사항이 되었고, 서비스 사업자 간 상호연동은 그다지 원치 않는 기능이 되었다. 따라서 글로벌 시스템, 즉 IMS가 필요하게 되었다. IMS는 IP 디바이스의 애플리케이션을 동등 계층, 즉 p2p, 또는 원하는 콘텐츠로 쉽고 안전하게 연결해 준다. IMS의 정의는 다음과 같다.

> IMS는 공통 인터넷 기반 프로토콜을 사용해서 다양한 멀티미디어 서비스를 최종 사용자에게 제공할 수 있게 해주는 접속방법에 무관하고 포괄적인 표준 기반의 IP 연결성 및 서비스 제어구조이다.

3.4.2 IMS 개발의 역사

GSM에 국한된 표준은 1998년에 마지막으로 발표되었으며, 같은 해에 대한민국, 유럽, 일본, 미국과 중국의 표준화 기관에 의해서 3GPP가 설립되었다. 3GPP의 설립 목적은 WCDMA, TD-CDMA 무선 접속(Time Division-CDMA; 시분할-CDMA 무선 접속) 및 GSM 진화 코어망으로 구성된 3G 이동통신시스템을 규정하는데 있었으며(www.3gpp.org/About/3gppagre.pdf), 설립 1년이 채 지나지 않아 "3GPP 릴리스 99"가 최초로 발표되었다. 릴리스 99의 기능은 1999년 12월에 확정되었다(실제적으로는 일부 기본 규격은 몇 달 후인 2001년 3월에 확정되었다).

3GPP는 릴리스 99에 뒤이어 곧 릴리스 2000의 준비를 시작했다. 릴리스 2000에 소위 'All-IP'에 관한 내용이 포함되었으며, 이는 추후에 IMS로 명명되었다. All-IP 시스템은 앞으로 CS 이동통신시스템을 전폭적으로 교체하게 되고, 또 광범위한 멀티미디어 애플리케이션의 서비스 동력이 될 것으로 예상되었다. 그러나 IMS 개발을 2000년 말까지 완성할 수 없다는 장벽으로 인해 릴리스 2000을 릴리스 4와 릴리스 5로 분리하기로 결정되었다. 한편 이 결정에 의해 IMS가 릴리스 4의 범주에서 제외되었다.

IMS는 릴리스 5에서 3GPP 표준 규격의 일부로 도입되었다. 3GPP 릴리스 5의 내용은 2002년 3월에 확정되었는데, 릴리스에 포함될 내용의 범주에 대한 진지한 토론에 따라 여러 가지 많은 기능을 릴리스 6에 포함하기로 결정하였다. 목록을 확정한 뒤에 작업이 이어졌고, 2004년 초에 안정된 성과를 이루었다. 릴리스 5는 SIP 기반의 IP 멀티미디어 서비스 장치의 한정된 구조를 규정하였으며, 논리적 요소의 기능과 각각의 논리적 요소가 어떻게 연결되는가에 대한 규격, 정선된 프로토콜과 절차 등을 포함하였다. 여기에서 중요한 점은 이동통신 환경을 사용자 인증과 인가의 형태로 설계하여 최적화하였다는 것이다. 사용자 인증과 인가의 형태는 이동 단말기 식별, SIP 메시지 압축시 사용자–망 인터페이스에 관한 확정적인 규칙, 무선 상실과 복구 감지를 허용하는 보안 및 정책제어 체계 등에 기반을 두고 있다. 더욱이 구조 개발에는 과금 체제 구조, 정책, 서비스 제어 등과 같은 통신서비스 사업자의 관점에서 중요한 면들이 반영되었다.

그러나 릴리스 5에서는 이러한 노력에도 불구하고 가장 간단한 형태의 기본적인 인터넷 프로토콜 상의 이동 음성통신(VoIP)의 지원만이 가능하게 되었는데, 이는 실제적으로 당시의 무선 성능이 충분치 않았기 때문에 상업적 실현성이 적었으며, 기능면에서도 IMS VoIP이 CS 도메인에 뒤져 있었기 때문이었다. 이러한 이유들에 기인하여 2005년 9월에 완결된 릴리스 6에서 IMS의 새로운 방향이 설정되었다. 릴리스 6에는 라우팅과 시그널링 변경과 같은 서비스의 표준이 강화되었는데, 예를 들면 서비스 공공 ID, 단일 사용자 ID를 복수의 장치에 공유하는 방법 등이 있다. 라우팅 가능성 개선을 통하여 프레슨스, 메세징, 컨퍼런싱, PoC(Push to Talk over Cellular; 이동통신 무전)과 같은 새로운 표준화된 서비스를 원활하게 도입할 수 있게 되었다. 한편, IMS-CS 음성의 연동과 WLAN-IMS 접속이 완결되었으며 보안, 정책, 과금 제어 및 전반적인 구조에 대한 다양한 개선이 이루어졌다. 이 책을 쓸 당시 2011년 초에는 표준화된 IMS 애플리케이션이 상업적으로 미처 시작되지 않았다고 말할 수 있다. 그러나 2011년 초 MWC 2011(Mobile World Congress 2011, 국제 이동통신 총회)에서 세계 5대 통신서비스 사업자들이 RCS 서비스를 강화해서 상업적으로 시작하겠다는 공동계획을 발표하였다. 사실상 RCS (Rich Communication Suite)는 릴리스 6에서 IMS 기반 서비스의 기선으로 제시된 것이다.

3GPP에서 릴리스 5와 릴리스 6을 완성하는 동안 다른 표준화 기구에서도 나름대로의 변형 IMS를 개발하였으며, 이는 IMS의 중요성에 대해 지대한 관심이 있음을 나타내 주었다. 그들 자신의 변종을 갖고 있는 유명한 개발 기구로는 ETSI TISPAN(ETSI Telecommunications and Internet Converged Services and Protocols for Advanced Networking), 3GPP2, Cablelabs 등이 있다. 그런데 이러한 경향이 오히려 IMS 시장을 잠재적으로 분열시킬 수도 있고, 또 시장 도입 시기, 연구 개발 비용 등에 직접적으로 불리한 영향을 미칠 수도 있다는 우려가 있었으나 다행히도 업계에서는 조화된 IMS, 즉 공통 IMS를 지향하는 결정적인 조치를 취하였다.

3GPP, TISPAN, 3GPP2, Cablelabs 간에 '공통 IMS'에 대한 합의가 이루어졌고, 이에 따라 우선적으로 3GPP가 IMS에 관련된 표준화를 수행하기로 하였으며, 그 대신 3GPP 측은 다른 기구에서 이미 개발된 표준과 요구사항들을 3GPP 표준에 반영하기로 동의하였다. 이렇게 조화된 내용이 릴리스 7에서 처음으로 이루어졌고, 릴리스 8에서 효과적으로 완결되었다(그림 3.13 참조).

3GPP 릴리스 7에 포함될 기능의 내용은 2007년 3월에 확정되었다. 여기에는 접속기술 두 가지[DOCSIS(Data over Cable Service Interface Specification; Cablelabs 기술)와 xDSL

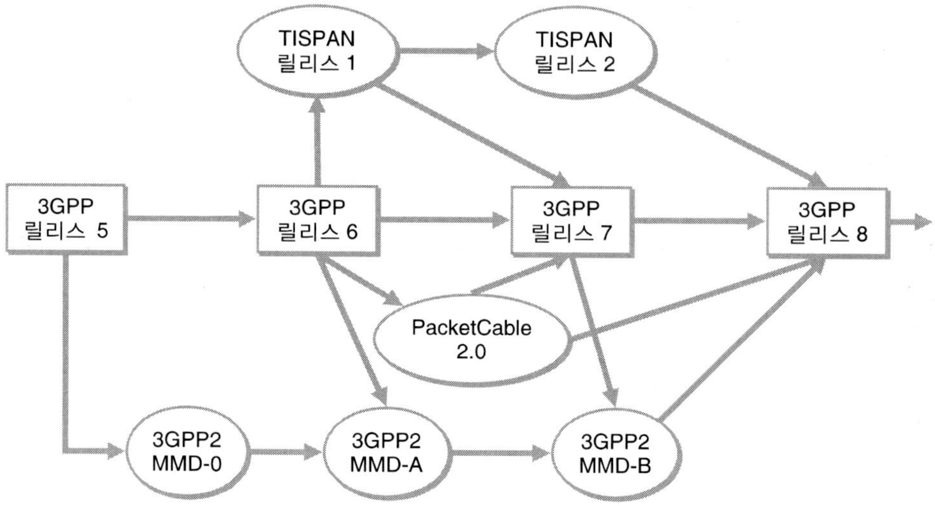

그림 3.13 공통 IMS 표준의 표준화 경로(John Wiley & Sons, Ltd.로부터 복제 허락)

(TISPAN 접속 기술)]가 추가되었고, 이 두 가지 접속 기술과 기타 일반적인 개선점에서 비롯된 여러 기능과 절차들이 포함되었다. 릴리스 7의 주요한 새로운 기능은 보조 서비스를 포함한 IMS 멀티미디어 전화, 모든 종류의 IP에 접속 가능한 SMS, 이중 무선 음성 호 연속성, 지역전용 번호체계(Local Numbering), CS 호와 IMS 세션의 결합, 과도 IMS, IBCF(Interconnection Border Control Function; 서비스 사업자 간 연동 제어 기능), GRUU(Globally Routable User Agent's Universal Resource Identifier; 통합 자원 식별자), IMS 비상 세션, IMS 통신서비스 식별, 새로운 고정 접속 인증 모델 등이다. 릴리스 7이 완결된 후 음성 서비스를 제공하는 IMS가 고정 망에 구현되기 시작했다.

릴리스 8은 앞서 발표된 릴리스에 뒤이어 원활하게 개발되었다. 릴리스 8에 도입된 구성 소재와 기능은 다음과 같다: IMS-집중서비스(디바이스들이 CS 접속(GSM/3G CS 무선)을 사용하고 있다고 해도 IMS 서비스 장치 체계 사용을 가능하게 함), 멀티미디어 세션의 지속성(음성 호의 지속성 기능을 개선함으로써 IP 접속이 바뀌었을 때에 멀티미디어 스트림의 지속성을 가능하게 함), SRVCC(Single Radio Voice Call Continuity; 단일 무선 음성 호 연속성)[음성통화가 LTE(IMS VoIP)에서 CS로 끊어지지 않고 핸드오버 되도록 함], 기업체 IMS 접속(IP PBX(IP 사설 교환기)와 IMS 망의 접속을 가능케 함), 번호 이동성, 망 회사 선정, IMS 상호 통신서비스 사업자의 서비스 상호 접속 인터페이스, 미디어 서버 구조 강화, 보조 서비스 추가(통신대기(CW, Communication Waiting), 개개 요구에 맞출 수 있는 경고 음향(CAT, Customized Alerting Tone)).

3GPP 릴리스	원래 목표	실제 결과
릴리스 2000	All-IP, CS 대체, 21세기 서비스 엔진	IMS가 제외되고, 릴리스 4로 분리됨
릴리스 5	금세기의 All-IP 서비스 엔진	IP 연결성 엔진
릴리스 6	준 실시간 운용자 /표준앱	소수의 운용자 앱, CS, 패킷 교환 및 WLAN 상호 연동
릴리스 7	유무선 융합	공통 IMS
릴리스 8	새로운 IP 단일 접속, LTE	**릴리스 8/ 릴리스 9에서 CS 음성 대체를 가능하게 함**
릴리스 9	릴리스 8 잔여분(LTE 비상호, LCS(Location Service; 위치 서비스) 및 기타 몇 가지 개선	
릴리스 10	증분 개선과 연구사항	Too early to say

그림 3.14 IMS 표준화 과정-현 위치는 어디인가?

새로운 EPC 도입에 맞춘 정책 및 과금 제어 개선, 메시지 상호연동, 기존 공공 교환 전화망(PSTN) 접속을 위한 중첩된 신호 지원, IMS 접속 보안(고정 접속시)을 위한 TLS(Transport Layer Security Protocol; 전송계층 보안 프로토콜)의 사용, IMS 국지적 망 이탈 등 릴리스 8은 2008년 12월에 안정화 되었다.

특히 3GPP 릴리스 9는 LTE와 EPC 분야에 대한 릴리스 8의 나머지 부분을 완성시키는 것이 주목적이었기 때문에 비교적 간단한 릴리스이었다. IMS 관점에서 보면 릴리스 9에 명세된 가장 중요한 기능은 LTE에서의 비 상호지원과 EPC와 LTE의 위치확인 구조이다. 이 두 가지 기능이 완성되면 마침내 3GPP가 릴리스 2000에서 계획하였던 것을 실행시키기 위한 모든 빌딩 블록을 내놓게 되었다고 말할 수 있다. CS 전화를 대체하는 All-IP 구조(그림 3.14 참조) 릴리스 9는 2010년에 안정화 되었다.

3.4.3 IMS의 기본

이 절에서는 IMS의 구조를 어떻게 설계해야 하며, 그러한 구조를 앞으로 어떻게 발달시켜 나갈 것인가에 대한 기본 요구사항을 설명한다. IMS 구조는 다음 요구사항에 기초를 둔다.

- IP 연결성과 로밍
- IP 멀티미디어 세션

- 접속방법과 무관한 작동과 계층 구조 설계
- QoS와 IP 정책 제어
- 서비스 제어
- 다른 망과의 상호연동
- 과금
- 보안 통신

3.4.3.1 IP 연결성과 로밍

IMS라는 용어 자체가 의미하듯이 IMS의 첫 번째 기본적인 요구사항은 디바이스가 IP에 접속할 수 있도록 IP 연결성을 제공해야 한다는 것이다. 단말기는 EPS 합류 절차를 통해서 IP 연결성을 수립한다. 3.3.4절과 5.3절에 자세히 설명되어 있는 것처럼 EPC는 합류 절차 중 단말기에 IP 주소를 배정한다. IP 주소는 IPv4 또는 IPv6가 가능하며, 뒤따르는 IMS 등록 절차에서 배정된 IP 주소가 사용자 ID(예: +358 40 1234567)와 결합된다(5.4절을 참조).

사용자가 홈 망에 위치할 때는 당연히 모든 요소(eNodeB, MME, S-GW, P-GW, IMS)가 홈 망에 존재하며 IP 연결성도 홈 망에서 이루어진다.

3GPP 표준 규격은 로밍 상황에서 IP 연결이 홈 망에서 이루어질 수도 있고 로밍 방문 망에서도 가능하다고 정의한다. 그런데 실질적으로는 GPRS 망과 데이터 전용인 LTE 망에서 IP 연결성은 항상 홈 망에서 이루어진다. 이는 사용자가 로밍 방문 망에 위치할 경우에도 P-GW가 홈 망에 존재하고, eNodeB, MME, S-GW는 로밍 방문 망에 존재한다는 것을 의미한다. 따라서 IMS 진입점도 홈 망에 위치하게 되는데, 이로 인해 VoLTE의 구성상 다음과 같은 문제점이 나타난다.

- IMS 진입점이 홈 망에 위치한다는 것은 로밍 방문 망이 음성 호와 SMS를 인식하지 못한다는 것을 의미하며, 따라서 통신서비스 사업자의 로밍 수입이 줄어들게 된다.
- (정부의) 통신규제에 의한 요구사항을 만족시키기가 어려워지거나 불가능해진다.
  - IMS 신호 트래픽은 IPSec(Internet Protocol Security; 인터넷 프로토콜 보안)으로 보호하도록 요구된다. 따라서 로밍 방문 망의 통신서비스 사업자는 합법적인 감청을 제대로 수행할 수 없게 된다.
  - IMS 비상 세션을 취급하려면 로밍 방문 망의 P-CSCF(Proxy-Call Session Control Function; 대리-호 세션 제어 기능)를 사용해야 한다.

한편, 홈 망의 P-GW를 쓰게 되면 사용자 평면의 패킷 지연이 증가한다. 예를 들면, 홈 망 P-GW로 인하여 미국에서 발신된 RTCP(Real-time Transport Protocol Control Protocol; 실시간 전송 프로토콜 제어 프로토콜) 음성 패킷을 유럽으로 라우팅했다가 다시 미국으로 되돌려 가는 경우를 들 수 있다. 이와 같은 이유로 2010년에 GSMA는 VoLTE 사용자의 로밍에 방문 P-GW와 IMS 진입점을 사용하도록 규정했다. 이 요구서는 GSMA의 영구 참조 문서(IR.65)에 수록되었다.

3.4.3.2 IP 멀티미디어 세션

기존의 통신망에서는 음성, 비디오, 메시지 등의 서비스를 CS 영역에서 제공해 왔다. 사용자가 이제 PS 영역으로 옮겨가서 IMS를 이용하게 될 때, 오히려 서비스가 줄어든다면 바람직하지 않은 일이다. IMS는 통신 수단의 질을 더욱 풍족하게 향상시켜서 한단계 높은 통신서비스를 제공하게 될 것이다. IMS 사용자들은 동일 통신 세션 중 IP 기반의 다양한 서비스를 원하는 대로 조합하여 사용할 수 있다. 사용자들은 음성, 비디오, 문자, 콘텐츠 공유, 프레즌스 등을 통합해서 쓸 수 있고 원하는 서비스를 원하는 시간에 추가하거나 그만 두거나 할 수 있다. 예를 들면, 두 사람이 음성 세션을 시작하고 그 세션 도중에 게임이나 비디오를 세션에 추가할 수 있다.

3.4.3.3 접속방법의 독립성과 계층구조 설계

IMS는 접속방법에 독립적으로 설계되었다. 즉, IP 연결성을 지원하는 망(예: GPRS, WLAN, 광대역 xDSL 접속, CDMA, WiMAX)이라면 어느 망에서나 IMS 서비스가 지원될 수 있다.* 실제로 최초의 IMS 릴리스인 릴리스 5에서는 유일한 IP-CAN(IP Connectivity Access Network; IP 연결 접속망)이 GPRS이었기 때문에 접속방법이 한정되었으나(UMTS에), 릴리스 6 이후부터는 접속 관련 사항들이 IMS 주요 규격으로부터 분리되었고 IMS 구조도 원래 상태로 돌아갔다(즉, 접속방법에 독립적인 원래의 구상, 그림 3.15 참조). 그 이후 다양한 접속방법들이 추가되었다. IMS에 대한 WLAN의 접속이 3GPP 릴리스 6에 추가되었고, 고정 광대역 접속은 릴리스 7에서, DOCSIS®, cdma2000® 및 EPS가 릴리스 8에서, 그리고 광통신 접속은 릴리스 10에서 추가되었다. 한편 ICS(IMS Centralized Services; IMS-집중서비스)를 사용함으로써 eMSS(enhanced Mobile Service Switching Center Server; 강화 MSS), AGCF(Access Gateway Control Function; 접속 게이트웨이 제어 기능), 기존의 PSTN, POTS(Plain Old Telephone Service; 구형 단순 전화 서비스), 2G/3G 이동통신의 음성통화 가입자 등을 IMS 서비스 엔진에 연결할 수 있게 되었다.

접속방법에 대한 독립성 외에도 IMS 구조는 계층구조에 기초를 두고 있다. 즉, 전송과 베어

* 역자주 단일 공통 IMS를 모든 접속방법에 사용할 수 있으나 종단 대 종단(end-to-end) 성능은 각각의 접속방법과 그에 따른 망과 단말기의 성능에 따라 달라지게 된다(제6장 참조).

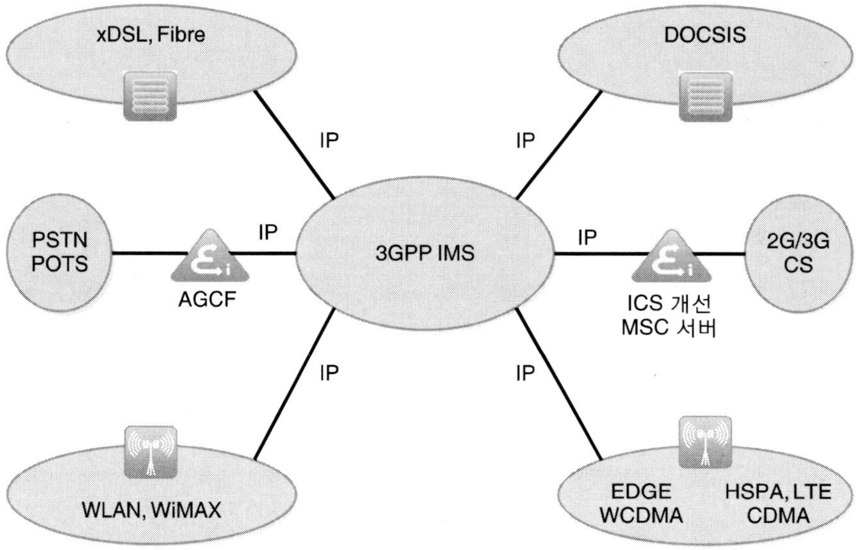

그림 3.15 모든 접속에 대한 단일 공통 IMS

러 서비스가 IMS 시그널링 망과 세션 관리 서비스로부터 분리되어 있음을 의미한다. 이외의 다른 서비스들은 모두 IMS 신호 망 위에서 운영된다. 계층구조는 각 계층 간 의존 관계가 최소한으로 되도록 설계한다. 한편, 계층구조 방법에서는 애플리케이션 계층의 중요성이 부각된다. 애플리케이션들을 별도의 계층으로 나누어 놓고 그 아래 계층의 IMS 망으로 공통 기능을 지원하게 되면, 동일한 애플리케이션들을 다양한 접속방법을 사용하는 디바이스에서 사용할 수 있다. 그런데 각각의 애플리케이션과 서비스마다 나름대로 다른 요구사항을 가질 수 있으므로, 망은 각각의 접속방법에 따른 적절한 제어와 서비스 제어를 함으로써 모든 멀티미디어 서비스를 적절하게 지원해야 한다.

3.4.3.4 QoS와 IP 정책 제어

공공 인터넷에서는 패킷 지연이 크고 변동성이 있을 수 있으며, 패킷의 도착순서가 뒤섞이기도 하고 패킷이 분실 또는 폐기되는 경우가 발생한다. VoLTE에서 이러한 경우가 있어서는 안 되므로 접속망과 전송망이 IMS와 더불어 종단 간 QoS를 지원한다. 단말기는 SIP 세션 수립 또는 변경 절차 시 IMS를 통하여 단말기 기능을 협의 조정하고, QoS 요구사항을 표시한다.

단말기는 미디어 유형, 트래픽 방향, 미디어 유형 비트 속도, 패킷 사이즈, 패킷 전송 빈도, 미디어 유형에 따른 RTP 탑재 사용 여부, 대역폭 적응 등과 같은 매개변수를 협의 조정할 수 있다. IMS는 세션 수립 절차에서 이와 같은 정보를 PCRF에 전달한다. PCRF는 세션 데이터에 따른 정책 규칙을 세우고 적절한 정책 규칙(대역폭, 요구되는 Quality Class, IP 패킷 필터,

등을 포함)을 P-GW에 보내며, P-GW는 접수한 정책 규칙을 해석하여 IMS 애플리케이션(예: 음성)에 필요한 EPC 베어러를 수립한다. IMS는 PCRF의 도움으로 IMS 미디어를 위한 베어러 트래픽의 사용을 제어할 수 있다. 이를 위해서 IP CAN과 IMS 간 상호작용이 요구된다. 이때 상호작용을 수립하는 방법은 3GPP TS 22.228, 3GPP TS 23.203, 3GPP TS 23.228의 세 가지 부류로 나누어 볼 수 있다.

- 정책 제어요소는 SIP 시그널링으로 협의 조정된 값들을 각각 미디어 트래픽에 대한 정책 및 과금 제어 규정으로 표시한다. 이렇게 함으로써 통신서비스 사업자는 베어러 자원을 SIP 세션에 최적화할 수 있다(5.5.4절 참조).
- 정책 제어요소는 SIP 세션의 시작점과 종료점 사이에서 미디어 트래픽의 시작과 종료를 제어한다. 이렇게 함으로써 세션 수립이 완전히 이루어지기 전에 베어러 자원이 사용되지 못하도록 방지할 수 있고, 트래픽이 IMS 세션의 과금의 시작/종료와 동기되어 시작/종료 되도록 제어한다(5.5.4절 및 5.5.6절 참조).
- 정책 제어요소는 IP CAN 서비스가 사용자의 베어러를 변경, 중단 또는 해지했을 때 그에 대한 통보를 받을 수 있다. 이를 통해서 IMS는 사용자가 통신 가능 지역을 벗어날 경우 진행 중인 세션을 해지할 수 있다.

3.4.3.5 서비스 제어

CS 이동통신망은 로밍 방문 사용자에게 방문 망, 즉 방문 이동통신서비스 교환소에서 서비스를 제공하며 트래픽을 제어하는 방문 서비스 제어방법을 사용한다. IMS가 처음 도입되었던 릴리스 5 시기에는 방문 서비스 제어 모델과 홈서비스 제어 모델을 모두 지원하도록 요구되었었다. 그런데 두 가지 모델을 모두 지원하는 데에는 몇 가지 문제가 있었다. 서비스 제어에 관한 문제점이 생기면 그에 대한 해결방안도 두 가지 제어 모델을 모두 지원할 수 있어야 되기 때문에 다양한 해결방안이 필요하게 되었으며, 더욱이 간략한 해결방안만으로는 두 모델을 함께 충족시키지 못하는 경우가 있기 때문에 최적화된 해결방안을 얻기가 더욱 어려워질 수 있었다.

두 가지 모델을 모두 지원한다는 것은 그에 관련된 IETF 프로토콜들을 추가로 확장하는 것과 등록과 세션 흐름에 관계된 작동이 증가되는 것을 의미하였다. 방문 서비스 제어는 복잡한 방법인데다가 홈서비스 제어에 비해 특별히 현저한 부가가치를 주는 것도 아니었기 때문에 폐기되었다. 자세히 살펴보면, 방문 서비스 제어에는 오히려 몇 가지 제약이 따른다. 방문 서비스 제어를 사용하려면 통신서비스 사업자들 상호간에 복수의 로밍 모델과 관계가 필요하다. 방문 망과 홈 망이 서로 비슷한 서비스를 지원하지 않으면 로밍 사용자가 서비스 저하를 경험하게 될 것이므로, 서비스 개발 시간이 더욱 오래 걸리게 된다. 더욱이 통신서비스 사업자간의 상호 통신 참조점의 수가 증가하게 되므로 해결방안이 더욱 복잡해진다(예: 보안과 과금). 이와 같은 이유로 홈서비스 제어가 선택 되었다. 즉, 가입자 데이터베이스에 접속하고 서비스 플랫폼과 직접 상호작용하는 구성요소 개체는 항상 사용자의 홈 망에 위치한다. IMS 서비스 공급에 관해서는 4.5절에 더욱 자세히 설명한다.

3.4.3.6 여타 망과의 상호연동

IMS가 한꺼번에 세계 전역에 걸쳐 설치되지 않을 것이라는 것은 자명한 일이며, 더욱이 사용자들이 단말기와 가입 내역을 그리 빨리 교체할 수도 없을 것이다. 그렇다면 사용자가 어디에 위치하며 어떤 단말기를 사용하고 있는가에 관계없이 사용자에게 어떻게 연결할 수 있는가 하는 사안이 생긴다. 새롭고 성공적인 통신망 기술과 구조가 되기 위해서 IMS는 가능한 한 많은 사용자에게 연결될 수 있어야 한다. 따라서 IMS는 PSTN, ISDN, 이동통신, 인터넷 사용자들과의 통신을 지원한다. 뿐만 아니라 3GPP 공동체 외에서 개발된 인터넷 애플리케이션과의 세션도 지원할 수 있게 될 것이다(3GPP TS 22.228). 음성, 비디오, SMS의 IMS-CS 상호연동 기능은 3.4.4.3절에 설명한다.

3.4.3.7 과금

사용자 과금 기능은 특히 통신서비스 사업자의 견해에서 볼 때 필수사항이다. IMS 구조는 다양한 과금 모델을 지원한다. 즉, 호출 가입자에게만 과금할 수 있는 가능성 또는 전송 레벨 자원 사용을 기준으로 해서 호출 가입자와 피호출 가입자 모두에게 과금할 수 있는 가능성 등을 포함한다. IMS 세션은 멀티미디어(예: 오디오, 비디오)를 포함할 수 있으므로, IMS는 미디어 요소 당 과금을 할 수 있도록 요구된다. 따라서 만약 세션 중에 새로운 미디어 요소가 추가될 경우 피호출 가입자에게 과금할 수 있다. 또한, 현 세션에 적용되어야 할 과금 정보를 서로 다른 IMS 망끼리 교환할 수 있도록 요구된다(3GPP TS 22.101; 3GPP TR 23.815).

IMS 구조는 온라인과 오프라인 과금을 모두 지원한다. 온라인 과금에서는 과금 정보가 현재 제공되고 있는 서비스에 실시간으로 영향을 미치고 작용할 수 있다. 따라서 온라인 과금 절차는 세션/서비스 제어와 직접적으로 상호작용한다. 실질적으로는 통신서비스 사업자는 세션 시작을 허용하기 전에 해당 사용자의 계좌를 확인할 수 있어서 만약에 잔금이 남지 않았다면 세션을 정지시킬 수 있다. 선불 서비스는 온라인 과금 기능을 이용하는 애플리케이션이다. 오프라인 과금은 과금 정보가 서비스에 실시간으로 영향을 미치지 않는 전통적인 과금 모델로서 통신서비스 사업자가 특정 기간 동안의 과금 정보를 수집하고 그 기간 말에 사용자에게 요금을 청구하는 것이다.

VoLTE 영업을 위한 과금은 다음과 같이 이루어질 것으로 예상된다.

- EPC에서 모든 IMS 시그널링와 IMS 사용자 평면 트래픽에 대한 0% 과금

- IMS 개체가 SIP 시그널링에서 과금 정보를 수집하여 CDR(Charging Data Record; 과금 데이터 기록)을 생성한다.
- PCRF를 사용해서 IMS 베어러 인증을 하거나 IMS 베어러를 절차에 따라 해지하도록 제어하며, 사용자 평면과 제어 평면의 오류 케이스를 상호 연계해 준다.

VoLTE의 과금 계획에 대해서 5.5.5절에 상세히 설명한다.

3.4.3.8 보안 통신

보안성은 어느 면에서 보나 이동통신망에 대한 근본적인 요구사항이며, IMS도 그 점에서 예외가 아니다. IMS 보안 구조는 그림 3.16에 나타낸 것처럼 세 가지 구성요소로 이루어진다. 첫 번째는 NDS(Network Domain Security; 망 도메인 보안)(3GPP TS 33.210)로, IMS 통신서비스 사업자 간의 IP 보안과 각각의 IMS 망 구성요소 간 IP 보안을 지원한다. 두 번째는 IMS 접속 보안(3GPP TS 33.203)이다. SIP 기반 서비스의 접속 보안은 서비스 자체에서 유지되는 요소인데, 한 가지 예외사항은 이를 위한 보안 매개변수들이 AKA 프로토콜(Authentication and Key Agreement; 인증 및 키 교환 합의)에서 유래한다는 것이다(3GPP TS 33.102). 세 번째 요소는 AKA인데, AKA는 부트스트랩 목적으로도 사용된다 – 즉, 키와 인증서가 AKA의 신용 증명에서 유도되고, 그 다음에 HTTP(RFC 2616, HTTP/1.1) 등에서 운용되는 애플리케이션의 보안에 사용되는데, 이를 GAA(Generic Authentication Architecture; 포괄적 인증 구조)(3GPP TS 33.220)라 한다. 한편 이 구조 모델에서 IMS 접속 보안의 상위층 또는 NDS(Net-

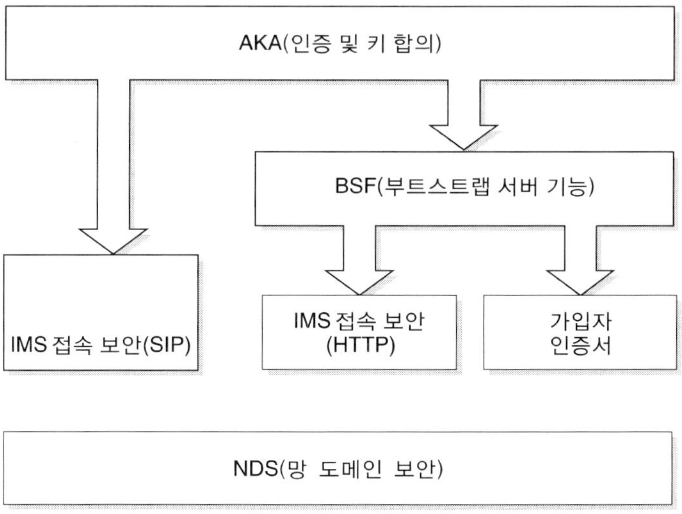

그림 3.16 IMS 보안 구조

work Domain Security; 망 도메인 보안)의 하위층에 놓일 수 있는 보안 계층은 의도적으로 제외되었다. 예를 들면, LTE 무선 접속 계층에는 암호화와 메시지 보존성 등 자체의 보안 기능이 구현되어 있다. 그러나 IMS는 접속 보안이나 사용자 평면 보안의 존재 여부에 의존하지 않도록 설계되었다.

3.4.4 IMS 구성개체

이 절에서는 IMS를 구성하는 개체와 각각의 핵심 기능을 논의한다. IMS 개체는 대략 다섯 가지의 주요 부류로 나눌 수 있다.

- 세션 관리와 라우팅(CSCFs)
- 서비스[AS, MRFC(멀티미디어 자원 기능 제어기), MRFP(멀티미디어 자원 기능 처리기), MRB(Multimedia Resource Broker; 멀티미디어 자원 중개기)]
- 상호연동 기능[BGCF(Breakout Gateway Control Function; 망 이탈 게이트웨이 제어 기능), MGCF(Media Gateway Control Function; 미디어 게이트웨이 제어 기능), IMS-MGW, S-GW]
- 지원 기능[SEG(Security Gate way; 보안 게이트웨이), TrGW(Transition Gateway; 과도 게이트웨이), LRF(Location Retrieval Function; 위치 검색 기능), IMS 접속 게이트웨이]
- 과금

3.4.4.1 CSCF (Call Session Control Functions; 호 세션 제어 기능)

CSCF는 네 가지 종류가 있다: (i) P-CSCF(Proxy-Call Session Control Function; 프록시-CSCF) (ii) S-CSCF(Serving-CSCF; 서빙-CSCF) (iii) I-CSCF(Interrogating-CSCF; 정보문의-CSCF) (iv) E-CSCF(Emergency-CSCF; 비상-CSCF). 그림 3.17은 CSCF 상호 간 연결 및 기타 IMS 개체와의 연결을 보여준다. 여기에서는 각 CSCF의 특정 임무를 설명한다. P-CSCF, S-CSCF, I-CSCF의 공통점은 등록 및 세션 수립 절차에 대한 역할을 분담하며 SIP 라우팅 체제를 구성한다는 것이다.

한편, CSCF는 과금 데이터를 오프라인 과금 기능에 전달할 수 있다. P-CSCF와 S-CSCF는 몇 가지 공통 기능을 가진다. 이 두 개체는 사용자를 대신해서 세션을 해지할 수 있으며(예를 들면, S-CSCF가 세션이 정지된 것을 감지했을 경우, 혹은 P-CSCF가 미디어 베어러가 없어졌다는 통보를 받았을 경우), 또 SIP 요청(SIP Request) 내용과 응답(Response)이 통신서비스 사업자의 정책과 사용자의 가입 내용에 일치하는지를 점검할 수 있다(예: SDP에 실린 내용은 사용자에게 허용된 미디어 유형 혹은 코덱에 관한 정보를 포함한다).

P-CSCF(Proxy-Call Session Control Function; 대리-CSCF) : P-CSCF는 사용자가 처음

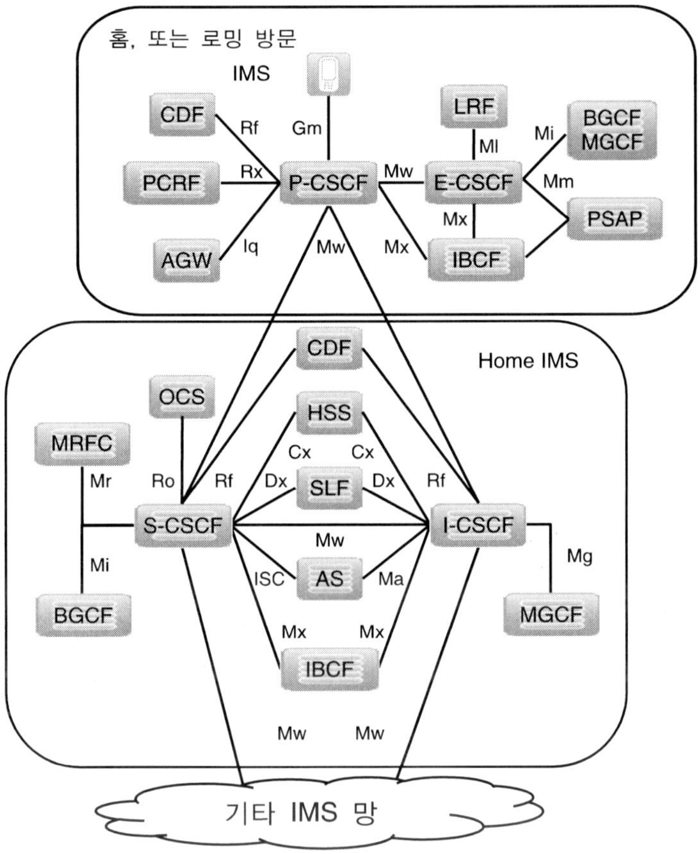

그림 3.17 CSCF와 참조점들[1]

IMS와 접촉하는 점이다. 즉, 단말기로부터의 모든 SIP 신호는 일단 P-CSCF로 보내어진다. 비슷하게 망으로부터 오는 모든 종료 SIP 신호도 P-CSCF에서 단말기로 보내어진다. P-CSCF는 SIP 압축, IPSec 보안 연합, PCRF와의 상호작용, NAT 제어(Network Address Translator; 망 주소 번역), 비상 세션 감지의 다섯 가지 특정 임무를 수행한다.

SIP 프로토콜은 문자 기반의 시그널링 프로토콜이다. SIP 프로토콜 메시지는 헤더와 헤더 매개변수(확장과 보안에 관한 정보를 포함하는)를 상당량 포함하기 때문에 이진법으로 코딩된 프로토콜들의 메시지와 비교할 때 그 메시지 사이즈가 상당히 커진다. 3GPP는 세션 수립 속도를 빠르게 하기 위해서 LTE를 제외한 모든 3GPP 접속을 사용할 경우 단말기와 P-CSCF 간에

1 이 그림에는 AGCF, eMSS, ATCF(Access Transfer Control Function)을 대하는 참조점이 표시되어 있지 않았다(그림 3.21 참조).

서 SIP 압축을 필수적으로 지원하도록 규정하였다. 단말기가 압축된 시그널링 메시지를 받기를 원한다고 표시할 경우 P-CSCF는 메시지를 압축해서 전달한다.

P-CSCF는 IPSec이나 TLS를 사용해서 SIP 시그널링의 보존성과 기밀을 보호하는 의무가 있다. 이것은 SIP 등록 중에 이루어진다. 초기 등록을 마친 뒤 P-CSCF는 SIP 시그널링의 보존성과 기밀을 보호할 수 있다.

정책 및 과금 제어 절차에서 P-CSCF는 세션과 미디어 관련 정보를 PCRF에 보낸다. PCRF는 수신된 정보로부터 IP QoS 정보와 과금 규정을 추출해낼 수 있으며, 그것을 접속 게이트웨이(예: P-GW)로 전달한다. IMS는 PCRF와 P-CSCF를 통해서 접속망에 IMS 과금 상관관계 정보를 보내며, 또 반대 방향으로는 접속망으로부터 오는 접속 관련 과금 정보를 받는다. 이와 같이 해서 IMS와 접속망에서 생성된 CDR을 요금 청구 시스템에 결합할 수 있게 된다.

고정 접속망에서 단말기는 보통 NAT 앞쪽에 위치하며, NAT는 이를 통과하는 모든 IP 패킷의 IP 주소를 변경하고 정보를 전달한다. 그런데 이러한 유형의 NAT는 SIP과 SDP 계층에 포함되어 있는 IP 주소 정보를 참작하지 않기 때문에 VoLTE 구조에 사용하기에는 문제점이 있다. 진정한 의미의 포괄적인 연결성을 단말기에 지원하려면 P-CSCF는 반드시 SIP/SDP와 사용자 평면의 IP 주소 정보를 모두 공공 IP 주소 영역에 속한 것을 사용해야 된다. 이를 위해 P-CSCF는 IMS 접속 게이트웨이(IMS-AGW)를 제어하여 게이트웨이가 사용자 평면 IP 주소를 변경하도록 한다.

P-CSCF는 IMS 비상 세션에서 매우 중요한 역할을 수행한다. P-CSCF는 모든 경우의 비상 요청을 감지하고 비상 세션을 처리하는 E-CSCF를 선정한다.

I-CSCF(Interrogating-CSCF; 정보 문의-CSCF) : I-CSCF는 통신서비스 사업자망 내에서 자사 가입자에게 향하는 모든 연결이 이루어지는 접촉점이다. I-CSCF는 세 가지 특유의 임무가 있다.

- HSS로부터 다음 단계 개체(S-CSCF 또는 AS)의 이름을 얻는다.
- HSS에서 전달받은 기능 가능성에 관한 정보를 토대로 해서 S-CSCF를 지정한다. S-CSCF는 사용자가 망에 등록할 때 지정된다. 사용자의 등록이 해지되어 있을 경우, 만약 사용자가 비등록 상태에 관련된 서비스(예: 음성 메일)를 가지고 있다면 사용자가 SIP 요청을 수신할 때 S-CSCF가 지정된다.
- 외부로부터의 요청을 지정된 S-CSCF나 AS로 라우팅 해준다(공공 서비스 ID의 경우).

S-CSCF(Serving-CSCF; 서빙-CSCF) : S-CSCF는 등록 절차를 취급하고 라우팅 결정을 내리며 세션 상태를 유지 관리하고 서비스 프로파일들을 저장한다는 점에서 볼 때 IMS의 중심이라고 할 수 있다. 사용자가 보낸 등록 요청은 S-CSCF로 라우팅되고 S-CSCF는 HSS에서

인증 데이터를 다운로드한다. S-CSCF는 인증 데이터를 토대로 해서 단말기에 보내는 암호 난제 질문을 생성한다. 단말기로부터 그에 대한 응답을 받아서 검증한 다음 S-CSCF는 등록을 수락하고 등록 상태 감독을 시작한다. 사용자는 이 절차 다음에 IMS 서비스를 시작하여 사용할 수 있게 된다. 등록 절차의 일부로 S-CSCF는 HSS로부터 서비스 프로파일을 다운로드하고, 등록 단말기에 사용자 및 디바이스 고유 정보를 전해준다. 서비스 프로파일은 HSS에 영구 저장되어 있는 사용자 고유 정보의 집합체이다. S-CSCF는 어느 특정 공공 사용자 ID가 IMS에 등록되어 있을 때 그 특정 공공 사용자 ID(예: joe.doe@ims.example.com)와 연계되어 있는 서비스 프로파일을 다운로드한다. 사용자가 SIP 요청을 보내거나 (다른 사람으로부터) 받을 때 S-CSCF는 서비스 프로파일에 있는 정보를 가지고 언제, 어느 AS(들)을 선택할 것인가 결정한다. 한편, 서비스 프로파일은 S-CSCF가 어떤 종류의 미디어 정책을 적용해야 되는지에 관한 추가 지시사항을 포함할 수 있다 - 예를 들면, 어느 특정 사용자에게 비디오 미디어 구성요소는 허용되지 않으며 음성과 애플리케이션의 미디어 구성요소만 허용된다는 것을 서비스 프로파일에 표시할 수 있다. S-CSCF는 단말기에서 발신되거나 종료되는 모든 세션과 트랜잭션을 수신하기 때문에 라우팅에 대한 주요 결정을 내린다. S-CSCF가 단말기에서 발신된 요청을 P-CSCF를 통해서 수신하면 S-CSCF는 그 요청을 더 이상 전달하기에 앞서 우선 AS와의 접촉할 것인가의 여부를 정한다.

S-CSCF는 AS와 필요한 상호작용을 마치고 IMS 세션을 지속시키거나, 혹은 세션을 CS 망이나 IP 망과 같은 다른 도메인으로 절환한다. IMS가 MSISDN 번호를 사용한 요청을 라우트하지 않기 때문에 만약 사용자 단말기가 피호출 가입자의 MSISDN 번호를 사용하면 S-CSCF는 MSISDN 번호[즉, tel URL(tel Universal Resource Locator, tel 통합 자원 위치 표시)]를 SIP URI 형태로 변환한다. 한편, S-CSCF는 단말기에서 처리, 종료될 모든 요청을 접수한다. S-CSCF는 단말기의 등록 내역으로부터 단말기의 IP 주소를 인지하고 있지만 모든 요청은 P-CSCF를 통해서 라우팅한다. 그 이유는 P-CSCF가 접속 보안 기능을 담당하기 때문이다. S-CSCF는 필요할 경우 요청을 P-CSCF에 전달하기에 앞서 그 요청을 AS(들)에 보내서 새로운 방향으로 전환해야 되는가를 점검할 수 있다. 또한 S-CSCF는 온라인 과금을 위해 계정에 관련된 정보를 OCS에 보낼 수 있다(예: 선불 가입자를 지원하기 위해).

E-CSCF(Emergency-CSCF; 비상 세션 제어 기능) : E-CSCF는 경찰, 소방서, 앰블런스 등으로 향하는 IMS 비상 요청을 처리하는 전용 기능이다. E-CSCF의 주된 임무는 비상 요청을 어느 PSAP(Public Safety Answering Point; 공공 안전 대응센터)로 전달할지 선정하는 것이다. 일반적으로 PSAP은 사용자의 위치와 비상 상황의 유형(예: 경찰, 해양 경찰)에 적절한 곳을 선정한다. E-CSCF는 비상 요청을 선택된 비상 센터로 라우팅한다.

3.4.4.2 서비스 기능

이 책에서는 IMS 서비스에 관련된 기능을 MRFC, MRFP, MRB, AS의 네 가지로 분류한다. 그림 3.18에 이 서비스 기능들이 서로 어떻게 연결되어 있으며, 또 다른 IMS 구성개체들과 어떻게 연결되는지를 나타낸다.

엄격히 말한다면 AS는 순수한 IMS 개체가 아니다. 이는 오히려 IMS의 상위계층 기능이라고 할 수 있다. 그러나 AS가 프레슨스, 보조 서비스 등의 부가가치 멀티미디어 서비스를 IMS에 지원하므로 여기에서는 IMS 기능의 한 부분으로 간주하여 설명한다.

AS는 사용자의 홈 망 또는 제삼의 위치에 존재한다. 이때 제삼의 위치는 망 또는 독립형 AS를 의미한다. AS의 주된 기능은 다음과 같다.

- IMS로부터 수신되어 입력되고 있는 SIP 세션을 처리하고 영향을 주는 가능성
- SIP 요청을 발신할 수 있는 능력
- 계좌 정보를 과금 기능으로 보낼 수 있는 능력

통신서비스 사업자가 CSE(CAMEL Service Environment ; Customized Applications for Mobile Network Enhanced Logic 서비스 환경), OSA(Open Service Architecture; 개방형 서비스 구조)에 기반을 둔 서비스를 IMS 가입자에게 지원할 수 있기 때문에(3GPP TS 23.228) IMS 서비스는 전적으로 SIP 기반 서비스에만 국한되지 않는다. 따라서 AS는 일반적으로 SIP AS, OSA SCS(OSA Service Capability Server; OSA 서비스 기능 서버), CAMEL IM-SSF (CAMEL IP Multimedia-Service Switching Function; CAMEL IP 멀티미디어-서비스 교환 기능) 등의 행위를 지칭한다. S-CSCF의 관점에서 보면, SIP AS, OSA SCS, IM-SSF가 모두 동일한 참조점 작동을 보인다. AS가 단일 서비스에 전용될 수 있는 한편 사용자는 여러 가지의

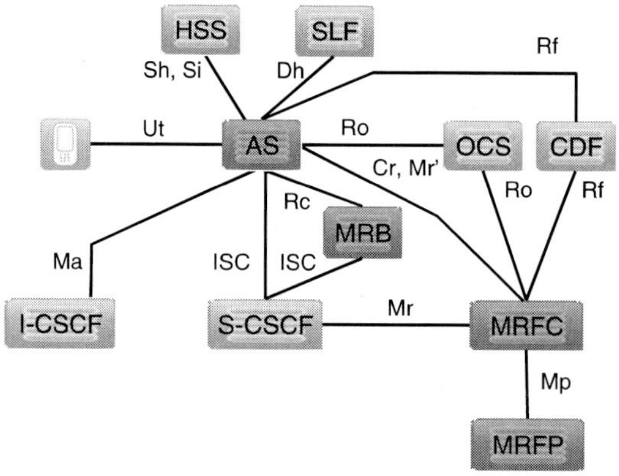

그림 3.18 서비스 기능과 참조점

서비스를 받을 수 있으므로 각 가입자 당 단일 혹은 복수의 AS가 작동될 수 있다. 또 어느 단일 세션에 단일 혹은 복수의 AS가 개입할 수도 있다. 예를 들면, 통신서비스 사업자가 음성 보조 서비스(예: 오후 5시와 7시 사이에는 걸려오는 모든 음성 세션을 자동응답기로 전송함)를 제어하기 위한 하나의 AS와 음성 호 연속성(LTE VoIP에서 2G CS 호로 끊어짐이 없는 핸드오버)을 취급하기 위한 다른 하나의 AS를 가진다.

MRFC와 MRFP는 함께 작동하여 컨퍼런싱과 사용자에 대한 안내 공지, 그리고 IMS 구조에서 베어러 부호 변환 등 베어러에 관련된 서비스 체계를 지원한다. MRFC는 S-CSCF/AS와 SIP 통신을 수행하며 MRFP를 제어한다. MRFP는 MRFC의 제어에 따라 사용자 평면 자원을 제공한다. MRFP는 다음과 같은 기능을 수행한다.

- 입력되고 있는 미디어 스트림들을 혼합한다(예: 복수의 사용자들을 위하여)
- 미디어 스트림의 자원(예: 멀티미디어 안내 공지)
- 미디어 스트림 처리(예: 음성부호 변환, 미디어 분석)(3GPP TS 23.002; 3GPP TS 23.228)

MRB는 각종의 애플리케이션들이 다양한 멀티미디어 자원 기능(MRF)으로 구성된 MRF 풀을 공유하도록 지원한다. MRB는 S-CSCF나 AS의 지시가 있을 때 호에 적합한 특정 MRF 자원을 배정한다(또, 나중에 그 자원을 해지한다).

3.4.4.3 IMS-CS 상호연동 기능

이 장에서는 IMS와 CS 코어망 간 음성, 비디오, SMS의 상호연동을 지원하기 위한 다섯 가지 기능을 소개한다.

음성 및 비디오 상호연동 : 3.4.4.1에서 S-CSCF가 음성이나 비디오 세션을 언제 CS 코어망으로 전환시킬지를 결정한다는 것을 설명하였다. S-CSCF는 세션을 CS 코어망으로 전환시키기 위한 SIP 세션 요청을 BGCF로 보낸다. 그 다음 S-CSCF는 BGCF가 속해 있는 동일 망에서 CS 코어망으로 전환시킬 것인지 또는 다른 망에서 전환시킬지를 결정한다. 동일 망에서 세션을 전환시킬 경우 BGCF는 MGCF를 선택하고 MGCF로 하여금 해당 세션까지 처리하도록 한다(그림 3.19). 만약 다른 망에서 세션을 CS 코어망으로 전환시킬 경우 BGCF가 해당 세션을 선택된 다른 망의 BGCF로 보낸다(3GPP TS 23.228)(그림 3.19). 이 방법을 사용하면 시그널링과 미디어를 IP로 피호출 사용자 가까이까지 라우팅할 수 있다.

SIP 세션 요청이 MGCF에 도달하면 MGCF는 SIP 프로토콜과 ISUP(ISDN User Part; ISDN 사용자 부분) 또는 BICC(Bearer Independent Call Control; 베어러에 독립적인 호 제어) 간의 프로토콜 전환을 수행하고, 전환된 요청을 SGW(Signalling Gateway; 시그널링 게이트웨이)를 통해 CS 코어망으로 보낸다.

SGW는 IP 기반의 시그널링 전송(즉, Sigtran SCTP/IP와 SS7 메시지 전송 부분(MTP) 간의

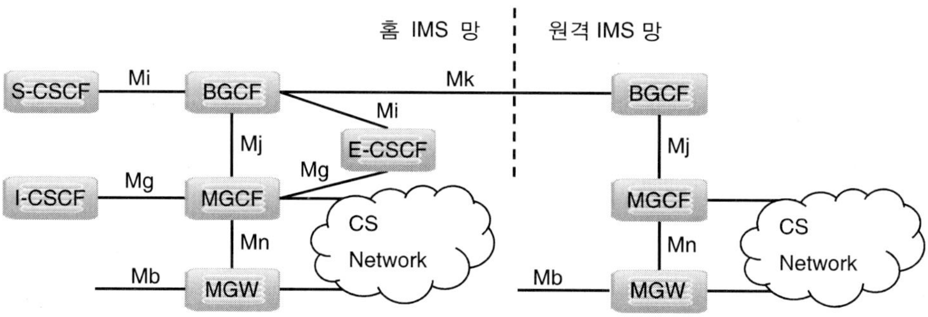

그림 3.19 IMS-CS 음성 상호연동 기능과 참조점

시그널링)과 SS7(Sigalling System Number 7; 시그널링 방식 7) 기반의 시그널링 전송 사이에서 전송 레벨 시그널링 전환을 양방향으로 수행한다. 한편, SGW는 애플리케이션 계층(즉, BICC, ISUP)의 메시지를 해석하지 않으며 MGCF는 IMS MGW를 제어한다. IMS MGW는 CS 코어망과 IMS 망 간에 사용자 평면을 제공한다. IMS MGW는 CS 망으로부터의 베어러 채널들과 백본 망으로부터의 미디어 스트림(예: IP 망에서의 RTP 스트림, 또는 ATM 백본 망에서의 AAL2/ATM(ATM Adaptation Layer 2/Asynchronous Transfer Mode) 연결)을 종료하고 그 사이(미디어)에 전환을 수행하며 필요한 경우에는 사용자 평면에 대한 부호 전환과 신호처리를 한다. 또한, IMS-MGW는 CS 사용자에게 신호음과 공지 안내를 지원할 수 있다. 이와 비슷하게 CS 사용자로부터 IMS 사용자에게 향하는 모든 입중계 호 제어 신호는 MGCF로 보내진다. MGCF는 이에 필요한 프로토콜 전환을 수행하고 세션 종료를 위하여 I-CSCF에 SIP 세션 요청을 보낸다. 이와 동시에 MGCF는 IMS-MGW와 상호연동을 통하여 IMS-MGW의 사용자 평면 자원을 예약한다.

SMS 상호연동 : IP-SM-GW(IP-Short Message Gateway; IP 단문 게이트웨이)는 이제까지 가장 많이 구현된 이동통신 메세징 기술인 SMS를 IMS 메세징 방법과 이어주는 구성요소이다. SMS가 IMS 사용자에게 보내지면 SMS는 IP-SM-GW로 라우트되고, IP-SM-GW는 해당 SMS를 SIP MESSAGE METHOD에 특수 콘텐트 유형으로 합류하여 SIP 메시지를 만든다. 이렇게 생성된 SIP 메시지를 S-CSCF로 보내어 사용자에게 최종적으로 배달되도록 한다. 이와 같은 방법으로 IP CAN(예: WLAN, WiMAX)에 합류된 디바이스로 SMS를 배달할 수 있다. 이것을 현재의 SMS 베어러 옵션(CS, GPRS)들을 대신하는 착신 베어러라고 볼 수도 있다. 이런 유형의 상호연동을 사용해서 모든 종류의 부가가치 SMS 서비스를 IMS 사용자들에게 배달할 수 있다. IP-SM-GW는 자연히 반대방향으로의 전환도 지원한다. 즉, IMS 사용자가 SIP 메시지에 SMS를 특수 콘텐트 유형으로 포함하여 보내면 IP-SM-GW는 SIP 메시지에서 원래의 SMS를 추출하여 SMS 센터로 보내어 그것이 일반 SMS로 배달되도록 한다. 이러한 전반적인 기능

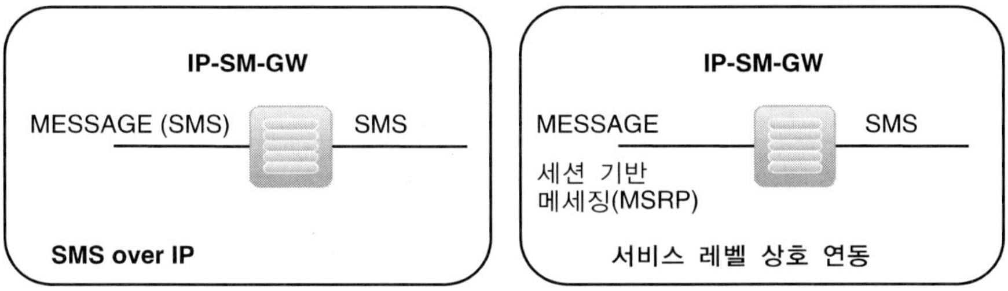

그림 3.20 메세징 상호연동

은 표준(3GPP TS 23.204)에서 IP로 전송되는 SMS라고 한다(그림 3.20 참조). 이러한 기능에 대한 더욱 자세한 설명은 5.9절을 참조하기 바란다.

더욱이 IP-SM-GW는 SMS와 SIP 기반 메시지 서비스 방법 간의 상호연동을 서비스 계층 고유 레벨에서 지원한다. 이것은 SMS가 전반적으로 SIP 기반 요청으로 전환되므로 IMS 단말기(예: PC)에 SMS를 구현할 필요가 없다는 것을 의미한다. 그림 3.20 우측부분에 이를 나타내었다. 메시지 사이즈는 IMS 메시지 상호연동에서 매우 중요한 사항이다. SIP 메시지(RFC 3428)에는 사이즈 제한이 따르는데, 이 RFC에 의하면 만약 메시지 사이즈가 경로 중에 존재하는 최대 전송 단위(MTU, Maximum Transmission Unit)의 최소값(이 제한치는 보통 1,300바이트이다)보다도 200바이트 이상 작은 경우에는 SIP 메시지를 세션 밖으로 보내지 못하도록 요구되어 있다. IP-SM-GW가 길게 조합된 SMS 메시지(표준 길이의 단문자 여러 개를 이어 붙여 마치 긴 메시지 하나인 것 같은 메시지 조합)를 수신하였는데 만약 조합된 SIP 메시지가 사이즈 제한값을 초과할 경우에는 IP-SM-GW는 세션-모드 메시지(Session-mode Message)를 사용해서 그 메시지를 보내야 된다. 세션-모드 메시지는 IP-SM-GW가 IMS 단말기와 세션을 수립하기 위해 SIP INVITE 요청을 보내는 것을 말한다. 일단 세션이 수립되면 MSRP(Message Session Relay Protocol; 메시지 세션 중계 프로토콜)를 이용하여 해당 메시지를 IMS 단말기로 보낸다.

3.4.4.4 지원 기능

IBCF, TrGW, IMS 접속 게이트웨이, SEG, LRF 등의 기능은 지원 기능으로 분류된다. CS, PSTN, ISDN 망 사용자를 IMS, eMSS, AGCF에 연결하는데 필요한 두 가지 기능을 소개한다. 그림 3.21은 여러 지원 기능이 IMS 개체들과 어떻게 연결되는가를 보여준다(SEG는 나타나지 않음).

IBCF(Interconnection Border Control Function; 서비스 사업자 간 연동 제어 기능) 및 TrGW (Transition Gateway; 과도 게이트웨이) : IBCF는 통신서비스 사업자 간 도메인을 상호 연결할 때 요구되는 특정 기능을 지원한다. IBCF는 IPv6와 IPv4 간의 통신, 상이한 미디어 코덱

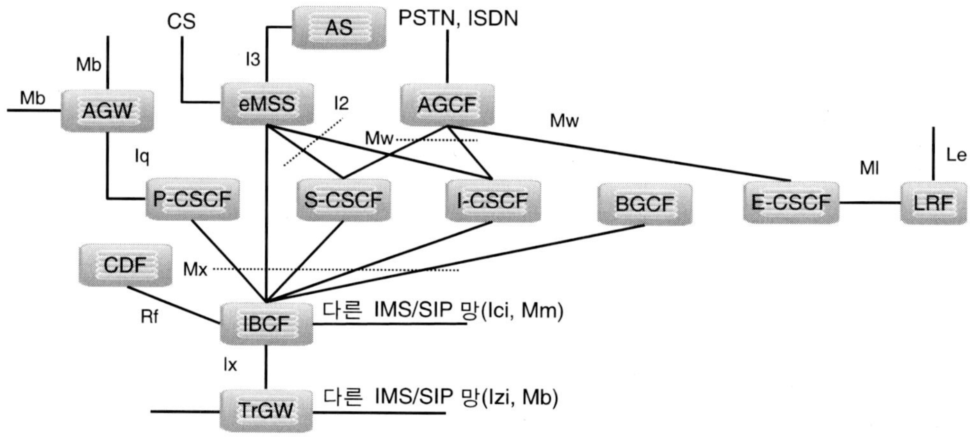

그림 3.21 IMS 지원 기능과 참조점

간의 부호 전환, 망 접속형태 은폐, 전송 평면 기능제어, SIP 신호 정보 검사, 적절한 신호 상호 연결의 선택, CDR 생성 등을 지원한다.

상이한 IP 주소 버전을 사용하고 있는 통신서비스 사업자 간에 IMS 통신이 이루어지려면 IPv6와 IPv4 주소 변환 능력이 필요하다. IBCF는 이와 같은 도메인 사이에서 ALG(Application Layer Gateway, 애플리케이션 계층 게이트웨이)의 역할을 한다. ALG는 SIP와 SDP 정보를 변환시켜서 상이한 IP 버전(IPv6, IPv4)을 사용하는 단말기간의 통신을 가능하게 한다. 한편 IBCF 내 ALG 기능은 TrGW를 제어한다.

IBCF/TrGW는 최종 사용자의 디바이스가 각각 상이한 접속망에 연결되어 있고 상이한 코덱을 사용할 경우 코덱 부호 전환 기능을 지원한다. 부호 전환 서비스는 세션 요청을 피호출 단말기로 보내기에 앞서 사전 대책으로 미리 시동될 수도 있고 피호출 단말기로 보내진 세션 요청이 일단 거부된 다음 그에 반응해서 트리거될 수도 있다(3GPP TS 23.228). 예를 들면 IBCF/TrGW는 AMR Codec(Adaptive Multi-Rate Codec; 적응성 다중 비율 코덱)과 G.722 코덱 간의 부호 전환 등을 지원할 수 있다.

망 접속형태 은폐 기능은 망의 형태, 용량, 노드 배치 상태 등을 통신서비스 사업자의 망 밖에서 알 수 없도록 은폐하는데 쓰인다. 이를 위해서는 다른 IMS 망으로부터 요청이나 응답을 수신할 때 IBCF가 라우팅 경로 내에 위치하도록 망을 구성해야 한다. 마찬가지로, 다른 IMS 망으로 요청이나 응답을 발신할 때에도 IBCF를 라우팅 경로 내에 배치해야 한다.

IBCF는 통신서비스 사업자의 IMS 망의 망 접속형태에 관한 정보를 나타낼 수 있는 모든 헤더를 암호화 및 복호화한다.

통신서비스 사업자는 IBCF를 자사 내에 적용하는 정책을 지원하는데 사용할 수 있다. 통신

서비스 사업자는 IBCF를 자사 망의 입출구점으로 사용할 수 있으며, 또 시그널링 정보를 검색하는데 사용할 수도 있다(즉, 몇몇 수신된 SIP 메시지에 대해서는 그 메시지를 다른 망으로 전달하기 전에 SIP 헤더를 생략하거나 변경한다).

TrGW는 전송 평면에서 NAT/포트 해석과 IPv4/IPv6 프로토콜 전환을 지원한다(즉, RTP 같은 실질적인 IMS 애플리케이션 미디어를 전송하는 IP 패킷을 변경한다).

IMS-AGW(IMS Access Gateway; IMS 접속 게이트웨이) : 고정 접속망 구현에서 단말기는 고객의 사설망의 입구가 되는 CPE(Customer Premise Equipment; 고객 댁내 장치) 뒤에 위치할 수도 있다(이것은 3GPP 이동통신 접속에서는 고려 대상이 되지 않는 경우이다). 일예로 고객의 집에서 DSL이 연결된 셋톱박스를 들 수 있다. CPE는 NAT와 방화벽의 역할을 하며, 이를 통과하는 모든 IP 패킷의 IP 주소와 포트 정보를 변경한다. 이러한 유형의 NAT는 SIP와 SDP 계층의 IP 주소 정보를 고려하지 않기 때문에 문제가 발생한다. 만약 사용자 단말기가 NAT 통행을 고려하지 않는다면 IMS 망이 망 주소 변환을 고려해야 될 필요가 있다. SIP-ALG가 포함된 P-CSCF가 IMS 망 경계에서 이러한 기능을 지원하는데, 이때 SIP-ALG는 NAT가 내장된 IMS-AGW를 제어한다.

만약에 SIP INVITE 요청이 단말기의 사설 주소를 사용했을 경우 P-CSCF에 포함되어 있는 ALG가 공공 주소를 배정하고 이를 세션에 결합시킨다(이 결합은 단말기가 등록되어 있는 동안 지속되기 마련인데, 그 내역은 이 책의 범주를 벗어나므로 여기에서는 제외하였다). P-CSCF에서 착신측으로 보내는 INVITE 요청 안의 모든 프로토콜 계층에는 단말기의 공공 주소가 포함된다. 예를 들면 다음과 같다.

- SIP INVITE 요청을 운반하는 IP 패킷 내
- SIP 라우팅 관련 정보 내
- SDP 메시지 내(SIP INVITE 요청의 본문으로 전달됨)

ALG는 이렇게 새로 생성된 결합에 대한 정보를 IMS-AGW에 내장된 NAT에 전달한다. 단말기 간에 일단 메시지 교환이 시작되면 NAT가 사용자의 공공 및 사설 주소가 표시된 RTP 패킷에 포함되어 있는 IP 주소를 해석 전환한다(3GPP TS 23.228; 3GPP TS 23.334; 3GPP TS 29.334).

SEG(Security Gateway; 보안 게이트웨이) : SEG의 기능은 보안 도메인 간의 제어 평면 트래픽을 보호하는 것이다. 보안 도메인은 단일 관리 권한에 의해 운영되는 망을 지칭한다. 보안 도메인은 전형적으로 통신서비스 사업자 간의 경계선과 일치한다. SEG는 보안 도메인의 경계에 위치하며, 목적지 보안 도메인에 위치한 다른 SEG에 대해서 보안 도메인의 보안 정책을 집행한다. IMS 내 모든 트래픽은, 특히 수신측 보안 도메인과 다른 보안 도메인에서 생성되는 도메인 간 트래픽인 경우 SEG를 통해 라우트된다.

도메인 간 IMS 트래픽의 보호에는 데이터 보존성과 인증이 필수로 명세되어 있다(3GPP TS 33.203).

LRF(Location Retrieval Function, 위치 검색 기능) : LRF는 IMS 비상 세션을 시작하였던 사용자 단말기의 위치 정보와 세션이 보내져야 하는 PSAP의 주소를 전달함으로써 IMS 비상 세션을 다룰 때 E-CSCF를 보조한다. LRF는 위치 정보를 지원하는 자체 위치 서버를 포함하거나 또는 외부 위치 서버(예: Gateway Mobile Location Center; 게이트웨이 이동통신 위치 센터)와의 인터페이스를 가지고 있다. LRF는 적합한 PSAP를 찾아내기 위해 사용자의 위치와 PSAP 주소를 연결할 수 있는 RDF(Routing Determination Function; 라우팅 결정 기능)를 포함할 수 있다. LRF는 각 지역별 규정에 따라 기타의 비상 세션 매개변수를 지원할 수 있는데 예를 들면, 이러한 정보는 비상 서비스 질문 키, 비상 서비스 라우팅 번호, 북 아메리카의 최종 라우팅 옵션, EU의 위치번호, PSAP SIP URI 혹은 Tel URI 등이 있다. IMS 비상 세션은 5.7절에 더욱 자세히 설명한다.

eMSS(Enhanced MSC Server; 강화된 MSC 서버) : eMSS는 CS 도메인 내 사용자의 접촉점 역할(정상적 MSS)을 하며, 동시에 다른 CSCF에는 P-CSCF처럼 나타나서 통상적으로 P-CSCF에 할당되는 기능을 수행한다. 이는 사용자 단말기가 CS 코어에 등록(합류)할 때 eMSS가 그 단말기를 대리해서 IMS 등록을 수행하여 단말기가 IMS 통신을 할 수 있도록 하는 것을 의미한다. 따라서 IMS 관점에서는 비록 CS 단말기 자체에 IP 연결성이 없더라도 그 단말기를 정상적인 IMS 단말점으로 볼 수 있다.

단말기가 일반적인 CS 이동 호를 발신하면 eMSS는 CS 이동 발신 서비스를 생략하고 레거시 CS 호 제어 프로토콜을 IMS 세션 제어 프로토콜로 전환한 다음 IMS 음성 세션 수립 요청을 IMS로 보낸다. IMS는 단말기 발신 서비스를 지원하며 피호출자로 라우팅을 처리한다. 이와 비슷한 방식으로 eMSS가 서비스하고 있는 이동 단말기 착신호는 단말기 착신 서비스를 지원하는 IMS로 라우트된다. IMS는 착신 서비스를 처리한 다음 해당 단말기 착신 요청을 eMSS로 라우트한다. eMSS는 IMS 세션 제어 프로토콜을 CS 호 제어 프로토콜로 전환하고 CS 호 착신을 시작하는데, 이때 CS 코어망 내 단말기 착신 서비스는 실행하지 않는다.

eMSS의 기능을 이용함으로써 사용자가 CS에 합류되었거나, IP-CAN을 통하여 연결되었거나, 혹은 레거시 단말기를 사용하는가와 관계없이 서비스를 제공할 수 있다. 즉, 모든 서비스가 항상 IMS 서비스 체제를 따라서 지원되기 때문에 사용자가 무슨 접속망을 이용하는가에 관계없이 일관적인 사용자 경험을 지원한다는 것을 의미한다. 그림 3.15에 나타난 바와 같이 2G/3G 사용자가 IMS로 옮길 수 있게 해준다. VoLTE 사용자가 CS에 합류되어 있을 경우에도 eMSS의 도움으로 IMS에 전화 서비스를 지원할 수 있으며(예: LTE가 전혀 구현되어 있지 않은 지역으로 로밍할 때), 이 내용은 제6장에서 설명한다.

AGCF(Access Gateway Control Function; 접속 게이트웨이 제어 기능) : AGCF는 PSTN/ISDN 망에 있는 사용자를 위한 접촉점이다(아날로그 전화, ISDN 전화). AGCF는 다음 기능을 수행한다: (i) 거주 지역과 접속 게이트웨이에 위치한 MGW(들)의 기능 제어, (ii) 자원 및 망으로의 입장을 제어하는 부 시스템과의 상호작용, (iii) 망 합류 부 시스템과 상호작용하여 프로파일 정보를 검색, (iv) SIP와 아날로그/ISDN 신호 간의 신호 상호작용 수행. AGCF는 다른 CSCF에게 P-CSCF처럼 보인다. 따라서 MGW 뒤에 연결된 레거시 단말기에 대하여 통상적으로 P-CSCF에 할당되는 기능을 수행한다(예: SIP 등록 절차, 확정적으로 표시되는 ID 생성, 과금 ID 제작 등).

3.4.4.5 과금 기능

IMS 망 기능은 과금 트리거 조건이 충족되는 시점을 감지하도록 설정되어 있다. 과금 기능은 일단 과금 트리거 조건이 충족된 것을 감지하면 우선 SIP 요청으로부터 필요한 정보를 수집한다. 다음 단계에서 온라인 과금인 경우 해당 SIP 요청을 계속해서 처리할 수 있도록 허가해 줄 것을 과금 시스템에 요청한다. 오프라인 과금인 경우에는 후속 처리에 필요한 CDR을 생성하는데 필요한 정보를 과금 시스템에 보내고 해당 SIP 요청을 계속해서 처리한다. 세션 기반 과금에서는 세션 시작, 세션 변경, 세션 종료 요청 등의 이유로 과금을 트리거할 수 있다. 예를 들어, 이벤트 기반 과금은 MESSAGE, PUBLISH, SUBSCRIBE 요청 등의 SIP 트랜잭션에 기인해서 트리거될 수도 있다. 한편, 특정한 SIP 헤더나 SDP 정보에 기인해서도 과금을 시작할 수도 있다. 과금 시스템은 수신한 정보를 근거로 사용자 계좌에서 금액을 빼거나(온라인 과금) 또는 CDR을 요금 청구 시스템으로 전달한다.

그림 3.22는 상위레벨의 IMS 과금 구조의 개요를 보여준다. 그림 좌측은 오프라인 과금을 설명하고 있으며 우측은 온라인 과금을 나타낸다. 그림에서 SIP 시그널링을 처리하는 모든 IMS 개체는 단일 다이아미터(Diameter)* 프로토콜 기반 Rf 참조점을 사용해서 오프라인 과금 개체와 통신할 수 있는 것을 알 수 있다[CDF(Charging Data Function; 과금 데이터 기능)] (3GPP TS 32.299).

CDF는 다이아미터 요청을 접속망 구성요소로부터 받을 수도 있으며 다양한 구성요소들로부터 제공되는 정보에 근거해서 CDR을 생성한다. CDR은 Ga 참조점을 통해서 CGF(Charging Gateway Function; 과금 게이트웨이 기능)로 전달된다(3GPP TS 32.295). CGF는 CDR을 수신하여 처리한 다음 최종 CDR을 Bx 참조점을 통해 요금 청구 시스템으로 전달한다(3GPP TS 32.240).

---

* 역자주 다이아미터(Diameter)는 컴퓨터 망에서 사용되는 인증, 인가 및 회계 프로토콜이다(RFC 6733).

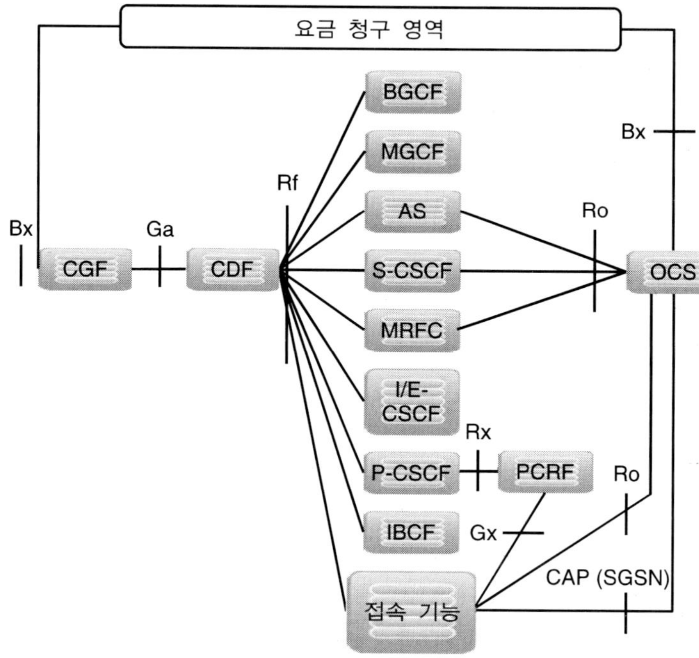

그림 3.22 과금 상호작용 기능과 참조점

선불 서비스는 OCS(On Line Charging Support; 온라인 과금 시스템)의 지원을 필요로 한다. IMS 망 기능은 사용자에게 서비스를 허용하기 전에 OCS와 협의해야 한다. OCS는 사용자 계좌와 실시간으로 상호작용해서 과금에 관련된 서비스 사용을 감시 및 제어한다. IMS의 세 가지 망 기능(AS, MRFC, S-CSCF)만이 온라인 과금에 관계한다. OCS는 비-IMS 망 기능으로부터 두 개의 참조점을 지원한다. SGSN은 CAP(CAMEL Application Part; CAMEL 애플리케이션 부분)를 사용하며 나머지 기능들은 다이아미터 기본의 Ro 참조점을 사용한다. 오프라인 과금의 CGF과 마찬가지로 OCS는 잔금 통제 처리(실시간으로 자원을 인가함)를 수행하는 외에 CDR을 생성할 수 있다.

3.4.5 HSS (Home Subscriber Server; 홈 가입자 서버)

HSS는 모든 가입자와 서비스에 관련된 데이터를 저장하는 주저장소이다. HSS는 IMS 기능, PS 도메인 및 CS 도메인에서 요구되는 HLR/AUC(Home Location Register and Authentication Center; 홈 위치 등록기 및 인증센터) 기능의 부분 집합으로 구성된다. HLR 기능은 MME와 같은 PS 도메인 구성개체를 지원하기 위해 필요하다. HLR 기능은 가입자가 PS 도메인 서비스에 접속할 수 있도록 한다. 마찬가지로 HLR은 MSC/MSC 서버와 같은 CS 구성개체를 지원하여 가입자가 CS 도메인의 서비스에 접속할 수 있게 하며 GSM/UMTS CS 망으로의 로밍을

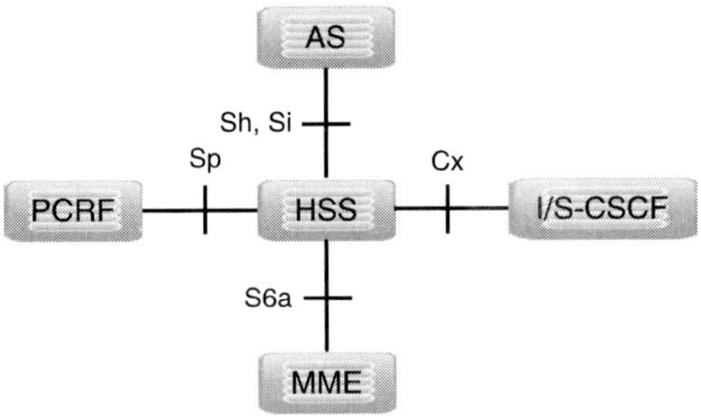

그림 3.23 HSS(Home Subscriber Server; 홈 가입자 서버)와 참조점

지원한다.

AUC는 각 이동통신 가입자에 대한 비밀 키를 저장하는데, 이 비밀 키는 가입자에 대한 동적 보안 데이터를 생성하는데 사용된다. 그림 3.23은 HSS와 MME, I/S-CSCF, AS, PCRF 간의 연결을 나타내고 있다. PCRF와 HSS(또는 SPR-Subscriber Profile Repository; 가입자 프로파일 저장소) 간 Sp 참조점은 이 책의 저술 시점에서 아직 표준화되지 않았다(3.4.6절 참조).

VoLTE에 관련된 어떤 유형의 정보들이 HSS에 저장되는지를 5.2절에 자세히 설명한다. 이러한 정보들이 HSS에서 MME로 전달되는 시점과 방법을 4.3.2.1절에 설명한다. HSS에서 S-CSCF로 전달되는 시점과 방법은 5.4.7절에서, AS로 전달되는 시점과 방법은 4.5절에서 설명한다.

3.4.6 정책 및 과금 규정 기능

PCRF는 IMS 환경 내 P-CSCF와 같은 애플리케이션 기능으로부터 얻어지는 세션과 미디어에 관련된 정보에 근거해서 정책 및 과금 제어 결정을 내리는 일을 담당한다. IMS 세션 수립 절차는 종단 간 SIP 및 SDP 메시지 교환으로 구성되는데, 단말기는 그 사이에 미디어 특성을 결정한다(예: 코덱, IP 주소, 포트번호). 만약 어느 한 통신서비스 사업자가 정책 및 과금 제어를 적용할 경우 P-CSCF는 이에 관련된 SDP 정보와 사업자명을 PCRF로 전달한다. PCRF는 과금 규정을 세우고 SDP 매개변수를 인가된 IP QoS 매개변수에 대응시켜 나타내어 줌으로써 해당 미디어 성분의 IP 전송을 인가하여 미디어가 접속망으로 전달될 수 있도록 한다(예: P-GW). 접속망 기능(예: P-GW)이 IP 베어러 활성화 또는 변경에 대해서 PCRF에 인가 정보를 요청한다. PCRF는 유효한 정보를 근거로 인가 결정을 내리고 접속망 기능에서 집행 되도록 한다. 베어러 인가 결정 이외에도 PCRF는 전송 평면 이벤트 보고서(예: 베어러가 언제 분실되었는지 또는 해지되었는지와 같은)를 수신한다. PCRF는 이벤트 보고서를 근거로 해당 이벤트에 관하여 P-CSCF와 같은 애플리케이션 기능에 통보할 수 있다. 이와 같은 방법으로 P-CSCF

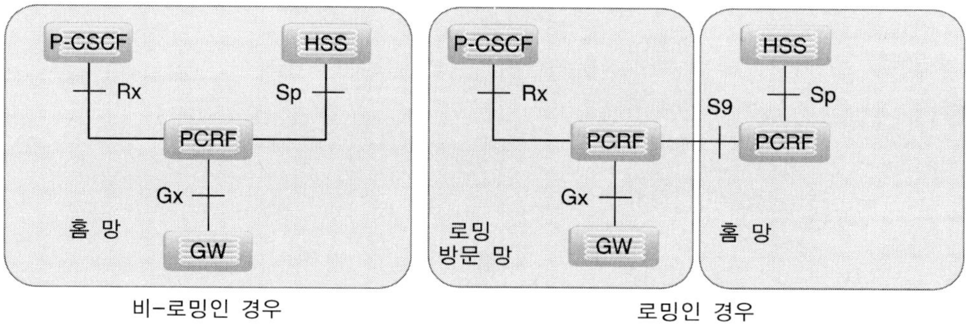

그림 3.24 정책 및 과금 규정 기능과 참조점

는 과금에 참여하며 심지어 사용자를 대신해서 IMS 세션 해지를 시작할 수도 있다(5.5.6.2절 참조).

한편, PCRF를 과금 상관관계 식별 표지를 교환하는데 이용할 수 있는데, 이로써 통신서비스 사업자는 접속망과 IMS 망에서 생성된 각각의 CDR을 서로 상관되게 할 수 있다. PCRF는 오프라인과 온라인 과금 개체의 기본 주소와 이차 주소, 접속망에서의 온라인 및 오프라인 과금 활성화(가능/불가능), 접속 게이트웨이에 적용되는 계측방법(지속 시간, 양 또는 두 가지 모두), 등급 그룹 정보(예: 분당 0.1)와 접속 게이트웨이에 요구되는 보고 레벨(주어진 서비스 또는 서비스 및 등급 그룹에 근거해서)의 과금 관련 정보를 접속망 기능에 알려 줄 수 있다.

릴리스 5에서 정책 및 과금 제어가 처음 소개된 이래 상당한 구조적 변화가 있었다. 그림 3.24는 게이트웨이와 접속망 간에 GTP를 사용하는 릴리스 10 기반의 정책 및 과금 기능 구조를 나타낸다. SPR은 모든 가입자/가입에 관련된 정보를 가지고 있는 논리적 개체인데 그러한 정보는 PCRF에서 가입 기반 정책, IP CAN 베어러 레벨 정책 그리고 과금 규정을 수행하는데 필요하다. Sp 참조점은 릴리스 10에 표준화 명세되지 않았고, SPR 기능은 그림 3.24에서 HSS의 한 부분으로 나타낼 수 있을 것으로 예상된다.

정책 및 과금 제어는 계속 발달되고 있으며, 앞으로 나올 고정-이동 망 융합 표준에 명세될 것으로 예상된다. 이미 첫 단계로 3GPP와 광대역 포럼(Broadband Forum)에서 정책 및 과금 제어 구조 간 상호연동 표준화에 대한 합의가 이루어졌다.

3.5 요약

여기에서는 앞에서 설명한 주요 망 구성개체가 서로 어떻게 연결되어 있으며 어떤 프로토콜이 사용되는가를 요약한다. VoLTE 구조를 표 3.3과 그림 3.25에 상세하게 나타내었다.

표 3.3 참조점 요약

참조점 명칭	포함된 개체	프로토콜
Bx	CGF – 요금 청구 도메인	File transfer protocol(FTP)
Cr	AS – MRFC	HTTP
Cx	HSS – S-CSCF/I-CSCF	Diameter
Dh	SLF – AS	Diameter
Dx	SLF – S-CSCF/I-CSCF	Diameter
Ga	CDF – CGF	Diameter
Gm	UE – P-CSCF	SIP
Gx	P-GW – PCRF	Diameter
I2	MSS – I-CSCF/S-CSCF	SIP
I3	MSS – AS	XCAP
Ici	IBCF – IBCF	SIP
Iq	P-CSCF – AGW	H.248
ISC	S-CSCF – AS	IP
Ix	IBCF – TrGW	H.248
Izi	TrGW – TrGW	IMS user plane transport
Le	LRF – 외부 LCS 클라이언트	OMA MLP and OSA-API
LTE-Uu	UE – eNodeB	PDCP
Ma	I-CSCF – AS	SIP
Mb	P-GW, MRFP, MGW, TrGW, A(그림 3.1에 보이지 않음)	IMS 사용자 평면 전송
Mg	MGCF – I-CSCF	SIP
Mi	S-CSCF – BGCF	SIP
Mj	BGCF – MGCF	SIP
Mk	BGCF – BGCF(그림 3.1에 보이지 않음)	SIP
Ml	E-CSCF – LRF(그림 3.1에 보이지 않음)	SIP
Mp	MRFC – MRFP	H.248
Mr	S-CSCF – MRFC	SIP
Mr'	AS – MRFC	SIP
Mw	CSCF – CSCF	SIP
Mx	CSCF/BGCF – IBCF	SIP
Rc	AS – MRF	SIP(잘 정의되지 않았음)
Rf	그림 3.22 참조	Diameter
Ro	그림 3.22 참조	Diameter
Rx	P-CSCF – PCRF	Diameter
S11	MME – S-GW	GTP2
S1-MME	eNodeB – MME	S1-AP
S1-U	eNodeB – S-GW	GTP-U
S3	MME – SGSN	GTPv2-C
S5	S-GW – P-GW	GTPv2-C/GTP-U
S6a	MME – HSS	Diameter
S9	PCRF – PCRF	Diameter
Sh	AS – HSS	Diameter
Si	HSS – CAMEL IM-SSF	MAP
SGs	MME – MSC server	SGs AP
Sv	MSC server – MME	GTPv2-C
Ut	UE – AS	XCAP
Mm	I/S-CSCF, IBCF – 외부 IP 망	SIP

SLF=subscription locator function(가입 위치 인지 기능; XCAP=XML configuration access protocol(XML 구성 접속 프로토콜); AGW=access gateway(접속 게이트웨이); PDCP) packet data convergence protocol(패킷 데이터 융합 프로토콜).

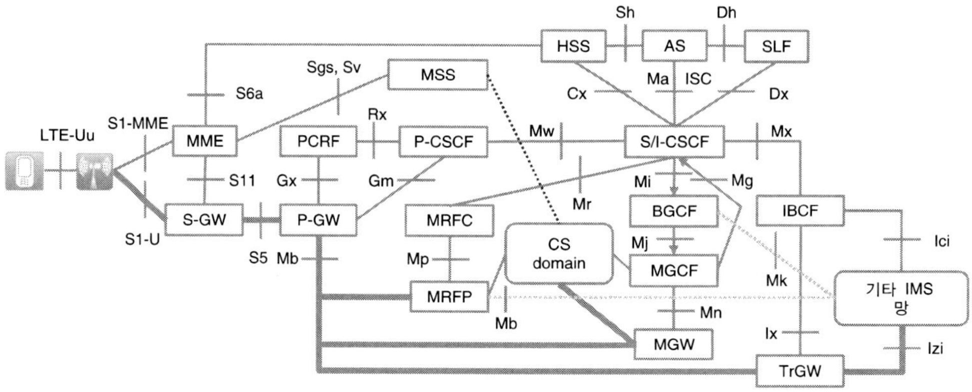

그림 3.25 VoLTE 구조

그림 3.25에 모든 구조를 명료하게 나타낼 수가 없으므로 다음 몇 가지 사항을 생략하였다.

- 그림 3.25는 과금 관련 기능과 참조점을 나타내고 있지 않다(3.4.4.5절 및 그림 3.22 참조).
- 이 그림은 AS와 다른 망 구성개체 간 참조점을 나타내고 있지 않다(3.4.4.2절 및 그림 3.18 참조).
- 이 그림은 SRVCC의 상세구조를 나타내고 있지 않다(5.26절 및 그림 5.22 참조).
- 그림 3.25에는 CSFB의 상세구조를 보이지 않는다(5.8.1절 및 그림 5.28 참조).
- 그림에는 ICS의 상세구조를 보이지 않는다(6장 및 그림 6.3 참조).
- 그림에서는 비상 세션 기능을 보이지 않는다.

4
VoLTE 기능

4.1 개요

이 장에서는 VoLTE 단말기가 어떻게 IP 연결성(EPC 인증, IP 주소 배정, PDN 가입상황 검색, 디폴트 베어러 활성화)을 얻으며, 어떻게 IMS 기반 VoIP 사용 가능 여부와 IMS 진입점 주소를 찾아내는지 등을 설명한다. 이어서 VoLTE에 필요한 무선 베어러와 EPC 베어러 및 이에 연관된 QoS 특성을 설명한 다음 LTE 관점에서 패킷 스케줄링, 이동성의 개념, CSFB 방법(CSFB 호에 대한 경우는 5.8절에서 별도로 다룬다), 전력 절감 기능 등을 논의한다. 마지막으로 USIM(Universal Subscriber Identity Module; 범용 가입자 식별 모듈)과 ISIM(IMS Service Identity Module; IMS 서비스 식별 모듈) 등의 ID 모듈 두 가지, IMS ID, IMS 서비스 처리, IMS 전화 서비스 등을 소개하며 이에 대한 더욱 자세한 설명을 제5장에서 계속한다.

4.2 무선 기능

이 절에서는 LTE에서 고질의 음성 트래픽을 전달하기 위한 주요 무선 기능을 설명한다. 첫째, 음성통화에 필요한 용량 및 음질의 관점에서 패킷 스케줄링과 QoS 차등화를 논의한다. 이어서 LTE 내에서의 이동성을 살펴본 다음 LTE에서 2G/3G 무선으로 전환될 경우 이동성에 대해서 설명한다. 위치 확인방법은 특히 비상 호 서비스 관점에서 살펴본다. 마지막으로 단말기의 선택적 기능들과 그 이점을 제시한다. 그림 4.1에 무선 특성이 요약되어 있다.

4.2.1 베어러와 스케줄링

LTE는 단말기와 코어망 간에 데이터를 전달하고 QoS의 차등화를 지원할 수 있는 베어러 개념을 사용한다. 3GPP 표준의 무선 원칙에 의하면 동일 베어러 상 모든 비트는 동일한 QoS로 처리된다. 특정한 단말기에 대해서 QoS 차등화가 요구되면 각각의 QoS 등급을 지원하는 베어

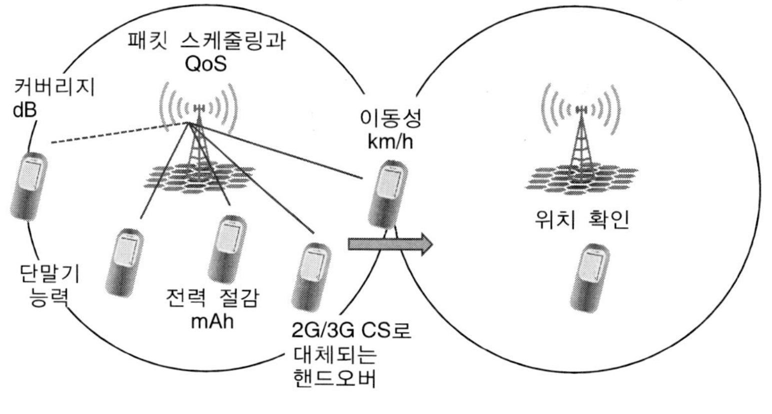

그림 4.1 음성 지원을 위한 주요 LTE 무선 기능

러를 사용해야 한다. LTE 디폴트 베어러는 QoS 등급 QCI=5를 이용하여 IMS 시그널링을 전달하며, 음성 전용 베어러는 QCI=1을 이용한다. 파일, 비디오 공유 서비스 등 서로 병행하는 서비스에 대해서는 각각 별개의 베어러를 사용할 수 있다. 그림 4.2에 베어러의 다양한 예를 보인다.

무선 인터페이스에서는 어떠한 사용자에 지정된 전용 자원을 예약하지 않고 전형적으로 매 패킷마다 전송 스케줄을 계획한다. 스케줄링 알고리듬은 시스템 용량과 종단 사용자 품질 보장에 영향을 미친다. 패킷 스케줄러는 QoS 우선순위를 제공하며 그 원리를 그림 4.3에 나타나 있다. 한편 패킷 스케줄링의 알고리듬 자체는 3GPP에 명세되어 있지 않으며 망 제조업체에서 설계하고 구현한다.*

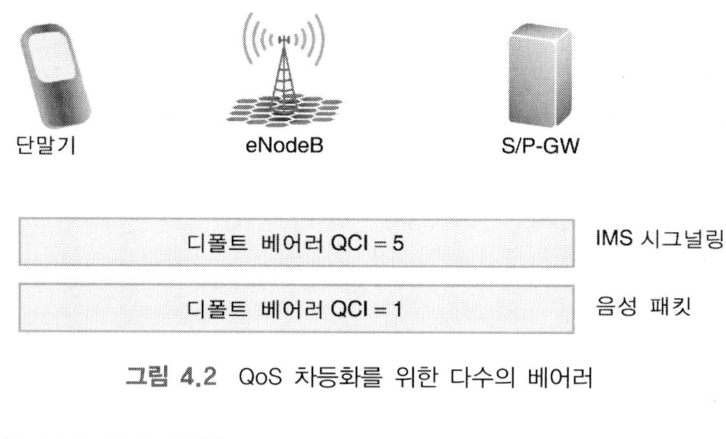

그림 4.2 QoS 차등화를 위한 다수의 베어러

* 역자주 3GPP의 표준화에 대한 일반적인 원칙에 의거해서 실제 시스템을 설계하고 구현하여 사용하는 것은 제조업체와 운영업체에서 선택하여 결정하며, 이것은 비단 패킷 스케줄링 알고리듬뿐만 아니라 시스템 전반에 해당된다.

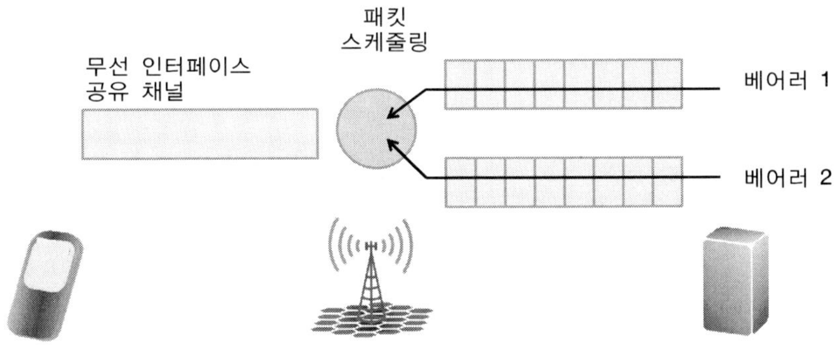

그림 4.3 패킷 스케줄링으로 지원되는 QoS 차등화

음성을 위한 패킷 스케줄링은 순수한 동적 스케줄링이나 반영구적으로 지속되는 스케줄링이 가능하다(그림 4.4 참조). 동적 스케줄링에서는 20 ms 주기로 음성 패킷이 도착할 때마다 매 패킷에 대한 전송 스케줄을 세운다. 따라서 동적 스케줄링은 매 패킷 송신마다 무선 조건과 망 부하 상태에 최적화된 무선 자원을 선택할 수 있다는 이점이 있다. 그러나 모든 동적 패킷 전송이 PDCCH(Physical Downlink Control Channel; 물리계층 하향링크 제어 채널)를 필요로 하기 때문에 트래픽이 많을 경우에서는 용량 제한 요소가 된다는 단점이 있다. 반 영속적 스케줄링에서는 eNodeB가 매 20 ms마다 음성 패킷에 대한 자원을 미리 할당한다. 따라서 반 영속적 스케줄링에서는 제어 채널의 용량이 필요하지 않다.

한편 효율을 높이기 위해 음성 패킷 둘을 하나로 묶어서 무선 인터페이스로 송신하는 방법이 있다. 패킷을 합하여 묶는 일은 패킷 스케줄러의 기능만으로 구현할 수 있어서 단말기의 추가 기능을 요구하지 않으며, 결과적으로 무선 인터페이스 제어에 필요한 오버헤드가 감소되

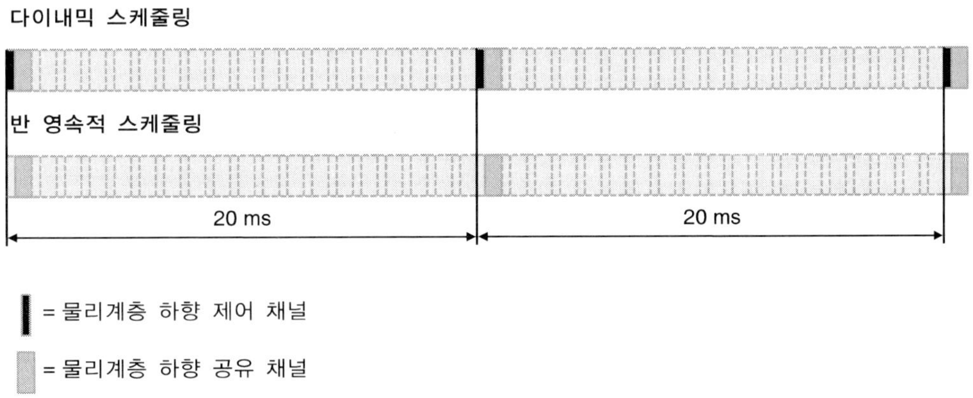

그림 4.4 음성을 위한 동적 스케줄링과 반 영속적 스케줄링

므로 효율을 높일 수 있다

4.2.2 이동성

LTE 시스템은 끊김없는 이동성을 지원하도록 설계되었으며 LTE 시스템 내에서의 끊김없는 이동성뿐만 아니라 LTE와 2G/3G 시스템 간 끊김없는 이동성을 모두 지원한다. LTE의 평면 구조에 기인해서 LTE 동일 주파수 내에서의 이동성(LTE Intra-frequency mobility)은 2G/3G 망에서의 이동성과 약간 다른 방법으로 지원된다. 2G와 3G 망에서는 각각 BSC와 RNC를 사용해서 이동성을 관리하지만, LTE 망에서는 eNodeB만을 사용해서 이동성을 관리한다. eNodeB는 단말기에서 보고하는 측정치를 근거로 이동성을 제어한다.

그림 4.5는 LTE 동일 주파수 내 핸드오버 절차를 보여준다. 우선 단말기가 eNodeB에 연결되고, eNode는 S1 사용자 평면 연결을 통해서 코어망 게이트웨이에 연결되며 제어 평면 연결을 통해서 MME와 연결된다.

단말기는 동일 주파수 내 인접 셀 측정을 지속적으로 수행하다가 측정치가 설정된 값보다 강한 타깃 셀에 대한 측정 보고서를 소스 eNodeB로 보낸다. 측정에 대한 트리거는 망에서 정한다. 소스 eNodeB는 X2 인터페이스를 통해서 타깃 셀의 자원을 예약한다. 만약 X2 인터페이스가 존재하지 않는다면 소스 eNodeB가 단말기와 망 관리 시스템으로부터의 측정 정보를 이용해서 X2 연결을 수립할 수 있다. 핸드오버의 첫 번째 단계는 코어망에는 보이지 않는다. 두

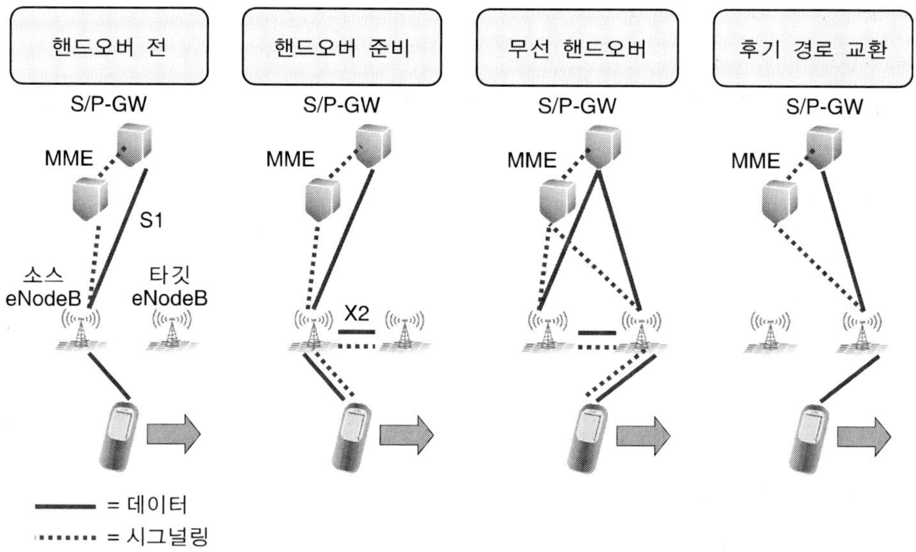

그림 4.5 LTE 동일 주파수 내에서의 이동성(LTE Intra-frequency Mobility).
(John Wiley & Sons Ltd.로부터 복제 허락)

번째 단계에서 소스 eNodeB가 단말기에 핸드오버 명령을 보내고 X2 인터페이스를 통하여 하향링크 패킷을 타깃 eNodeB로 전달하기 시작한다. X2 인터페이스는 패킷 손실이 없는 무손실 핸드오버를 지원한다. 세 번째 단계에서 단말기는 무선 연결을 소스 eNodeB에서 타깃 eNodeB로 바꾼다. 핸드오버 도중에 물리적으로 연결이 끊어지는 시간은 보통 25 ms 이내이다. 마지막 단계로 타깃 eNodeB가 코어망의 연결을 소스 eNodeB로부터 타깃 eNodeB로 업데이트할 것을 코어망에 요청한다. 이 단계를 '후기 경로 교환(late path switching)'이라 하는데 이 절차는 단말기에는 보이지 않는다. 이동성의 이러한 기본 아이디어는 신뢰할 수 있는 연결성을 유지하기 위해 우선적으로 무선 핸드오버를 가능한 한 빨리 처리하고, 무선 핸드오버가 수행된 다음 단계에서 코어망 연결을 업데이트한다는 것이다. LTE의 평면 구조에 기인하여 모든 핸드오버 절차에서 코어망으로 가는 시그널링이 다소 발생한다. 따라서 LTE망 구현시 코어망 시그널링 용량을 충분히 높게 설계해야 된다(참고: 2G/3G 망에서는 BSC와 RNC가 이동성 절차의 대부분을 코어망에 보이지 않고 처리한다).

LTE 시스템의 서로 다른 주파수 간 핸드오버와 시스템 간 핸드오버는 위에서 설명한 LTE 시스템의 동일 주파수 내 핸드오버에 비해 다른 점이 많다. LTE 단말기는 서로 다른 주파수 간의 측정과 시스템 간의 측정을 오직 망이 측정 간격(measurement gap)을 할당했을 경우에만 수행할 수 있다. 측정 간격은 단말기 측정에 의해서 트리거될 수 있는데, 예를 들어 단말기가 LTE 커버리지 밖으로 나가게 될 경우 신호 전력이 낮아진 것을 표시하는 경우가 있다. 또한 CSFB나 SRVCC를 통한 2G/3G로의 핸드오버가 필요한 경우에도 활성화될 수 있다.

4.2.3 CSFB 핸드오버(Circuit Switched Fallback Handover; CS 전환 핸드오버)

릴리스 8에서 제시된 CSFB는 전반적인 IMS 기반 음성 서비스가 가능해질 때까지 중간 단계에 사용될 잠정적인 해법을 목적으로 하였다. 이는 LTE 망이 구현되는 초창기부터 전반적으로 음성이 지원되지는 않을 것이라고 생각되었기 때문이다. 따라서 LTE 커버리지가 미치는 지역에 GSM, UMTS 또는 CDMA 망 커버리지가 존재할 경우 LTE 음성을 CS 음성으로 전환하는 방법들이 각각의 접속망에 대하여 정의되었다. 구조적인 관점에서 볼 때 CSFB는 MME와 MSC 서버 간의 SGs 인터페이스를 필수적인 전제 조건으로 요구한다. SG 인터페이스는 CS 페이징을 LTE측에 제공할 수 있도록 하며 IMS/EPS 복합 합류(Combined IMSI/EPS attach) 및 이탈 절차를 가능하게 해준다(그림 4.6 참조). 한편 SMS도 SG 인터페이스를 통하여 전달된다.

표 4.1은 GSM, WCDMA 또는 cdma2000의 CS로 전환하는 CSFB의 모든 선택 조건을 보여준다. 그러나 이와 같이 선택 조건이 여러 가지 있다는 자체가 오히려 단점이 될 수 있다. 초창기부터 모든 해법이 단말기와 상호연동 시험을 할 수 있을 만큼 시간 맞추어 개발되기 어려울 것이므로, 다중의 옵션으로 야기되는 점은 모든 디바이스에 범용적인 솔루션을 보장하기 어렵

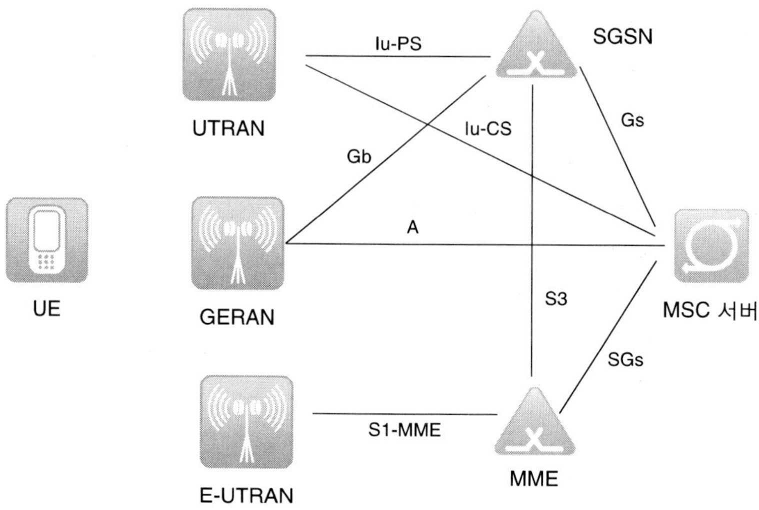

그림 4.6 CSFB 구조

다는 점이다. 3GPP는 표 4.1에 보이는 릴리스 8 기반의 해법들을 필수로 지정하고 있다. 그러나 단말기의 별도 기능(3GPP TS 36.306에 정의된 것과 같은)을 요구하는 PS 핸드오버 절차를 통해서 GERAN으로 전환하는 경우는 제외되었다. 릴리스 9에는 특정 구현 시나리오에 대한 최적화가 추가되었으며, 릴리스 10에는 추가된 개선사항이 없다.

표 4.1 릴리스 8과 릴리스 9의 CSFB 전환 선택 조건

대상 시스템	해법	릴리스	단말기의 CS 전환 필수 여부
UTRAN	RRC* 연결 해지와 SYS INFO없이 방향 전환	8	Yes
	RRC 연결 해지와 SYS INFO를 가지고 방향 전환	9	No
	데이터 무선 베어러(DRB)로 PS 핸드오버	8	Yes
GSM	RRC 연결 해지와 SYS INFO없이 방향 전환	8	Yes
	RRC 연결 해지와 SYS INFO를 가지고 방향 전환	9	No
	NACC** 없이 셀 변경 지시	8	Yes
	NACC을 가지고 셀 변경 지시	8	Yes
	PS 핸드오버	8	No
cdma2000 (1xRTT)	RRC 연결 해지와 방향 전환	8	Yes
	강화된 1xCSFB	9	No
	강화된 1xCSFB와 HRPD*** 핸드오버 병행	9	No
	듀얼 수신기 1xCSFB(방향 전환없이 RRC 연결 해지)	9	No

** NACC = Network Assisted Cell Change(망 보조 셀 변경)
*** HRPD = High rate packet data (고속 패킷 데이터)

4.2.3.1 UMTS CS로의 전환

CSFB에서는 단말기가 일단 타깃 접속 시스템으로 전환된 다음에 비로소 시스템에 연결되기 때문에 전환 타깃 시스템 유형에 관계없이 호 설정에 걸리는 지연 시간이 정상적인 경우에 비해서 더욱 길어진다는 단점이 따른다. 이러한 지연 시간을 줄일 수 있는 구현 방법들이 CSFB 전환 대상 시스템 유형에 따라 각각 제시되어 있는데, 그 결과로 호 설정 시간이 대체로 정상적인 경우보다 1~2초 정도 더 걸릴 것으로 예상된다. 더욱이 일단 PS 핸드오버와 같은 해법이 구현되면 그 차이는 좀 더 줄어들 것으로 기대된다.

- 방향 전환 정보를 가지고 RRC(Radio Resource Control; 무선 자원 제어) 연결을 해지하는 방법은 간단하다. 만약 단말기가 확장 서비스 요청을 통하여 CS 호 설정을 시작하거나 또는 그림 4.7에 보이는 것처럼 단말기가 CS 페이징을 수신하게 되면 LTE RRC 연결이 해지된다. 연결이 해지되면서 단말기는 UMTS로 방향이 전환된다. 일단 타깃 RAT(Radio Access Technology ; 무선 접속 기술)로 들어가면 단말기는 RRC 연결 해지에 있는 주파수 정보를 이용해서 적합한 셀을 검색한다. 단말기는 적합한 셀 내에서 대기(IDLE) 상태로 시작하고 셀 접속에 필요한 SIB(System Information Block; 시스템 정보 블록)를 취득한다. SIB 취득에 걸리는 시간은 주로 SIB 스케줄링이 어떻게 구현되었는가에 따른다. 효율적인 SIB 스케줄링이 사용될 경우 대체로 수백 ms 내에 초기 접속에 필요한 SIB를 수신할 수 있다. 만약 스케줄링 간격이 매우 길다면 수신 지연시간도 따라서 길어진다. 릴리스 9에 SIB 스케줄링의 지연도에 대한 최적화 방법이 제시되었다.
- 릴리스 8에 제시된 가장 빠른 방법은 PS 핸드오버이며, 이 방법을 사용하면 핸드오버가

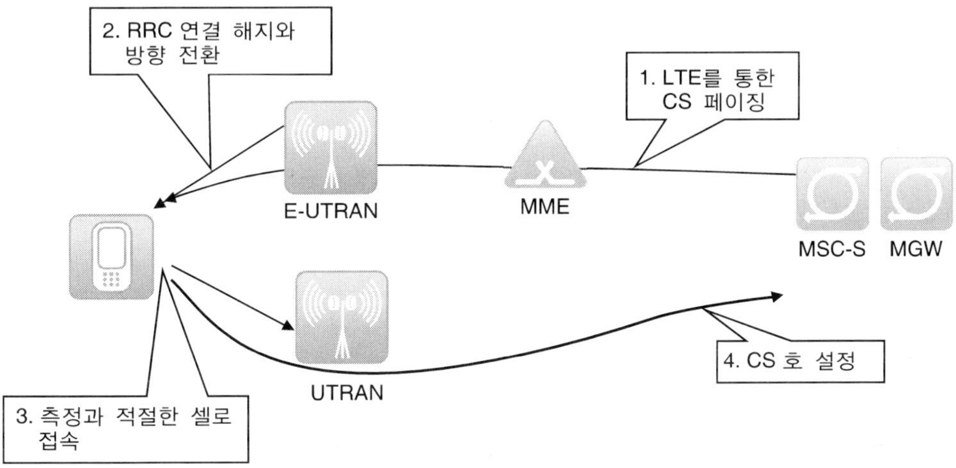

그림 4.7 UTRAN으로의 CS 전환 : 방향 전환 정보를 가지고 RRC 연결을 해지하여 수행

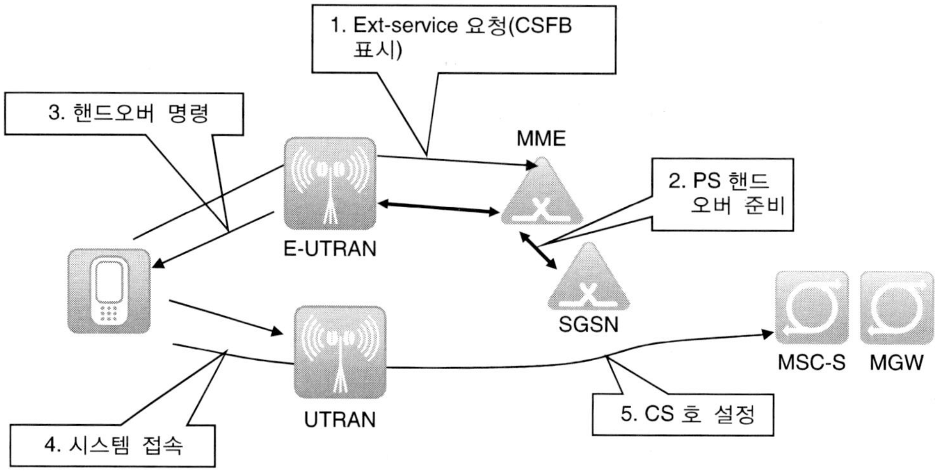

그림 4.8 UTRAN으로의 CS 전환 : 단말기 발신 CS 호에 대한 PS 핸드오버를 이용하여 수행

완결될 때 이미 단말기가 시스템에 연결되어 있으므로 시스템 취득 과정에 더 이상의 시간이 걸리지 않는다는 이점이 있다. PS 핸드오버에서는 속칭 블라인드 핸드오버를 쓰지 않는 한 통상적으로 RAT 간 측정을 완결하도록 요구한다. 비-GBR 베어러를 사용하면 일반적으로 타깃 시스템에 불필요한 자원을 예약하도록 요구되지 않는다. 그림 4.8에 단말기에서 시작된 CS 호가 GERAN으로 PS 핸드오버되는 것을 나타낸다.

4.2.3.2 GSM으로의 CS 전환

GSM CS망으로 전환하는 CSFB에는 다섯 가지 방법이 있으며, 앞 절에서 논의한 UMTS로 전환하는 CSFB 방법과 유사한 면이 있다.

- 릴리스 8과 릴리스 9의 필수 부분에는 'RRC 연결 해지와 방향 전환'이 시스템 정보없이 방향 전환하는 방법(릴리스 8)과 시스템 정보를 가지고 방향 전환하는 방법(릴리스 9, 확장본)이 고려되었다. 그림 4.9에 후자가 LTE를 통한 CS 페이징에 의해서 트리거되는 경우가 나타나 있다.
- 셀 변경 지시는 NACC(Network Assisted Cell Change; 망 보조 셀 변경)를 사용하는 방법과 사용하지 않는 방법이 릴리스 8에 명세되어 있다. NACC을 사용하면 단말기는 SIB 취득 단계를 건너 뛸 수 있다.
- PS 핸드오버는 릴리스 8에서 제시된 방법이지만 단지 선택 방안 중 하나이며 단말기의 필수 요구사항으로 규정되지 않았다. 이것은 기존의 모든 GSM 망이 PS 핸드오버 기능을 지원할 수 있도록 업데이트될 것을 기대할 수 없다는 3GPP 토론의 결과에 따른 것이다.

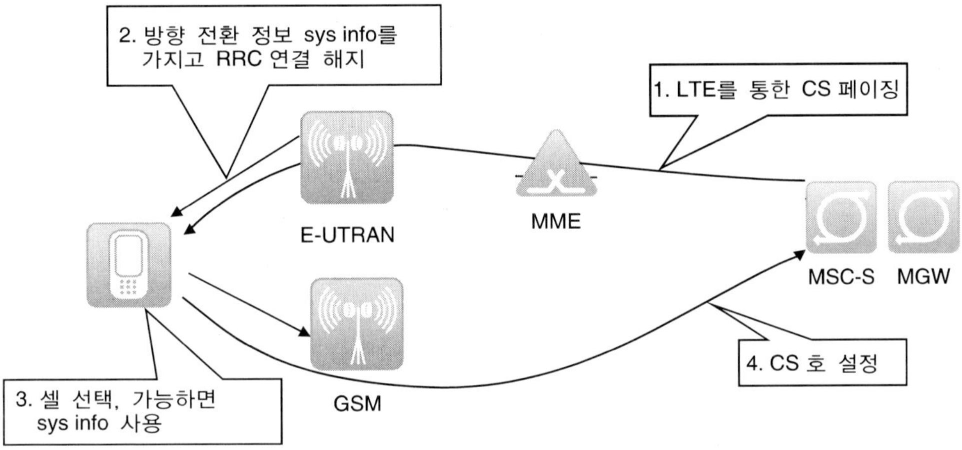

그림 4.9 GSM 망으로 CSFB-방향 전환 정보 SYS INFO를 가지고 RRC 연결을 해지하여 수행

4.2.3.3 cdma2000 시스템으로의 CS 전환

단일 무선 송신 기술(1xRTT)인 Cdma2000 시스템으로 전환되는 CSFB 체계는 다음 경우를 포함한다.

- RRC 연결 해지와 1xRTT로의 방향 전환. 모든 디바이스가 이를 지원할 것을 가정한다(릴리스 8의 필수 체계).
- 핸드오버 시그널링이 단말기와 1xRTT 망 간에 터널을 이용하는 강화된 1xCSFB. 1xRTT 채널 지정 메시지가 단말기로 하여금 1xRTT 망에서 트래픽 채널을 획득하도록 허용한다.

듀얼 수신기 1xCSFB는 '방향 전환 없이 RRC 연결 해지'되는 방법이다. 듀얼 수신기가 장착된 단말기가 이미 1xRTT에 연결되어 있으므로, 단말기는 정상적인 1xCS 호 발신을 하거나 1xRTT 망에서 종료 절차를 할 수 있다.

4.2.4 2G/3G에서 LTE로 되돌아가는 이동성

단말기는 그밖의 다른 이유(LTE 커버리지 부족, 핸드오버, CSCB 등)로 일단 LTE 망 범위를 벗어났더라도 전형적으로 LTE 커버리지 안에 있다는 가정 아래 다시 LTE로 복귀하려고 한다. 이렇게 함으로써 가장 성능이 좋은 망을 활용해서 가장 빠른 PS 연결을 지원한다. 2G/3G에서 LTE로 되돌아가는 이동성은 다음과 같은 몇 가지 방법들이 가능하다.

- 순간적으로 LTE 커버리지를 잃었을 경우 단말기에 셀 재선정 매개변수를 보내면 LTE가 최우선 시스템으로 취급되기 때문에 단말기가 LTE로 복귀할 수 있다. 이 방법은 셀_전용 트래픽 채널(DCH; 연결 모드)에 대해서는 사용되지 않는다. 그러나 일단 연결이 해지되었

거나 또는 HSPA에 있는 단말기가 대기상태의 셀 페이징 채널(PCH) 또는 UTRAN 등록 지역 URA_PCH 상태로 옮겨갔을 때 혹은 GSM의 대기 모드로 옮겨 갔을 때에도 유용하다. 이와 비슷하게 CSFB가 선행된 음성 호가 종료되면 '셀 재선정 강요'를 통하여 단말기를 LTE로 복귀시킬 수 있다. 3GPP는 최근에도 이 문제의 개선점을 다루고 있는데, 활성 PS 연결을 가진 단말기가 잦은 상태 전환에 기인해서 HSPA 망에 갇혀있는 형국이 되지 않고 WCDMA/HSPA 망에서 새로운 상태에 들어가면서 신속하게 측정을 수행함으로써 LTE를 재선정할 수 있도록 하였다(무선 접속 기술의 최우선순위가 LTE로 설정되어 있을 경우). 릴리스 10에 단말기 동작에 대한 설명이 수록되어 있어, 특히 이것을 릴리스 8 기반으로 구현된 시스템에도 쉽게 포함시킬 수 있도록 되어 있다. 한편 cdma2000 망에서 LTE망으로의 재선정도 가능하다.

- 단말기를 LTE로 복귀시키는 PS 핸드오버처럼 cdma2000 망에서 LTE 망으로 단말기를 복귀시킬 수 있는 핸드오버 가능성이 3GPP와 3GPP2에 명세되어 있다.
- 3GPP는 계속해서 해결책을 개발하고 있다. 현 시점에서 GSM이나 WCDMA의 CS 음성 호를 LTE 망 혹은 선택적으로 HSPA 망의 PS 음성 호로 옮길 수 있는 '역방향 SRVCC'를 연구하고 있다.

4.2.5 전력 절감 기능

전력 소모는 스마트폰 성능의 중요한 문제 중 하나이며 단말기 무선 모뎀의 전력 소모를 감소시킬 수 있다는 것이 이득이 될 수 있다. LTE에서 전력 절감은 DTX(Discontinuous transmission; 단속적 송신)와 DRX(Discontinuous reception; 불연속 수신) 개념에 기반을 둔다. DRX의 기본 아이디어는 단말기가 제어 채널을 수신할 때만 주기적으로 깨어나서 작동한다는 것이다. DRX 기능은 원래 RRC_대기상태에서 사용되어져 왔는데, 전력 소모를 좀 더 줄이기 위해 그와 비슷한 DRX 기능을 RRC_연결 상태에서도 사용할 수 있다. RRC_대기상태에서의 DRX 주기는 일반적으로 수백 ms대로부터, 심지어는 1초 이상까지 정할 수 있는 한편 RRC_연결 상태에서 DRX 주기는 일반적으로 100 ms 이내이다. RRC_연결 상태에서의 DRX 개념에는 장기 DRX와 단기 DRX가 있다. 단기 DRX는 단말기가 짧은 주기로 자주 깨어나서 단말기로 배정되는 정보를 수신한다. 이 주기를 단기 DRX 주기라고 한다. 단말기가 미리 정해 놓은 횟수동안(DRX 단기 타이머) 아무 정보도 수신하지 않게 되면 장기 DRX를 사용하기 시작한다. 장기 DRX를 사용하면 전력을 더욱 절감하게 되며 휴면 모드(SLEEP MODE)를 더욱 효과적으로 사용할 수 있다. 그림 4.10에 장기 DRX와 단기 DRX 개념을 나타내었다. 예를 들어 만약 10여 초 이상 연결을 사용하지 않으면 일반적으로 RRC 연결이 해지되고 단말기 상태가 RRC_대기상태로 바뀐다. RRC_대기상태에서는 장기 DRX 주기가 사용되고, 또 측정 요구가 완화되

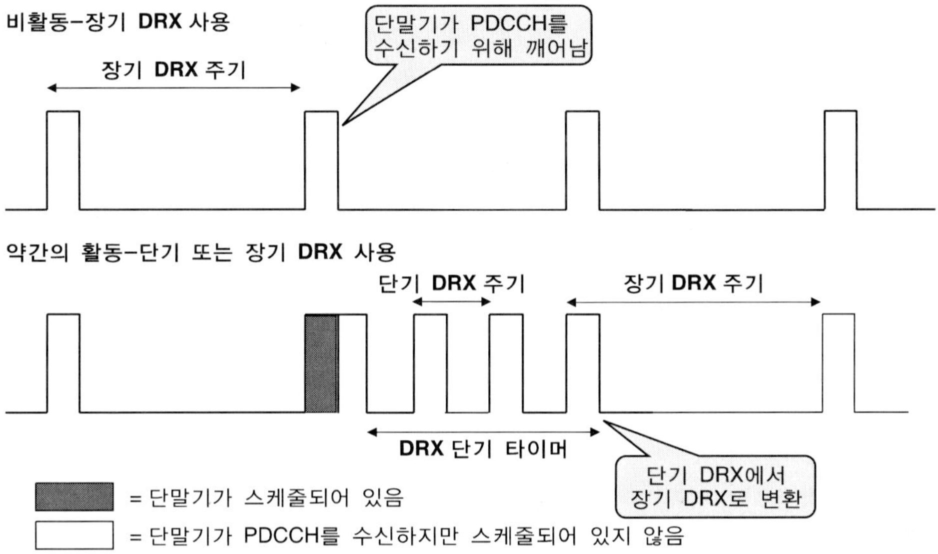

그림 4.10 불연속 수신: 장기 DRX와 단기 DRX

기 때문에 단말기 전력 소모가 더욱 낮아지게 된다.

한편 음성 호의 경우에는 단기 DRX 주기를 충분히 짧게 할 수 있으므로 매 20 ms마다 도착하는 음성 패킷 사이에서도 DRX 기능을 사용할 수 있다. LTE에서는 TTI(Transmission Time Interval; 송신시간 간격)가 짧아서 음성에 대해서도 DRX를 효과적으로 쓸 수 있는 충분한 시간을 주기 때문에 DRX 기능의 이점을 본격적으로 이용할 수 있다.

4.2.6 위치확인 방법

LTE에서 위치확인 방법의 원래 아이디어는 단순한 셀 ID 방법과 GPS(Global Positioning System; 위성 위치확인 시스템)에 의존하는 방법이 있다. 한편 GPS 방법은 독립형 GPS 또는 GPS 보조 방법(혹은, A-GNSS(Assisted Global Navigation Satellite System; 위성 항법 시스템), GLONASS(Global Navigation Satellite System; 글로벌 항행 위성 시스템) 포함)으로 나눌 수 있다. 그런데 릴리스 9를 개발하는 도중에 특히 몇몇 지역에 대한 비상 호를 위한 위치확정 방법으로 단지 위성 기반의 방법 이외에도 다른 방법이 필요하다는 것을 고려하게 되었다. 각각의 3GPP 릴리스에는 위성 기반의 방법이외의 다른 방법들이 아래와 같이 명세되어 있다.

- 릴리스 8은 셀의 위치 정보를 갖고 있는 서버의 셀 ID를 위치 확인에 사용할 수 있도록 허용한다. 한편 인접 셀 측정과 시간 정렬을 위한 타이밍 보정(timing advance) 정보를 사용함으로써 셀 내 단말기의 위치를 추정할 수 있다.

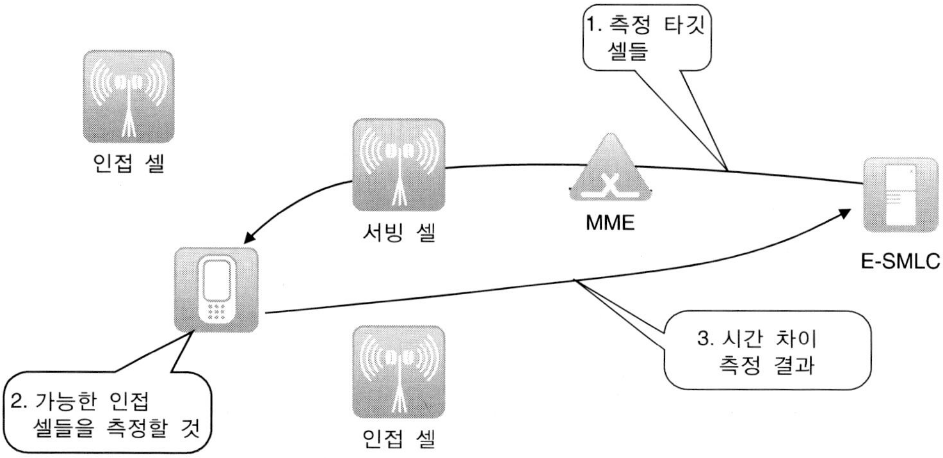

그림 4.11 단말기 위치 확인을 위한 OTDOA 위치 확인 방법(릴리스 9)

- 릴리스 9는 단말기의 OTDOA(Observed Time Difference of Arrival; 관측된 도착시간 차이) 측정을 포함한다. 그림 4.11에 보이는 바와 같이 서빙 셀과 두 개의 다른 셀처럼 최소한 세 곳 이상의 셀에서 OTDOA를 구한 다음 단말기 위치를 계산할 수 있다. E-SMLC(Evolved-Serving Mobile Location Center; 진화된 이동 단말기 위치 서빙 센터)는 단말기가 제시한 셀들에 대해서 측정값을 조사하며, 보고된 셀 측정값을 근거로 해서 MME에 연결된 E-SMLC가 망에서의 계산을 실행한다. E-SMLC는 셀들의 위치를 알고 있어야 하며, 각 기지국이 정확히 동기화되어 있으면 그만큼 정확하게 위치 계산을 실행할 수 있다.
- 릴리스 10에는 단말기 위치확인 방법에 대한 새로운 내용이 수록되어 있지 않았으며, 릴리스 11에는 새로운 방법 두 가지에 대한 연구가 진행되고 있다. 그 하나는 UTDOA(Uplink Time Difference of Arrival; 상향링크 도착시간 차이)으로 각각 다른 기지국에서 측정한 단말기 상향링크 SRS(Sounding Reference Signal; 사운딩 기준 신호) 송신을 측정의 근거로 하는 것이다. 둘째는 무선 주파수 패턴 매칭을 사용하는 것으로, 단말기가 핸드오버 목적으로 실행한 측정값을 위치 확인의 근거로 사용하는 것이다. 그러한 측정값들과 바로 전의 측정값(당시의 위치를 알고 있는)을 비교함으로써 단말기의 현재 위치를 추정할 수 있다.

4.2.7 VoLTE를 위한 단말기의 무선 접속 능력

VoLTE 단말기는 VoLTE 기능을 지원하는 단말기 능력(UE Capabilities)이 필요하다. 데이터 전용으로 설계된 LTE 망 구현의 첫 단계에서는 그러한 기능의 대부분이 필요하지 않을 것으로 예상되었고, 3PP 규격에는 이러한 기능들과 더불어 몇 가지 다른 기능을 별도로 표시해서 다루기 위하여 FGI(Feature Group Indicators; 기능 그룹 표식)를 도입했다(TS 36.331). FGI는 다음과 같은 경우에 TRUE 값으로 설정한다. 단말기를 망에 대해서 시험할 수 있게 될 때 그 단말기가 지원한다고 표시되어 있는 특정한 기능이 확실히 작동할 것이라는 것을 망에서도 확신할 수 있도록 한다. 이렇게 함으로써 단말기 제조업자들이 시험하지 못한 기능이 포함된 디바이스를 출고해 놓고 실제로는 망에서 그러한 기능들이 정확하게 동작하지 않게 되어 사용할 수 없게 되는 위험부담을 피할 수 있게 된다.

VoLTE 지원을 위한 다음과 같은 특정 기능들을 살펴본다.

- RRC UM(Radio Link Control Unacknowledged Mode; 무선 링크 계층 제어 비 확인 모드) 지원. LTE에서 지점 대 지점 데이터는 모두 물리계층의 재송신 대상이다. 따라서 패킷 순서 재배열을 위해서 RRC UM이 필요하다. 데이터 전용망의 첫 단계에는 RLC AM(RLC Acknowledged Mode; 무선 링크 계층 제어 확인 모드)이 채용되었다. RLC AM에서는 물리계층의 재송신이 실패할 경우 RLC 계층에서 재송신이 가능하다.
- TTI 결속에도 별도의 FGI 비트가 있어서 이것을 릴리스 9 규격을 준수하는 모든 디바이스에 필수로 하자는 제의(지원함을 TRUE로 설정)가 있었으나, 현실적으로는 릴리스 9 이후에 실현될 것으로 생각된다. 초기에는 TTI 결속이 몇 가지 다른 기능들과 합쳐져 있었으나 후속 단계에서는 구현하기 쉽도록 독립된 FGI 비트 뒤로 옮겨졌다.
- SPS(Semi Persistent Scheduling; 반영구적으로 지속되는 스케줄링)에도 FGI 비트가 있으나 아직까지는 필수지원 사항이 아니다. 이 기능은 이 절 앞에서 논의한 결과처럼 음성에 기인하는 데이터의 양이 많을 때 유용하다. 따라서 데이터 전용의 초기 LTE 망에서는 SPS가 별로 중요한 사안이 되지 않는다.
- GSM, UMTS, CDMA로의 SRVCC 핸드오버에도 독립된 FGI 비트들이 있다.
- 4.2.3절에서 논의한 바와 같이 UMTS로의 PS 핸드오버는 필수사항이며 망에 대한 시험이 이미 가능하기 때문에 이에 관계된 FGI 비트는 TRUE로 설정될 것으로 예상된다.
- 장기 DRX는 단말기의 전력 소모를 줄인다. 이는 비단 음성뿐만 아니라 모든 핸드헬드 디바이스의 중요한 기능이며, 앞으로 나오는 디바이스는 모두 장기 DRX를 지원할 것으로 예상된다.

CSFB를 사용할 경우 GSM, UMTS 혹은 CDMA로부터의 FGI 비트 뒤에 따르는 LTE 측정 이벤트는 단말기의 필수사항이다. 데이터 속도의 관점에서 보면 릴리스 8, 9, 10의 최소 데이터 속도가 하향링크는 10 Mbps, 상향링크는 5 Mbps로부터 시작되고 있고 릴리스 10 LTE 어드밴스드에서는 Gbps 단위로 증가하므로 모든 카테고리의 LTE 단말기들이 음성에 충분한 데이터 속도를 지원한다.

4.3 EPC(Evolved Packet Core; 진화된 패킷 코어) 기능

이 절에서는 VoLTE의 필수 기능인 EPC에 대해 설명한 다음, 최종 사용자가 VoLTE와 병행해서 다른 애플리케이션을 사용할 경우에 필요한 여러 기능에 대해서 논의한다.

VoLTE는 표준화된 IMS 기반 VoIP 서비스이며, 기존하는 CS 음성의 대체를 목적으로 개발된 MMTEL(Multimedia Telephony; 멀티미디어 전화) 서비스에 기반을 둔다(4.6절 참조). CS 망에서는 코어 도메인이 접속 이동성/연결성과 호 제어 기능을 제공한다면 VoLTE에서는 EPC 도메인이 접속 이동성/연결성을 지원하고 IMS 도메인이 호 제어 기능을 지원한다. IMS 개체와 기능에 대해서는 3.3.2절을 참조한다.

그림 4.12에 IMS 기반 VoLTE의 기본 구조를 나타내었다.

EPC는 그림 4.12에 나타난 것처럼 LTE 무선 접속과 IMS 서비스 도메인 사이에 위치한다.* EPC는 이동 단말기, 무선 접속, 가입 등록기, 정책 서버, IMS 도메인과의 인터페이스가 있다. VoLTE 가입자가 EPC에 연결될 때 필요한 주요 EPC 인터페이스는 다음과 같다.

- NAS(Non-Access Stratum; 비-접속 계층) 인터페이스 – 단말기와 MME 사이의 망 계층 레벨(L3) 시그널링에 사용
- eNodeB로 향하는 S1-MME 인터페이스 – 보안, 이동성, 무선 베어러 수립에 사용
- S-GW와 eNodeB 사이의 S1-U 인터페이스 – GTP-U 터널을 통과하는 사용자 평면 트래픽에 사용

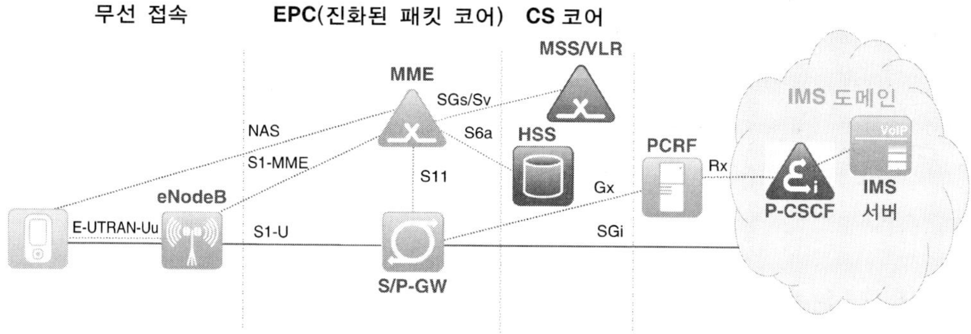

그림 4.12 VoLTE를 위한 EPS 구조

* 역자주 LTE/SAE 망의 관점에서 표현한다면, IMS를 포함한 서비스 도메인과 외부 망은 EPC에 연결된다.

- S6a 인터페이스 – 가입 정보 검색에 사용
- MME와 S-GW 사이의 S11 인터페이스 – 이동성 및 QoS를 포함한 EPS 베어러 레벨의 모든 기능
- SGs/Sv 인터페이스 – SGs 인터페이스는 CSFB에 필요하고, Sv 인터페이스는 SRVCC에 사용
- P-GW와 PCRF 사이의 Gx 인터페이스 – 정책 및 과금 제어에 사용
- SGi 인터페이스 – P-GW에서 IMS 도메인과 같은 서비스 도메인으로 가는 IP 기반의 인터페이스

또한, 3.2.2절의 LTE 무선 구조에 관한 설명을 참조하라.

4.3.1 LTE 가입자 ID

USIM은 UICC(Universal Integrated Circuit Card; 범용 집적 회로 카드)에 상주하는 애플리케이션이며, 단말기에 삽입하여 사용하다가 단말기로부터 제거해 놓을 수 있는 물리적으로 안전한 디바이스이다. USIM에는 가입자가 디바이스를 LTE 망에 등록할 때 필요한 IMSI와 가입자 ID 인증 정보가 저장되어 있다. USIM에 저장된 주요 데이터는 다음과 같다.

- IMSI : 이동 단말기 사용자의 고유 ID 번호(예: 244051234567)
- MSISDN : 이동통신망의 고유 가입 ID 번호로 서비스와 연계됨(예: 358501234567)
- NAS 보안을 위한 암호화 및 메시지 보존성 키(integrity Key)
- 위치 정보 : EPS 위치를 위한 정보 – GUTI(Globally Unique Temporary Identifier; 세계적으로 고유한 임시 식별자), 최근 방문/로밍 TAI(Tracking Area Identity; 추적 지역 ID), E-CGI(Evolved-Cell Global Identifier; 진화된 범용 셀 식별자) 등
- 비상 : 다이얼

USIM은 SMS 정보, 호 정보, PLMN과 같은 망에 대한 구체적인 데이터도 저장한다(3GPP TS 31.102).

4.3.2 VoLTE 사용자를 위한 PDN 연결 수립

3.3절에서 살펴 본 바와 같이 LTE 사용자가 EPS 망에 등록되면 최소 한 개의 PDN 연결을 갖게 된다. VoLTE 사용자의 PDN은 항상 IMS APN과 연결된다. 디폴트 베어러는 IMS 시그널링를 위한 초기 합류 절차에서 반드시 생성되며, 미디어를 위한 전용 베어러는 IMS 음성 호 세션 수립 중에 생성된다. 그림 4.13은 IMS 등록 사용자가 IMS 음성 호를 진행 중일 때 SIP 시그널링과 RTP/RTCP 미디어 트래픽이 어떻게 전달되는지를 보이고 있다.

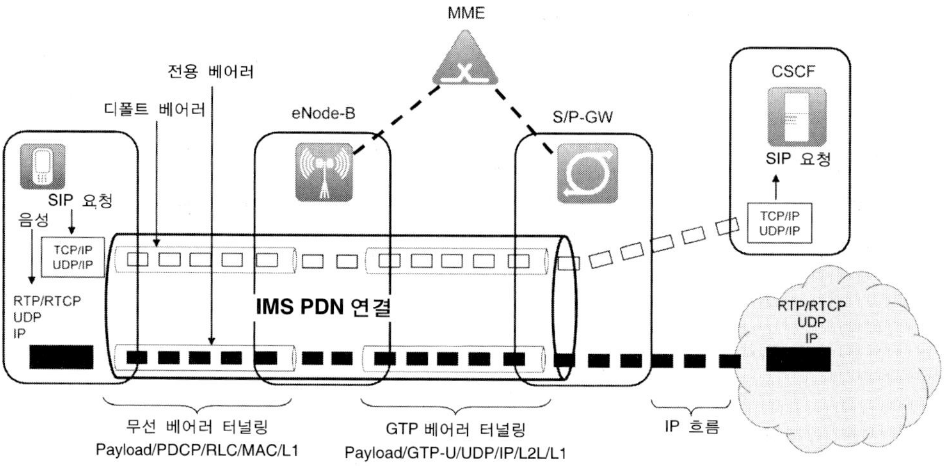

그림 4.13 EPS 망에서의 VoLTE 트래픽 처리

그림 4.14에 보이는 바와 같이 VoLTE는 EPS 등록시에 생성되는 디폴트 베어러와 음성 호 수립시에 생성되는 전용 베어러 두 개가 필요하다. 이 절에서는 사용자 등록과 베어러 수립에

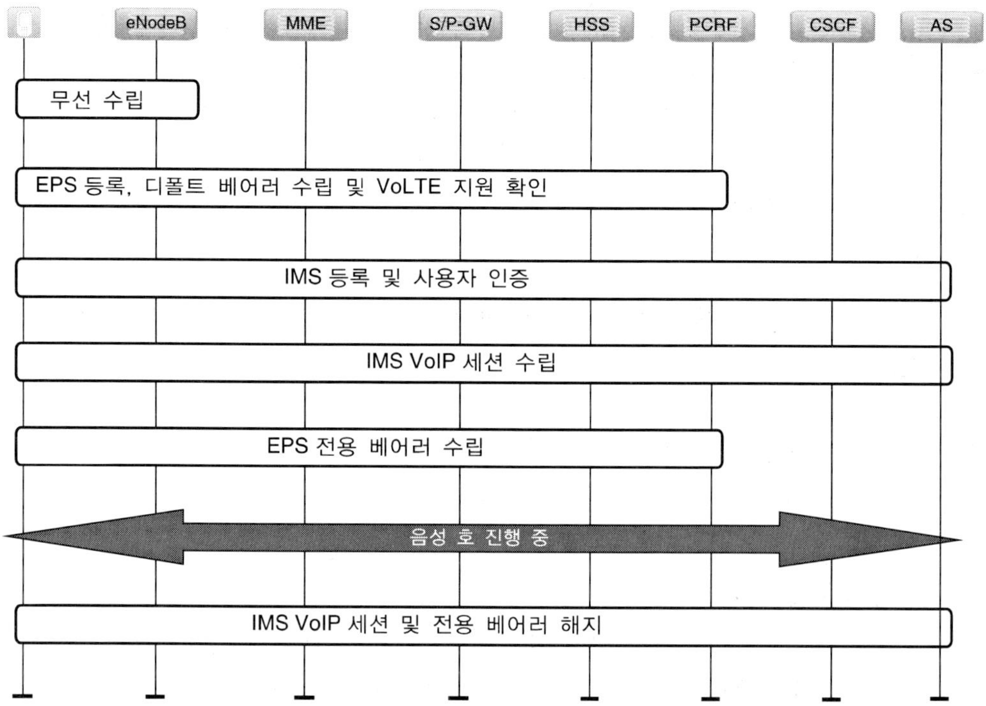

그림 4.14 VoLTE 사용자를 위한 EPS와 IMS 절차

필요한 EPC 기능을 IMS 시그널링과 IMS 음성 호의 관점에서 각각 더욱 자세히 살펴본다. IMS 절차는 제5장에 설명한다.

4.3.2.1 EPS (Evolved Packet System; 진화된 패킷 시스템) 등록

사용자가 단말기의 전원 스위치를 켜면 단말기는 초기 망 합류 절차를 통해서 등록을 한다. 등록 절차 중 사용자 인증과 인가가 완료되면 EPS 시그널링과 사용자 평면을 위해 보안 연합(Security Association, SA)이 생성된다.

사용자 인증은 EPS AKA를 기반으로 이루어지며 IMSI/P-TMSI(Packet-Temporary Mobile Subscriber Identity; 패킷-임시 이동 가입자 ID)와 키, K를 사용한다. K는 USIM과 AuC (Authentication Center; 인증센터)에 영구 저장되어 있다. 망은 인증이 된 단말기와 망 간 보안환경을 설정한다. 이때 UICC에 장착된 USIM은 E-UTRAN 접속에 사용된다. 한편, UICC에 장착된 SIM(Subscriber Identity Module; 가입자 식별 모듈)은 지원되지 않는다.

EPS에서 단말기와 망 간 보안 연합에는 두 가지 레벨이 있다. 첫 번째 레벨은 단말기와 eNodeB 사이이고, 두 번째는 단말기와 MME 사이이다(그림 4.15). NAS 보안 연계는 키 계층을 사용해서 NAS 시그널링의 정통성, 보호, 암호화 등을 제공한다. 키 계층은 HSS가 보안 키 Kasme를 제공하면 MME는 NAS 암호화와 보존성 보호에 사용하는 보안키를 유도한다. 무선 인터페이스에 대해서는 시그널링의 보존성 보호가 이루어지고, 시그널링 평면 및 사용자 평면에 대해서는 암호화를 이용하여 보호한다.

위와 같은 방법으로 VoLTE 트래픽의 안전한 IP 연결이 지원된다. 보안 연합이 생성된 다음 MME가 HSS의 가입자 위치를 업데이트하고, HSS는 저장된 가입자 데이터로 이에 대한 응답을 한다. IMSI는 HSS에 저장된 가입 프로파일에 일차적인 키이다. EPS 가입 프로파일은 IMSI,

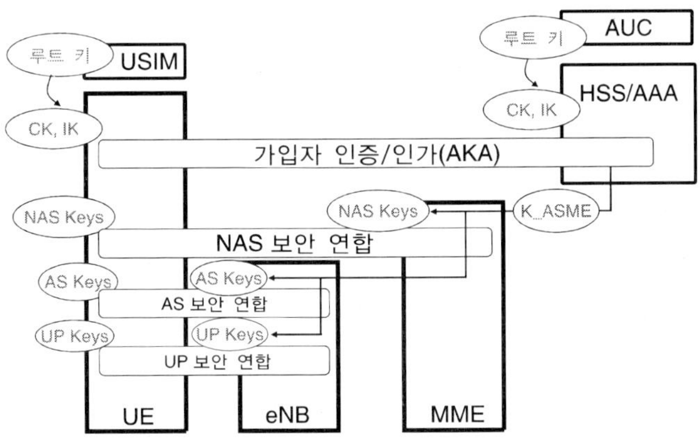

그림 4.15 EPS 보안 키 계층과 보안 연합

표 4.2 PDN 가입상황 내역

매개변수	목적	매개변수 값의 예
상황 내역	PDN 가입상황 내역 지표	5
PDN 유형	가입된 PDN 유형(IPv4, IPv6, IPv4v6가 각각 IPv4, IPv6 또는 두 버전이 함께 단말기에 배정된 것을 표시함)	2(IPv4v6)
서비스 선택(APN)	DNS 명칭 관례에 따라 표시된 APN 망 표지(패킷 데이터 망에 접속점을 설명함)	IMS
EPS 가입된 QoS 프로파일	선택된 APN의 디폴트 베어러에 대한 베어러 레벨의 QoS 매개변수(QCI와 ARP(Allocation and Retention Priority; 배정 및 유지 우선순위)(우선순위와 선점 포함)	5(QCI 5) 9(우선순위 9) 1(선점 능력_억제) 0(피선점_허용)
가입된 APN-AMBR	상향링크 및 하향링크 각각의 MBR 합의 최고값으로 선택된 APN에 대하여 설정된 비-GBR 베어러들이 이 값 한도 안에서 나누어 사용. 최고 대역폭의 단위는 bps이며, IP 계층과 그 상위계층에서 주어지는 모든 오버헤드(예: IP, UDP, RTP, RTP Payload)에 대한 값이다.	500 000(최고-요청-대역폭-상향링크) 1000 000(최고-요청-대역폭-하향링크)
VPLMN 주소 허용	단말기가 위에서 방문 로밍 망의 PDN GW를 사용해서 위에서 선택된 APN에 접속할 수 있는지의 여부; VoLTE 로밍의 경우 VPLMN의 P-GW를 선택하므로, 이 매개변수는 항상 '허용'으로 설정되어야 한다.	1(허용)

APN-AMBR : APN-aggregate maximum bit rate(APN-총 합계 최고 비트 속도), VPLMN : Visited PLMN(방문 PLMN)

MSISDN, MME ID 및 최소한 하나의 PDN 가입상황 내역 등의 매개변수를 포함한다.

VoLTE 사용자의 가입 데이터는 SIP 트래픽 전달을 위한 IMS 시그널링 베어러에 대한 디폴트 값을 정의하는 특정한 PDN 가입상황 내역을 포함한다. 표 4.2에 그 예가 나타나 있다.

4.3.2.2 EPS 디폴트 베어러 수립

각각의 PDN 연결에는 적어도 한 개의 디폴트 베어러가 생성된다. VoLTE를 위한 디폴트 베어러는 IMS APN으로 오가는 모든 제어 평면(시그널링) 트래픽을 전달한다. 디폴트 베어러가 생성될 때, P-GW는 PDN 연결을 위한 IP 주소(들)을 배정한다. 디폴트 베어러의 매개변수들은 표 4.2에 나와 있는 HSS PDN 가입상황 내역으로부터 주어진다. 그림 4.16에 디폴트 베어러 수립과 이에 관련된 IP 주소 및 QoS 정보를 나타내었다.

그림 4.16에서 P-GW는 IPv4와 IPv6 버전의 IP 주소를 할당할 수 있음을 보이고 있다. IPv6

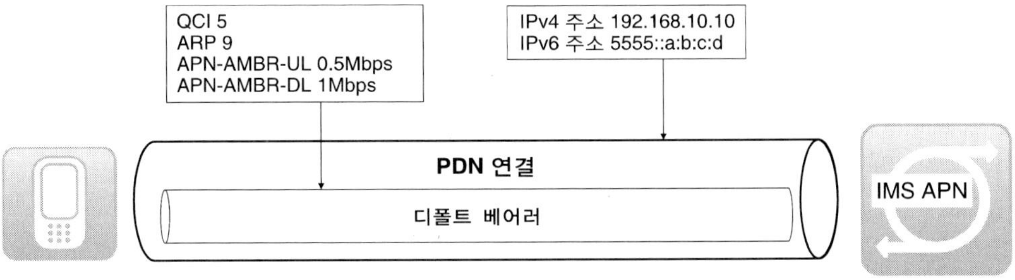

그림 4.16 디폴트 베어러 구성의 예

가 가능한 단말기는 반드시 IPv4v6 PDN 유형을 요청해야 하는 한편, 망은 IPv4 주소나 IPv6 주소 중 하나를 지원하거나 두 버전의 주소를 모두 지원할 수 있다. 망은 디폴트 베어러를 생성할 때 완전한 IPv4 주소와 세계적으로 고유한 /64 IPv6 프리픽스를 제공하며, 단말기는 IPv6 상태 비 보존형 주소 자동 생성 방식(IPv6 stateless address autoconfiguration)기능을 통해서 완전한 IPv6 주소를 만든다.

P-GW에서 단말기로 보내는 PDN 연결 응답 시그널링 안에는 P-CSCF 주소가 포함되어 있다. 이에 앞서 단말기는 망으로 PDN 연결 요청을 보낼 때 PDN 연결 요청 메시지의 PCO(Protocol Configuration Options; 프로토콜 구성 선택사항) 정보 요소(Information Element, IE)에 P-CSCF의 주소를 요청한다는 것을 표시해야 된다. 망에서 P-CSCF의 IPv4 또는 IPv6 주소 리스트를 지원할 경우에는 단말기는 P-CSCF 탐색절차에서 반드시 IPv6 주소 유형을 선호해야 된다.

또한 P-GW는 PDN 연결을 수립하는 동안 베어러를 인가한다. 그림 4.17은 P-GW가 디폴트 EPS 베어러 매개변수에 의한 PDN 연결 요청을 받을 때 시그널링를 나타내고 있다. 이때 PDN 연결은 IMS APN을 향하여 수립되며, 따라서 PDN GW가 Gx 인터페이스를 통해서 PCRF과 다이아미터 세션을 수립해야 됨을 의미한다. PCRF로의 요청은 최소한 사용자 ID, 단말기의 IPv4 주소와 IPv6 프리픽스 또는 IPv6 프리픽스 중 하나, IP-CAN 유형, 무선 접속 유형을 포함해야 되며, 단말기의 시간대와 PDN 정보와 같은 기타 정보를 포함할 수도 있다. PCRF는 SPR(Subscription Profile Repository; 가입 프로파일 저장소)에 가입자 특정 정보를 요구할 수도 있고, 예를 들면, 어느 특정 APN을 기반으로 모든 가입자들에게 동일한 규정 세트를 적용할 수도 있다. PCRF는 PDN 연결을 수립하는 동안 PCC(Policy and Charging Control; 정책 및 과금 제어) 규정, 베어러 인가, PDN 연결(IP-CAN 세션)을 위한 QoS 매개변수(비-GBR, QCI, ARP 포함) 등을 제공할 수 있다.

PCRF가 사용자 ID를 인지하고 있으며 음성 호가 수립되는 절차 동안에 다이아미터 세션을 동적으로 정책 및 과금 제어에 사용할 수 있다는 점은 매우 중요하다.

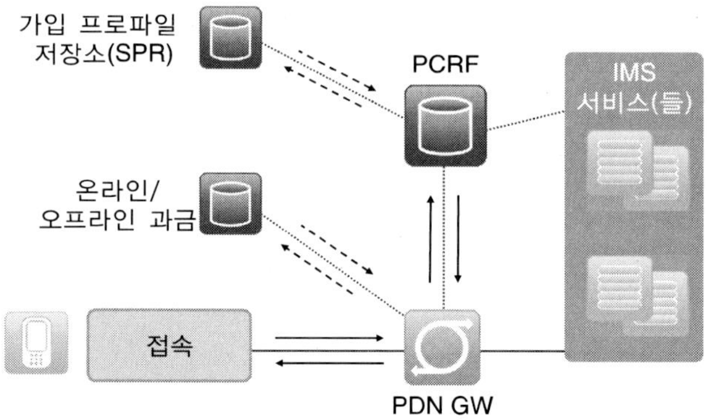

그림 4.17 PDN 연결 정책 및 과금 제어 인가

이와 동시에 과금 시스템을 PDN GW에 연결하여 사용자의 PDN 연결에 대한 적절한 과금을 처리할 수 있다. VoLTE 시그널링과 미디어는 모두 IMS APN을 통과하기 때문에 APN 기반 과금 시스템과 이에 연관된 과금 ID만으로도 충분히 과금을 수행할 수 있다.

MME는 디폴트 베어러 수립 절차의 일부로 RAB(Radio Access Bearer; 무선 접속 베어러) 수립을 요청한다. 4.2.1절에 보인 바와 같이 MME는 eNodeB에 베어러 매개변수를 보내어 단말기와 eNodeB 간 RAB이 수립되도록 한다.

4.3.2.3 IMS 기반 VoIP 가능 여부 탐색

VoLTE 단말기가 처음으로 망에 합류할 때에는 음성 도메인에서 선호사항(예: CS 음성보다 IMS PS 음성을 선호함 혹은 PS 음성만 가능함 등), 용도 환경설정(음성 위주 혹은 데이터 위주), SRVCC 능력 등을 표시한다.

MME는 IMS 기반 VoIP 서비스를 제공할 것인지 여부를 결정하기 위해 예를 들어 열거한 VoLTE 단말기에서 표시한 정보, 지역적 정책,[1] 홈 망 능력, 가입 정보, 망의 SRVCC 능력 등을 검토한다. MME의 결정사항은 전용 매개변수(PS 세션 IMS 음성)를 표시한 합류 허용 메시지에 의해서 단말기로 통보된다. MME가 이 매개변수 값을 TRUE로 설정하면 단말기는 망에서 IMS VoIP를 지원하고 있다는 것을 인식하게 되고, 따라서 5.4절에 설명된 바와 같이 VoIP 통신의 시작을 위한 IMS 등록 절차를 시작한다. 만약 MME에서 IMS VoIP이 지원되지 않음을 표시할 경우 VoLTE 단말기(음성 중심적)는 CSFB를 사용하던가 또는 UTRAN이나 GERAN으로 옮겨가서 음성 서비스에 접속한다.

1 MME는 예를 들어 이동통신 국가 부호와 이동통신망 부호를 기반으로 해서 MME의 지역적 정책이 홈 PLMN 로밍 사용자의 IMS VoLTE 사용을 허용하고 있는지의 여부를 확인할 수 있다.

3GPP가 비록 망 측에서의 조건을 규정하지는 않았지만(결과적으로 PS 세션 IMS VoIP을 TRUE/FALSE로 설정하도록 되었다) MME에서 이를 TRUE로 설정하는 통상적인 결정 논리는 다음과 같은 것을 생각할 수 있다.

- 단말기가 제공하는 정보
  - 단말기 용도 설정=음성 중심
  - E-UTRAN 음성 도메인 선호=IMS PS 음성 우선, CS 음성 차선
  - SRVCC 지원(GERAN/UTRAN으로의 SRVCC 능력=UTRAN HSPA으로부터의 SRVCC 또는 E-UTRAN에서 GERAN/UTRAN 지원)
- 망에 있는 정보
  - 기존의 TA(Tracking Area; 추적 지역)이 IMS VoIP 지원
  - 망에서 SRVCC를 지원하며, 가입 정보가 SRVCC 관련 라우팅 번호를 포함

IMS VoIP 표시는 매 추적 지역 ID(TAI) 단위로 설정될 수도 있고 TAI 목록 단위로 설정될 수도 있으며, 단말기가 새로운 TA로 옮겨가면 IMS VoIP 표시값이 바뀔 수 있다.

4.3.3 EPS 전용 베어러 수립

디폴트 베어러의 QoS로는 음성 미디어를 충분하게 지원하지 못하므로 EPS 전용 베어러가 필요하다. 3GPP는 정책 및 과금 제어 구조를 정의하였는데 이는 EPC와 IMS 도메인을 연결해주는 링크이다. IMS 음성 세션의 베어러 레벨 QoS는 각각의 음성 호에 대하여 동적으로 협상되는 IMS 음성 미디어 정보를 근거로 해서 정해지기 때문에 정책 및 과금 제어는 반드시 필요한 기능이다.

음성 호에 대해서 PCRF는 P-CSCF로부터 음성 세션 정보를 얻은 다음 그 정보를 기반으로 설정한 QoS 조항을 P-GW로 보낸다. 또한 PCRF는 베어러 레벨 이벤트를 P-CSCF에 통보하는데, 예를 들면 베어러 레벨 이벤트의 QoS를 보장할 수 없다든가 또는 PDN 연결이 손실되었을 경우 등이 있다. P-GW는 QCI와 ARP 쌍에 근거해서 음성 미디어에 필요한 QoS를 지원하는 새로운 전용 베어러가 필요함을 결정하고 전용 베어러 수립에 관한 시그널링을 접속망으로 보내기 시작한다. 일단 전용 베어러가 수립되면 P-GW는 그 결과를 PCRF에 통보한다.

전용 베어러는 디폴트 베어러와 동일한 IP 주소(들)를 공유하지만 QoS 값은 상이하다. IMS 음성 미디어 전용 베어러는 항상 GBR 특성으로 설정되어서 음성 미디어 지원을 보장할 수 있어야 하는데 만약 그렇지 못할 경우에는 IMS 음성 호가 해지된다.

트래픽 차등화는 트래픽 유통 정보를 근거로 한다. P-GW는 트래픽 유통 모형을 만들어 이동 단말기에 보내어 이동 단말기가 상향링크 트래픽에 적합한 베어러를 선택하도록 한다.

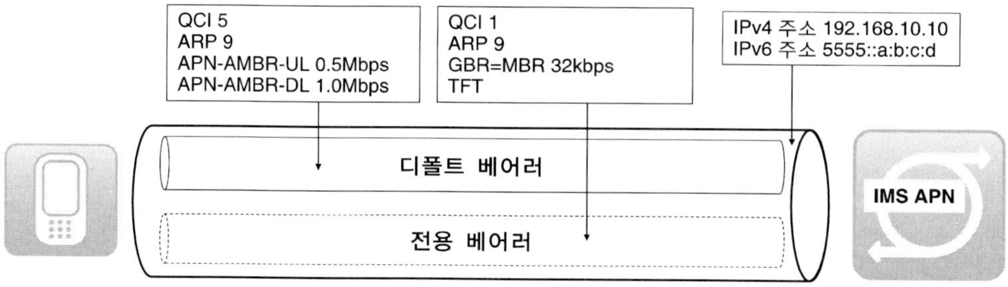

그림 4.18 디폴트 베어러와 전용 베어러 구성의 예

그림 4.18에 디폴트 QoS를 지원하는 디폴트 베어러와 IMS 음성 미디어에 적용할 수 있는 QoS를 지원하는 전용 베어러를 각각 나타내었다.

4.4 IMS ID

이 절에서는 ISIM을 소개하고, 사용자(공공 사용자_ID), 사용자의 가입(개인 사용자_ID), 사용자의 디바이스와 공공 사용자_ID의 조합[GRUU(Globally Routable User Agent URI; 통합자원 식별자 URI)], 서비스(공공 서비스_ID), IMS 망 개체 등을 식별할 수 있는 여러 가지 ID에 대하여 설명한다. 한편, 여러 가지 사용자 ID 간의 관계에 대한 설명도 첨가한다.

4.4.1 IP 멀티미디어 서비스_ID 모듈

ISIM은 UICC에 위치하는 애플리케이션이며 단말기에 넣어 사용하거나 분리해서 보관할 수 있는 물리적으로 안전한 디바이스이다. UICC에는 단일 애플리케이션 또는 이중 애플리케이션이 가능하다(예: USIM(4.3.1절 참조)과 ISIM). ISIM에는 주로 IMS 통신서비스 사업자가 제공하는 IMS 특정의 가입 데이터가 저장되어 있다. 이 데이터는 사용자가 디바이스를 IMS에 등록할 때 사용된다. 예를 들면, 사용자가 통신서비스 사업자의 IMS에 가입할 때 다음과 같은 데이터가 ISIM에 저장된다.

- 사용자의 개인 사용자_ID – 등록 요청시 사용자의 가입 여부를 확인하는데 사용(4.4.3절 참조)
- 사용자의 단일 또는 복수의 공공 사용자_ID – 등록 요청시 등록되어야 할 ID를 구별하는데 사용하며 다른 사용자와 통신을 요청할 때에도 사용(4.4.2절 참조)

- IMS 보안 인증에 관계된 보안 매개변수(예: 공유 비밀 및 배열번호)와 포괄적인 부트스트랩 구조(Ut 인증에 요구됨. 예: 보조 서비스 설정을 읽거나 변경할 때)
- IMS 기반 메세징에 요구되는 SMS 매개변수
- IMS 등록시 표시된 대로 사용될 수 있는 IMS 애플리케이션의 기준 식별 목록
- P-CSCF 주소-접속 기술에 동적인 P-CSCF 탐색 기능이 없을 때 사용(LTE에는 적용되지 않음)
- 홈 망(홈 망 도메인 이름)의 진입점 명칭=등록 시 등록 요청을 사용자의 홈 망으로 라우트 하는데 사용
- 관리 데이터 및 가입자가 IMS를 이용하기 위하여 사용하거나 제조업체가 자율적인 테스트 등에 사용하는 기타 데이터
- 접속 규정 기준-애플리케이션에 접속하기 위해서 어떤 개인 ID 번호를 검증해야 되는가에 관한 정보를 저장하는데 사용

애초에는 모든 IMS 디바이스에 ISIM이 장착될 것으로 가정되었으나 이후 그러한 요구 조항이 완화되었다. 현시점에서 이동통신서비스 사업자들은 전폭적으로 SIM이나 USIM이 갖추어진 디바이스로 IMS 접속을 허용하고 있다. 그러나 EPC 접속을 하려면 USIM이 필요하기 때문에 VoLTE는 VoLTE 단말기의 UICC에 USIM 또는 USIM + ISIM을 장착할 것을 요구한다. VoLTE는 ISIM이 없어도 운용할 수 있는데 이는 3GPP가 IMS 단말기가 USIM에 저장된 데이터로부터 IMS 식별자와 홈 도메인 명칭을 생성할 수 있는 방법을 정의하였기 때문이다.

4.4.2 공공 사용자_ID

IMS망 사용자의 정체를 공공 사용자_ID라고 하며, 이것은 다른 사용자와 통신을 요청할 때 쓰인다. 공공 ID는 예를 들면, 전화번호부, 웹 페이지, 명함 등에 게재하는 ID이다. IMS 사용자는 세션을 시작할 수 있고 GSM 망과 인터넷 등의 여러 가지 망으로부터 시작된 세션을 수신할 수 있다. 공공 사용자_ID는 CS 망과의 통신을 위해서 전화번호 체계(예: +358501234567)를 따라야 한다. 마찬가지로 인터넷 사용자와의 통신을 요청할 때 공공 사용자_ID는 인터넷 명칭법(예: joe.doe@example.com)을 따라야 한다. 전통적인 E.164 번호체계를 URL 신텍스로 표시할 때 tel URL(tel Universal Resource Locator; tel 통합 자원 위치 표시)을 사용한다. tel URL은 (RFC3966)에 설명되어 있으며, SIP URI(SIP Universal Resource Identifier; 통합 자원 식별자)은 (RFC3261)과 (RFC3986)에 설명되어 있다. 사용자는 IMS 통신의 시작 또는 수신 전에 공공 사용자_ID를 등록해야 된다(5.4.8절 참조). 동일 단말기를 가지고 복수의 공공 사용자_ID를 등록할 수 있으며 더욱이 1회의 단말기 요청(UE Request)으로 복수의 ID를 등록할

수도 있다(5.4.8절 참조). 공공 사용자_ID의 예는 다음과 같다.

SIP URI sip:joe.doe@example.com
tel URL tel:+358501234567

4.4.3 개인 사용자_ID

개인 사용자_ID는 홈 망 통신서비스 사업자가 정의하는 세계적으로 고유한 ID이며 홈 망 내에서 사용자를 고유하게 식별한다(3GPP TS 23.228). 이 ID로 사용자 본인 자체를 식별하는 것은 아니며 단지 사용자의 가입 내역을 식별하는 것임을 주지해야 한다. 개인 사용자_ID는 단말기에서 홈 망으로 보내는 모든 등록 요청에 포함되며(5.4.1절 및 5.4.8절 참조), 사용자 등록 절차 중 인증된다. 개인 사용자_ID는 SIP 메시지 라우팅에는 사용되지 않으며, IMS 세션(INVITE; 초청)과 IMS 세션에 관련된 절차(예: MESSAGE, SUBSCRIBE, NOTIFY)에는 일절 쓰이지 않는다. 개인 사용자_ID는 인증 이외에도 회계와 관리 목적으로 사용될 수 있다. 개인 사용자_ID는 (RFC2486)에 정의되어 있는 NAI(Network Access Identifier; 망 접속 ID) 형태이며, 예는 다음과 같다.

NAI의 일예 private_user1@home1.csp.net

4.4.4 개인 사용자_ID와 공공 사용자_ID의 관계

개인 사용자_ID와 공공 사용자_ID가 서로 어떻게 연관되어 있는가에 대한 기본적인 예를 들면, 사용자 Joe는 자동차 판매업소에 근무하는 사람으로서 단일 디바이스를 사용하여 업무와 사생활의 모든 통신 용무를 처리한다. Joe는 회사 업무를 위해서 공공 사용자_ID는 sip:joe.smith@brandnewcar.com와 tel:+358501234567를 가지고 있다. 그 외에 Joe는 사생활에 사용하는 공공 사용자_ID 두 개를 더 가지고 있다: sip:joe.smith@ims.example.com와 tel: +358 03334444. 이와 같이 공공 사용자_ID 두 세트를 사용함으로써 Joe는 그에게 걸려오는 세션을 각각 전혀 다르게 처리할 수 있다. 예를 들면, 오후 5시 이후와 주말과 휴일에 걸려오는 업무 관련 세션은 모두 메시지 시스템으로 보낼 수 있다. Joe의 사용자 및 서비스 관련 데이터는 서로 다른 서비스 프로파일로 관리된다(그림 4.19 참조). 서비스 프로파일 1은 Joe의 회사 업무에 관련된 정보를 저장하고 있으며 필요한 경우 HSS로부터 S-CSCF로 다운로드된다. 즉, Joe가 업무에 사용하는 공공 사용자_ID를 등록하거나 S-CSCF가 Joe의 업무용 공공 사용자_ID에 대한 어떤 등록되지 않은 서비스를 처리해야 될 경우 등이다. 비슷한 방법으로 서비스 프로파일 2는 Joe의 사생활용 ID에 관한 정보를 저장하며 필요할 경우 HSS에서 S-CSCF로 다운로드된다. 그림 4.19에서 Joe의 개인 사용자_ID, 공공 사용자_ID 및 서비스 프로파일들이 서로 연

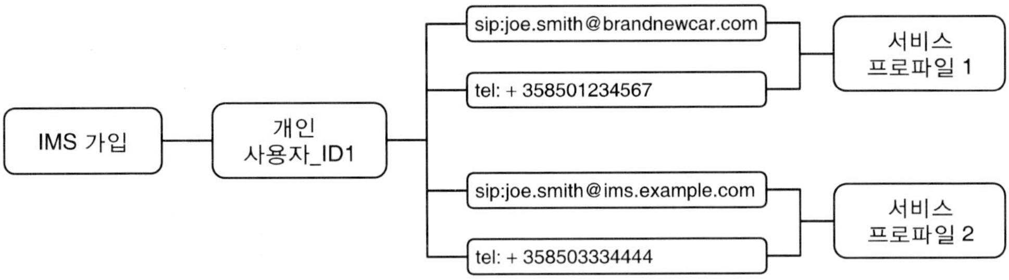

그림 4.19 사용자_ID 간의 관계

결되어 있음을 보인다.

Joe는 복수의 IMS 디바이스를 사용할 수도 있다. 위에서 설명한 ID들에 더해서 Joe는 또 하나의 ID, 예를 들어 sip:joe@always.net를 그의 모든 디바이스에 공유할 수 있다. 즉, 누군가가 이 공유_ID를 사용해서 통신을 시작하면 Joe는 등록해 놓은 디바이스 중 아무 디바이스에서나 수신할 수 있다. IMS 구조에 의하면 이러한 공공 공유_ID는 IMS 가입 내 모든 개인 사용자_ID와 공유되어야 한다(3GPP TS 23.228). 그림 4.20은 그 구조를 나타내고 있다(sip:joe@always.net는 원하는 경우 그 자체의 서비스 프로파일을 가질 수 있다. 그림의 예에서는 서비스 프로파일 2와 연계되어 있다).

4.4.5 사용자 디바이스의 식별

IMS에서는 수신자에게 도달하기 위해 공공 사용자_ID를 사용하며 단일 공공 사용자_ID는 단일 가입으로 함께 사용되고 있는 복수의 디바이스 간에 공유될 수 있다. 따라서 만약 복수의 디바이스가 동일한 공공 사용자_ID로 등록되어 있을 경우에는 어느 특정한 디바이스를 구별할 수 없으며, 어느 특정한 디바이스를 찾으려면 반드시 GRUU를 사용해야만 된다.

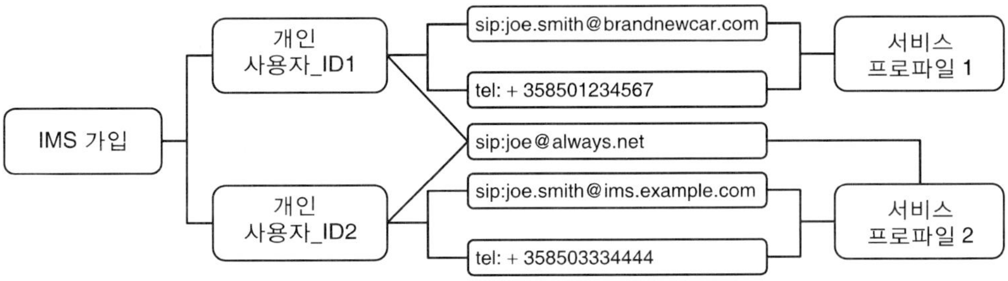

그림 4.20 사용자_ID 간의 관계(공유 ID 포함)

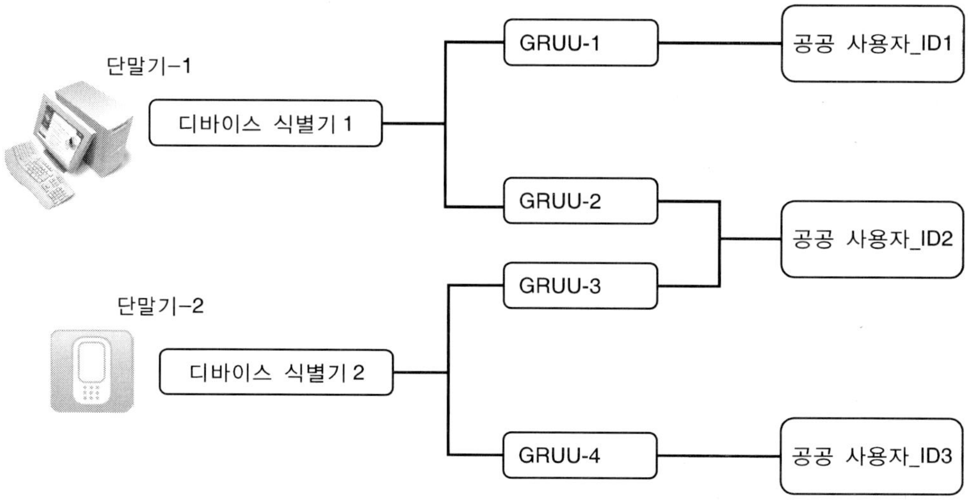

그림 4.21 단말기, GRUU, 공공 사용자_ID 간의 관계

예를 들면, Joe가 공유 공공 사용자_ID를 사용하고 있으면서 프레슨스* 상태에 그가 단말기 1로는 게임하기를 원한다고 표시하고 단말기 2로는 비디오 세션을 수락하려 한다는 것을 나타내고 있을 경우 Joe와의 게임 세션을 수립하기 위해서 단말기 1의 GRUU(그림 4.21의 GRUU2)를 사용할 수 있다. GRUU를 사용하는 전형적인 경우의 또 다른 예는 세션을 어느 한 디바이스로부터 다른 특정 디바이스로 옮기는 경우이다. 그림 4.21에 단말기, GRUU, 공공 사용자_ID의 관계를 나타내었다.

GRUU에는 임시 GRUU와 공공 GRUU의 두 가지 유형이 있다. IMS의 공공 GRUU는 사용자의 공공 사용자_ID와 그 ID를 IMS에 등록할 때 사용한 디바이스의 디바이스 ID의 조합이다. 공공 GRUU는 공공 사용자_ID와 디바이스 쌍이 존재하는 동안 유효하기 때문에 어느 특정 디바이스를 찾는 기능을 오랫동안 계속 유지하는 데 쓰인다. 그 반면 임시 GRUU는 시간제한이 있는 식별 표시이며(매 IMS 등록 요청에 대하여 임시 GRUU가 새로 생성된다), 사용자의 공공 사용자_ID를 일절 포함하지 않고 있으므로 공공 사용자_ID를 감추어 준다. 아래 예에서 사용자의 공공 사용자_ID는 sip:joe@always.net이다. 'gr'은 이 SIP URI가 GRUU임을 나타내는 URI 매개변수이며, 'urn:uuid'는 특정 디바이스 식별 고유값이 f81d4fae-7dec-11d0-a765-00a0c91e6bf6인 디바이스를 고유하게 식별해 주는 URN(Uniform Resource Name; 통합 자원 이름)이다.

* 역자주 이 책에서 "프레슨스"는 OMA 프레슨스 서비스를 지칭한다(제6장 참조). 자세한 내용은 OMA Instant Messaging and Presence Services를 참조하라(http://openmobilealliance.org/).

공공 GRUU의 예　　sip:joe@always.net;
gr = urn:uuid:f81d4fae-7dec-11d0-a765-00a0c91e6bf6

임시 GRUU의 예　　sip:tgruu.7hs == jd7vnzga5w7fajsc7-ajd6fabz0f8g5@example.com;gr

4.4.6 망 개체 식별

위에 설명한 사용자 식별에 더해서 SIP 라우팅을 처리하는 망 노드의 식별이 필요하다. 이를 위해서 SIP URI를 이용하여 SIP 메시지의 헤더 필드에 있는 노드를 식별할 수 있다. 그러나 SIP URI를 DNS(Domain Name Server; 도메인 이름 서버)에 세계적으로 공개하지 않아도 된다(3GPP TS 23.228 참조). 따라서 예를 들면, 통신서비스 사업자는 자체의 S-CSCF 노드를 다음과 같이 명명할 수 있다.

망 개체 명칭의 예　　sip:finland.scscf1@ims.example.com

4.4.7 서비스 식별(공공 서비스_ID)

표준화된 프레스스, 메시징, 컨퍼런싱, 그룹 서비스 기능이 도입됨에 따라 AS에서 주관하는 서비스와 그룹을 식별할 수 있는 표시가 반드시 필요하게 되었다. 물론 이러한 목적을 위한 표시는 작동 중에 생성할 수도 있다. 즉, 어떤 표시들은 사용 전에 미리 등록하지 않고 필요한 경우마다 사용자가 AS에서 생성할 수 있으나, 일반적인 공공 사용자_ID로는 그렇게 하기에 충분하지 않다. 따라서 릴리스 6에서 공공 서비스_ID라는 새로운 유형의 ID를 도입했다. 공공 서비스_ID는 SIP URI 또는 tel URL의 형식을 따른다. 4.6.3.6절에 사용자가 공공 서비스_ID를 이용해서 일회용 컨퍼런스를 시작하고(컨퍼런스 팩토리 URI), 해당 AS가 그 동적인 공공 서비스_ID를 컨퍼런스 URI로 공유해서 사용하는 예를 보인다.

4.4.8 ISIM을 사용하지 않는 ID

4.4.2절과 4.4.3절에 공공 사용자_ID와 개인 사용자_ID의 개념을 설명하였고 이러한 ID가 ISIM에 저장되는 것으로 가정하였다. 그러나 IMS가 처음 구현되는 시기에는 ISIM 애플리케이션이 설치되지 않은 단말기가 다수일 것으로 예상되었기 때문에 ISIM이 없어도 IMS에 접속할 수 있는 장치가 개발되었다. 예를 들면, IMSI를 가지고 개인 사용자_ID, 공공 사용자_ID, 홈 도메인 명칭 등을 유도해서 만들 수 있으며 이를 USIM 애플리케이션이 설치된 단말기에 적용할 수 있다.

4.4.8.1 개인 사용자_ID 유도

IMSI로부터 개인 사용자_ID를 유도하여 만드는 단계는 다음과 같다(3GPP TS 23.003).

1. IMSI의 번호 전체를 개인 사용자_ID의 사용자 이름 부분으로 사용한다.
2. 미리 정해 놓은 신텍스, 예를 들면 ims.mnc.mcc.3gppnetwork.org로 개인 사용자_ID의 도메인 명칭 부분을 구성한다. 보기에서 mnc와 mcc는 IMSI에서 추출한다(첫 세 자리 숫자가 mcc이고, 그 다음 2~3자리 숫자가 mnc이다).[2]

예를 들면:

```
사용하고 있는 IMSI : 244911234567인 경우;
MCC: 244;
MNC: 91;
MSIN: 1234567;
개인 사용자_ID는:
244911234567@ims.mnc091.mcc244.3gppnetwork.org
```

4.4.8.2 임시 공공 사용자_ID

공공 사용자_ID를 갖추고 있는 ISIM 애플리케이션이 없을 경우에는 다음과 같이 IMSI를 근거로 해서 임시 공공 사용자_ID를 유도해내어 사용한다. 임시 공공 사용자_ID는 SIP URI 형식, 즉 sip:user@domain 형식을 따른다. 사용자 이름과 도메인 명칭 부분은 위에 설명한 개인 사용자_ID를 유도할 때와 비슷한 방법으로 구성한다(3GPP TS 23.003). 위의 예를 따라 다음과 같은 임시 공공 사용자_ID를 구성할 수 있다.

```
sip:244911234567@ims.mnc091.mcc244.3gppnetwork.org
```

임시 공공 사용자_ID로 IMS 초기 등록을 하면 그 ID는 To와 From 헤더에 배치된다(5.4.1절 참조). 이렇게 해서 사실상 IMS 공공 사용자_ID의 등록이 이루어지고 S-CSCF는 등록 수락 시 이를 P-Associated-URI 헤더로 단말기에 전달한다(5.4.8절 참조). 초기 등록 이후 단말기는 암시적 등록이 된 공공 사용자_ID(들)만 사용한다. IMS 등록 이외의 절차들에 대해서는 임시 공공 사용자_ID를 '차단'으로 설정하여 나머지 IMS 통신에 사용되지 못하도록 강력히 권고되고 있다.

4.4.8.3 홈 망 도메인 명칭

홈 망 도메인 명칭은 임시 공공 사용자_ID의 도메인 명칭 부분을 유도하는 것과 같은 방법으

2 만약 MNC가 두 자리 숫자이면 앞에다 0을 더해서 세 자리 수로 만든다.

로 유도한다. 예를 들면 다음과 같다.

```
ims.mnc091.mcc244.3gppnetwork.org
```

4.5 IMS 서비스 조달(Service Provisioning)

엄격히 말하면, IMS는 그 자체가 서비스는 아니다. IMS는 오히려 PS망에서 진보된 IP 서비스와 애플리케이션을 쓸 수 있게 해주는 SIP 기반 구조라고 할 수 있다. IMS는 서비스를 발동시키는데 필요한 방법을 제공한다. 이러한 기능을 '서비스 조달(service provisioning)'이라 한다. 그림 4.22에 서비스 조달의 개요를 나타내었다.

HSS는 사용자의 IMS 가입 정보를 영구히 보존하는 마스터 데이터베이스이다. 서비스 프로파일은 IMS 가입 정보의 한 부분(5.2절과 특히 그림 5.2 참조)으로 HSS에 영구 보존된다. 그 외에도 AS에서 올려 받은 애플리케이션 특정 데이터도 영구히 보존될 수 있는데 그러한 데이터에는 HSS가 그 내용 자체는 인지하지 못하는 데이터가 포함될 수도 있다.

4.5.1 허용된 서비스 실행

S-CSCF는 서비스 프로파일을 다운로드해서 사용자에게 허용된 서비스를 실행한다. 서비스

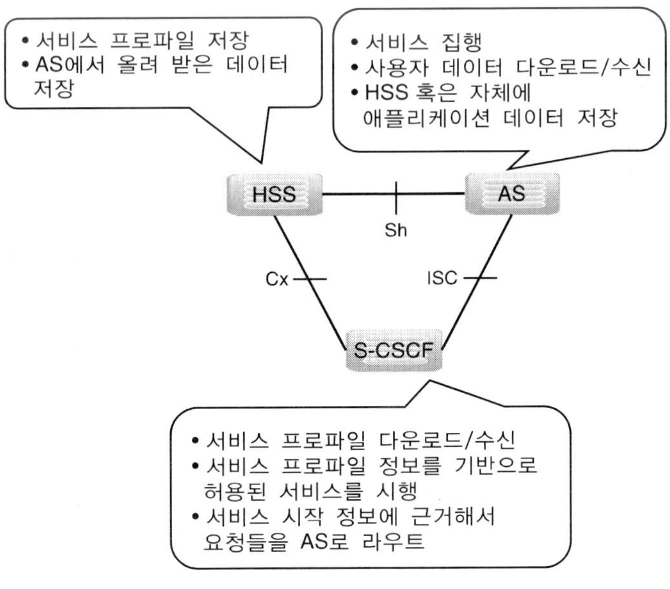

그림 4.22 IMS 서비스 조달의 개요

제공은 설정되어 있는 미디어 정책과 IMS 통신서비스 식별 정책에 근거한다.

- 미디어 정책 정보에는 S-CSCF의 가입자 미디어 프로파일을 식별하는 정수치가 포함되어 있다(예: 허용되는 SDP 매개변수들). 통신서비스 사업자는 이 정보를 가지고 IMS 가입자 프로파일을 규정하여 예를 들면, 금, 은, 동과 같은 몇 가지 다른 고객 등급을 매길 수 있다. 등급이 금인 고객은 모든 일반적인 호와 비디오 콜을 할 수 있고, 은인 고객은 광대역 AMR 음성 코덱을 사용할 수 있으나 비디오 콜은 허용되지 않는다 등이다. 이와 같이 HSS와 S-CSCF 간에 간단한 정수치 표시 하나를 교환함으로써 HSS의 저장용량을 줄일 수 있으며 Cx 참조점의 사용을 최적화할 수 있다.
- IMS 통신서비스 식별 정책은 어느 IMS 통신 사용자가 예를 들면, IMS MMTel(IMS Multimedia Telephony; IMS 멀티미디어 전화)를 사용할 수 있는지를 식별할 수 있는 서비스 식별 목록을 포함한다. S-CSCF는 서비스 식별 목록을 기반으로 SIP 시그널링에 식별 표시를 사용하도록 한다.

4.5.2 서비스-트리거 정보

서비스 트리거 정보는 초기 필터 기준 형태로 제시된다(그림 4.23 참조). 초기 필터 기준에는 수신되는 SIP 메시지를 언제 특정 AS로 라우트하는가 등의 조건이 들어 있다. 서비스 프로파일은 초기 필터 기준으로 규정된 사용자 특정 서비스 트리거 정보와 국지적으로 관리되며 S-CSCF에 저장되는 초기 필터 기준의 기준값을 포함할 수 있다. 이 초기 필터 기준값을 공유 초기 필터라 하는데 그 값은 해당 통신서비스 사업자 망 내에서만 통용되는 정수치로 표시된다. 예를 들면, 초기 필터 기준값 1은 라우팅 요청을 OMA IM(Open Mobile Association Instant Messageing; 오픈 이동통신협회 인스턴트 메세징), PoC(Push to Talk over Cellular; 셀루라 무전기), 프레슨스, XDM 애플리케이션(XML Document Management; XML 문서 관리)으로 처리할 것을 지시하는 것이고, 초기 필터 기준값 2는 라우팅 요청을 IP Centrex(IP Central Office Exchange Service; IP 중앙 오피스 교환 서비스)로 처리되도록 하는 것을 의미할 수 있다.

사용자의 VoLTE 가입 내역은 대체로 4.6.3절에 설명하는 TAS(Telephony Application Server; 전화 애플리케이션 서버)로 지원이 가능한 여러 가지 음성 보조 서비스를 포함한다고 볼 수 있다.

따라서 통신서비스 사업자는 자체의 서비스 프로파일에 초기 필터 기준을 포함해서 S-CSCF가 호출 및 착신 음성 세션을 TAS로 라우트해서 서비스 실행을 하도록 한다.

초기 필터 기준 구성시 다음 사항을 고려해야 한다.

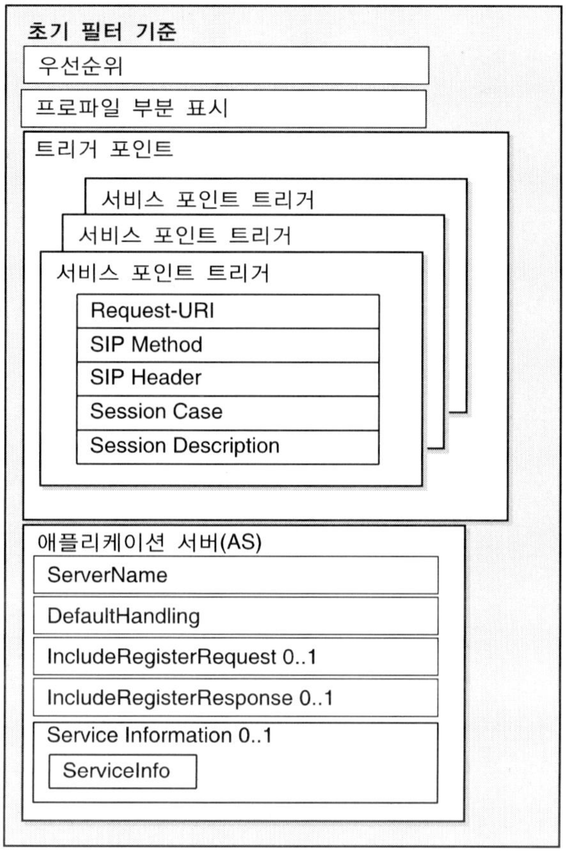

그림 4.23 IMS 초기 필터 기준

- 각 초기 필터 기준의 우선순위는 무엇인가?
- 트리거 포인트는 무엇인가?
- 이 초기 필터 기준은 등록된 사용자를 위한 것인가 또는 미등록 사용자를 위한 것인가?
- 트리거 포인트가 충족될 때 그에 적합한 AS는 어느 것인가?
- 만약 AS가 응답하지 않을 경우에 어떻게 처리할 것인가?

트리거 포인트에는 단일 또는 복수의 서비스 포인트 트리거 인스탄스가 포함되며(그림 4.23 참조) 트리거 포인트에 따라서 AS와 접촉할 것인지 여부를 정한다. 서비스 포인트 트리거는 다음 사항으로 구성된다.

- Request-URI – URI 요청은 그 요청이 향하는 곳의 자원을 식별한다(예: sport-news@ims. example.com).

- SIP Method – 요청의 유형을 표시한다(예: INVITE 또는 MESSAGE).
- SIP Header – 요청에 관련된 정보를 포함한다. 서비스 포인트 시작은 SIP Header의 존재 여부 혹은 SIP Header의 내용을 근거로 할 수 있다. 내용은 스트링 값으로 나타내며 정상 표현(regular expression)으로 해석한다. 정상 표현은 요청자를 표시하는 From Header에 고유명사(예: John)를 넣는 것처럼 단순한 표현일 수 있다.
- Session Case – 세션 케이스는 발신, 착신, 미등록 발신, 미등록 착신 중 한 가지를 가진다. 세션 케이스는 발신 서비스, 착신 서비스, 또는 미등록 종단 사용자 서비스의 발신 및 착신 서비스를 처리하는 S-CSCF가 필터를 사용해야 하는지의 여부를 표시한다. 발신 케이스는 S-CSCF가 호출 사용자를 담당할 때를 말하며, 착신 케이스는 S-CSCF가 피호출 사용자를 담당할 때를 말한다.
- Session Description – 세션 설명은 SIP Method에 포함되어 있는 SDP 내 모든 필드에 대한 서비스 포인트 트리거를 정의하며, 정상 표현을 사용하여 트리거 포인트의 부합 여부를 결정할 수 있다.

만약 트리거 조건이 만족되면 초기 필터 기준은 그 다음 단계 절차에 관한 지시사항을 포함한다. 이 지시사항은 AS 주소, AS와의 접촉이 실패할 경우의 대책(예: 해지, 또는 세션이 계속 진행되도록 허용)을 포함한다. 아울러 IMS 등록이 초기 필터 기준으로 설정되었을 경우에는 S-CSCF에 보내는 추가 지시사항을 포함할 수 있다(예: HSS에서 받은 서비스 정보를 AS에 보낼 것, 단말기로부터 받은 등록 요청을 AS로 보내고 200 OK(등록 요청에 대한) 요청을 AS로 보낼 것).

사용자의 서비스 프로파일은 다수의 초기 필터 기준을 가질 수 있기 때문에 통신서비스 프로파일은 각각의 초기 필터 기준에 우선순위 고유 번호를 부여해야 한다. 이때 순위 번호가 클수록 우선순위가 낮다 – 즉, 높은 숫자의 우선순위 번호를 가진 필터 기준은 낮은 숫자의 우선순위 번호 필터 기준이 평가된 다음에 처리된다.

ProfilePartIndicator는 매 초기 필터 기준에 있는 속성이며 사용자가 등록되었을 경우와 미등록일 경우에 각각 특정의 초기 필터 기준을 적용할지 여부를 표시한다.

4.5.3 AS 선정

S-CSCF는 단지 초기 요청에 대해서만 필터 기준을 평가하며 그 절차는 다음과 같다(3GPP TS 24.229).

1. 공공 사용자_ID가 금지되어 있는지 확인한다. 금지되어 있지 않을 경우 진행한다.
2. 요청이 발신 요청인지 혹은 착신 요청인지 확인한다.

3. 세션 케이스(발신, 착신, 또는 미등록 사용자의 발신/착신)에 따른 초기 필터 기준을 선택한다.
4. 요청에 사용된 공공 사용자_ID와 서비스 프로파일을 비교 검토해서 그 요청이 최우선 초기 필터 기준에 부합하는지 확인한다.
   a. 만약 그 요청이 초기 필터 기준에 부합되면, S-CSCF는 요청을 AS로 전달하는 한편 요청이 다음 우선순위의 필터 기준에 부합되는지 확인하고 앞서 접촉한 AS로부터 수신한 SIP method에 필터 기준을 적용한다.
   b. 만약 그 요청이 최우선 초기 필터 기준에 부합되지 않으면, 부합되는 필터 기준이 나올 때까지 계속해서 다음 우선순위의 필터 기준을 검토한다.
   c. 만약 더 이상 아무 초기 필터 기준을 적용할 수 없을 때 혹은 전혀 초기 필터를 적용할 수 없을 경우, S-CSCF는 요청을 라우트 결정에 근거한 목적지로 전달한다.

S-CSCF는 발신 초기 필터 기준과 착신 초기 필터 기준을 명확하게 다르게 처리한다. 착신 초기 필터 기준의 경우 AS에서 Request-URI가 변경된 것을 S-CSCF가 인지하면 S-CSCF는 다음 세 가지 중 하나를 처리한다.

- 변경된 Request-URI 값에 근거해서 요청을 라우트한다.
- 목적지 재선정 후에 단말기 발신 케이스의 초기 필터 기준을 실행한다.
- 계속해서 단말기 착신 케이스의 초기 필터 기준을 사용한다.

AS를 접촉하였으나 응답이 없을 경우 S-CSCF는 초기 필터 기준과 결합되어 미리 정해져 있는 디폴트 처리 절차를 따른다. 즉, 필터 기준의 정보에 근거해서 세션을 해지하거나 계속 진행한다. 만약 초기 필터 기준에 이러한 고장 상황(AS 접촉 실패)에 관한 지시사항이 없을 경우 S-CSCF는 디폴트 처리 방법으로서 호를 계속 진행한다(3GPP TS 24.229).

4.5.4 AS 동작

4.5.4.1 서비스 실행

앞 절에서 요청이 어떻게 AS로 라우트되는가에 대하여 살펴보았다. 요청을 수신한 AS는 이제 본격적으로 서비스를 시작한다. AS는 다음 네 가지 서비스 수행 모드로 서비스를 지원할 수 있다.

- 착신 UA(User Agent; 사용자 에이전트) – AS가 단말기처럼 작동한다. 예를 들어 음성 메일 서비스를 제공하는 경우가 있다.
- 방향 재설정 서버(Redirect server) – AS가 발신자에게 사용자의 새 위치 혹은 진행 중인 세션을 충족시킬 수 있는 대체 서비스에 대해 통보한다.

- SIP 프록시 – AS가 요청을 처리한 다음, 프록시로 S-CSCF에 그 요청을 돌려보낸다. AS는 SIP 요청을 처리할 때 헤더 내역을 추가, 삭제 또는 변경할 수 있다[(RFC3261)에 명세된 프록시 규정].
- 제3자 호 제어/연립 UA – AS가 다른 SIP 대화를 위하여 새로운 SIP 요청을 생성하여 S-CSCF로 보낸다. 예를 들면, TAS에서 일회용 다자 컨퍼런스를 제공하는 것이 있다(4.6.3.6절 참조).

위 네 가지 모드 이외에도 AS는 발신 UA로 작동할 수 있다. 애플리케이션이 발신 UA로 작동할 경우 애플리케이션은 사용자들에게 요청을 보낼 수 있다. 예를 들면, 컨퍼런싱 서버는 컨퍼런스 호를 시작하기 위해 오전 9시에 예정된 사람들에게 SIP INVITE 요청을 보낼 수 있다. 또 다른 예로 뉴스 서버가 어느 축구 팬에게 SIP MESSAGE를 보내어 그가 응원하는 팀이 득점했음을 알려 주는 경우가 있다.

4.5.4.2 사용자 특정 데이터와 서비스 특정 데이터

AS가 사용자 특정 데이터와 서비스 특정 데이터를 받을 수 있는 정보 소스가 몇 가지 있다. 사용자들은 Ut 참조점(그림 3.18 참조)을 이용하여 애플리케이션 특정 데이터를 AS에 저장할 수 있는데, 예를 들어 보조 서비스 데이터가 있다(4.5.3.11절 참조). 통신서비스 사업자는 운용관리 장비를 사용해서 AS에 정보를 설정할 수 있다. AS는 서비스 논리를 지원하기 위해서 Sh 참조점(그림 3.18 참조)을 이용해서 HSS에 데이터를 저장한다. 또 한편 AS는 Sh 참조점을 이용해서 HSS에 저장되어 있거나 혹은 HSS를 경유해서 얻을 수 있는 모든 데이터를 다운로드 또는 수신할 수 있다. 이 정보에는 IMS 등록 상태, CS/PS 망 상태(MSC, MME, SGSN), 공공 사용자_ID, 초기 필터 기준(사용자, 과금 기능의 주소)을 제공하는 S-CSCF 명칭, 단말기 IP 주소 정보, 단말기의 SRVCC 능력 정보, CS 도메인 라우팅 번호, 단말기에 제공되고 있는 무선 접속에 관한 정보(예: E-UTRAN), 단말기의 현 위치에서 PS 세션의 IMS 음성이 가능한지 여부, SRVCC의 세션 전달번호, IP-SM-GW 번호 등이 포함되어 있다. 이외에도 CS 도메인과 PS 도메인의 위치 정보도 포함한다(3GPP TS 29.329).

4.5.5 서비스 조달집행

그림 4.24는 서비스 조달이 어떻게 실행되는가를 나타내었다. 제1단계에서 발신 또는 착신 요청이 S-CSCF에 도착한다. 만약 S-CSCF가 미등록 사용자를 상대하고 있고 아직 서비스 프로파일(들)이 없으면, S-CSCF는 제2단계에서 서비스 프로파일을 다운로드 받는다. 제3단계에서 S-CSCF는 4.5.1절에 설명된 바와 같이 허용된 서비스 시행을 집행하고 초기 필터 기준을 평가한다. 부합되는 초기 필터 기준에 따라서 착신 요청을 AS로 보내어 서비스가 실행되도록

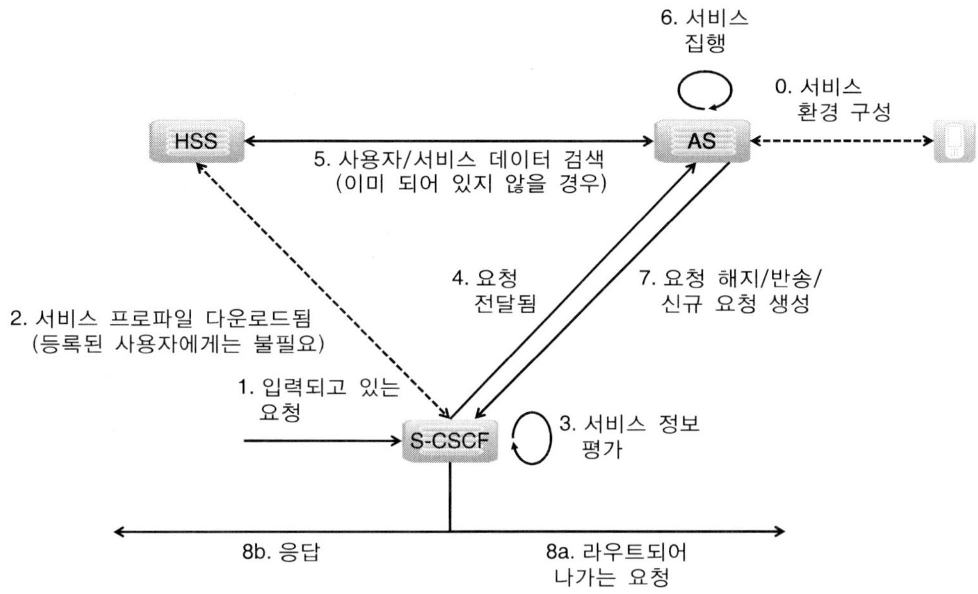

그림 4.24 IMS 서비스 집행 개요

(제4단계) 한다. AS는 4.5.4.2절에 설명된 바와 같이 HSS로부터 추가로 정보를 검색할 수 있다(제5단계). 제6단계에서 AS가 서비스를 집행하고, 제7단계로 그 결과를 S-CSCF로 통보한다. 서비스 집행 결과의 내용에 따라 S-CSCF는 다음 단계를 실행한다(초기 필터 기준 평가를 계속하거나 요청을 라우트해서 전하거나 혹은 응답을 요청자에게 돌려보냄).

통신서비스 사업자는 VoLTE 가입자에 대해 모든 음성 세션이 TAS로 라우트되고 IP 메세징 SMS는 IP-SM-GW로 라우트되도록 초기 필터 기준을 생성해 놓아야 된다. 표 4.3에 VoLTE 사용자를 위한 초기 필터 기준의 기본적인 요구사항이 나타나 있다. 처음 두 가지 기준은 이동 단말기 착신 음성 세션에 관한 것이다. 세 번째 기준은 VoLTE 사용자가 시작한 음성 세션이 발신 음성 서비스를 받을 수 있도록 확실히 한다. 네 번째 기준은 IP로 전송되는 SMS가 발신망에서 상호연동되도록 확실히 해서 아직 메세징 상호연동이 구현되어 있지 않은 원격 망으로는 전달되지 않도록 한다.

IMS 서비스 조달에 관한 좀 더 상세한 설명을 위해 다음에 VoLTE 사용자 K의 경우를 예로 들어서 표 4.3의 필터 기준 1과 3이 어떻게 작용하는지 검증한다(5.1절 참조).

4.5.5.1 VoLTE 착신 세션

사용자 K가 음성통신에 참가하도록 요청 받을 경우 S-CSCF는 사용자 K로 향하는 SIP INVITE를 수신한다. INVITE에는 다음과 같은 핵심 정보와 기타 다른 정보를 포함한다.

표 4.3 VoLTE 초기 필터 기준의 예

필터 기준 요소	필터 기준 1	필터 기준 2	필터 기준 3	필터 기준 4
SPT: SIP method	Invite	Invite	Invite	Message
SPT: 세션 케이스	착신	착신	발신	발신
추가 SPT	Session Description: m = audio	Session Description: m = audio	Session Description: m = audio	SIP header: content-type: application/vnd.3gpp.sms Request-URI: +358508888888
AS	sip:tas1@example.com	sip:tas1@example.com	sip:tas1@example.com	sip:ipsmgw1@example.com
우선순위	1	2	3	4
프로파일 부분 표시	등록	미등록	등록	등록

SPT-Srvice Point Trigger, 서비스 포인트 트리거

```
INVITE sip:kristiina@example.com SIP/2.0
P-Asserted-Identity:sip:alice@example.com
Route:<sip:scscf1.example.com;lr>
Content-Type: application/sdp
m=audio 3420 RTP/AVP 97 98
```

S-CSCF는 다음과 같은 이유에 근거해서 필터 기준 1이 부합됨을 감지한다.

- SIP method가 INVITE이다.
- INVITE 요청이 착신 사용자에게 향하는 것이다 - S-CSCF는 이 사실을 라우트 헤더의 내용을 근거로 해서 인지한다. 그러나 여기에는 등록 중에 단말기와 P-CSCF에 Service-Route 헤더로 통보되었던 값은 포함되지 않는다(5.4.8절 참조).
- SDP에 이 요청이 음성통신을 위한 것이라는 내용이 명기되어 있다.
- 사용자 K가 등록되어 있다.

4.5.5.2 VoLTE 발신 세션

사용자 K가 음성통신을 시작하고자 할 경우 5.5절에 설명된 바와 같이 단말기가 SIP INVITE를 망으로 보낸다. 이 INVITE는 우선 K를 담당하는 S-CSCF를 찾아 가게 된다. INVITE 요청에는 다음과 같은 핵심 정보와 더불어 몇 가지 다른 정보가 포함되어 있다.

```
INVITE sip:jennifer@csp.com SIP/2.0
```

```
P-Asserted-Identity: sip:kristiina@example.com
Route:<sip:orig@scscf1.home.fi;lr>
Content-Type: application/sdp
m=audio 3458 RTP/AVP 97 98
```

S-CSCF는 다음과 같은 이유에 근거해서 필터 기준 3이 부합됨을 감지한다.

- SIP method가 INVITE이다.
- INVITE 요청을 발신 사용자로부터 수신하였다. S-CSCF는 Route 헤더의 내용에 근거해서 이를 인지한다. S-CSCF는 S-CSCF가 Service-Route 헤더 내용에 설정한 사용자 부분으로부터 인지하는데(5.5.8절 참조), 그것이 이제 Route 헤더로 돌아 온 것이다.
- SDP에 이 요청이 음성통신을 위한 것이라는 내용이 명기되어 있다.
- 사용자 K가 등록되어 있다.

4.6 IMS 멀티미디어 전화(IMS MMTel)

4.6.1 서론

MMTel은 이동통신망 사용자와 고정망 사용자를 모두 지원하는 표준화된 IMS 멀티미디어 서비스 모음이다. MMTel 서비스는 사용자 간 통신을 수립하고 보조 서비스를 통해서 이를 더욱 풍부하게 한다.

IMS MMTel 서비스는 다음 두 가지 주요 부분으로 구성된다.

- 기본 통신(4.6.2절 참조)
- 선택적 보조 서비스(4.6.3절 참조)

3GPP 릴리스 5에서 이미 IMS 보조 서비스의 필요성에 대한 논의가 있었다. 당시에 3GPP는 SIP 프로토콜이 통신 착신호 전환, ID 서비스, 통신 호 보류 등의 기본 능력을 가지고 있으므로 보조 서비스를 표준화할 필요성이 없다고 결정하였었다. 한편 TISPAN에서는 IMS 코어망을 NGN(Next Generation Network; 차세대 망)의 플랫폼으로 채용하기로 결정하고 IMS 보조 서비스를 규정하기 시작했다. 최초의 보조 서비스 세트는 'TISPAN 릴리스 1'의 일부분으로 완성되었다. 이와 병행해서 3GPP에서도 TISPAN 보조 서비스의 부분을 재사용해서 IMS MMTel 서비스를 규정하였고(릴리스 7의 일부), 이를 IMS 전반에서 이용할 수 있게 하였다. TISPAN은 IMS 보조 서비스에 관한 작업을 계속하였고 이를 'TISPAN 릴리스 2'에서 완성하였다. 'TISPAN 릴리스 2' 이후에는 공통 IMS에 관한 협동의 일환으로 보조 서비스를 포함한 IMS 코어망에 관한 모든 규격에 대한 책임이 TISPAN에서 3GPP로 이전되었다(3.4.2절과 그림

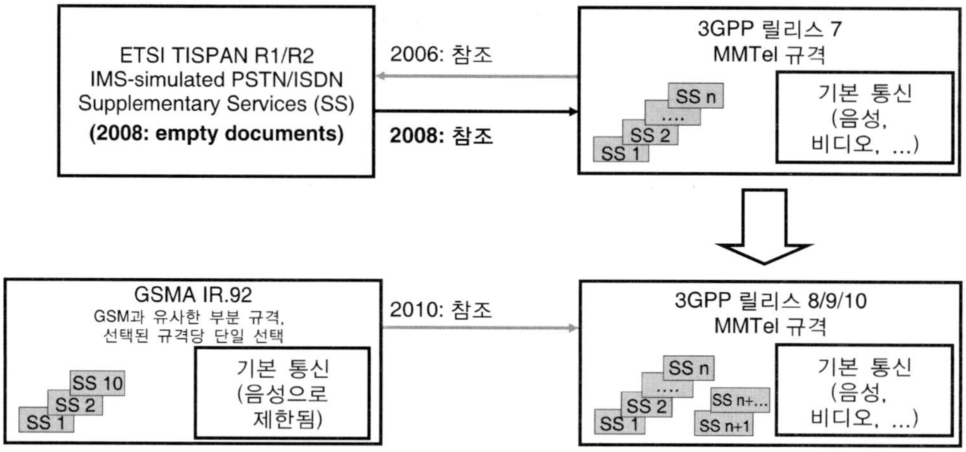

그림 4.25 TISPAN, 3GPP MMTel, GSMA(IR.92)의 보조 서비스

4.25 참조).

'One Voice Initiative'는 이동통신 단말기와 IMS 망이 지원하는 최소한의 기능 세트를 포함하는 음성을 위한 IMS와 SMS 프로파일을 규정하고 이를 GSMA PRD(IR.92)로 발간하였다. 이 프로파일 범주 내에서 MMTel 보조 서비스의 한 부분과 그에 관련된 기능이 규정되어서 2G/3G 망으로부터 있어온 여러 가지 전화 서비스를 구현할 수 있도록 하였다. 3GPP 릴리스 8에 규정된 MMTel 규격에는 종단 사용자가 2G/3G 단말기와 MMTel 단말기를 가지고 일관성 있게 보조 서비스 설정을 다룰 수 있는 기능이 없었기 때문에 2G/3G로부터 알려져 있던 보조 서비스들과 비슷한 기능을 지원할 수 없었다. 바꾸어 말하면, MMTel이 2G/3G에 적용할 수 없는 선택사항들을 포함하고 있기 때문에 2G/3G 보조 서비스와 IMS MMTel 간의 전반적인 1:1 대응이 불가능하였다. 결과적으로 이는 바람직하지 않은 종단 사용자 경험을 의미하였으며 이에 대한 해결책이 3GPP 릴리스 9에 명세되었다.

이미 존재하는 MMTel 보조 서비스와 선택사항들의 개요표를 작성하기 위해서 릴리스 9에서 영향을 받은 보조 서비스와 Ut 상의 XCAP 규격(3GPP TS 24.623) 등이 강화되었으며, 이에 따라 어떤 보조 서비스가 가능하고 또 그 보조 서비스가 어떤 조건 하에서 어떻게 작동하는가에 관한 모든 정보를 단말기가 받을 수 있게 되었다. 즉, 2G/3G 보조 서비스 데이터 모델에 대응되는 설정들로 서비스를 구축할 수 있으며, 또 단말기는 그것을 적절하게 통보 받을 수 있다는 것을 의미한다. 이에 대한 해법의 일부로 많은 망 구성의 한계를 넘는 서비스 변경 요청을 거부할 수 있다. 그러나 이 해법이 이미 표준화 된 MMTel의 기능을 제한하는 것은 절대로 아니다. 이는 오히려 GSMA(IR.92)와 같은 보조 서비스 프로파일을 규정할 수 있는 가능성을 제공한다.

4.6.2 멀티미디어 통신

MMTel은 전형적으로 음성 및 음성과 기타 미디어 구성요소의 조합을 지원하는 서비스이지만 반드시 음성을 포함해야만 되는 것은 아니며 다른 미디어 및 미디어 조합(예: 문자와 비디오)도 지원할 수 있다. MMTel 서비스는 다음과 같은 표준화된 미디어 능력을 포함한다.

- 양방향 음성
- 실시간 비디오(단방향, 양방향), 음성이 있을 경우 음성과 동기화
- 문자 통신
- 파일 전송
- 비디오 클립 공유, 사진 공유, 오디오 공유; 전송된 파일을 수신측 단말기에서 특정 파일 포맷으로 디스플레이/재연
- UDP 전송 계층기반의 팩스 전달

이러한 능력에 근거해서 여러 가지 유형의 통신 사용 사례들이 실현될 수 있다. 예를 들면 음성 호, 비디오로 강화된 음성 호(단방향, 양방향), 공유 기능 포함 기본 음성 호, 파일 전송 포함 기본 음성 호, 비디오와 문자 통신 포함 기본 음성 호와 파일 전송 및 문자 통신(채팅), 파일 전송 MSRP(Message Session Relay Protocol; 메시지 세션 중계 프로토콜), 공유(영상, 비디오) 등이다. 3GPP는 전용 ICSI(IMS Communication Service Identifier; IMS 통신서비스 식별자), 즉 3gpp-service.ims.icsi.mmtel을 규정하였다. 단말기는 ICSI를 IMS 등록(5.4.1절

표 4.4 MMTel 미디어에 사용되는 코덱

미디어 유형	3GPP 요구사항 (릴리스 10)
음성	AMR NB(Narrow Band; 협대역) 필수 광대역(16 kHz 샘플링 주파수) 선택. 만약 AMR-WB(Wideband; 광대역)가 지원될 경우, 필수 DTMF 지원 필수
비디오	ITU-T recommendation H.264/MPEG-4(part 10) advanced video coding(AVC) 24 constrained baseline profile(CBP) level 1.2 필수
실시간 문자	ITU-T recommendation T.140
팩스	ITU-T recommendation T.38
음성, 비디오, 문자 미디어 전송	릴리스 7과 릴리스 8에서 모든 미디어 유형에 대해 RTP/AVP 필수 RTP/AVPF는 비디오에 대해서 필수, 기타 미디어에 대해서는 선택 릴리스 9에서 모든 미디어에 대해서 RTP/AVP와 RTP/AVPF 필수

DTMF-Dual-Tone Multifrequency(이중 신호 다중 주파수).

참조)과 IMS 세션(5.5.1절 참조)에 첨가해서 원하는 서비스가 MMTel 서비스라는 것을 표시한다. 3GPP는 표 4.4에 요약된 바와 같이 음성, 비디오, 실시간 문자, 팩스에 대한 미디어 부호화 규칙을 정의하였다(3GPP TS 26.114). 파일 전송, 공유, 채팅에는 MSRP(RFC4975)가 요구된다. 표 4.4에 나와 있는 코덱은 모두 UDP 상 RTP(RFC3550)와 IP 전송을 사용한다. RTP에는 예를 들어 AMR과 AMR-WB(AMR-Wideband, AMR-광대역)과 같은 특정 형태로 부호화된 미디어를 적용한다. 또한 전송 매개변수로 SDP(RFC4566)에 나타나는 소위 RTP 프로파일도 적용된다. SDP 속성값 RTP/AVP(RTP/Audio-Visual Profile; RTP/오디오-비주얼 프로파일)(RFC3551)는 IETF에서 개발한 가장 오래된 RTP 프로파일로써 광범위하게 사용되고 있다. RTP/AVPF(RTP/Audio-Visual Profile with Feedback; RTP/피드백 오디오-비주얼 프로파일)(RFC4585)는 이의 강화된 프로파일이다. 미디어 스트림에 대하여 어떤 코덱을 사용할 것인가는 SIP 시그널링의 SDP를 사용해서 이루어지며, 이때 제안-답신 절차를 따른다(5.4.3절 참조).

4.6.3 보조 서비스

IMS 코어망은 IMS 보조 서비스를 지원하는 TAS(Telephony Application Server; 전화 애플리케이션 서버)를 포함한다. TAS는 SIP 애플리케이션 서버이며 ISC(IMS Service Control; IMS 서비스 제어) 인터페이스를 통해 망과 연결되어 MMTel 보조 서비스를 지원한다. TAS는 보조 서비스가 발신측과 착신측 어디에 적용되는 가에 따라 망의 발신측 또는 착신측에 포함된다.

TAS는 SIP을 보조 서비스 호 제어에 사용하는 것 외에도 사용자가 서비스를 설정할 수 있도록 구성 인터페이스를 제공할 필요가 있다. IMS는 다음과 같은 가능성을 규정한다.

- Ut 인터페이스를 통해서 XCAP을 사용한다.
- SIP 기반의 사용자 구성을 사용한다.

한편, 예를 들어 Web 기반 인터페이스와 같은 표준화되지 않은 방법을 사용해서 보조 서비스의 작동을 구성할 수도 있다.

그림 4.26은 MMTel의 주요 구조와 프로토콜을 나타내고 있다. 그림 4.26에서 AP(Authentication Proxy; 인증 프록시)는 3GPP에 명세된 기능이다. AP는 사용자가 XCAP 요청을 보낼 필요가 있을 때 사용자를 인증하는 한편, 요구되는 서비스 기능을 제공하는 XCAP 서버(MMTel, IM, 프레슨스 등)를 찾는 역할을 한다.

3GPP 릴리스 7에서 처음으로 MMTel을 명세하기 시작한 이래 MMTel의 보조 서비스 목록은 매 릴리스마다 증가하였다. 대부분의 보조 서비스들은 사실상 CS 음성에 대하여 규정되었던

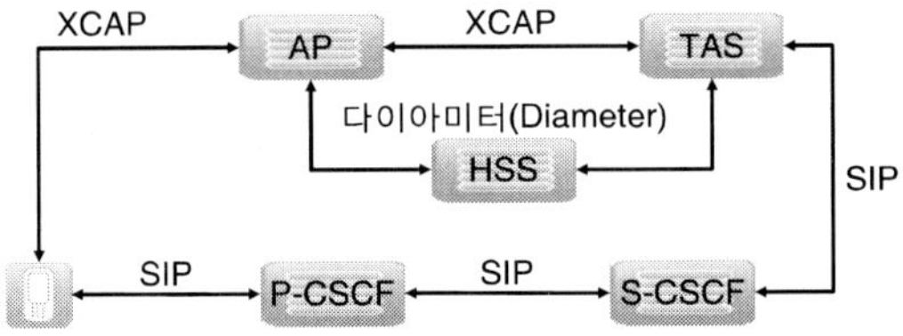

그림 4.26 MMTel을 지원하는 IMS의 기본 구조

보조 서비스들과 비슷하다. 표 4.5에 표준화된 IMS 보조 서비스를 나타내었다. 표 4.5의 마지막 열은 해당 보조 서비스가 음성 및 SMS를 위한 GSMA(IR.92) IMS 프로파일에 포함된 것인가의 여부를 나타낸다. 다음 절에서 GSMA(IR.92)에 포함된 보조 서비스를 설명한다. GSMA(IR.92)에는 CDIV(Communication Diversion; 호 우회)과 CB(Communication Barring Service; 통신 차단 서비스)에 대한 추가 제한을 포함한다(4.6.3.11절 참조).

표 4.5 IMS 보조 서비스

보조 서비스	설명	GSMA(IR.92) 기능
릴리스 7 기초 발신 ID 표시(OIP, Originating identification Presentation)	착신 사용자에게 발신 사용자 ID를 제공	YES
발신 ID 제한(OIR, Originating identification restriction)	발신 사용자가 자신의 ID 정보가 착신 사용자에게 제시되지 않도록 할 수 있음	YES
착신 ID 표시(TIP, Terminating Identification presentation)	발신 사용자가 착신 사용자를 구분할 수 있도록 ID 정보를 수신할 수 있는 가능성을 지원함	YES
착신 ID 제한(TIR, Terminating Identification restriction)	연결된 사용자가 자신의 착신 ID 정보가 발신 사용자에게 제시되지 않도록 할 수 있는 서비스로 연결된 사용자에게 제공되는 서비스 임	YES
통신 보류 (HOLD, Communication hold)	사용자로 하여금 세션 내 미디어를 일단 중단했다가 나중에 재개할 수 있도록 함	YES
컨퍼런스 호 (CONF, CONFerence calling)	각 사용자로 하여금 다수의 사용자가 동시에 관계하는 통신에 참여하고 제어할 수 있게 함	YES
호 우회 (CDIV, Communication Diversion service)	이 서비스(aka communication forwarding; aka 통신 전달)는 사용자로 하여금 어느 특정한 구성 조건(제공되거나 설정된)을 만족시키는 입력되고 있는 요청의 방향을 재설정해서 우회시킬 수 있게 함	YES

표 4.5 IMS 보조 서비스(계속)

보조 서비스	설명	GSMA(IR.92) 기능
통신 차단 (CB, Communication barring)	세션에 대한 시도를 사용자가 선택적으로 차단할 수 있도록 함	YES
메시지 대기 표시(MWI, Message waiting indication)	AS가 사용자에게 최소한 한개 이상의 메시지가 대기하고 있음을 표시함	YES
통신확인 전환(ECT, Explicit communication transfer)	통신에 참가한 사용자가 그 통신을 제3자에게 전가함	NO
릴리스 8 추가 보조 서비스 통신 대기 (CW, Communication waiting)	이 서비스를 활성화한 사용자가 엑티브 호를 진행중일 때 또 다른 입력되고 있는 호에 대한 통보를 받을 수 있게 함	YES
악의성 통신 판별(MCID, Malicious Communication Identification)	사용자로 하여금 악의성 통신을 판별할 수 있게 함	NO
통화중 사용자에 대한 통신 완료 (CCBS, Completion of communications to busy subscriber)	착신국 B가 통화 중일 때, 발신 사용자가 수동적으로 다시 통신을 기도하지 않고도 착신국 B의 통화가 끝났을 때 통신을 완료할 수 있도록 함	NO
과금 안내 (AOC, Advice of charge)	IP 멀티미디어 세션 관련 과금 정보를 사용자에게 통보해 줌	NO
회원제 그룹 (CUG, Closed user group)	사용자가 회원들로 구성된 그룹을 만들 수 있도록 하며, 그룹의 통신 프로파일은 입력 및 발신되고 있는 통신을 제한함	NO
무응답시의 통신 완료 (CCNR, Completion of communications on no reply)	착신국 B가 응답을 하지 않을 경우(무응답), 발신 사용자가 수동적으로 다시 통신을 기도하지 않고도 착신국 B가 새로운 통신을 시작했다가 완료한 뒤에 통신을 완료할 수 있게 함	NO
맞춤형 경계 신호 (CAT, Customised alerting tone)	사용자가 피호출 사용자에게 신호가 가는 동안 호출 사용자에게 들려주는 미디어를 취향에 맞게 정할 수 있게 함	NO
적응적 경계 (FA, Flexible alerting)	파이로트 ID를 호출하여 동시에 다수의 착신 주소(그룹 회원)로 호를 확장할 수 있게 함	NO
릴리스 9 추가 보조 서비스[3] 맞춤형 호출 신호 (CRS, Customised ringing signal)	입력되고 있는 호의 호출 신호가 계속되는 동안 사용자가 자신의 취향에 맞는 미디어를 호출 신호로 들을 수 있도록 함	NO

3 릴리스 9은 CRS 이외에도 서비스 능력 탐색 체계를 도입하였고 몇몇 서비스에 대한 정의를 변경하였다.

4.6.3.1 발신 ID 표시 (Originating Identification Presentation, OIP)

공공 사용자_ID는 SIP INVITE 요청에서 다음 세 가지 헤더로 전해진다.

- From 헤더. 호출 사용자가 원하는 임의의 값으로 설정할 수 있음
- P-Preferred-Identity 헤더. 호출 사용자가 가지고 있는 공공 사용자_ID 중 하나를 이 헤더에 표시하여 사용함
- P-Asserted-Identity 헤더. 사용자의 인가된 ID가 이 헤더로 전송됨

호를 수립할 때 사용자는 P-Preferred-Identity 헤더에 공공 사용자_ID를 표시하며, 이때 INVITE 요청은 다음과 같다(사용자 K가 Kristiina로 표시되었음).

```
INVITE sip:jennifer@csp.com SIP/2.0
From: "Kristiina" <sip:kristiina@example.com>;tag=171828
P-Preferred-Identity: <sip:kristiina@example.com>
```

P-CSCF는 사용자 등록 상태 이벤트 패키지에 가입함으로써 인지하게 된 등록 상태 정보에 근거해서(5.4.10절 참조) 표시된 ID가 유효한 공공 사용자_ID인지를 확인한다.

- 만약 표시된 ID가 유효하면 P-CSCF는 P-Preferred-Identity 헤더를 P-Asserted-Identity 헤더로 대체하고 같은 값을 포함한다.
- 표시된 ID가 유효하지 않을 경우 P-CSCF는 P-Preferred-Identity 헤더를 제거하고, P-Asserted-Identity 헤더에 IMS 등록 중에 인지한 디폴트 공공 사용자_ID 값을 넣는다(5.4.8절 참조 - P-Associated-URI 헤더로 수신한 첫 ID가 디폴트 ID임).

```
INVITE sip:jennifer@csp.com SIP/2.0
From: "Kristiina" <sip:kristiina@example.com>;tag=171828
P-Asserted-Identity: <sip:kristiina@example.com>
```

P-Asserted-Identity 헤더는 호출자의 신뢰받은 ID를 전달하는데 사용되며 이는 OIP 보조 서비스뿐만 아니라 IMS 망 내에서 인증된 사용자를 식별하는 데에도 쓰인다. SIP 시그널링이 신뢰받은 시그널링 망을 경유해왔고 통신서비스 사업자가 사용자의 OIP를 억제하지 않았을 경우 착신 단말기에 P-Asserted-Identity 헤더가 나타난다. CSCF가 다음 라우트 구간이 신뢰될 수 없는 구간인 것을 감지할 경우 CSCF는 P-Asserted-Identity 헤더를 제거함으로써 OIP 보조 서비스를 억제한다.

4.6.3.2 발신 ID 제한 (Originating Identification Restriction, OIR)

OIR은 발신 사용자가 자신의 ID를 다른 사용자에게 노출시키지 않도록 하기 위해 사용할 수 있는 서비스이다. 사용자는 이 서비스가 필요할 때 요청하거나 사용자의 IMS 망 TAS에 디

폴트 설정을 해놓아서 활성화할 수 있다. From 헤더 내에 ID를 나타내지 않으려면 From 헤더는 반드시 'anonymous'로 설정되어야 된다. 만약 호출 사용자가 OIR을 어느 특정한 호에만 적용하고자 할 때에는 SIP INVITE를 내보낼 때 즉각 From 헤더를 'anonymous'로 설정하면 된다.

```
INVITE jennifer@csp.com SIP/2.0
From: "anonymous" <sip:anonymous@example.com>;tag=xyz
```

한편, 사용자에 따라서는 통상적으로 OIR 서비스에 가입해서 발신 단말기의 From 헤더가 표시하는 값에 관계없이 항상 OIR 서비스가 작동되기를 원할 수도 있다. 이 경우에는 발신 사용자측 TAS가 사용자가 설정해 놓은 From 헤더 값을 'anonymous'로 대체하여 OIR 서비스를 실행한다. 이때 TAS는 SIP B2B UA(SIP Back to Back User Agent; SIP 연립 사용자 에이전트)로서 작용한다. 그러나 P-Asserted-Identity 헤더는 망 내에서 사용자 ID에 필적하기 때문에 'anonymous'로 설정될 수 없다. 따라서 'privacy'라 불리우는 별개의 SIP 헤더를 사용해서 발신 사용자가 본인의 ID(P-Asserted-Identity 헤더)를 피호출자에게 나타내지 않기를 원한다는 것을 표시한다. OIR을 단일 호에만 적용할 경우 호출 사용자는 최초 INVITE 요청의 'privacy' 헤더 값을 'id'로 설정한다. 이에 대해 착신측 P-CSCF는 SIP 요청에서 P-Asserted-Identity 헤더를 제거해야 된다.

```
INVITE sip:jennifer@csp.com SIP/2.0
P-Asserted-Identity: <sip:kristiina@example.com>
Privacy: id
```

만약 사용자가 OIR 보조 서비스를 영구적으로 활성화 해놓으면 TAS는 SIP INVITE 요청 내에 'privacy: id' 헤더를 포함해 놓는다. OIR 보조 서비스를 영구적으로 활성화하려면 사용자는 ID 표현이 제한된다는 XCAP 메시지를 TAS에 보내야 한다. 마찬가지로 서비스 비활성화는 ID 표현이 허용된다는 XCAP 메시지를 TAS에 보내면 된다.

4.6.3.3 착신 ID 표시 (Terminating Identification Presentation, TIP)

피호출 사용자가 발신자에게 보낸 최초의 SIP 응답에 포함된 P-Asserted-Identity 헤더로 피호출 사용자를 식별한다. 요청의 P-Called-Party-ID 헤더에 표시된 공공 사용자_ID를 저장하였다가 P-Asserted-Identity 헤더를 설정할 때 사용한다.

```
SIP/2.0 183 Session Progress
P-Asserted-Identity: sip:jennifer@csp.com
```

두 사용자 간의 모든 IMS 개체들이 서로 각각을 신뢰하는 한 P-Asserted-Identity 헤더는

183(Session Progress; 세션 진행) 응답 내에 존재하며 호출 사용자 단말기로 배달되어서 제시될 수 있다.

4.6.3.4 착신 ID 제한 (Terminating Identification Restriction, TIR)

TIR 보조 서비스는 피호출 사용자로 하여금 자신의 공공 사용자_ID(착신 공공 사용자_ID)가 나타나지 않도록 제한할 수 있도록 한다. 이는 마치 OIR에서 호출 사용자가 발신 공공 사용자_ID 제시를 제한할 수 있는 것과 비슷한 것이다(4.6.3.2절 참조). 착신 공공 사용자_ID를 나타내지 않기 위해서 피호출자는 모든 SIP 응답에 'id' 값을 넣은 Privacy 헤더를 더하며, 이것이 P-Preferred-Identity 헤더를 전달한다. 피호출자 측의 P-CSCF는 피호출자를 위해 P-Asserted-Identity 헤더를 포함하고 Privacy 헤더를 원래 내용대로 전달한다. 호출 사용자 측의 P-CSCF는 'Privacy: id' 헤더가 존재하고 있는 것을 근거로 해서 P-Asserted-Identity 헤더를 제거하고 착신 ID를 호출 사용자에게 전달하지 않는다.

```
SIP/2.0 Session Progress
P-Asserted-Identity: <sip:jennifer@csp.com>
Privacy: id
```

한편 착신 사용자도 TIR 보조 서비스를 영구적으로 사용할 수 있으며, 이를 위해서는 TAS에 착신 ID의 표현을 제한한다는 XCAP 메시지를 보낸다.[4] TAS는 이 메시지에 근거해서 P-Asserted-Identity 헤더를 비롯한 착신 사용자로부터 모든 응답에 'Privacy: id' 헤더를 첨가한다.

4.6.3.5 통신 보류 (Communication Hold, HOLD)

통신 보류 보조 서비스는 사용자로 하여금 이미 수립된 IP 멀티미디어 세션의 미디어 스트림을 중단했다가 나중에 재개할 수 있도록 한다. 사용자가 통신 보류를 원할 경우 단말기는 상대방에게 UPDATE 혹은 RE-INVITE 요청을 보낸다.

이 요청의 SDP에 표시된 속성값 'inactive' 또는 'sendonly'는 발신자가 다른 사람으로부터 미디어 스트림을 수신하지 않겠다는 표시이다(그림 4.27 참조). 중단되어 있는 미디어 스트림을 재개할 때는 단말기로부터 상대방에게 UPDATE 또는 RE-INVITE를 보낸다. 이 요청의 SDP 속성값은 'sendrecv' 또는 'recvonly'로 설정되며 발신자가 다시금 상대방으로부터 미디어 스트림을 수신하겠다는 표시이다. 사용자의 TAS는 상대방 사용자에게 안내 공지를 제공할 수 있다.

---

4 XCAP 서비스 설정은 GSMA(IR.92)에서 요구되지 않는다.

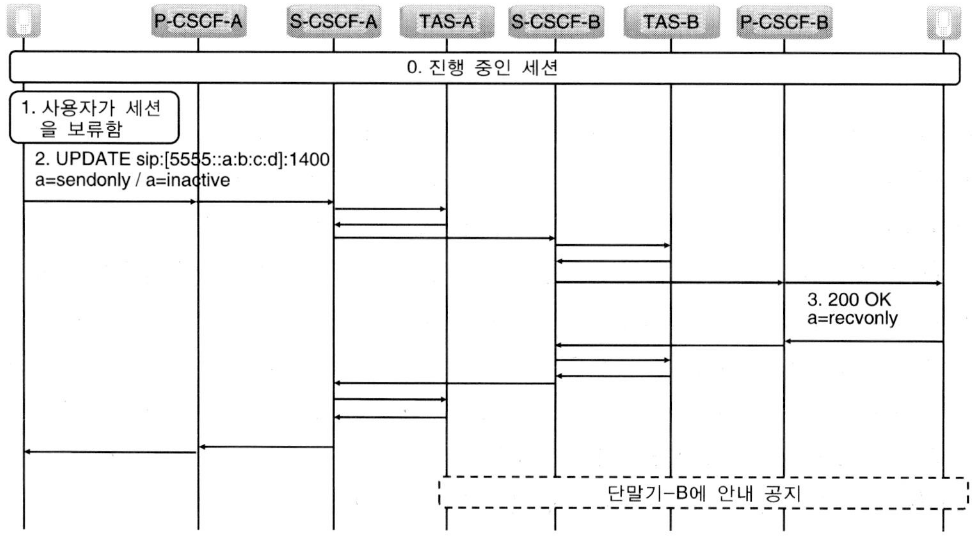

그림 4.27 통신 보류 보조 서비스의 예

4.6.3.6 컨퍼런스(Conference, CONF)

컨퍼런스 서비스는 사용자가 동시에 단일 혹은 복수의 상대방과 통신할 수 있도록 한다. 이 보조 서비스는 독립형 IMS 컨퍼런스를 위해 개발된 방법을 재사용한다. 그림 4.28에 사용자가 진행 중인 1:1 세션을 멀티미디어 컨퍼런스로 전환하는 예를 보인다. 이는 MPTY(Multiparty; 다자) 컨퍼런스로 알려져 있는 GSM 보조 서비스에 상응하는 서비스라고 볼 수 있다. 일회용 컨퍼런스를 시작하기 위해 사용자 A의 단말기가 이를 위한 SIP URI, 즉 conference-factory URI(예: sip:conferencefactory@example.com)로 INVITE를 보낸다. 그 INVITE를 수신한 TAS는 일회용 컨퍼런스를 생성하고 SIP 응답을 통해서 컨퍼런스 식별표(즉, conferene URI)를 단말기 A로 보낸다. 이를 수신한 단말기 A는 conference URI(TAS)로REFER 요청을 보낸다. REFER 요청은 컨퍼런스에 참여할 각각의 사용자(예: B 또는 C) 한 명당 하나씩 보낸다. REFER 요청에는 지정된 사용자들을 새로 생성된 컨퍼런스에 초대하라는 지시사항이 포함되며, 그 외에도 단말기 B/C로 보내는 지시사항으로 단말기 A와 단말기 B/C 간에 이미 진행 중인 세션이 새로 입력되고 있는 요청에 의해서 대체될 것이라는 내용을 포함한다. REFER 요청은 일반적인 IMS 라우팅 원칙에 따라 컨퍼런스 기능을 지원하는 AS로 라우트된다.

이 요청을 수신한 AS는 단말기 B와 단말기 C로 향하는 별도의 세션 요청을 형성한다. 새로운 INVITE를 수신한 단말기 B/C는 이것이 컨퍼런스에 참여하라는 요청이며 또 단말기 A와 현재 진행 중인 세션을 해지하라는 지시임을 인지한다. 뒤따르는 SIP 시그널링에 이어 사용자 평면이 수립된 다음 사용자 A, B, C는 컨퍼런스를 시작할 수 있다.

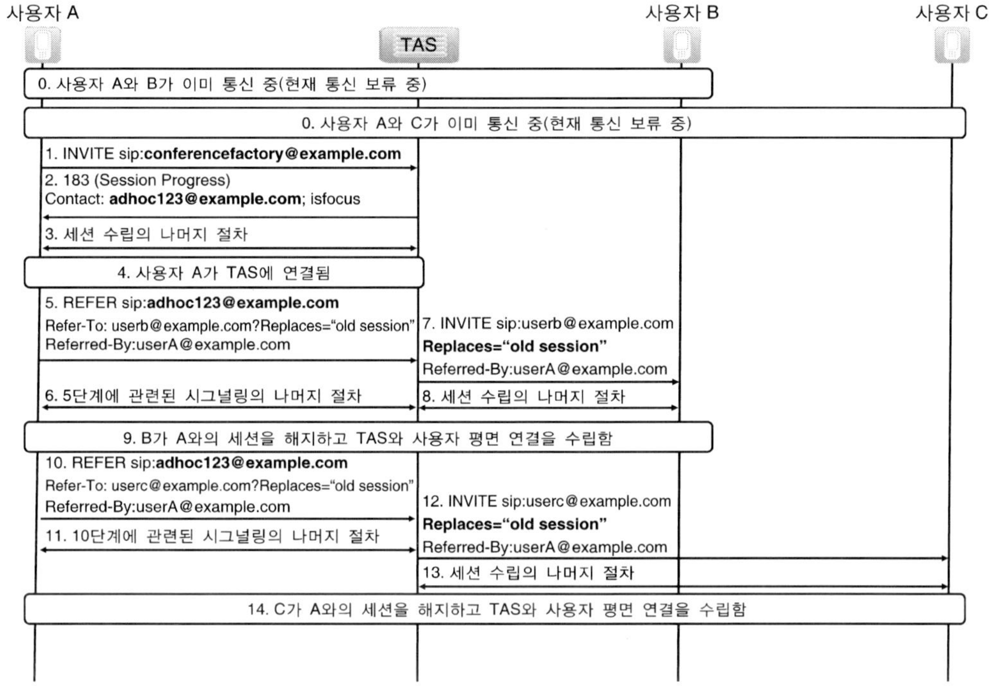

그림 4.28 컨퍼런스 보조 서비스의 예

위에서는 IMS 컨퍼런스 기능의 한 부분을 GSM의 보조 서비스, MPTY에 요구되는 기능으로 설명하였다. 그러나 기존의 GSM MPTY 서비스와는 달리 IMS MMTel 컨퍼런스 서비스에서는 컨퍼런스를 시작하기 전에 미리 MMTel 세션이 없어도 된다는 중요한 차이점을 갖고 있다.

4.6.3.7 호 우회 (Communication Diversion, CDIV)

CDIV(aka communication forwarding; aka 통신 전환) 서비스는 입력되고 있는 호가 다른 목적지로 보내도록 미리 설정되어 있는 조건을 충족할 때 사용자가 그 방향을 재설정해서 전환시킬 수 있도록 한다. 이 서비스는 기본적으로 PSTN/ISDN(Public Switched Telephone Network/Integrated Services Digital Network)의 통신 우회 서비스를 따른 것이다. GSM 서비스 세트에 포함된 통신 우회 서비스는 다음과 같다.

- CFU(Communication Forwarding Unconditional; 무조건 통신 전환) 서비스 – 이 서비스를 받고 있는 사용자가 망으로 하여금 자신의 주소로 되어 있는 또 다른 사용자 통신으로 방향을 재설정하도록 한다.
- CFB(Communication Forwarding Busy; 통화 중 통신 전환) – 이 서비스를 받고 있는 사용자가 통화 중일 때 망으로 하여금 그의 주소로 되어 있는 또 다른 사용자 통신으로 방향

을 재설정하도록 한다.

- CFNR(Communication Forwarding No Reply; 무응답시 통신 전환) – 이 서비스를 받고 있는 사용자가 정해진 시간동안 응답하지 않을 때 망으로 하여금 그의 주소로 되어 있는 또 다른 사용자 통신으로 방향을 재설정하도록 한다.
- CFNL(Communication Forwarding on Not Logged-in; 로그인하지 않은 상태에 대한 통신 전환) – 사용자가 등록되어 있지 않았을 때(로그인하지 않았을 때) 그의 주소로 입력되고 있는 통신을 다른 사용자(forward-to address; 전환 주소)에게 전달한다.
- CFNRc(Communication diversion on mobile subscriber non reachable) – 사용자에 도달할 수 없을 때(예: 사용자 단말기에 IP 연결이 없을 경우) 망으로 하여금 모든 입력되고 있는 통신을 다른 사용자에게 전달하도록 한다.
- CD(Communication Deflection; 통신 전환) – 입력되고 있는 통신에 대한 응답으로 방향을 다른 사용자에게로 재설정(호출음 전과 후)을 하도록 요청한다.[5]

위 목록에 더해서 다음과 같은 새로운 조건들이 추가로 정의되었다(이러한 진보된 조건들과 통신 전환 통보 서비스에 대한 지원은 GSMA(IR.92)에는 요구되지 않는다).

- 피호출 사용자의 프레슨스 상태에 따른 통신 전환
- 호출 사용자의 ID 또는 ID 부재에 따른 통신 전환
- 입력되고 있는 세션에 포한된 미디어에 따른 통신 전환
- 호출 시간에 따른 통신 전환

예를 들면, 사용자는 다음과 같은 규칙을 정할 수 있다. 입력되고 있는 음성 호를 CS 도메인으로 전환할 것, 사용자의 프레슨스 상태가 '침묵'일 경우 입력되고 있는 비디오 호를 비디오 메일로 전환할 것, MSRP 세션은 고정 디바이스에 결합된 클라이언트로 전환할 것, 20초 이내에 응답이 없는 무응답 세션을 제3자에게 전환할 것 등이다. 이와 같은 예와 더불어 여러 가지 많은 가능성들이 표준화되어 있으며, 4.6.3.11절에 설명된 바와 같이 사용자는 XCAP 프로토콜을 사용하여 이러한 서비스 규칙을 설정할 수 있다. 일단 이러한 규칙이 설정되면 사용자의 선호도에 따라 TAS가 통신을 수행한다.

그림 4.29에 사용자 B가 모든 입력되고 있는 통신을 사용자 C(+358501234567)에게 전환하는 예를 보인다. 우선, 디바이스가 XCAP 프로토콜을 사용해서 전환 규칙을 TAS에 설정한다. 사용자 B를 담당하는 TAS가 입력되고 있는 통신 시도를 수신하면 사용자 B가 업로드한 입력되는 세션 처리에 대한 규칙 설정을 검색한 다음, 저장된 정보에 근거해서 입력되고 있는 통신

5 CD(Communication Deflection; 통신 전환)는 GSMA(IR.92) 요구사항이 아니다.

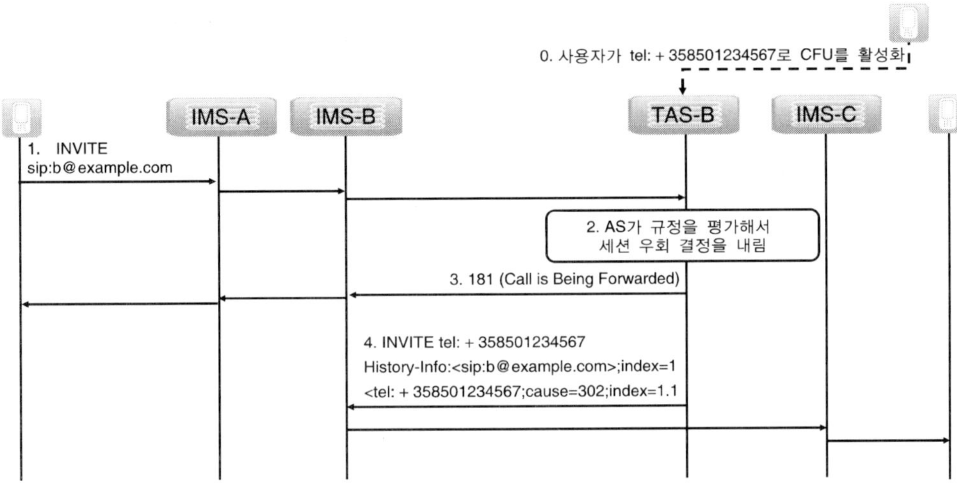

그림 4.29 통신 우회 보조 서비스의 예

요청을 사용자 C에게 전환한다. 이때 사용자 C에게 보내는 요청은 이 호가 사용자 B에게 향해 졌던 것이 우회된 것이라는 추가 정보를 포함하며, History-Info 헤더에는 이 호가 우회된 이유를 추가로 전달한다. 한편 TAS는 호출 사용자에게 통신이 전환되고 있음을 통보한다(SIP 응답 181 Call is Being Forwarded).

4.6.3.8 통신 차단 (Communication Barring, CB)

사용자는 통신 차단 서비스를 이용해서 다음과 같은 세션에 대한 시도를 선별적으로 차단할 수 있도록 한다. 통신 차단 서비스는 ICB(Incoming Communication Barring; 착신 차단), OCB(Outgoing Communication Barring; 발신 차단), ACR(Anonymous Communication Re-jection; 사용자 익명 호 거부)의 세 가지로 나눌 수 있다. ICB는 착신 사용자를 대신해서 정해진 조건을 만족시키는 입력되고 있는 통신을 거부하는 서비스이다. ACR은 ICB 서비스의 특수한 경우로 익명의 발신자로부터 오는 입력되고 있는 통신을 차단한다. OCB는 발신 사용자를 대신해서 정해진 조건을 만족시키는 발신 통신을 거부하는 서비스이다. 예를 들어 로밍 중 발신 비디오 호 차단, 오전 8시에서 오후 4시 사이 특정번호에 대한 발신 호 차단, 익명의 착신 메시지 세션 시도 차단, +358401234567부터 +358501234567 사이 번호로부터 입력되고 있는 호 차단 및 그 이외 번호로부터 입력되고 있는 호 허용 등이 있다. 위의 예와 더불어 여러 가지 조건과 규정들이 표준화되었으며 4.6.2.11절에 설명한 바와 같이 사용자는 XCAP 프로토콜을 사용해서 서비스 설정을 할 수 있다. 일단 이러한 규칙이 설정되면 사용자의 선호도에 따라 TAS가 통신을 수행한다.

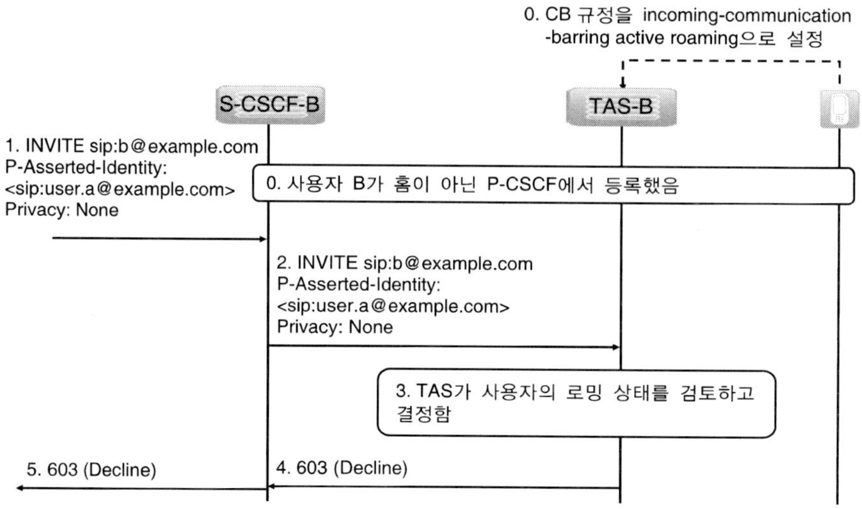

그림 4.30 입력되고 있는 통신 차단 보조 서비스의 예

GSMA(IR.92)의 통신 차단 서비스에 대한 요구는 현재의 GSM 음성 서비스를 계승한 것이어서 모든 입력되고 있는 호 차단, 모든 발신 호 차단, 국제 호 발신 차단, 본국을 제외한 국제 호 발신 차단, 로밍 시 입력되고 있는 호 차단에 대한 조건들만 요구된다.

그림 4.30에 사용자 B가 XCAP 프로토콜을 사용해서 로밍 시 모든 입력되고 있는 호를 차단하는 예를 나타내었다. 이제 사용자 B에게 통신 시도가 수신될 경우 TAS는 저장된 정보와 사용자 B가 로밍 신분임을 근거로 해서 통신 차단 서비스를 제공한다. TAS는 SIP 오류 응답, 603(Decline)으로 통신 요청을 차단한다. 603(Decline)은 사용자가 통신에 참여하지 않겠다는 의사를 명확히 나타낸다.

4.6.3.9 메시지 대기 표시 (Message Waiting Indication, MWI)

메시지 대기 표시 서비스는 TAS가 사용자에게 메시지 계좌에 한 개 이상의 메시지가 대기하고 있음을 표시해 줄 수 있도록 한다. 이 서비스를 활성화하기 위해 단말기는 다음 예와 같이(예: 1일 대기) 적절한 값을 설정한 Expire 헤더를 포함한 SIP SUBSCRIBE 요청을 TAS에 보낸다.

```
SUBSCRIBE sip:kristiina@example.com SIP/2.0
Via: SIP/2.0/UDP [5555::a:b:c:d]:1400;branch=4uetb
Route: <sip:[5555::55:66:77:88];lr>
Route: <sip:orig@scscf1.home.fi;lr>
From: <kristiina@example.com>;tag=7547d
```

```
To: <kristiina@example.com>
Event: message-summary
Expires: 86400
Accept: application/simple-message-summary
Contact: sip:[5555::a:b:c:d]:1400
Content-Length: 0
```

이때 SIP SUBSCRIBE는 Event 헤더에 표시된 'message-summary' 이벤트를 위한 것이다. 'message-summary' 이벤트는 사용자가 메시지 대기 표시 서비스를 원한다는 것을 고유하게 나타낸다.

Request-URI는 메시지 계좌 정보가 요구되는 사용자를 나타낸다. 따라서 Request-URI는 통신서비스 사업자의 MWI 접속 정책에 따라 사용자의 공공 사용자_ID 또는 메시지 계좌의 공공 서비스_ID로 설정되어야 하며, 반드시 헤더에 표시되어야 한다.

Accept 헤더는 이 가입 조건으로는 단말기가 'application/simple-message-summary' 유형의 정보만 처리할 수 있다는 것을 표시한다. 'application/simple-message-summary' 유형의 정보는 MWI를 위한 단순한 문자 기반 형태의 정보이다.

TAS 혹은 AS는 SUBSCRIBE 요청을 수신하면 요청자가 표시한 특정한 메시지 계좌에 가입할 것을 허용할지를 검토한다. 위의 예에서는 사용자 K가 자신의 계좌에 가입하기를 원하므로 허용된다. 따라서 TAS는 즉각 다음과 같은 절차를 처리한다.

- SUBSCRIBE 요청에 대한 200(OK) 응답을 보내어 가입이 성공적이었음을 표시한다.
- 메시지 계좌의 현 상태에 관한 정보를 생성한다. 이 초기 정보에는 메시지 계좌의 요약만 포함되며 뒤이은 NOTIFICATION에 확장된 정보를 포함할 수 있다(예: 메시지에서 가장 중요한 헤더들: To, From, Subject, Date, Priority).
- 생성된 정보를 NOTIFY 메시지로 사용자에게 보낸다(이 경우, 사용자 K의 단말기).

```
NOTIFY sip:kristiina@example.com SIP/2.0
From: <sip:kristiina@example.com>;tag=31415
To: <sip:kristiina@example.com>; tag=7547d
Subscription-State: active; expires=86399
Event: message-summary
Content-Type: application/simple-message-summary
Content-Length: (...)
Messages-Waiting: yes
Message-Account: sip:kristiina@example.com
Voice-Message: 2/1 (1/0)
```

```
Video-Message: 0/1 (0/0)
```

위 예는 NOTIFY 요청에 포함되어 있는 정보의 일부를 나타낸다 - 위에 나타난 헤더들은 'message-summary' 이벤트의 특성을 이해하는데 필요한 것만 선정한 것이다.

예에서 메시지 계좌에는 가입 당시 음성 메시지 세 개(신규 메시지 둘, 구 메시지 하나. 신규 메시지 중 하나는 긴급 메시지)와 비디오 메시지 하나(구 비디오 메시지 하나)가 있는 것이 나타나 있다.

이 방법은 (RFC3265)에 규정된 SIP 이벤트 체제와 (RFC3842)에 규정된 MWI 이벤트 패키지에 근거하였다. 3GPP는 (RFC3842)에 비해서 MWI 규격에 몇 가지 제약을 넣었다(3GPP TS 24.606). (3GPP TS 24.006)은 메시지 유형(음성-메시지, 비디오-메시지, 팩스-메시지, 페이저-메시지, 멀티미디어-메시지, 문자-메시지, 무)의 제한된 부호화와 저장된 메시지에 대한 제한된 정보(즉, from, subject, date, priority)를 지원한다(3GPP TS 24.606).

3GPP에서는 메시지 자체를 어떻게 불러 오는가에 대해서는 표준화하지 않았다는 점을 주지해야 한다. 예를 들어 사용자는 자신의 음성/비디오 메일 번호를 다이얼해서 음성이나 비디오 메시지를 검색할 수도 있다.

4.6.3.10 통신 대기 (Communication Waiting, CW)

통신 대기 서비스의 일반적인 특성은 서비스를 활성화해 놓은 사용자가 현재 통화 중일 때 추가 입력되고 있는 호에 대해 통보받을 수 있다는 것이다.

통신 대기에는 망 중심 모드와 단말기 중심 모드가 있다. 망 중심 모드에서는 AS가 추가 호에 대한 자원이 충분히 있는지 여부를 판정한다. 한편 단말기 중심 모드일 경우에는 서비스를 받고 있는 사용자의 단말기 자체가 추가로 입력되고 있는 호를 대기 호로 처리할 것인지를 결정한다. 두 경우 모두 서비스를 받고 있는 사용자는 대기 호 표시를 통보받는데, 이는 경보음 또는 시각 신호로 통보된다. 통신 대기 서비스 사용자는 Ut 인터페이스 상 XCAP을 통해서 서비스를 관리할 수 있으며 이를 통해 망 중심 모드을 활성화하거나 비활성화할 수 있다. 한편 GSMA(IR.92)는 단말기 모드를 지지한다.[6] 그림 4.31에 이 동작을 나타내었다.

호가 통신 대기로 처리되면 발신자도 그 상황에 대해서 통보를 받는다. 이를 위해 발신측으로 향하는 180(RINGING) 응답에 '〈urn:alert:service:call-waiting〉'값으로 설정된 Alert-Info 헤더를 포함한다. 이것은 'draft-ietf-salud-alert-info-urns'에 정의되어 있다. 또 사용자 B를 담당하는 TAS는 '대기하시기 바랍니다. 착신 사용자가 지금 통화 중입니다'와 같은 안내 공지를 발신자에게 보낼 수도 있다.

---

6 단말기 중심 모드에서는 XCAP 설정이 요구되지 않는다.

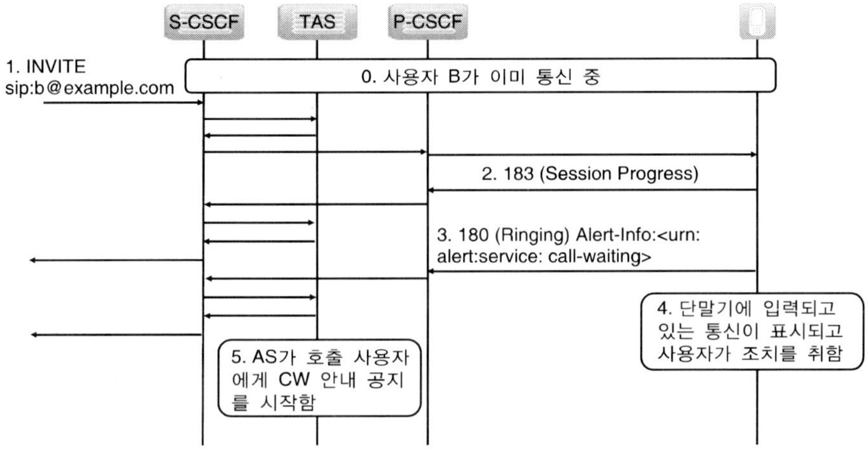

그림 4.31 통신 대기 보조 서비스의 예

4.6.3.11 보조 서비스 관리

사용자는 보조 서비스 관리 기능을 통해서 보조 서비스 설정을 관리할 수 있다. 보조 서비스 관리는 XCAP을 기본 구조로 한다.

사용자는 XCAP을 사용해서 XCAP 서버에 정보를 업로드할 수 있으며, XCAP 서버는 업로드된 정보를 AS에 제공하여 AS가 사용자가 요구한 사항을 충족시킬 수 있도록 한다. 사용자는 XCAP으로 요구한 데이터를 변경, 추가, 삭제할 수 있다. XCAP은 HTTP(HyperText Transfer Protocol)을 이용해서 사용자가 설정한 정보를 업로드하거나 읽으며 XML을 이용해서 그와 같은 정보를 나타낸다. 각 애플리케이션은 XCAP AUID(Application Usage ID; 애플리케이션 사용 ID)를 정의해야 된다. XCAP AUID는 고유한 특정 애플리케이션이 XCAP을 사용할 수 있는 방법과 애플리케이션을 위한 XML 문서를 정의한다.

HTTP로부터 계승된 네 가지 동작이 있다: 생성(HTTP put), 페치(HTTP get), 변경(HTTP put), 삭제(HTTP delete). 각각의 동작은 문서 전체를 대상으로 할 수도 있고 문서의 한 요소 또는 속성만을 대상으로 할 수도 있다.

XCAP을 보조 서비스에 사용하는 것은 2005년 ETSI TISAPN에서 발명하였으며 ETSI TISPAN NGN 릴리스 1에 포함되었다.

보조 서비스 설정은 XML 문서로 저장되며 이를 simservs 문서라고 한다. 이 문서에서는 인가 정책을 한 세트의 규정으로 정의한다 – 이를 'ruleset(룰 세트)'라고 하며 사용자에게 보조 서비스를 제공하기 위한 SIP 요청을 어떻게 처리하는가를 설명한다. 각각의 규칙은 부합되는 조건에 근거해서 인가 승인을 하는데, 예를 들어 피호출자 무응답과 같은 조건이 있다. 이러한 부합 조건을 'conditions'라 한다. 인가 승인에 이어 몇 가지 작용이 따르고 이에 의해서 시스템의 작동이 정해진다. 예를 들면, 입력되고 있는 세션을 음성 메시지로 전환하는 것 등이다.

XCAP으로 몇몇 보조 서비스를 설정할 수 있다. 이 절에서는 통신 우회와 통신 차단과 같은 GSMA(IR.92)에 포함된 보조 서비스들과 XCAP으로 설정할 수 있는 보조 서비스에 초점을 둔다.[7]

호 우회(CDIV)

호 우회 서비스를 위해 'ruleset'에 피호출 사용자 통화중, 피호출 사용자 미등록 상태, 피호출자의 현재 프레스스 상태, 호출 사용자 ID, 외부 목록에서 유도된 호출 사용자의 ID, 규칙에 포함되어 있지 않은 ID들, 피호출자에게 도달 불가능 등과 같은 조건이 규정되어 있다. 특정 조건 또는 조건의 조합이 부합될 때 나타나는 유일한 효과는 그 세션을 정해진 목적지로 전달하는 것이다. 인가 정책의 예는 내가 응답하지 않을 경우 세션을 멀티미디어 메일로 전달할 것, 내가 통화중이고 나의 프레스스 상태가 회의 중이고 호출자가 나의 아내일 경우 세션을 나의 비서에게 전달할 것, 내가 망에 미등록 상태일 때는 세션을 멀티미디어 메일로 전달할 것 등이다.

GSMA(IR.92)은 통화중, 미디어, 무응답, 미등록, 도달 불가능의 다섯 가지 조건을 지원할 것을 요구한다.

- 피호출 사용자가 통화 중일 때 '통화 중' 조건이 부합되는 것으로 평가(TRUE)
- 입력되고 있는 호가 특정한 미디어를 요청할 때(지원되는 미디어 유형: 오디오, 오디오 및 비디오), '미디어' 조건이 부합되는 것으로 평가(TRUE)
- 피호출 사용자가 응답하지 않을 때(무응답 시효가 감지되던가 혹은 무응답 표시를 수신했을 때), '무응답' 조건이 부합되는 것으로 평가(TRUE)
- 피호출 사용자가 미등록일 경우 '미등록' 조건이 부합되는 것으로 평가(TRUE)
- 서비스를 사용하고 있는 사용자가 등록되어 있으나 세션 수립 도중에 시그널링 채널에 고장이 발생했을 경우 '도달 불가능' 조건이 부합되는 것으로 평가(TRUE)

이러한 조건들은 다음과 같이 현재의 GSM 호 전달 보조 서비스를 충분히 지원할 수 있다.

Ruleset와 조건 = 부합(TRUE)	TAS 결정
활성 호 우회 및 특정 조건 무	CFU 실행
통화 중	CFU 실행
무응답	CFU 실행
미등록	CFU 실행
도달 불가능	CFU 실행

7 XCAP으로 관리할 수 있는 다른 서비스는 OIR, TIP, CCBS, CCNR, FA, CUG, CW이다.

통신 차단(CB)

호 우회 서비스를 위해 'ruleset'에 호출 사용자 ID, 피호출 사용자 ID, 외부 목록에서 유도된 호출 사용자의 ID 하나, 규칙에 포함되어 있지 않은 ID, 익명 호출 사용자, 제공된 미디어, 피호출 사용자의 현 프레슨스 상태, 시간, 우회된 세션, 로밍 상태, 타국 호출, 홈 국가 호출을 제외한 타국에서의 발신과 같은 조건이 규정되어 있다. 만약에 규칙에 있는 모든 조건들이 부합될 경우 규칙이 부합되는 것으로 간주되어 명세된 작용이 실행된다. 각각의 작용은 TRUE 또는 FALSE 값을 가진다. 세션은 어느 한 작용이 TRUE로 평가될 때 계속되도록 허용되지만 그 이외의 경우에는 차단된다.

GSMA(IR.92)은 로밍, 국제 및 국제-exHC(홈 국가를 제외한 국제)의 세 가지 조건을 지원할 것을 요구한다.

- 서비스를 사용하고 있는 사용자가 그의 홈 망이 아닌 접속망으로부터 등록하였을 경우 '로밍' 조건이 부합되는 것으로 평가(TRUE)
- 발신 SIP 요청의 요청 URI가 전화번호와 일치하며 발신 사용자가 호출을 시작할 때 위치한 국가 내 망에 의해 지원되는 목적지를 가리키지 않을 때 '국제' 조건이 부합되는 것으로 평가(TRUE)
- 발신 SIP 요청의 요청 URI가 다음과 같을 경우 '국제-exHC(국제 차단, 홈 국가 예외)' 조건이 부합되는 것으로 평가(TRUE)
  - 전화번호와 일치
  - 발신 사용자가 호를 시작할 때 위치한 국가 내 망에 의해 지원되는 목적지를 가리키지 않을 경우
  - 서비스를 받고 있는 사용자의 홈 망 내에서 지원되는 목적지를 가리키지 않을 경우

이러한 조건들은 다음과 같이 현재의 GSM 호 차단 보조 서비스를 충분히 지원할 수 있다.

Ruleset	**작용**	TAS **결정**
활성 입력되고 있는 차단 및 특정 조건 무	FALSE	입력되고 있는 모든 호 차단
활성 발신 차단 및 특정 조건 무	FALSE	모든 발신 호 차단
활성 국제 및 발신 차단	FALSE	발신 국제 호 차단
활성 국제-exHC 및 발신 차단	FALSE	발신 국제 호 차단-홈 국가 제외
활성 로밍 및 입력되고 있는 호 차단	FALSE	로밍시 입력되고 있는 호 차단

더욱 진보된 인가 정책의 예:

Ruleset	작용	TAS 결정
Bob으로부터 세션을 수신	FALSE	세션 차단
발신인이 Robert가 아닌 세션	TRUE	세션 허용
비디오 요청	FALSE	세션 차단
나의 프레슨스 상태가 오프라인이며 현 시각이 오전 8시에서 오후 4시 사이	FALSE	세션 차단

4.6.3.12 MMTel 서비스 관리의 예

그림 4.32에 사용자가 망에 호 우회(무조건적)를 설정하는 예를 나타내었다.

단말기가 XCAP 요청을 생성하여 망으로 보낸다(1단계). 경로 상 AP가 인가되지 않은 요청을 감지하고 인가를 요청한다(2단계). 단말기가 요구되는 정보를 가진 Authorisation 헤더를 포함한 요청을 반복하여 보낸다(3단계).

```
PUT /simservs.ngn.etsi.org/users/sip:user1@home1.net/simservs/~~/
     communication-diversion HTTP/1.1
Host: xcap.mnc091.mcc244.ipxuni.3gppnetwork.org
Date: Thu, 25 Aug 2011 11:04:53 GMT
Authorisation: Digest realm="xcap.mnc091.mcc244.ipxuni.
     3gppnetwork.org", nonce="e966c32a924255e42c8ee20ce7f6",
     username="kristiina@example.com", qop=auth-int,
uri="/simservs.ngn.etsi.org/users/sip:kristiina@example.com/
     simservs/~~/communication-diversion/ruleset", response=
     "adq3283hww88whhjw98822333ddd32", cnonce=
```

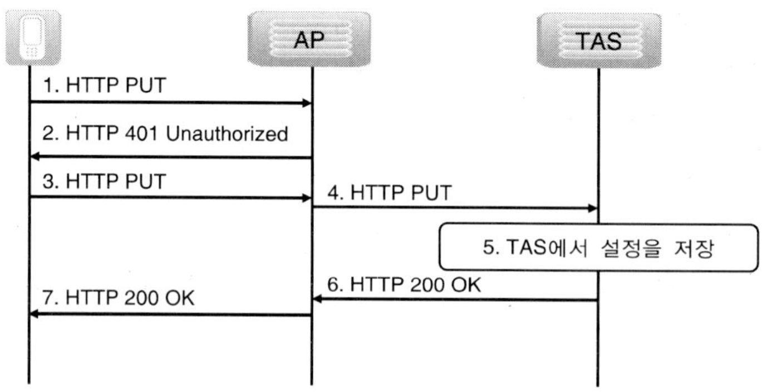

그림 4.32 MMTel 서비스 관리의 예

```
    "wqesatt874873j3gg3kk39944hhhee", nc=00000001

X-3GPP-Intended-Identity: sip:kristiina@example.com
Content-Type: application/xcap-el+xml; charset="utf-8"
Content-Length: (...)
    <communication-diversion active="true">
      <cp:ruleset>
        <cp:rule id="rule1">
          <cp:conditions>
          </cp:conditions>
          <cp:actions>
            <forward-to>
              <target>tel:+358405556667</target>
              <notify-caller>true</notify-caller>
            </forward-to>
          </cp:actions>
        </cp:rule>
      </cp:ruleset>
    </communication-diversion>
```

이제 AP가 성공적으로 인가 승인을 하고 요청을 TAS로 보낸다(4단계). TAS가 수신한 입력을 확인하고 보조 서비스 데이터를 저장하며(5단계), 사용자의 호 우회 설정을 받아들인다(6단계 및 7단계).

5
종단 대 종단 VoLTE와 시그널링

5.1 개요

이 장에서는 종단 대 종단(End-to-End 혹은 e2e)의 시각에서 VoLTE에 관련된 절차를 논의하고, 특히 시그널링 절차와 프로토콜 메시지의 요소를 상세히 설명한다. 독자들은 VoLTE 시그널링이 어떻게 작동하며 앞에서 논의한 개념과 구조가 프로토콜 레벨에서 어떻게 구현되는가 이해하게 될 것이다. 각 절마다 정해진 주요 개념에 초점을 맞추어 자세히 살펴보고 그에 적용되는 여러 가지 절차들을 쉽게 이해할 수 있도록 하였다: VoLTE 가입, EPS 합류와 디폴트 베어러, 음성 도메인 탐색 절차, IMS 등록, IMS VoIP 세션, CSFB(Circuit Switched Fallback) 절차, 비상 세션, 메시징 등. 한편 오류 또는 비정상적인 절차에 대한 자세한 설명은 이 책의 범주에 속하지 않으며 다음으로 미룬다. 이 장에서는 독자의 이해를 돕기 위해서 다음과 같은 직접적인 예를 들어 설명한다.

이 장의 일례로 북유럽(핀란드)에 살고 있는 사용자 K(Kristiina)와 미국에 살고 있는 그의 친구 J(Jennifer)를 가정한다. K는 최근에 LTE 단말기를 구입하였다. K가 가입한 북유럽의 통신서비스 사업자는 VoLTE를 주된 음성 서비스로 제공하고 있으나 전국적인 LTE 커버리지가 아직 완성되지 않고 있다. 따라서 종단 사용자의 만족을 위해 VoLTE 사용자가 LTE 커버리지 밖으로 나갈 경우 끊김없는 서비스 연속성을 확실히 지원할 수 있도록 SRVCC(Single Radio-Voice Call Continuity; 단일 무선 음성 호 연속성) 기능과 ICS(IMS Centralized Services; IMS-집중서비스)를 구현하였다. 우선 5.2절에서 북유럽의 통신서비스 사업자가 K를 위하여 어떤 종류의 사용자 프로파일을 생성하였는지를 소개한다. 5.3절에서는 K의 단말기가 어떻게 EPS 합류 절차를 실행하고 IMS VoIP으로 음성통신이 가능한지를 찾아내는지 설명한다(CSFB를 사용하는 대신)(4.3.2.3절 참조). IMS 등록 절차에 대해서는 5.4절에서 살펴본다. 이어서

5.5절에서는 북유럽에 살고 있는 K가 미국에 있는 J에게 IMS 음성 세션을 시작할 때 일어나는 작동에 대해서 논의한다. 여기에서 SIP 세션 수립과 그 프로토콜 내역을 상세하게 보이고 이에 관련된 정책 및 과금 제어가 어떤 상호작용을 통해 전용 베어러와 그에 연계된 GBR 무선 베어러를 수립하는가를 살펴본다. 5.6절에서는 K가 LTE 커버리지의 외곽 끝으로 다가갈 때 발생할 수 있는 현상과 그때 진행 중인 IMS VoIP 호가 어떠한 절차를 통해서 2G/3G CS 호로 끊김 없이 전환되는가를 설명한다. 5.7절에서는 특수한 세션의 경우로써 IMS 비상 세션에 대해 설명한다. 5.8절에서는 CSFB가 무엇이며 또 어떻게 작동하는지를 상세히 설명하고 마지막으로 5.9절에서 LTE 메시징 해법을 살펴본다.

5.2 VoLTE 가입과 디바이스 설정

통신서비스 사업자는 무엇보다도 먼저 K의 VoLTE 가입 내역을 생성하여 HSS에 영구 저장한다. MME는 HSS 사용자의 EPS 합류시 HSS에 저장되었던 정보 중에서 필요한 정보를 다운로드하며(5.3절 참조), S-CSCF는 사용자가 IMS 등록을 실행할 때 그에 필요한 정보를 다운로드 한다(5.4.7절 참조). 그림 5.1은 EPC에 관련된 VoLTE 가입 데이터를 나타내고 있다. 표 5.1은 각각의 EPC 매개변수의 목적과 용도를 설명하고 VoLTE에 적합한 매개변수 값의 예를

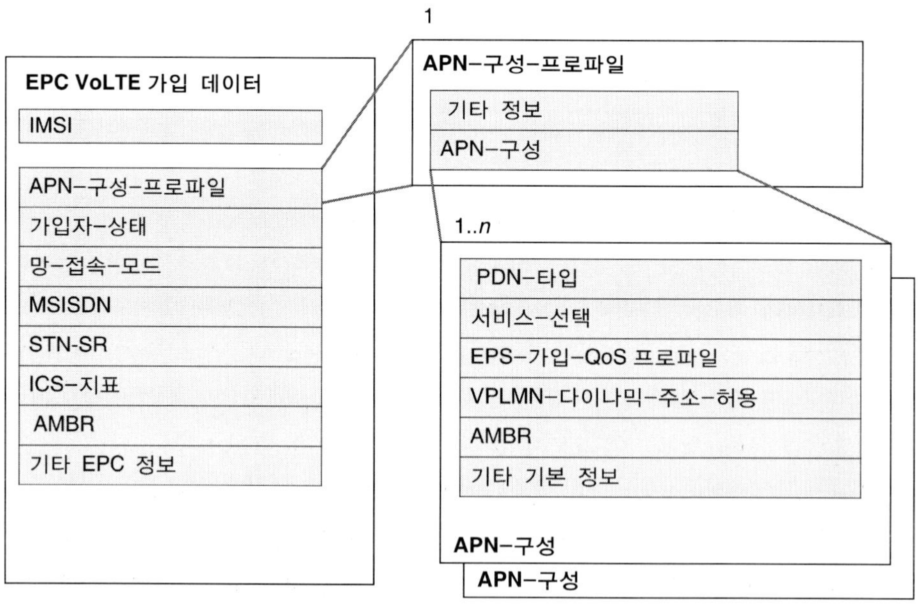

그림 5.1 EPC에 관련된 VoLTE 가입 데이터

설명하고 있다. 한편 그림 5.2는 IMS에 관련된 VoLTE 가입 데이터를 나타내고 있으며, 이어서 표 5.2는 각각의 IMS 매개변수의 목적을 설명하고 VoLTE에 적합한 매개변수 값의 예를 보이고 있다. 통신서비스 사업자는 일단 가입 내역을 생성한 다음 디바이스 관리 시스템을 통해서 자사의 음성 도메인 선호사항들을 K의 단말기에 설정한다(3GPP TS 24.167). 음성 도메인 선호사항은 CSFB와 IMS가 가능한 K의 단말기가 어떻게 VoLTE 통신을 처리할 것인지 규정

표 5.1 EPC에 관련된 VoLTE 가입 매개변수와 매개변수 값의 예

매개변수	목적	매개변수 값/내용의 예
IMSI	고유 가입 식별자. 검색 등에 사용	310150987654321
APN-configuration-profile (APN-구성-프로파일)	EPS를 위한 APN 구성. 이 중 하나는 디폴트 APN 구성으로 표시됨	그림 5.1 참조
APN-configuration (APN-구성)	IMS APN과 같이 가입해야 되는 APN 구성	그림 5.1 참조
PDN-type(PDN-유형)	PDN 주소 유형: IPv4(0), IPv6(1), IPv4 및 IPv6 모드(2)(듀얼 스택 사용 모드), IPv4 또는 IPv6(3)	2(IPv4IPv6)
Service-selection (서비스-선택)	APN 망 식별자 또는 와일드카드로 표시	IMS
EPS-subscribed-QoS Profile (EPS-가입-QoS-프로파일)	APN의 디폴트 베어러와 연계된 베어러 레벨 QoS 매개변수(QCI와 ARP(Allocation and Retention Priority; 배정 및 유지 우선순위)).	5(QCI=5), ARP9
VPLMN-dynamicaddress-Allowed(VPLMN-유동적-주소-허용)	로밍 방문 PDN GW 사용	1(허용)
AMBR	각각의 APN에 대해 매 가입당 상향/하향링크의 최고 비트 속도 합의 최고값	500 000 1 000 000 (상향링크와 하향링크를 별도 표시)
Subscriber-status (가입자 상태)	서비스 허용 또는 차단	0(서비스 허용)
Network-access-mode (망-접속-모드)	다음과 같이 규정된 값으로 망-접속-모드 AVP가 enumerated 유형임을 표시함. PACKET_AND_CIRCUIT(0), Reserved(1), ONLY_PACKET(2)	0(패킷과 CS 서비스 가능)
MSISDN	이동통신 가입자를 국제적인 레벨에서 고유하게 정의하는 숫자	358501234567
STN-SR	SRVCC의 세션 전달번호를 식별함	35850987654321
ICS-indicator	IMS-집중서비스의 제공 여부	TRUE

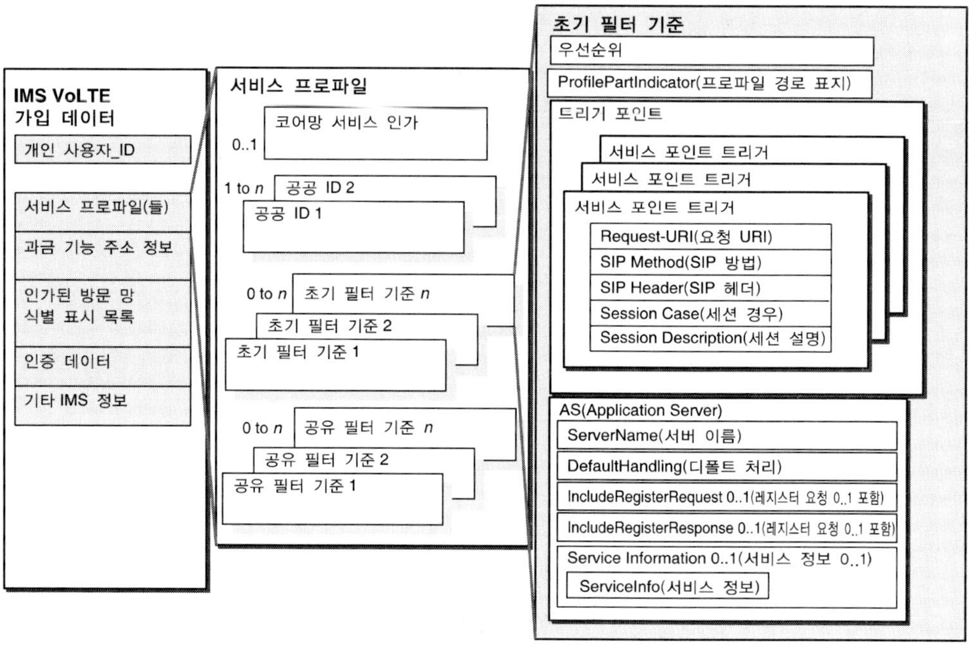

그림 5.2 IMS에 관련된 VoLTE 가입 정보

하며, 표 5.3에 보인 바와 같이 네 가지 값으로 표시된다(3GPP TS 23.221).

그렇기 때문에 VoLTE 단말기는 'IMS PS 음성 우선, CS 음성 차선'으로 설정되어 있다고 가정한다. 또한 VoLTE 단말기가 'IMS 음성-중심(제조업자 또는 사용자에 의해서 정의됨)'으로 동작하는 것으로 가정한다.

여기에서 '음성-중심'은 단말기가 항상 음성 서비스가 가능한 상태를 확보하고 있는 것을 의미한다(3GPP TS 23.221). 즉, 만약 IMS 음성과 CSFB가 모두 불가능한 경우(5.3절 참조) '음성-중심' 단말기는 LTE 기능을 비활성화하고 GERAN 또는 UTRAN과 같은 무선 접속망을 재선택한다. 아울러 통신서비스 사업자는 어떤 도메인에서 SMS를 우선적으로 사용하는지 규정할 수 있다(IP로 전송되는 SMS의 사용 여부).

3GPP 기본 표준 :

3GPP TS 23.003	Numbering, addressing and identification
3GPP TS 23.008	Organisation of subscriber data
3GPP TS 23.221	Architectural requirements
3GPP TS 24.167	3GPP IMS management object(MO)
3GPP TS 29.272	Evolved packet system(EPS); mobility management entity(MME) and serving GPRS support node(SGSN) related interfaces based on diameter protocol

3GPP TS 29.228	IP multimedia(IM) subsystem Cx and Dx interfaces; signalling flows and message contents
3GPP TS 29.229	Cx and Dx interfaces based on the diameter protocol; protocol details

표 5.2 IMS에 관련된 VoLTE 가입 매개변수와 매개변수 값의 예

매개변수	목적	매개변수 값/내용의 예
개인 사용자_ID	고유 가입 식별 표시. IMS 망의 관점에서 사용자를 식별함	private_user1@example.com
과금 기능 주소	오프라인/온라인 과금 본체를 위한 1차/보조 주소	aaa://chargingentity.example.com
인가된 방문 망 식별 표시 목록	로밍이 허용되는 방문 망 식별 표시 목록	csp1.net,csp2.com,csp99.com 등
인증 데이터	IMS 인증에 요구되는 모든 정보	인증 계획표(IMS AKA), 공유 비밀(랜덤 난제와 예상되는 해답의 생성에 사용), 비밀 키, 보존성 키, 망 인증 토큰), 수열번호
기타 IMS 정보	IMS 연관 개인 사용자_ID(IMPs), 등록 IMS 연관 개인 사용자_ID(IMPIs), 완화-라우트(loose-route) 표시, S-CSCF 복원 등	
서비스 프로파일	사용자 특정 정보 집합	그림 5.2 참조
코어망 서비스 인가	미디어 정책과 IMS 통신서비스 식별 표시 정책을 포함	
	미디어 정책 정보는 S-CSCF에 가입된 미디어 프로파일을 식별하는 정수값을 포함	2(미디어 정책)
	IMS 통신서비스 식별 표시 정책은 사용자에게 허용된 IMS 통신서비스를 식별하는 목록을 포함	urn:urn-7:3gppservice.ims.icsi.mmtel (허용된 IMS 통신서비스 식별 표시)
공공 사용자_ID	다른 사용자와의 통신을 요청할 때 요구되는 IMS 망 사용자 ID	sip:kristiina@example.com and tel: +358 50 1234567
초기 필터 기준	사용자 특정 서비스 트리거 정보	그림 5.2 및 4.5절 참조
공유 필터 기준	복수의 사용자를 위한 공통 서비스 트리거 정보. S-CSCF에 지역적으로 관리, 저장되는 초기 필터 기준을 가리키는 기준값을 포함	1(예: IMS MMTel의 초기 필터 기준을 표시함)

표 5.3 VoLTE 단말기와 통신서비스 사업자의 음성 서비스에 대한 선호사항

구성 값	목적
CS 음성만 사용	단말기가 CS 도메인에서만 음성 호를 발신하며, PS 베어러를 사용하는 IMS 음성 세션은 시도하지 않는다.
CS 음성 선호, IMS PS 음성 차선	CS 도메인이 유효하면, 단말기는 CS 도메인에서 착, 발신 음성 호를 사용한다.
IMS PS 음성 선호, CS 음성 차선	IMS 음성이 유효하면, 단말기는 음성 호 착, 발신에 IMS를 사용한다.
IMS PS 음성만 사용	단말기가 음성 호 발신에 IMS를 사용하며, CS 음성은 시도하지 않는다.

5.3 CSFB/IMS VoIP을 위한 EPS 합류와 디폴트 베어러의 활성화

이 절에서는 사용자가 LTE 망에 어떻게 초기 합류를 실행하는지 살펴본다. LTE 망은 IMS 서비스에 필요한 IP 연결성을 제공해준다. 사용자가 접속이 가능한 LTE 커버리지 내에서 단말기의 전원을 켜면 EPS 합류가 이루어진다(그림 5.3). 본 장에서는 IMS VoIP을 선호하는 음성-중심 디바이스에 초점을 두고 설명한다. CSFB는 5.8절을 참조하고, SGs를 통해 전송되는 SMS는 5.9.2.1절을 참조한다.

1. 초기합류 전에 단말기가 무선 연결을 수립한다.
2. 단말기가 eNodeB에 합류 요청을 보냄으로써 합류 절차가 시작된다. 합류 요청 메시지에는 단말기의 음성 기능과 선호사항을 포함한다. 예를 들면 다음과 같다.
   a. E-UTRAN에서의 음성 도메인 선호사항. (E-UTRAN)=IMS PS 음성 선호, CS 음성 차선
   b. 단말기 사용 설정=음성-중심
   c. GERAN/UTRAN으로의 SRVCC 기능=UTRAN/HSPA으로부터 SRVCC 또는 E-UTRAN으로부터 GERAN/UTRAN으로 전환되는 SRVCC 지원
3. eNodeB가 합류 요청 메시지를 S1-MME 제어 메시지에 넣어서 선택된 MME로 전달
4. MME가 단말기 인증 절차를 시작하고 HSS와 함께 단말기 인증 벡터를 구함
5. MME가 위치 업데이트 요청 메시지를 HSS에 보내어 주어진 IMSI의 기록을 업데이트한다
6. HSS가 위치 업데이트 확인 메시지를 MME에 보내어 위치 업데이트 메시지를 확답한다. 디폴트 PDN 가입 내용은 IMS APN과 SIP 신호에 사용된 QoS 매개변수이다.
   - PDN 유형=IPv4v6

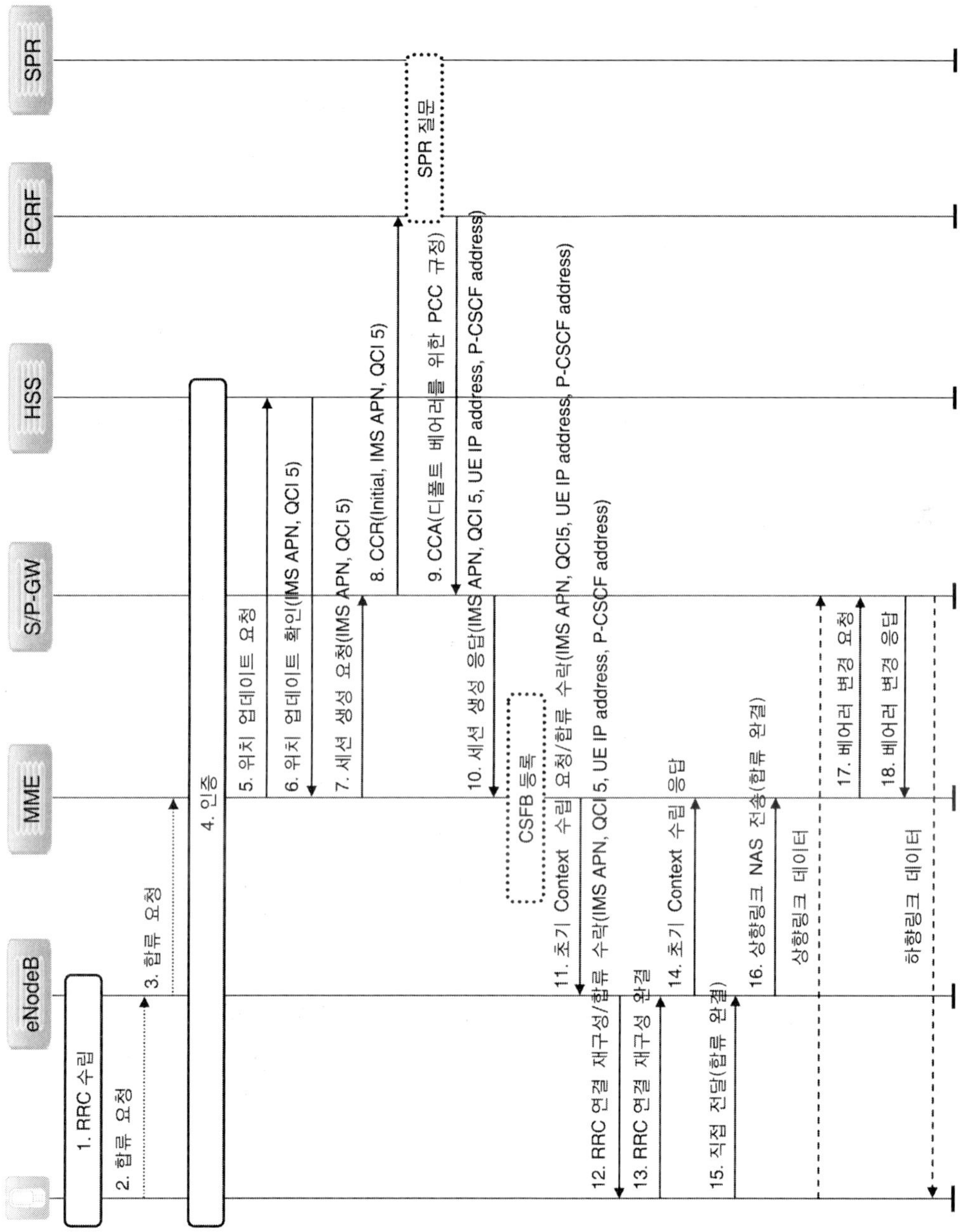

그림 5.3 VoLTE 사용자를 위한 EPS 초기합류

- APN＝IMS
- QCI＝5

- ARP 우선순위=9
- ARP PRE-EMPTION_CAPABILITY_DISABLED=1
- ARP PRE-EMPTION_VULNERABILITY_ENABLED=0
- Subscribed-APN-aggregate maximum bit rate(AMBR)=500 000(UL), 1 000 000 (downlink, DL)
- 방문 VPLMN 주소 허용=1(허용)

VoLTE에 관련된 HSS 데이터는 5.2절에 설명한다.

7. MME가 HLR(Home Location Register; 홈 위치 등록기)/HSS 가입 데이터와 운용자가 설정한 구성을 근거로 단말기 음성 기능, 가입자의 APN, QoS 매개변수 등을 확인한다. 예를 들면, 로밍 가입자에 대해서 어떠한 제한이 따르는 것을 확인할 수 있다. VoLTE 가입자의 디폴트 APN은 IMS APN이 우선적으로 선호된다. S-GW와 P-GW의 선정은 MME의 역할인데, 이때 S-GW는 단말기의 위치를 근거로 선정되고 P-GW는 APN을 근거로 선정된다. 음성 사용자를 위해서 IMS APN을 지원하는 전용 P-GW(들)가 특별히 정해져 있을 수도 있다. 이러한 'IMS P-GW'는 편의상 MGW(Media Gateway; 미디어 게이트웨이)가 위치하는 동일한 장소에 설치될 수 있다. MME는 S/P-GW를 선정한 다음에 S-GW로 세션 생성 요청 메시지를 보내어 단말기를 위한 디폴트 베어러 수립을 시작하도록 한다. 이 메시지는 P-GW로 전달된다.

8-9. IMS 음성 사용자에게는 항상 유동적인 PCC(Policy and Charging Control; 정책 및 과금 제어)가 적용되며, P-GW는 단말기에 디폴트 PCC 규정을 배정하기 위한 IP-CAN 세션 수립 절차를 수행한다(4.3.2.2절 참조). PCRF에 보내지는 요청은 최소한 사용자 ID, 단말기 IPv4 주소 또는 IPv6 프리픽스, IP-CAN 유형, 무선 접속 유형을 포함한다. PCRF는 가입자 특정 정보를 SPR(Subscription Profile Repository; 가입 프로파일 저장소)에 요구할 수도 있거나 혹은 모든 가입자에게 동일한 규정 세트(예를 들면, 특정 APN을 기준으로 한)를 적용할 수도 있다. PCRF는 PCC 규정, 베어러 인가, IMS PDN 연결을 위한 QoS 매개변수 등을 제공한다. QoS 매개변수는 최고 비트 속도, QCI, ARP를 포함한다.

10. P-GW는 S-GW와 PDN 간 사용자 평면 라우팅을 위해 EPS 베어러 내용 표에 새로운 항목을 생성한다. P-GW는 세션 생성 응답 메시지로 S-GW에 응답을 보내고, S-GW는 디폴트 베어러 ID, EPS 베어러 QoS, 단말기 IP 주소, P-CSCF 주소를 포함한 세션 생성 응답 메시지를 MME로 보낸다. P-CSCF 주소(예: 5555::55:66:77:88)는 세션 생성 응답 메시지의 PCOs(Protocol Configuration Options; 프로토콜 구성 선택사항)에 설정한다.

11. MME가 디폴트 베어러 수립을 위하여 변경사항 여부를 검토하고 APN-AMBR 값을 기본

으로 단말기-AMBR을 계산한다. 만약 단말기가 두 번째 단계에서 EPS/IMSI 복합 합류*를 실행하였다면 단말기는 CSCFB 서비스를 위해 이번 단계에서 MSS(MSC Server)에 IMSI 합류를 실행한다. 그 이후 MME는 VLR 주소를 확보해서 위치 업데이트 요청을 (MSC)/VLR로 보내고, 위치 업데이트가 수락된 다음 합류 절차를 계속 진행한다. CSFB 등록에 관한 자세한 내용은 5.8.5절을 참조한다.

MME는 eNodeB를 통해서 단말기에 합류 수락 메시지를 보낸다. VoLTE 사용자를 위해서 MME는 PS 세션을 통한 IMS 음성 표시를 최종 확인한다. 다음은 망에서 단말기로 보낸 EPS 베어러 매개변수의 예이다.

a. PDN type=IPv4v6

b. PDN address=192.168.10.10 (IPv4), 5555::a:b(/64 IPv6 prefix)

c. APN=ims

d. QCI=5

e. APN-AMBR=500 000(UL), 1 000 000(DL)

f. IMS voice over PS session=1(supported)

g. Proxy-call session control function(P-CSCF) address: 5555::55:66:77:88

단말기는 TAI(Tracking Area Identity; 추적 지역 ID) 목록을 받는다. 추적 지역은 단말기가 망에 이동성에 관한 업데이트를 하지 않고 이동할 수 있는 지역을 말한다. 'IMS voice over PS session' 지원 표시는 추적 지역에 대해서 유효하나 만약 단말기가 그 추적 지역을 벗어나면 달라질 수 있다.

12. eNodeB가 RRC 재구성을 수행한다. 단말기는 IMS SIP 신호에 필요한 베어러 정보, EPS 베어러 QoS, 단말기 IP 주소, P-CSCF 주소 등을 얻는다.
13. RRC 재구성이 완료된다.
14. eNodeB가 초기 context 응답 메시지를 MME로 보낸다.
15. 단말기가 직접 전달 메시지를 eNodeB로 보낸다. 직접 전달 메시지에는 합류 완료 메시지(EPS 베어러 ID, NAS 수열 번호(SQN), NAS-MAC)가 포함된다.
16. eNodeB가 상향링크 NAS 전송 메시지에 합류 완료 메시지를 넣어서 새로운 MME로 전

* 역자주 EPS/IMSI 복합 합류 또는 IMSI/EPS 복합 합류(Combined EPS/IMSI attach 또는 Combined IMSI/EPS attach) - 이것은 단말기가 CSFB 기능을 지원하기 위해 동시에 EPS(E-UTRAN)와 CS(3G-UTRAN/2G-GERAN)에 합류하는 것을 말한다. 이때 단말기는 동시에 E-UTRAN의 TA(Tracking Area; 추적 지역) 목록과 UTRAN/GERAN의 LA(Location Area; 위치 지역)에 등록된다. 원저에는 Combined EPS/IMSI attach와 Combined IMSI/EPS attach를 혼용하여 사용하고 있으나 이 번역서에서는 "IMSI/EPS 복합 합류"로 통일하여 사용하였다.

달한다.

17. MME가 베어러 변경 요청 메시지를 S-GW로 보낸다.
18. S-GW가 베어러 변경 응답을 MME에 보내어 확답한다. 이제 모든 베어러가 수립되어서 상향링크와 하향링크 패킷을 교환할 수 있다.

5.4 IMS 등록

IMS 등록 절차는 다음과 같다(그림 5.4 참조).

- 단말기가 등록(REGISTER) 메시지를 홈 망에 보내어 공공 사용자_ID에 대한 SIP 등록을 수행한다.
- I-CSCF가 사용자가 등록되어 있는 동안 사용자를 담당할 S-CSCF를 선정한다.
- S-CSCF가 사용자에 대한 인증 데이터를 HSS에서 다운로드하고, HSS는 IMS 로밍을 검토한다.
- 단말기와 P-CSCF가 보안 장치에 대하여 합의한다.

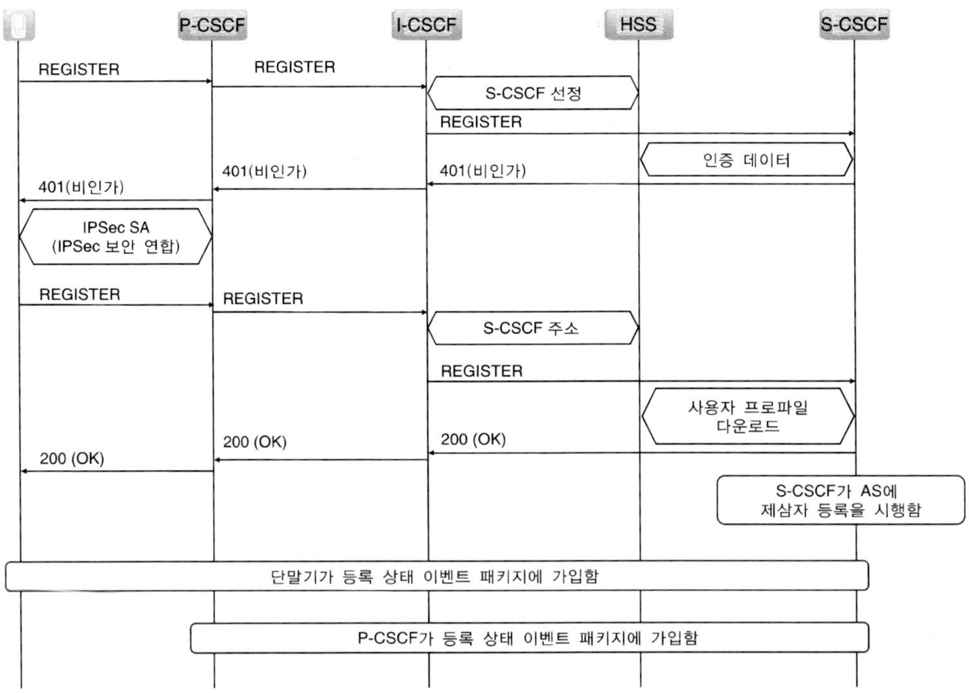

그림 5.4 IMS 등록 절차 흐름도

- 단말기와 망(S-CSCF)이 서로 인증한다.
- 단말기와 P-CSCF 간 IPSec 연합이 수립된다.
- 단말기와 P-CSCF 간 SIP 압축이 시작될 수 있다(LTE에서는 SIP 압축을 사용하지 않기 때문에 여기에서는 설명을 생략한다).
- 단말기가 S-CSCF에 도달할 수 있는 라우트를 알아차린다.
- S-CSCF가 단말기에 도달할 수 있는 라우트를 알아차린다.
- S-CSCF가 HSS에서 사용자의 사용자 프로파일을 다운로드한다.
- S-CSCF가 사용자의 디폴트 공공 사용자_ID를 등록한다.
- 단말기가 지원되는 IMS 통신서비스를 S-CSCF에 등록한다.
- 사용자 프로파일을 근거로 해서 S-CSCF가 사용자가 표시한 추가 공공 사용자_ID를 묵시적으로 등록할 수도 있다.
- 사용자 프로파일을 근거로 해서 S-CSCF가 사용자 대리로 AS에 등록할 수도 있다.
- 단말기가 사용자에게 할당된 모든 공공 사용자_ID들과 현재 등록 상태를 알아차린다.
- P-CSCF가 사용자에게 할당된 모든 공공 사용자_ID들과 현재 등록 상태를 알아차린다.
- P-CSCF가 과금 기능의 주소(들)를 알아차린다.

5.4.1 등록 요청의 구성

사용자 K(Kristiina)의 단말기는 디폴트 베어러가 수립되고 P-CSCF의 주소를 검색한 다음 아래의 예와 같은 초기 등록 요청을 구성한다.

```
REGISTER sip:ims.mnc005.mcc244.3gppnetwork.org SIP/2.0
Via: SIP/2.0/UDP [5555::a:b:c:d]:1400; branch=z9hG4bKnashds7
Max-Forwards: 70
P-Access-Network-Info: 3GPP-E-UTRAN-TDD; utran-cell-id-
      3gpp= 244005F3F5F7
From: <sip:kristiina@example.com>;tag=4fa3
To: <sip:kristiina@example.com >
Contact: <sip:[5555::a:b:c:d]:1400>;
expires=600000;
+sip.instance="<urn:gsma:imei:90420156-025763-0>";
+g.3gpp.smsip;
+g.3gpp.icsi-ref="urn%3Aurn-7%3A3gpp-service-ims.icsi.mmtel"[1]
```

1 (RFC 3840)에 규정된 Tag-value-list는 콜론(:)을 유효한 입력 문자로 인정하지 않는다. 따라서 ICSI URNs (urn:urn-7:3gpp-service.ims.icsi.mmtel) 내 '콜론(:)을 (RFC3986)에 규정된 '%-Esc'로 대체해야 된다. 즉,

```
Call-ID: apb03a0s09dkjdfglkj49111
Authorization: Digest username="private_user1@example.com",
          realm="ims.mnc005.mcc244.3gppnetwork.org", nonce="",
          uri="sip:ims.mnc005.mcc244.3gppnetwork.org",response=""
Security-Client: ipsec-3gpp; alg=hmac-sha-1-96; spi-c=1111;
spi-s:=2222; port-c=9999; port-s=1400
Require: sec-agree
Proxy-Require: sec-agree
Supported: path
CSeq: 1 REGISTER
Content-Length: 0
```

이 등록 요청의 최종 목적지는 요청 URI에 sip:ims.mnc005.mcc244.3gppnetwork.org로 표시된 SIP 등록처(S-CSCF)이다. 이것은 사용자 K의 홈 망 도메인 이름이며 ISIM에 저장되어 있다.[2]

To 헤더에 보이는 sip:kristiina@example.com가 이제 등록될 공공 사용자_ID이다. From 헤더는 등록을 수행하는 사용자를 식별한다. 위의 예에서 From 헤더와 To 헤더의 공공 사용자_ID가 동일한 것을 볼 수 있다. From 헤더에는 태그가 포함되어 있지만 To 헤더에는 태그가 없는 것을 주목하라. 요청을 수신한 S-CSCF는 단말기에 응답을 보낼 때 To 태그를 설정한다. 인증 헤더에서 개인 사용자_ID, private_user1@example.com(사용자 요약 명칭으로), 공공 사용자_ID, 홈 망 도메인 명칭을 볼 수 있다. 개인 사용자_ID와 홈 망 도메인 명칭은 ISIM에서 구할 수 있다(또는, 그 대신 USIM에서 유도해낼 수도 있다).

위에서 예로 보인 초기 등록 요청에 포함되어 있는 Contact 헤더는 단말기가 IP 주소 5555::a:b:c:d, 포트번호 1400에서 앞으로 600 000초 동안 연결될 수 있음을 나타낸다. 이 IP 주소는 IPv6 프리픽스를 포함하고 있는데 이것은 디폴트 베어러가 수립될 때 지정받은 것이다(5.3절 참조). 또한 Contact 헤더에는 고유한 디바이스 식별 표시, urn:gsma:imei:90420156-025763-0를 볼 수 있는데, 이것은 K의 단말기가 IMEI(International Mobile Equipment Identity; 단말기 국제 고유 식별번호)를 이용해서 생성한 것이다. 한편 기능 태그 +g.3gpp.smsip와 +g.3 gpp.icsi-ref=urn:urn-7:3gpp-service.ims.icsi.mmtel는 각각 단말기가 IP로 전송되는 SMS(5.9.2.2절 참조)와 MMTel(4.6절 참조)의 특정한 통신서비스를 지원한다는 것을 나타낸다.

단말기의 IP 주소와 포트번호는 요청의 Via 헤더에도 포함되어서 요청에 대한 모든 응답이 단말기로 돌아올 수 있도록 한다. 업무처리를 고유하게 확인하는 브랜치 매개변수는 또한 Via

콜론(:)은 모두 '%3A'로 대체된다.

2 여기에서 ISIM에서 구한 홈 망의 도메인 명칭은 USIM에서 유도된 것과 같은 형태를 따른다.

헤더에 포함되어 있다.

CSeq 헤더 값과 더불어서 이 등록 처리업무(REGISTRATION transaction)를 확인해주는 Call-ID 헤더가 포함되어 있다.

P-Access-Network-Info는 등록 요청이 전송되고 있는 접속 기술이 무엇인지 나타내준다. 위 예에서 이 등록 요청이 E-UTRAN/LTE를 사용하고 있음을 볼 수 있고, 또한 utran-cell-id-3GPP 값(즉, CGI(Cell Global ID; 셀 글로벌 ID))으로부터 사용자의 위치를 알 수 있다.

이외에도 등록 요청은 Security-Client, Require, Procy-Require와 같은 헤더를 추가로 포함하고 이를 공통적인 보안 체계를 협의하고 IPSec에 관련된 매개변수를 교환하는데 사용한다. 여기에서는 'ipsec-3gpp' 한 가지 보안체계만 표시되었다.

마지막으로 Content-Length 헤더의 값이 0인 것으로부터 이 요청이 등록 요청 이외에는 어떤 내용도 전달하지 않는다는 것을 알 수 있다.

5.4.2 단말기에서 P-CSCF까지의 구간

등록 요청의 첫 번째 경유지는 P-CSCF이며, 단말기가 P-CSCF를 발견하는 과정은 5.3절에서 설명된다. 이제 단말기는 등록 요청을 P-CSCF로 보낸다. 등록 요청은 UDP 또는 TCP를 이용해서 보낼 수 있다. 등록 요청이 P-CSCF에 도달하도록 단말기는 하위 계층 메시지에 DNS에서 수신한 P-CSCF의 IP 주소와 포트번호(DNS 또는 SIP에 대한 디폴트 포트번호 5060)와 같은 주소 정보를 넣는다. 등록 요청은 eNodeB와 P-GW를 순차적으로 거쳐 P-CSCF에 도착한다(그림 4.13 참조).

5.4.3 P-CSCF에서 I-CSCF까지의 구간

P-CSCF는 등록 요청이 어디에서 발신된 것인지를 알지만 등록 요청에 대하여 SIP 발신 프록시 역할밖에 할 수 없다. 그 이유는 등록 요청이 아직 IPSec SA(IPSec Security Association; IPSec 보안 연합)을 통해서 전달되지 않았기 때문이다. 따라서 P-CSCF는 등록 요청을 경유지로 라우트한다. 다음 경유지는 요청 URI에 포함된 등록처 주소(uri=sip:ims.mnc005.mcc244.3gppnetwork.org)로부터 찾을 수 있다. P-CSCF는 등록처 주소에 대한 DNS 문의를 실행해서 홈 망의 진입점 IP 주소를 검색한다.

P-CSCF는 등록 요청을 보내기 전에 다음과 같이 요청을 변경한다: Via 헤더에 P-CSCF 자체와 브랜치 매개변수를 명기한다(요청에 대한 응답을 수신할 수 있도록). P-CSCF의 주소를 Path 헤더에 포함한다(P-CSCF 주소를 S-CSCF에 통보해서 앞으로의 종료/착신 요청을 수신할 수 있도록). P-Visited-Network-ID 헤더를 포함해서 홈 망에 사용자의 현재 위치하고 있는 망 ID를 표시한다. 만약 로밍 중이라면 이 헤더가 IMS 로밍 파트너를 나타내므로 로밍 체크

에 쓰일 수 있다. 보존성 보호 필드를 추가한다. 이때 Authorization 헤더에 'no' 값을 설정해서 P-CSCF가 그 등록 요청이 Authorization 헤더에 나타난 사용자로부터 발신되었다고 보장할 수 없다는 것을 표시한다. P-Charging-Vector(P-C-V) 헤더에 ICID IOI(IMS Charging Correlation Identifier-Inter Operator Identifier; IMS 과금 연계 식별자-운영자간 식별자)를 추가한다. IOI는 요청을 발송한 망을 나타낸다. 마지막으로 P-CSCF는 이 SIP 요청을 전송하는 UDP/ TCP 패킷의 목적지 주소로 홈 망의 진입점 주소를 넣는다.

5.4.4 I-CSCF에서 S-CSCF까지의 구간

I-CSCF는 홈 망의 진입점이며 따라서 모든 등록 요청은 일단 I-CSCF가 수신한다. I-CSCF는 어떤 S-CSCF가 사용자 프로파일에 배정되어 있는지 알지 못하므로 등록 요청을 보내기 전에 해당 S-CSCF를 검색해야 한다. 이를 위해서 I-CSCF는 Cx 다이아미터 절차를 통해서 HSS에 사용자 정보를 문의한다(개인 사용자_ID를 검색의 키로 사용함). HSS는 인가(즉, I-CSCF가 사용자의 인가 상태를 문의하도록 허용되어 있는지와 사용자가 P-Visited-Network-ID에 포함되어 있는 망을 사용/로밍하도록 허용되어 있는지 여부)를 검토한 다음, 검토 결과가 긍정적일 경우 S-CSCF를 선택할 수 있는 능력 또는 저장된 S-CSCF 주소를 제공한다. 만약 S-CSCF를 선택할 수 있는 능력을 부여받으면 I-CSCF는 요구되는 역량을 지원하는 S-CSCF를 선택하여 그 주소를 Route 헤더에 첨가하고 최상단의 Via 헤더에 I-CSCF 자체를 표시한 다음 등록 요청을 S-CSCF로 보낸다.

5.4.5 S-CSCF의 단말기에 대한 보안 질문

S-CSCF는 사용자가 아직 인가되지 않은 것을 인지하고 있으므로 HSS로부터 인증 데이터를 검색한다. 인증 데이터에 포함된 매개변수 중 가장 중요한 것은 다음과 같다.

- RAND - 랜덤 질문
- XRES - 예상되는 결과
- AUTN - 망 인증 토큰
- IK - 보존성 키
- CK - 암호화 키
- 인증 방법(IMS 인증 및 키 합의(AKA))

S-CSCF는 인증을 실행하기 위해서 401(Unauthorized; 비인가) 응답을 보내어 일단 사용자의 최초 등록 요청을 거부한다. 이때 위에 열거한 주요 매개변수 중 XRES를 제외한 나머지 매개변수, 즉 RAND, AUTN, IK, CK 및 인증방법을 포함해서 보낸다.

```
SIP/2.0 401 Unauthorized
WWW-Authenticate: Digest realm="244.91.3gppnetwork.org",
nonce=A34Cm+Fva37UYWpGNB34JP, algorithm=AKAv1-MD5,
ik="0123456789abcdeedcba9876543210",
ck="9876543210abcdeedcba0123456789"
```

P-CSCF가 401(Unauthorized) 응답을 수신하면 응답에서 IK와 CK를 제거한 다음 단말기에 응답을 전달한다. 이에 따라 즉각적으로 P-CSCF와 단말기 사이에 IK를 기본으로 하는 SA가 수립된다. 그림 4.13에 응답이 단말기로 보내지는 것을 나타내었다.

5.4.6 S-CSCF로부터의 보안 질문에 대한 단말기의 응답

401 응답을 수신한 단말기는 응답에 포함된 매개변수를 ISIM(또는 USIM) 애플리케이션으로 보내어 다음 과정을 실행한다.

- 공유 비밀과 SQN을 근거로 하여 AUTN을 확인한다. AUTN이 입증되면 그로써 망이 인증된다(즉, 단말기가 인증 데이터가 홈 통신서비스 사업자의 망으로부터 받은 것임을 확신한다).
- 공유 비밀과 수신한 RAND를 근거로 하여 RES를 계산한다.
- IK를 계산한다. 계산 결과는 P-CSCF와 단말기 간에 공유되며 SA의 기본으로 사용된다.
- 시그널링 암호화가 요구될 경우 CK를 계산한다.

이러한 매개변수 값을 가지고 단말기는 이제 IMS 등록의 두 번째 단계를 시작할 수 있다(그림 5.4 참조). 단말기는 동일한 정보를 가지고 두 번째 등록 요청을 생성한다. 두 번째 등록 요청도 첫 번째 등록 요청과 동일한 경로로 라우트되는데 이때 업데이트된 인가 정보 외에 새로운 CSeq 번호, 브랜치 매개변수 및 From 태그를 포함한다. 두 번째 등록 요청은 이제 IPSec으로 보호된다.

```
REGISTER sip:ims.mnc005.mcc244.3gppnetwork.org SIP/2.0
...
Authorization: Digest username="private_user1@example.com",
realm="ims.mnc005.mcc244.3gppnetwork.org",
nonce=A34Cm+Fva37UYWpGNB34JP, algorithm=AKAv1-MD5,
uri="sip:ims.mnc091.mcc244.3gppnetwork.org ",
response="6629fae49393a05397450978507c4ef1"
```

P-CSCF는 두 번째 요청을 IPSec SA를 통하여 수신하므로 두 번째 등록 요청이 단말기로부터 P-CSCF까지 전송되어 오는 사이에 변경되었는지를 탐지할 수 있다. P-CSCF는 Authorization 헤더에 'integrity-protected'(보존성-보호) 필드와 필드값 'yes'를 첨가한 다음 등록 요청을 홈 망으로 라우트한다.

5.4.7 S-CSCF에서의 등록 절차

등록 요청이 S-CSCF에 도착하면 S-CSCF는 단말기로부터 수신한 RES 값과 HSS로부터 수신한 XRES 값을 비교한다. 두 값이 일치하면 S-CSCF는 사용자를 성공적으로 인증한 것이며 따라서 S-CSCF는 K의 공공 사용자_ID를 등록한다. '등록한다'는 것은 S-CSCF가 등록 요청의 To 헤더에 표시된 공공 사용자_ID(sip:kristiina@example.com)와 연락 주소(sip:[5555::a:b:c:d]:1400)의 결합을 생성하는 것을 의미한다. 이 결합은 정확하게 10,800초 동안 존재하게 된다. 이 시간은 해당 지역의 지역 정책에 의해 지정되는데 이 값이 단말기에서 처음에 제시했던 시간에 비해서 상당히 짧은 것임을 알 수 있다. S-CSCF는 K가 등록되었다는 정보를 HSS에 업데이트하는 한편 HSS로부터 K의 IMS 서비스 프로파일을 다운로드한다(5.2절 참조).

5.4.8 200(OK) 응답

S-CSCF는 200(OK) 응답을 단말기에 보내어 등록이 성공적이었음을 통보한다.

```
SIP/2.0 200 OK
Via: SIP/2.0/UDP icscf1.example.com;branch=3ictb
Via: SIP/2.0/UDP pcscf1.example.com;branch=2pctb
Via: SIP/2.0/UDP [5555::a:b:c:d]:1400;branch=1uetb
From: <sip:kristiina@example.com>;tag=new
To: <sip:kristiina@example.com>;tag=2222
P-Associated-URI: <sip:kristiina@example.com>,
    <tel:+358501234567>
P-Charging-Function-Addresses: ccf=chargingentity.example.com
P-Charging-Vector: orig-ioi: "Type1 example.com";
    term-ioi: "Type 1 example.com"
Path: <sip:term@pcscf1.home.fi;lr>
Service-Route: <sip:orig@scscf1.home.fi; lr>
Contact: <sip:[5555::a:b:c:d]:1400>;
        Expires=10800;
        +sip.instance="<urn:gsma:imei:90420156-025763-0>";
        +g.3gpp.smsip;
        +g.3gpp.icsi-ref="urn%3Aurn-7%3A3gpp-serviceims.icsi.mmtel"
Call-ID: apb03a0s09dkjdfglkj49111
```

```
CSeq: 2 REGISTER
Content-Length: 0
```

이 200(OK) 응답은 이전 등록 요청이 거쳐 왔던 모든 CSCF를 그대로 뒤밟아 경유해서 단말기로 라우트된다. 이것이 가능한 이유는 각 CFCS들이 등록 요청을 수신했을 때 자체의 주소를 최상단의 Via 헤더에 넣어 놓았기 때문이다. 이제 200(OK) 응답을 수신하면 각 CSCF는 Via 목록에서 자체의 주소를 지우고 Via 헤더의 최상단에 나타난 주소로 응답을 전달한다. 최종적으로 이 응답을 수신한 단말기는 등록이 성공적으로 실행되었음을 알게 된다. 한편 200(OK) 응답에는 Path, Service-Route, P-Associated-URI, P-Charging-Function-Addresses(P-C-F-A), P-C-V 헤더 등도 포함된다.

Service-Route 헤더는 I-CSCF를 거치지 않고 직접 S-CSCF로 추가 요청을 전달할 수 있도록 한다. P-Associated-URI는 어떤 공공 사용자_ID가 함께 등록되었는지 표시한다(여기에서는 사용자의 통상 전화번호와 같은 ID 하나가 더 있다). P-C-F-A는 과금 기능의 주소(여기에서는 오프라인 과금 기능의 주소)를 표시하며, S-CSCF와 P-CSCF가 과금 정보를 망 과금 기능으로 보낼 수 있도록 한다. P-C-V는 포괄적으로 발신 및 수신 망을 고유하게 표시하는 IOI를 포함하며 여기에서는 P-CSCF(P-CSCF로부터 수신한 등록 요청의 orig-ioi)와 S-CSCF(term-ioi)를 표시한다.

5.4.9 애플리케이션 서버(AS)에 제3자 등록

성공적으로 등록을 실행한 다음 S-CSCF는 다운로드한 사용자의 필터 기준을 검토한다(5.4.7절과 그림 5.5 참조). 여기에서 TAS(Telephony Application Server; 전화 애플리케이션 서버)가 K에게 서비스를 제공하는 것을 가정하였는데, TAS는 K가 등록됨으로써 이제 서비스 제공이 가능하다는 것을 알고 있어야 된다. 이를 TAS에 통보할 수 있도록 필터 기준을 설정하여 K의 공공 사용자_ID로부터 발신되는 모든 등록 요청이 이를 트리거하도록 한다. 이 필터 기준에 따라서 S-CSCF는 K가 성공적으로 등록을 실행할 때마다 제3자 등록 요청(그림 5.5)을 생성해서 TAS로 보낸다.

등록 요청은 요청 URI에 표시되어 있는 TAS.example.com에 위치한 TAS로 보내어진다. 이때 Route 헤더가 포함되어 있지 않으므로 요청은 직접 TAS의 주소로 라우트된다. K의 공공 사용자_ID가 등록되어 있는 URI이므로 To 헤더는 공공 사용자_ID를 포함한다. S-CSCF 자체의 주소는 From 헤더에 표시되는데 이는 S-CSCF가 K를 대신해서 K의 공공 사용자_ID를 등록하기 때문이다(즉, 제3자로써).

S-CSCF는 Contact 헤더에 자체의 주소를 표시해서 TAS가 K에게 직접 라우트하지 않고 항상 S-CSCF를 먼저 접촉하도록 한다. 한편 S-CSCF는 제3자 등록 요청 내에 단말기로부터 원

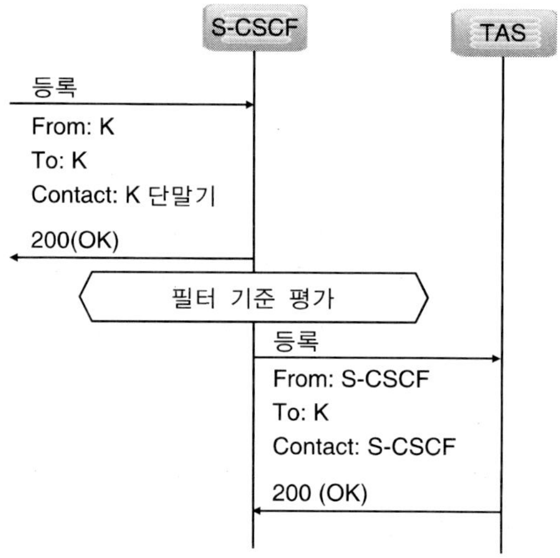

그림 5.5 S-CSCF에 의한 IMS 제3자 등록

래 등록 요청을 포함할 수도 있다.

TAS는 등록 요청에 대한 200(OK) 응답을 S-CSCF에 보내지만 K에 대한 등록처로서의 역할을 시작하지는 않는다. TAS는 등록 요청을 단지 K가 S-CSCF에 성공적으로 등록되었다는 표시로 받아들인다. 만약 K의 등록 상태(예: K를 위해서 전적으로 등록되어 있는 모든 공공 사용자_ID)에 대한 정보가 더 필요할 경우 TAS는 단말기와 P-CSCF가 등록 상태 정보에 가입하는 것과 마찬가지로 K의 등록 상태 정보에 가입할 수 있다.

5.4.10 등록 상태 이벤트 패키지 가입

등록과 인증이 성공적으로 이루어진 다음 단말기와 P-CSCF는 등록 상태 이벤트 패키지에 가입할 필요가 있다(그림 5.6). 이것은 망에서 주도된 재인증을 수신하거나(5.4.11절 참조) 망에서 주도된 등록 해지에 관한 정보를 수신하기 위해 필요하다(5.4.12절 참조). 등록 상태 이벤트 패키지는 모든 공공 사용자_ID에 관한 등록 상태(즉, 예에 나타낸 K의 사용자 단말기에만 국한되지 않은 모든 가입에 관한 정보)를 관리한다. 등록 상태 정보는 예를 들면 어떤 특정 공공 사용자_ID가 다른 사용자 단말기로부터도 등록되었는가를 나타낸다.

5.4.11 재등록과 재인증

IMS 단말기가 Contact 정보를 10,800초 동안 등록하는 것은 공공 사용자_ID와 물리적인 IP 주소의 결합이 약 3시간 동안 S-CSCF에 저장된다는 것을 의미한다. 단말기는 등록이 계속해서 활성화되어 있도록 S-CSCF의 등록 타이머가 끝나기 전에 주기적으로 등록을 재생해 주어

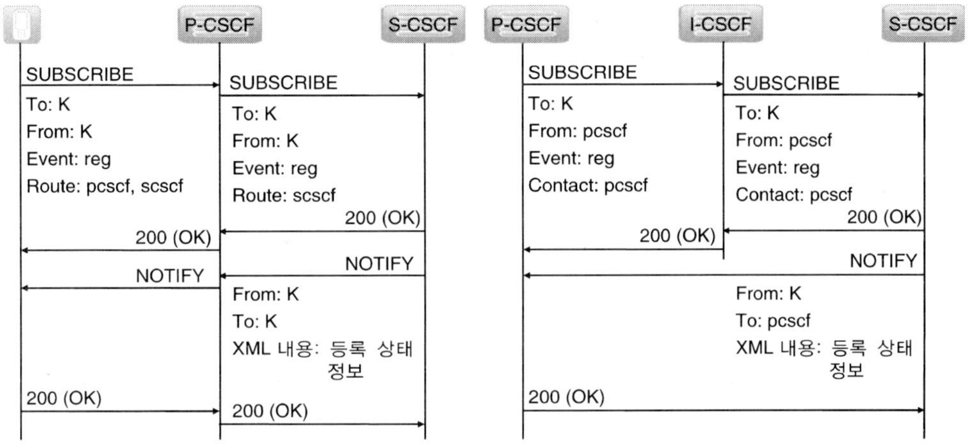

그림 5.6 등록 이벤트 패키지 가입

야 한다.

등록 상태를 계속해서 유지하기 위해서 단말기는 새로운 등록 요청을 망으로 보낸다. 재등록은 앞에서 설명한 망에서 최초의 SIP 등록을 처리하는 절차와 마찬가지로 처리된다. 만약 타이머가 종료되었음에도 단말기가 등록을 재생시키지 않으면 S-CSCF는 통보 사항 없이 등록을 해지한다.

사용자 인증 절차는 등록 절차와 직접적으로 연계되어 있는 절차이다. 따라서 S-CSCF는

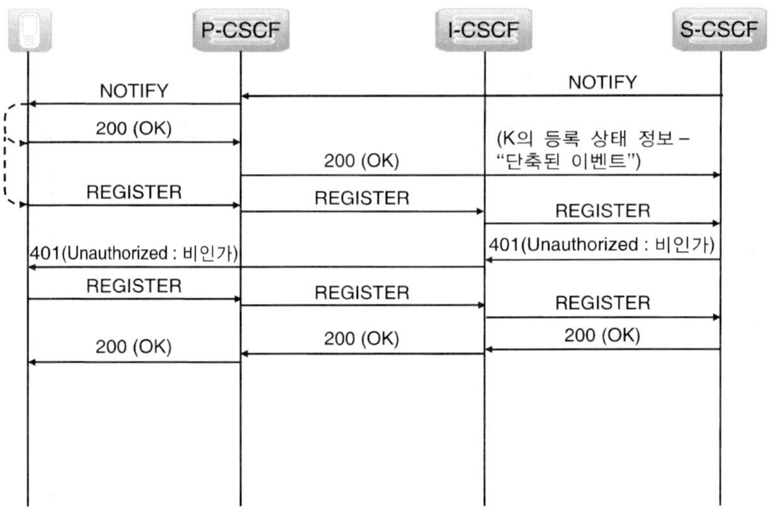

그림 5.7 망에서 주도하는 재인증

단말기를 재인증하기 위해서 등록 시간을 단축할 수 있어야 한다(그림 5.7). 이를 위해서 S-CSCF는 사용자의 등록 만기 시간을, 예를 들어 300초로 단축한다. 새롭게 단축된 만기 시간은 단말기의 등록 상태 이벤트 패키지를 이용해서 단말기로 전달된다. 즉, S-CSCF가 등록 기간이 단축되었음을 표시하는 NOTIFY 요청을 생성하고, 등록 상태 이벤트 패키지로 하여금 NOTIFY 요청을 단말기로 전달하도록 한다. 단말기는 이 요청을 수신하는 즉시 등록 만기 시간 정보를 업데이트한다. 한편, 이와 더불어 등록 상태 이벤트 패키지에 가입한 모든 망 요소(예: P-CSCF와 가입한 AS)들도 S-CSCF로부터 NOTIFY 요청을 받아서 상태 정보 업데이트를 받는다. 등록 상태를 활성적으로 유지하기 위해서 단말기는 등록 요청을 보낸다. 여기서부터는 통상적인 등록 절차가 뒤이으며 그 사이에 S-CSCF가 사용자를 재인증하게 된다(5.4.5절 및 5.4.7절 참조).

5.4.12 등록 해지

등록 상태를 유지하던 사용자 K가 이제 단말기의 전원을 끌 경우에 대해서 살펴본다. 전원을 차단할 때 단말기는 다시 한 번 등록 요청을 S-CSCF로 보내는데, 이때 앞에서 살펴본 모든 정보를 포함하되 등록 만기 시간 값을 "0"으로 설정함으로써 이 요청이 등록 해지를 위한 것임을 표시한다(그림 5.8). S-CSCF는 K에 관한 모든 임시 정보를 삭제하고, HSS의 데이터를 업데이트하는 한편 K의 단말기에 200(OK) 응답을 보낸다.

예를 들어서 단말기가 분실되었다는 보고가 접수되었거나 요금 미납 같은 경우 혹은 운용

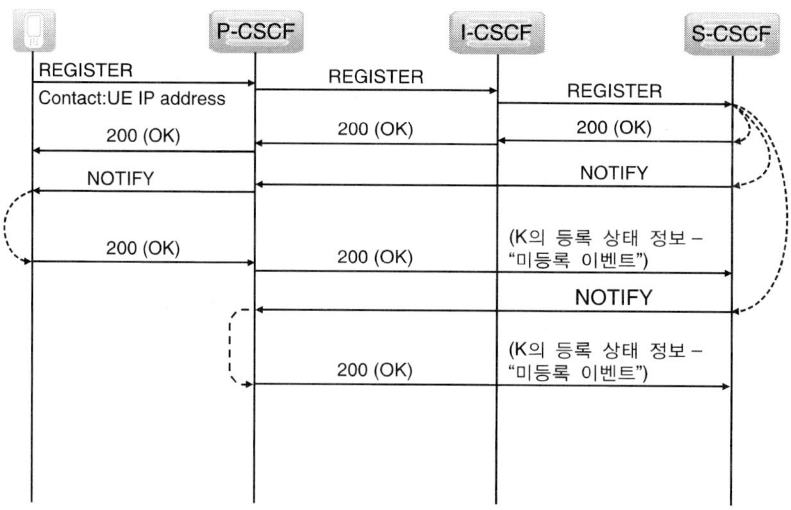

그림 5.8 단말기가 주도하는 등록 해지

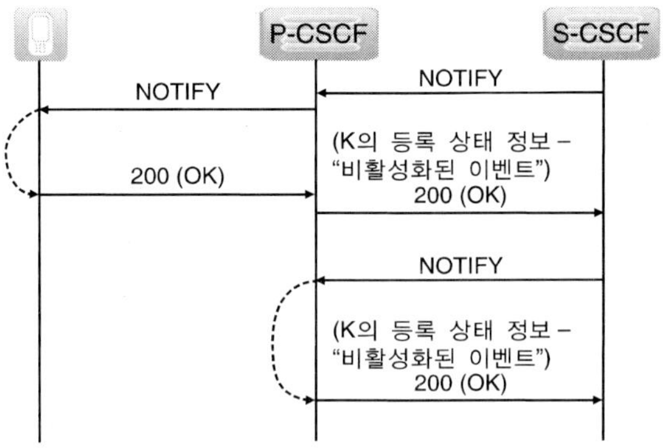

그림 5.9 망에서 주도하는 등록 해지

관리상 S-CSCF의 운용을 중지할 경우, 망에서 사용자의 등록을 해지할 경우가 생길 수 있다(그림 5.9). 이같은 경우 S-CSCF는 단순히 K의 단말기로 등록이 해지되었음을 표시한 NOTIFY 메시지를 보낸다.

5.4.13 관련 표준

이 절에서 살펴본 IMS 등록에 관련된 규격들은 다음과 같다.

- 3GPP TS 23.003 – Numbering, addressing and identification
- 3GPP TS 23.228 – IP multimedia subsystem(IMS)
- 3GPP TS 24.229 – IP Multimedia call control protocol based on SIP and SDP
- 3GPP TS 29.228 – IMS Cx and Dx interfaces–signalling flows and messages
- 3GPP TS 29.229 – IMS Cx and Dx interfaces based on the diameter protocol
- 3GPP TS 33.102 – Security architecture
- 3GPP TS 33.203 – Access security for IP–based services
- RFC2401 – Security architecture for the Internet protocol
- RFC2617 – HTTP Authentication: basic and digest access authentication
- RFC3261 – SIP: session initiation protocol
- RFC3265 – Session initiation protocol(SIP)–specific event notification
- RFC3310 – Hypertext transfer protocol(HTTP) digest authentication using authentication and key agreement(AKA)
- RFC3325 – Private extensions to the session initiation protocol(SIP) for asserted identity within trusted networks

- RFC3327 – Session initiation protocol(SIP) extension header field for registering nonadjacent contacts
- RFC3329 – Security mechanism agreement for the session initiation protocol(SIP)
- RFC3455 – Private header(P-header) extensions to the session initiation protocol (SIP) for the 3rd generation partnership project(3GPP)
- RRC3608 – Session initiation protocol(SIP) extension header field for service route discovery during registration
- RFC3680 – A session initiation protocol(SIP) event package for registrations
- RFC4566 – SDP: session description protocol
- RFC5279 – A uniform resource name(URN) namespace for the 3rd generation partnership project(3GPP)
- http://www.3gpp.org/tb/Other/URN/URN.htm – URN values maintained by 3GPP
- RFC6050 – A session initiation protocol(SIP) extension for the identification of services

5.5 IMS VoIP 세션

이 절에서는 사용자 K와 J간에 음성 세션이 수립되는 절차를 설명한다(그림 5.10). 단말기와 P-CSCF 간 SIP 메시지는 4.3.2절과 그림 4.13에 나타난 바와 같다.

첫 번째 단계는 사용자 요구에 기반하여 단말기의 능력에 적합한 세션을 수립하는 것이다. 5.5.1절에 GSMA(IR.92)에 의거해서 제공되는 음성 세션에 대하여 설명한다. 초기 요청을 생성한 다음에는 착신측 상대방까지의 경로를 검색해야 하는데 이를 라우팅이라 하며, 이는 사실상 IMS에서 가장 복잡한 사항이기도 하다. 이 과정과 이에 대한 응답과 뒤잇는 요청이 각각 어떻게 라우트 되는가를 5.5.2절에서 논의한다. 세션 수립 과정에서 양 종단의 단말기가 서로 어떤 미디어 세트를 사용하고 각각의 미디어에 대해서 어떤 코덱을 사용할 것인지 합의하게 되며, 이를 5.5.3절에서 살펴본다. 한편 착신측 J의 단말기가 입력되고 있는 음성 호 경보 신호를 나타내도록 허용하기 전에 양쪽으로 모두 음성 패킷을 전달할 수 있는 사용자 평면 자원을 확보해야 된다(5.5.4절 참조). 예에서는 AS와의 상호작용은 자세히 보이지 않는다(발신 세션과 착신 세션이 어떻게 AS로 라우트 되는가에 대해서는 4.5.5절을 참조하라). 보조 서비스 실행에 대해서는 4.6절을 참조하고, SRVCC에 대해서는 5.6.2절을 참조하기 바란다. IMS 음성 세션에 대한 부가설명으로 5.5.5절에서는 음성 세션의 과금이 어떻게 이루어지는가를 설명하고, 5.5.6절에서는 이렇게 수립되었던 세션이 어떻게 해지되는지를 설명하고 이 절을 마친다.

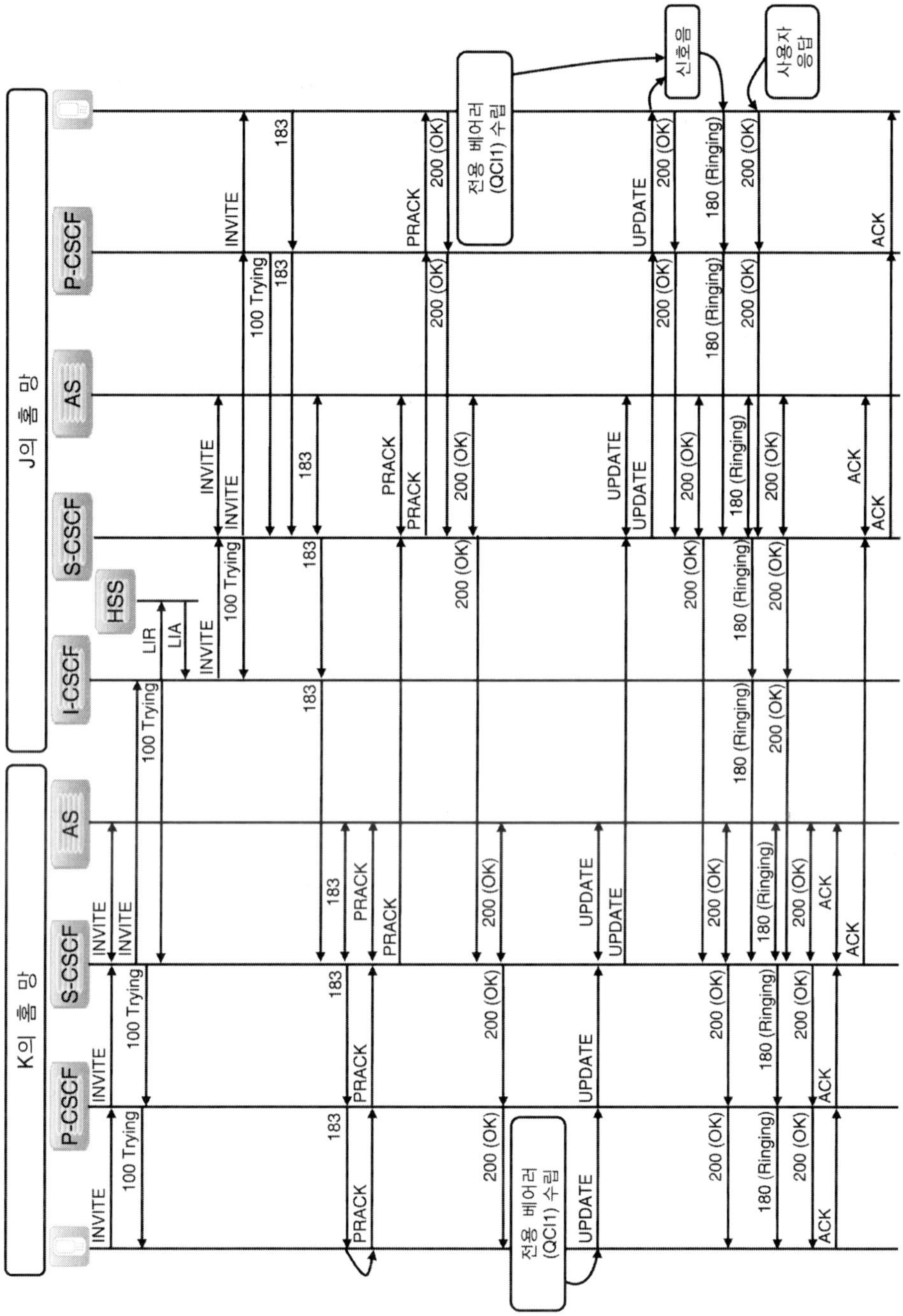

그림 5.10 IMS 세션 시작

5.5.1 INVITE 요청 작성

IMS에 의한 음성통신을 위하여 단말기는 SIP와 SDP를 사용해서 세션을 수립하고 미디어 구성요소(예: 오디오)에 내해서 합의한다. 아래에서 INVITE 요청의 예를 자세히 살펴보기로 한다. 예에서 사용자 K는 Kristiina로, J는 Jennifer로 나타나 있다.

SIP

```
INVITE sip: jennifer@csp.com SIP/2.0
Via: SIP/2.0/UDP [5555::a:b:c:d]:1400; branch=abc123
Max-Forwards:70
Route: <sip:[5555::55:66:77:88]:7531;lr>,< sip:orig@scscf1.home.fi;lr>
P-Access-Network-Info:3GPP-E-UTRAN-TDD;utran-cell-id-3gpp=244005F3F5F7
P-Preferred-Service: urn:urn-7:3gpp-service.ims.icsi.mmtel
Privacy: none
From: <sip:kristiina@example.com>;tag=171828
To: <sip:jennifer@csp.com>
Call-ID: cb03a0s09a2sdfglkj490333
Cseq: 127 INVITE
Require: sec-agree
Proxy-Require: sec-agree
Supported: 선행조건, 100rel, 199
Security-Verify: ipsec-3gpp; alg=hmac-sha-1-96; spi-c=98765432;
spi-s=87654321; port-c=8642; port-s=7531
Contact: <sip:[5555::a:b:c:d]:1400;+g.3gpp.icsi-ref="urn%3Aurn-7%
3gpp-service.ims.icsi.mmtel"
Accept-Contact: *;+g.3gpp.icsi-ref="urn%3Aurn-7%
3gpp-service.ims.icsi.mmtel"
Allow: INVITE, ACK, CANCEL, BYE, PRACK, UPDATE, REFER, MESSAGE, OPTIONS
Accept:application/sdp, application/3gpp-ims+xml
Content-Type: application/sdp
Content-Length: (...)
```

SDP

```
v=0
o=- 2890844526 2890842807 IN IP6 5555::a:b:c:d
s=-
c=IN IP6 5555::a:b:c:d
t=0 0
m=audio 49152 RTP/AVP 97 98
a=rtpmap:97 AMR/8000/1
a=fmtp:97 mode-change-capability=2; max-red=220
b=AS:30
b=RS:0
```

```
      b=RR:0
      a=rtpmap:98 telephone-event/8000/1
      a=fmtp:98 0-15
      a=ptime:20
      a=maxptime:240
SDP   a=inactive
      a=curr:qos local none
      a=curr:qos remote none
      a=des:qos mandatory local sendrecv
      a=des:qos none remote sendrecv
```

5.5.1.1 SIP 정보

- 상단 첫줄은 INVITE 요청의 최종 목적지, 즉 사용자 J의 SIP URI을 나타낸다. 그 아래에 포함된 Via 헤더, Route 헤더 및 Contact 헤더의 용도는 5.5.2절에서 논의하였다.
- Max-Forwards 헤더는 만약의 경우 루프를 감지하기 위한 정수값을 포함한다. 이 값은 초기에 70으로 설정되고 매 홉(Hop)을 지날 때마다 1씩 감소된다.
- P-Access-Network-Info 헤더는 3GPP 특정 헤더이며, 단말기가 어떤 접속 기술을 통하여 IMS에 합류하였는지를 IMS 망에 표시해 준다. 또한 이 헤더는 사용자의 위치를 나타내는 CGI를 포함한다.
- P-Preferred-Service 헤더는 3GPP 특정 헤더이며, 요청에 관련된 IMS 통신서비스를 표시한다(여기에서는 MMTel을 표시함).
- Privacy 헤더는 사용자가 그의 ID를 감출 것인지 아니면 다른 사람들에게 공개할 것인지를 표시한다(4.6.3.1-4.6.3.4절 참조).
- From 헤더 값과 To 헤더 값은 IMS 라우팅에 영향을 미치지 않는다. 그 이유는 IMS 종단 사용자의 신뢰 받은 ID가 P-Asserted-Identity 헤더로 전달되기 때문이다(P-Asserted-Identity 헤더는 망에서 제공되는 것이기 때문에 여기에는 보이지 않는다)(4.6.3.1절의 예 참조).
- 모든 SIP 대화는 Call_Id 헤더 값과 SIP 요청의 From 헤더와 To 헤더의 태그에 의해서 식별된다(To 헤더의 태그는 사용자 J의 단말기가 설정하는 것이므로 여기에는 보이지 않는다).
- Cseq 헤더 필드는 SIP 처리 업무를 구별하고 순서를 정돈하기 위한 것이다(여기에서는 값이 127로 나타나 있다). 이 요청 이후 같은 종단(여기에서는 K의 단말기)에서 발신되는 모든 요청은 바로 전 요청보다 높은 값을 가진다(예: PRACK 요청은 128, UPDATE는 129 등).
- Require 헤더, Proxy-Require 헤더, Security-Verify 헤더는 IPSec이 IMS 등록 절차 중

합의된 대로 확실히 적용되도록 한다.

- Supported 헤더는 K의 단말기가 사용할 수 있는 SIP 확장을 나열한 목록이다. 여기에서는 3GPP와 GSMA(IR.92)에서 필수 요구사항으로 명세한 세 가지 중요한 확장(선행조건, 100rel, 199)을 지원한다. '100rel' 확장은 K의 단말기는 J의 단말기로부터 100-단위 응답(예: 183 세션 진행 응답)을 수신할 경우 명확하게 확답할 것이라는 것을 의미한다. 이 확장이 없다면 J의 단말기는 최종 코덱을 포함한 183 세션 진행 응답을 보낸 뒤 그 응답이 K의 단말기에 수신되었는지에 대한 아무런 표시를 받지 못하게 된다. '199' 확장은 K의 단말기가 SIP 응답 부호 199 'Early Dialog 종료'*를 지원함을 나타낸다. Early Dialog 종료는 최종 응답이 K의 단말기로 보내지기 전에 Early Dialog가 종료되었다는 것을 표시한다. 선행조건 확장은 5.5.4절에서 살펴본다.
- Accept-Contact 헤더는 발신 사용자(K)가 착신 사용자(J)의 단말기에 어떻게 도달하는 것을 선호하는지를 나타낸다. 여기에서는 IMS MMTel 서비스를 지원하는 역량이 표시되었다(MMTel 서비스에 대한 자세한 설명은 4.6절을 참조하라). 피호출 단말기도 Contact 헤더 내에 자체에 지원되고 있는 역량을 표시해 넣는다.
- 마지막으로, Allow 헤더는 메시지를 생성하는 사용자 에이전트(user agent)가 지원하는 SIP Method의 조합의 목록을 나타낸다. Accept 헤더는 K의 단말기가 SDP와 IMS XML을 지원하는 것을 나타내며 Contact-Length 헤더는 메시지 몸체의 사이즈, 즉 SDP의 사이즈를 표시한다.

5.5.1.2 SDP 정보

- v-line은 프로토콜의 버전을 표시하는데, 항상 0으로 설정된다.
- o-line은 세션의 주인(예에서는 사용자 K)에 관련된 매개변수를 가진다.
- s-line은 세션의 주제를 포함할 수 있다. 예에서는 비어 있다.
- c-line은 멀티미디어 세션에 필요한 연결에 대한 정보를 포함한다. 즉, 실시간 미디어 스트림을 위한 주소를 표시한다.
- t-line은 세션이 언제 수립되었으며 얼마 동안 지속될 예정인지를 표시한다. 그런데 SIP 사용자들이 이미 BYE 요청을 수동적으로 보내어 세션을 종료하였으므로 SDP 내에는 세션에 대한 시간제한을 넣을 필요가 없다. 따라서 t-line의 매개변수는 0으로 설정할 수 있다.
- SDP의 나머지 매개변수는 5.5.3절과 5.5.4절에 설명한다.

---

* 역자주 Early Dialog 종료에 관한 자세한 내용은 (RFC 6228)을 참조하라.

5.5.2 라우팅

K의 단말기는 INVITE 요청을 보내는 시점에서는 그 요청이 어떻게 J의 단말기에 도달할지를 알지 못한다. K의 단말기가 제공할 수 있는 것은 다음과 같다.

- INVITE 요청의 최종 목적지 – 즉, K가 (예를 들면 전화번호부에서 선택하여) 표시한 J의 SIP URI(J의 공공 사용자_ID 중 하나, jennifer@csp.com)
- P-CSCF 주소(sip:[5555::55:66:77:88]:7531) – 이 주소는 K의 단말기의 발신 프록시이며 라우트의 첫 번째 홉이 된다. P-CSCF의 주소는 SIP 등록 절차 이전의 P-CSCF 발견 절차에서 구한다(5.3절 11단계 참조).
- S-CSCF 주소(sip:orig@scscf1.home.fi) – 이 주소는 등록 절차 중 Service-Route 헤더에 의해서 발견한다(5.4.8절 참조).

K의 단말기는 위와 같은 부분적인 라우트 정보를 포함한 INVITE 요청을 보낸다. 이 요청은 P-CSCF를 거쳐 K를 담당하도록 선정된 S-CSCF로 보내진다. S-CSCF는 4.5.5절에 설명된 바와 같이 서비스를 실행한다. 이제 S-CSCF가 가지고 있는 라우팅 정보는 최종 목적지 밖에 없다(즉, J의 사용자 공공_ID, sip: jennifer@csp.com). K의 S-CSCF는 J에 대한 등록처의 역할을 하지 않으므로 주소 중에서 호스트 부분만 해석할 수 있다: csp.com. 이 도메인 명칭을 DNS 서버에 보낸 뒤 S-CSCF는 J의 홈 망의 I-CSCF 주소를 (하나, 혹은 다수) 받게 되며 그 중 하나를 선택하여 INVITE 요청을 보낸다.

이때 I-CSCF가 J의 홈 망의 진입점 역할을 한다. 그림 5.10에 I-CSCF가 LIR(Location Information Request; 위치 정보 요청)를 현지의 HSS에 보내어 J를 담당하도록 선정된 S-CSCF의 주소를 검색하는 것을 보인다. HSS는 LIA(Location Information Answer; 위치 정보 응답)로 S-CSCF의 주소를 통보한다. 이제 I-CSCF가 INVITE 요청을 S-CSCF로 전달한다. J의 S-CSCF는 서비스를 실행한 다음(4.5.5절 참조), 등록처의 역할을 맡아서 INVITE 요청의 Request URI에 있는 J의 SIP URI를 J가 등록한 연락 주소로 대체한다. 그러나 S-CSCF는 이 INVITE 요청을 J의 단말기에 직접 보내지 않는데 그 이유는 S-CSCF가 등록으로부터 Path 헤더를 기억하고 있기 때문이다. 따라서 INVITE 요청은 우선 J의 P-CSCF로 보내어진다. S-CSCF는 J의 등록 중에 P-CSCF의 주소를 Path 헤더로 수신하여 이를 알고 있다.

P-CSCF는 INVITE 요청을 IPSec SA를 통하여 J의 단말기로 전달한다. 위의 설명으로부터 발신측 단말기와 CSCF가 라우트상의 첫 홉 혹은 처음 두 홉에 대한 정보밖에 알지 못하므로 최초 요청이 K로부터 J까지 도달하기 위해서 경로를 한 부분씩 찾아 나간다는 것을 알 수 있다. 그 이후의 대화의 라우팅에는 SIP 라우팅 체계를 이용한다.

- 각 CSCF는 자체의 주소를 Via 헤더의 상단에 넣는다 – 이렇게 함으로써 INVITE 요청에

대한 모든 응답이 요청과 동일한 경로를 그대로 뒤밟아 전달된다.[3]

- J의 I-CSCF를 제외한 모든 CSCF는 자체의 주소를 Record-Route 헤더의 상단에 넣는다 - 이렇게 함으로써 이 대화 내 모든 응답이 모두 그 CSCF들을 통해서 전달되도록 한다. J의 홈 망의 I-CSCF는 J의 S-CSCF의 주소를 검색함으로써 라우팅 임무를 완수하였다. 따라서 J의 I-CSCF는 더 이상 라우팅 경로에 요구되지 않는다.

이제 J의 단말기는 수신된 INVITE 요청에 대한 응답을 생성한다. 이때 선행조건 사용에 기인해서(5.5.4절 참조) 183(Session Progress; 세션 진행) 응답을 생성한다. 단말기는 자체의 IP 주소를 Contact 헤더에 넣어서 앞으로 이 대화 내 요청을 수신하는 데에 사용하겠다고 표시한다. 한편 Contact 주소에는 J의 단말기의 보호된 서버 포트(1006)가 포함되어서 앞으로 모든 요청을 IPSec SA를 통해서 수신하겠다는 것을 보장한다. INVITE 요청에 있는 Record-Route 헤더와 Via 헤더는 응답에도 들어간다. 그 다음, J의 단말기는 Via 헤더의 가장 위에 있는 주소와 포트번호, 즉 P-CSCF의 보호된 서버 포트로 응답을 보낸다. P-CSCF는 이것이 INVITE에 대한 응답인 것을 식별하고 Via 헤더에서 자체의 주소를 삭제한 다음 Via 헤더의 최상단에 있는 주소로 이 응답을 보낸다. 같은 방법으로 다른 CSCF와 AS도 각각 자체의 주소를 Via 헤더에서 삭제하고 Via[4] 헤더의 다음 경로로 메시지를 전달한다. 응답을 수신한 다음 K의 단말기는:

- Contact 헤더로 수신한 J의 단말기의 IP 주소를 저장한다.
- Record-Route 목록의 나열 순서의 아래위를 뒤바꾼 다음 그 목록을 저장한다.

그림 5.11과 그림 5.12에 위의 예를 나타내었다(간략하게 나타내기 위해 HSS와 AS는 나타나지 않는다).

단말기가 이 SIP 대화 안에서 다음번 요청을 보낼 때에는 저장된 Record-Route 내용을 새 요청의 Route 헤더에 복사하고 상대방 단말기의 IP 주소는 요청 URI에 복사한다. 그 다음 새 요청은 전적으로 Route 헤더의 내용에 따라서 상대방 단말기로 라우트된다(그림 5.12). 요청이 경유하는 CSCF는 각각 자체의 주소를 Via 헤더에 넣어서 이러한 요청에 대한 응답을 모두 받을 수 있도록 한다. 한편 I-CSCF는 처음에 아무 경로도 기록하지 않았기 때문에 후속되는 요청은 아무 것도 수신하지 않는다.

---

3 TAS(4.6.3절 참조)와 SCC AS(5.6.2절 참조)도 이와 유사하게 각각의 주소를 Via 헤더와 Record-Route에 포함한다(간략한 설명을 위해서 생략되었음).

4 CSCF는 상이한 방향으로부터 수신한 요청을 각각 구분하기 위해 Record-Route 내역을 다시 기록할 수도 있다. P-CSCF는 IPSec을 사용하기 때문에 Record-Route를 다시 기록하는 것이 통상적으로 기대된다(IPSec의 보안 포트번호는 단말기와 P-CSCF 간에서만 존재한다). 이러한 상세한 내용은 그림 5.11과 5.12에 나타내지 않았다.

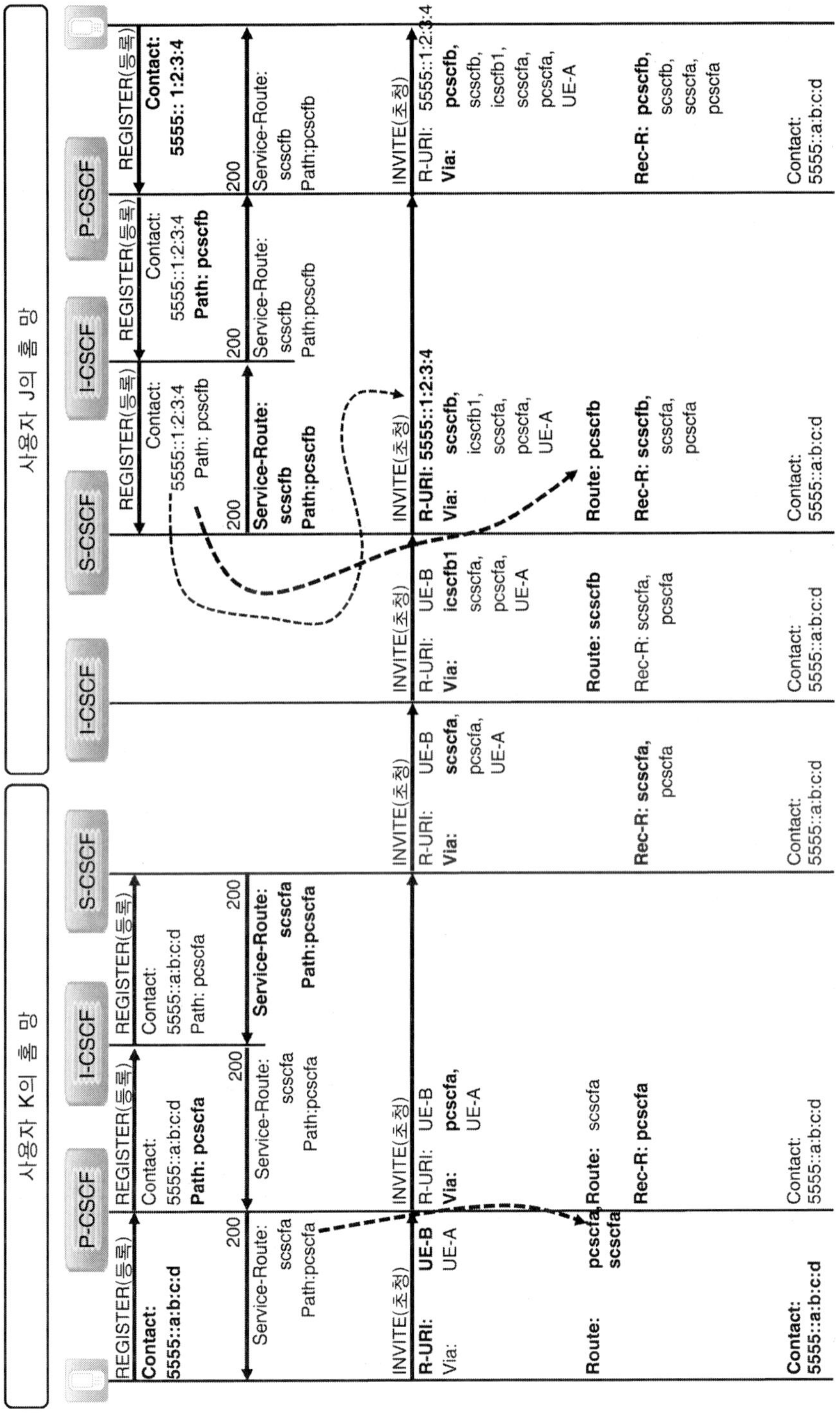

그림 5.11 최초의 INVITE 요청의 라우팅

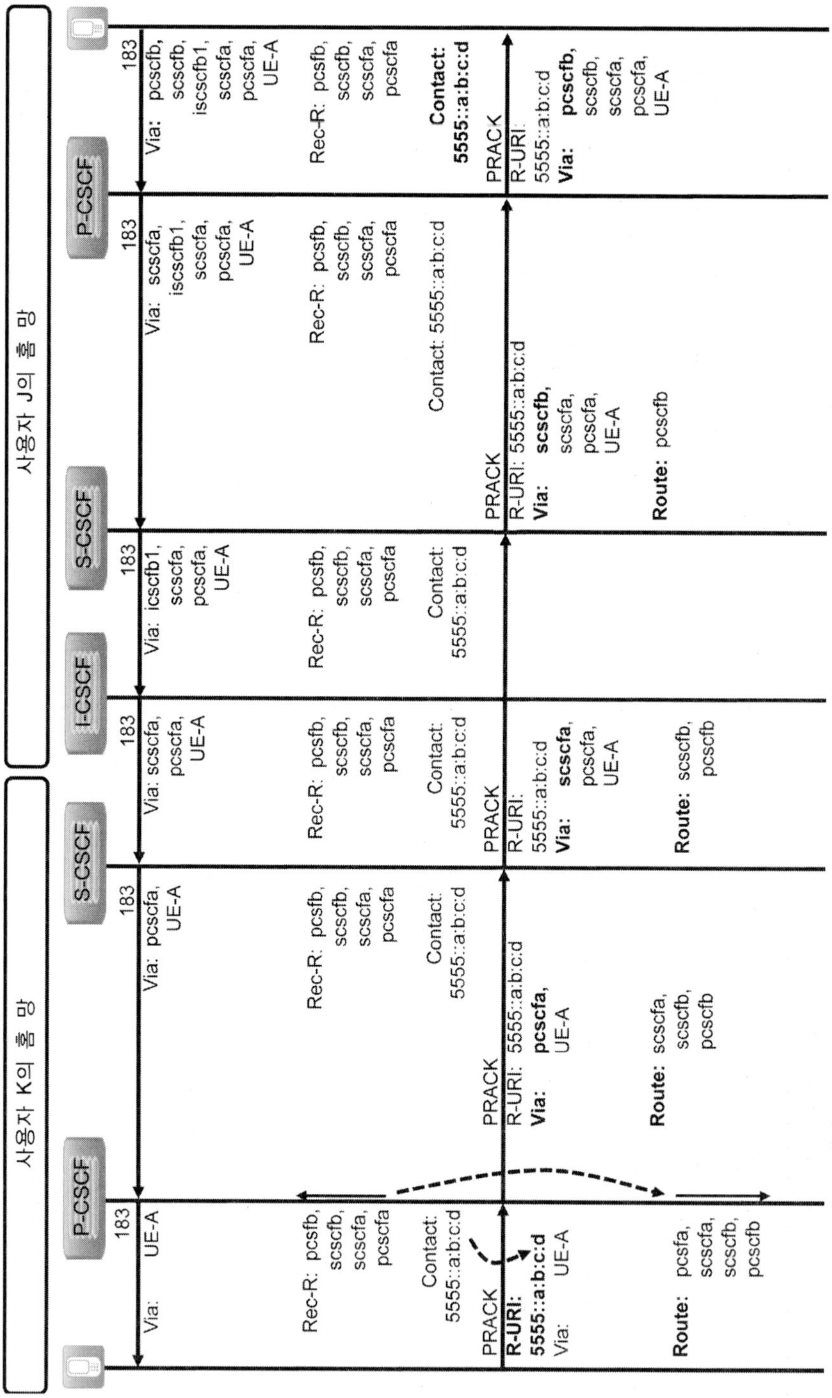

그림 5.12 최초의 INVITE 요청에 대한 응답의 라우팅과 후속되는 요청

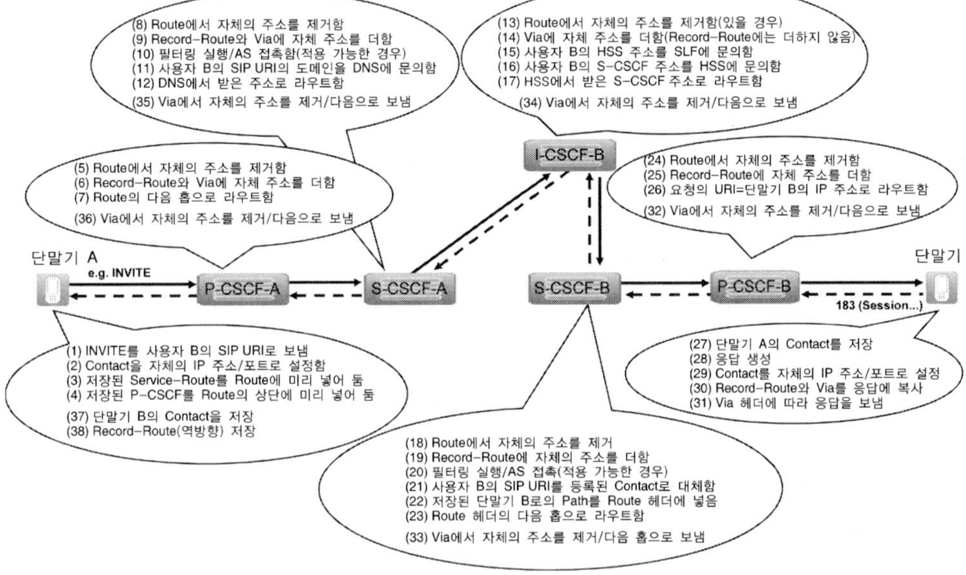

그림 5.13 초기 요청과 그에 대한 응답의 라우팅 원칙

예를 들면, K의 단말기는 183 응답을 수신했다는 것을 확답하기 위하여 PRACK 요청으로 답신해야 된다(5.2절 참조).

이 SIP 대화 내에서 후속되는 요청에는 Contact 헤더가 포함되지 않는데, 그것은 양 종단에 있는 두 단말기의 주소를 초기의 요청과 그에 대한 최초의 응답을 통하여 이미 교환하였기 때문이다. 더욱이 최초의 요청을 처리하는 동안 이미 경로가 기록되었기 때문에 CSCF는 더 이상 요청에 Record-Route 헤더를 넣지 않는다. J의 단말기는 PRACK 요청에 대해서 200(OK) 응답으로 답신한다. 이 응답은 Via 헤더의 내용에 따라 라우트된다. Record-Route 헤더는 더 이상 되돌려 보내지지 않는다. 그림 5.13과 그림 5.14는 IMS 라우팅의 원칙을 요약하고 있다.

5.5.3 미디어 협상

앞(5.5.1절)에서 INVITE 요청을 전반적으로 설명하였다. 이 절에서는 INVITE 요청의 SDP를 좀 더 상세히 살펴보며, 특히 특정 세션에서 SDP를 사용해서 어떻게 미디어 유형과 코덱에 합의하는가 설명한다.

여기에서는 IMS 미디어 협상 역량을 살펴보기 위해 앞 절에서 살펴본 INVITE의 예를 약간 변경하였다. 즉, 초기의 SDP에 두 번째 오디오 코덱과 비디오 미디어를 추가하였다. 한편 미디어 및 코덱 협상 절차를 살펴보는 데에 관련되지 않는 매개변수들은 무시하였다.

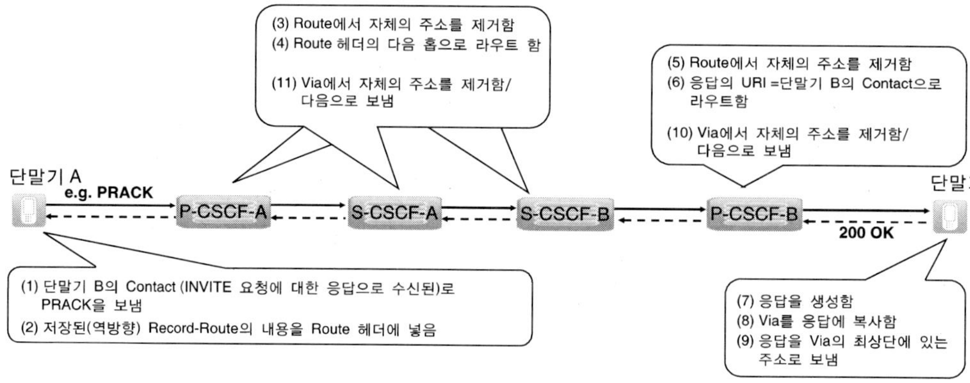

그림 5.14 후속되는 요청과 그에 대한 응답의 라우팅 원칙

```
m=audio 49152 RTP/AVP 97 98 99
a=rtpmap:97 AMR/8000/1
a=rtpmap:98 G.726-32/8000
a=rtpmap:99 telephone-event/8000/1
m=video 3400 RTP/AVP 98
a=rtpmap:98 H264/90000
```

위에서 각개의 미디어 라인, 즉 m-line은 아래와 같은 사용자가 보내고자 하는 두 개의 상이한 미디어 스트림을 나타낸다.

```
m=audio 49152 RTP/AVP 97 98 99
m=video 3400 RTP/AVP 98
```

첫 번째 줄의 m은 K가 이 세션에서 오디오를 사용하기를 원하며 K의 단말기가 포트번호 49152를 사용할 것임을 나타낸다. 오디오에 관련된 미디어는 전송 프로토콜로 RTP/AVP(Real-time Transport Protocol/Audio Video Profile; 실시간 전송 프로토콜/오디오 비디오 프로파일)를 사용한다. 세 가지의 서로 다른 동적인 전송 내용물이 번호 97-99로 표시되어 있다. 이 세 번호는 다시 각각 AMR(Adaptive Multi-Rate; AMR 코덱)(a=rtpmap:97), G.726(a=rtpmap:98) 음성 코덱과 DTMF(Dual-Tone Multi-Frequency)의 전화 이벤트[5] 표시(a=rtpmap:99)를 나타낸다. 한편 둘째 줄의 m은 K가 이 세션에서 비디오도 사용하기를 원하며 이에 사용될 단말기 포트 3400과 H.264 코덱을 표시한다.

이러한 SDP 제안들은 INVITE 요청의 내용이 포함되어서 5.5.2절에 설명된 SIP 라우팅 절차

5 여기에서 전화 이벤트는 DTMF 톤을 문자 기반으로 나타내는 것과 RTP로 전송될 수 있는 기타 전화에 관계된 톤을 규정한다.

를 따라 J의 단말기에 도착한다(그림 5.10 참조).

J의 단말기는 수신된 SDP 제안에 대하여 아래에 보이는 예와 같은 응답을 생성한다.

```
m=audio 49540 RTP/AVP 98 99
a=rtpmap:98 AMR/8000/1
a=rtpmap:99 telephone-event/8000/1
m=video 0 RTP/AVP 98
```

여기에서 오디오를 나타내는 m줄에서 한 가지 전송 내용물이 빠지고 두 가지만 남은 것을 알 수 있다. IMS에서는 착신측 단말기(이 예에서는 J의 단말기)가 각 미디어 당 하나의 코덱을 선정하도록 요구한다.

위의 예에서는 AMR-NB 음성 코덱이 선정되었다. 선택되지 않은 나머지 코덱에 대해서는 아무런 작용이 필요하지 않으므로 단순히 무시하고 사용하지 않는다.[6] 한편 J의 단말기는 비디오를 지원하지 못하기 때문에 두 번째 m-줄에 나타난 포트번호가 0으로 설정되고 그에 관련된 a-줄도 무시되어 사용되지 않는다. SDP의 답신에는 SDP 제안에 포함되어 있는 m-줄이 하나도 빠지지 않고 모두 반복되어야 된다. 따라서 단말기는 두 번째 m-줄을 그냥 제거해서는 안 되고 예에 보인 바처럼 포트번호를 0으로 설정해서 비디오를 처리할 수 없음을 표시해야 한다. 이 SDP 답신은 그림 5.15에 나타난 바와 같이 183 응답에 포함된다.

5.5.4 미디어 자원 예약과 정책 제어

이 절에서는 어떻게 INVITE 요청의 SDP를 사용해서 세션의 미디어 트래픽 자원에 대한 상황을 보고하는지를 자세히 살펴본다. 예에 보인 사용자 K와 J의 단말기는 모두 LTE에 연결되어 있으며 음성 패킷을 위한 전용 베어러를 사용하고 있다(4.3.3절 참조). 이 전용 베어러들은 IMS 세션이 수립될 때 설정된다. 전용 베어러 설정에는 약간의 시간이 걸리게 마련이고 또 어떤 경우에는 설정 자체가 실패할 경우도 있다. 예를 들면 무선 링크에 자원이 불충분할 경우가 있다. 이것은 즉 베어러가 설정되기 전에는 아직 합의되어 있는 미디어 연결이 실제적으로 수립될 것이라고 보장할 수 없다는 것을 의미한다. 따라서 J의 단말기는 아직 사용자 J에게 세션 요청(INVITE)이 들어오고 있음을 통보해서는 안 된다. 즉, J의 단말기는 세션에 필요한 자원이 J측뿐만 아니라 호출 사용자 측에서도 성공적으로 예약되어 있음을 확인하기 전에는 신호음을 울려서는 안 된다. 이를 수행하기 위해 양측의 두 단말기는 (RFC3312)에 소개된 SDP 선행조건을 이용한다. 이에 의하면 단말기는 한쪽 종단 혹은 양측 종단에서 모두 자원 예약을

6 만약 착신측 단말기가 각 미디어 당 하나의 코덱을 선정하지 않을 경우에는 발신측 IMS 단말기가 최종적으로 코덱을 결정하고 다음번 요청 PRACK으로 선정된 코덱을 통보한다.

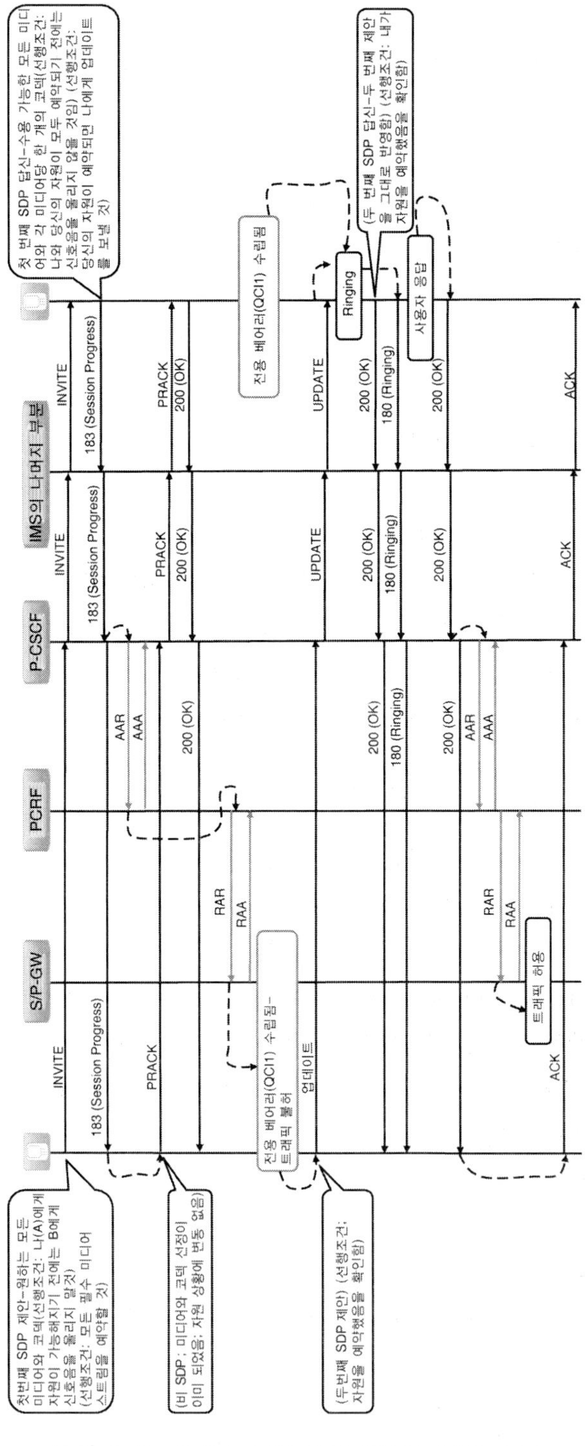

그림 5.15 IMS 미디어 자원 예약과 정책 제어

성공적으로 마칠 때까지 SIP 세션 수립 절차의 완료를 지연시킬 수 있다. IMS에 연결되는 모든 단말기는 이 SIP과 SDP 확장을 필수적으로 지원해야 한다. 그림 5.15에 미디어 자원 예약과 정책 제어의 개요를 나타내고 있다.

아래에서는 미디어 자원 체계에 관계된 SDP 매개변수를 자세히 살펴본다. 이 매개변수들은 전용 베어러가 수립되고 IMS 미디어 자원이 마련되기 전에 사용자 J에게 피호출 신호음을 보내지 않도록 하는데 필요하다.

```
m=audio 49152 RTP/AVP 97 98
a=rtpmap:97 AMR/8000/1
a=rtpmap:98 telephone-event/8000/1
b=AS:30
b=RS:0
b=RR:0
a=inactive
a=curr:qos local none
a=curr:qos remote none
a=des:qos mandatory local sendrecv
a=des:qos none remote sendrecv
```

위에 보인 예에서 하단 두 번째 줄을 먼저 살펴본다.

```
a=des:qos mandatory local sendrecv
```

윗줄의 내용은 호출 사용자측에서 원하는 QoS의 선행조건을 나타낸다(a=des). 오디오 스트림은 양방향성이기 때문에 호출 사용자를 위한 자원도 송신과 발신에 쓰이는 두 방향으로 모두 확보되어야 한다(sendrecv). 또한 만약 호출 사용자가 자원을 확보할 수 없을 경우에는 세션이 이루어지지 않을 것임을 나타내고 있다(mandatory; 필수사항). 예의 마지막 줄은 피호출 사용자(원격)측에서 원하는 QoS의 선행조건을 나타낸다.

```
a=des:qos none remote sendrecv
```

호출 단말기와 피호출 단말기가 서로에게 직접적으로 연결되어 있지 않으므로 호출 단말기는 원격 단말기(피호출)가 어떻게 망에 합류되어 있는지를 알 수 없다. 만약 사용자 J의 단말기가 CS 전화망을 통하여 연결되어 있다면 J의 단말기는 별도로 자원 예약을 할 필요가 없다. 따라서 호출측은 "만약 원격측에서 자원을 예약할 필요가 있다면 양방향으로 자원을 예약해야 된다(sendrecv); 그러나 현 시점에서 호출측은 미디어 세션을 수립하기 위해서 그것이 반드시 필요한 것인지 아닌지를 알지 못하고 있다(none)."와 같이 표시할 수밖에 없다.

지금까지는 호출측은 각 종단에 대해서 원하는(des) 선행조건 밖에 표현하지 않고 있으나 다른 한편으로는 자원 예약의 현상태에 대해서도 표시해야 되며 이를 다음과 같이 두 줄로 나타낸다.

```
a=curr:qos local none
a=curr:qos remote none
```

이 두 줄은 현재(curr) QoS에 관련된 선행조건은 호출측(local)과 피호출측(remote) 양측에서 아무 것도(none) 충족되지 않았다는 것을 나타낸다. "a=des" 줄은 현지와 원격지 사용자를 위한 선행조건을 설정할 수 있도록 하며, "a=curr" 줄은 설정되어 있는 선행조건이 현재까지 얼마만큼 충족되었는가를 표시한다.

SDP에는 선행조건에 관련된 매개변수 이외에도 5.5.3절의 미디어 협상에서 설명된 바와 같이 원하는 미디어에 관한 정보가 포함되어 있다(위 예의 상단 세줄). 그 다음 세줄은

```
b=AS:30
b=RS:0
b=RR:0
```

이며 단말기는 RTP 트래픽에 요구되는 대역폭을 30 kbit/s로 계산하였으며 호에서 RTCP를 사용하지 않을 것임을 나타낸다(b=RS와 b=RR 값을 0으로 설정).[7]

일곱 번째 줄은 K의 단말기가 자원이 준비되기 전에는 상대방 측에서 사용자 평면 트래픽을 보내오지 않을 것을 확인시킨다. K의 단말기는 나중에 망이 전용 베어러를 수립한 다음에 미디어 상태를 보내어 양방향 트래픽을 허용한다.

```
a=inctive
```

예에서 J의 단말기도 LTE에 합류되어 있으며 선행조건 체계를 지원한다고 가정한다. 따라서 J의 단말기는 수신된 SDP에 대하여 정확하게 답신을 구성할 수 있고 또 자체의 선행조건을 포함해서 응답을 보내게 된다. 위 예와 마찬가지로 아래 예에서도 선행조건과 미디어에 관련된 핵심 정보만 나타낸다.

```
m=audio 49540 RTP/AVP 98 99
a=rtpmap:98 AMR/8000/1
a=rtpmap:99 telephone-event/8000/1
b=AS:30
b=RS:0
```

7 GSMA(IR.92)는 활성 호를 진행 중인 단말기가 필수적으로 RTCP 기능을 억제해야 된다고 규정한다. 그 이유는 정책 제어 기능이 사용자 평면의 링크 상태를 감독하기 때문이다. 음성 미디어에 RTCP를 사용할 경우 대역폭을 5% 더 소모하지만 추가 이득은 없다. 세션이 대기상태로 바뀌면 RTCP가 요구된다.

```
b=RR:0
a=inactive
a=curr:qos local none
a=curr:qos remote none
a=des:qos mandatory local sendrecv
a=des:qos mandatory remote sendrecv
a=conf:qos remote sendrecv
```

여기에서 특히 주목해야 될 점은 원격지측과 현지측이 바뀌었다는 것이다(J의 관점에서는 J의 단말기가 현지측이고 K의 단말기가 원격지측이므로). J의 단말기는 이제 자신의 선행조건을 한 줄씩 표시하고 있다.

여덟 번째 줄은 : a=curr:qos local none

이며, 현 시점에서 QoS에 관련된 자원은 아직 아무 것도 확보되어 있지 않음을 나타낸다.

아홉 번째 줄은 : a=curr:qos remote none

이며 원격측으로부터 (최초의 제안에서) QoS에 관련된 자원이 확보되지 않았다는 정보를 수신했음을 나타낸다.

열 번째 줄은 : a=des:qos mandatory local sendrecv

이며, 오디오 세션이 시작되기 전에 반드시 자기 자신의 자원이 송수신 양방향으로 확보될 것을 필수적으로 요구한다. J의 단말기도 LTE에 합류되어 있고 미디어를 보내기 전에 반드시 자원을 예약해야 되기 때문에 호출측에서 'none'으로 설정했던 초기값이 'mandatory'로 바뀐 것을 알 수 있다.

열한 번째 줄은 : a=des:qos mandatory remote sendrecv

이며 원격지 측으로부터 (최초의 제안에서) 자원은 필수적으로 양방향으로 예약되어야 한다는 정보를 수신하였음을 나타낸다.

열두 번째 줄은 : a=conf:qos remote sendrecv

이며, 자원(qos)이 양방향으로 모두 예약되는 (sendrecv) 시점에서 호출 단말기(원격지)는 확인(conf)을 보내야 함을 표시한다. 이 줄은 피호출측이 SDP에 새로 추가한 것인데 양측에서 모두 자원을 확보하기 전에는 피호출 단말기가 피호출 사용자에게 신호음을 울리거나 미디어를 송신하지 않아야 되기 때문에 요구되는 표시이다. 이 SDP 답신은 183 응답으로 호출 단말기로 보내어진다.

이 183 응답을 수신한 P-CSCF는 그것을 K의 단말기로 전달하는 것 외에 다이아미터 AAR

표 5.4 정책 규정의 예

SDP 정보	정책 규정 정보
미디어 유형(오디오)	QCI(1)
음성 코덱(AMR)	GBR/MBR(30kbps)
IP 주소(SDP의 c-줄로 전달된 K와 J의 주소)	패킷 필터(5555::a:b:c:d와 5555::1:2:3:4)
포트번호(5.5.3절에 보인 바와 같은 K와 J의 번호)	패킷 필터(49152와 49540)
a=비활성(흐름 상태)	IP 흐름 상태(정지, 모든 미디어 차단)

(AA Request; 인증 그리고/또는 인가 요청) 명령을 PCRF로 보낸다. AAR 명령은 SDP 제안과 답신에서 얻은 세션 정보를 포함한다(예: IP 주소, 포트번호, 미디어 유형(오디오), 협상된 코덱(들)(AMR), 대역폭 데이터, 흐름 상태(세션이 아직 수용되지 않았으므로 정지 상태)). PCRF는 이 명령을 수신하면 QoS 인가를 수행하고 사용자 단말기의 IP 주소를 사용해서 S/P-GW로 향하는 부속된 Gx 세션을 찾는다. 만약 QoS 인가가 성공적일 경우 PCRF는 AAR로 수신한 정보를 근거로 정책 규정을 생성하고(표 5.4 참조) Rx AA 답신을 보낸다(AAA; 성공적인 인가를 나타내기 위해 '성공' 값을 표시해서 P-CSCF로).

이와 같이 생성된 정책 규정은 다이아미터 명령 RAR(Re-Auth-Request; 재-인가-요청)을

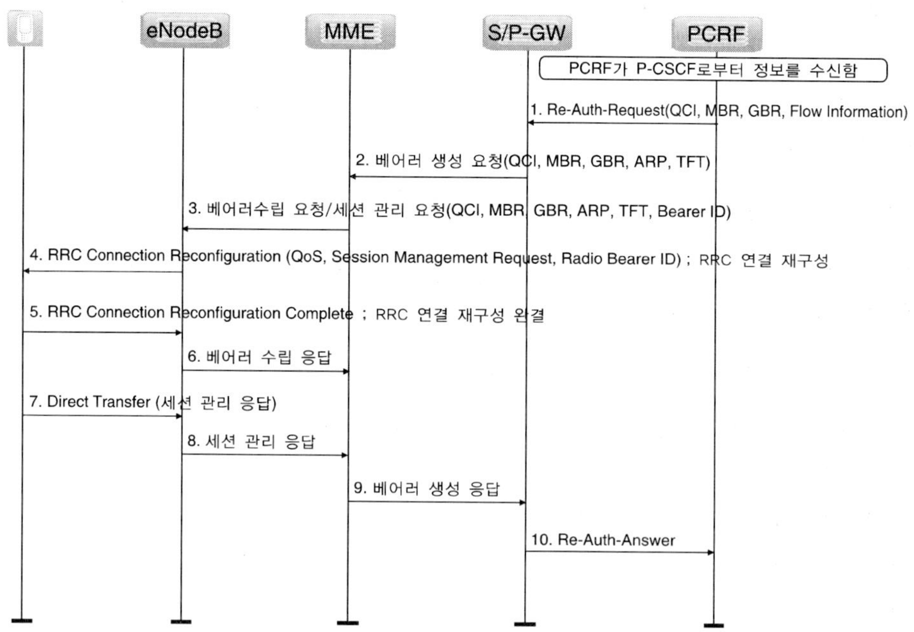

그림 5.16 음성 미디어를 위한 전용 EPS 베어러 수립

이용해서 P-GW로 전달된다. 이 정책 규정은 P-GW가 QoS를 실행하고 음성에 대한 미디어 흐름과 트래픽 처리를 하는데 사용된다. 그림 5.16과 같이 P-GW 내에 존재하는 PCEF(Policy and Charging Enforcement Functionality; 정책 및 과금 실행 기능)는 수신된 정보를 적용해서 음성 트래픽을 위한 전용 베어러가 수립되도록 한다.

1. PCRF가 RAR 명령을 P-GW 내 PCEF로 보낸다. 이 RAR 명령은 IMS 음성 세션을 위한 미디어 흐름 및 QoS 정보, QCI, 최대 대역폭 요구 UL/DL(MBR), GBR UL/DL, ARP 등을 포함한다. 표 5.5에 QoS 정보의 흐름의 예를 보인다. QoS 정보는 PCRF로부터 Gx 참조점을 통하여 PCEF에서 전달되며 전용 베어러 수립에 이용된다.

   P-GW는 이 정보를 수신하면 제시된 QCI와 APR 쌍을 지원하는 베어러가 없는 것을 인식하고 거기에 맞추어 새로운 전용 EPS 베어러를 생성하기 위한 절차를 시작한다. P-GW는 베어러 레벨의 QCI, ARP, GBR-MBR 값을 각각 지정한다. 위의 예에서는 PCRF가 ARP를 보내지 않았으므로 P-GW는 디폴트 베어러 ARP를 사용한다. P-GW는 또한 흐름 정보를 기반으로 TFT(Traffic Flow Template; 트래픽 흐름 서식)를 생성한다. TFT는 전용 베어러에서 필수사항이며 단말기와 P-GW에서 트래픽을 적합한 베어러에 적용하는데 사용한다.
2. S/P-GW는 전용 베어러 설정을 위해 MME에 베어러 생성 요청 메시지를 보낸다. 여기에는 IMSI, EPS 베어러 QoS, TFT 등이 포함되어 있다. 음성 미디어를 위한 전용 EPS 베어러의 QoS는 QCI=1, MBR/GBR=30 kbit/s, APR=9의 값을 가진다. TFT는 단말기를 위한 상향링크 패킷 필터를 포함하며, 이 예는 IP 주소 = 5555::1:2:3:4, 포트번호=49540이다.

표 5.5 Gx 참조점으로 전달되는 QoS 정보

QoS 정보	예
프로토콜	IP
소스 IP 주소	5555::1:2:3:4
소스 포트	49540
목적지 포트	49152
목적지 IP 주소	5555::a:b:c:d
QCI	1
MBR(UL/DL)	30 kbit/s
GBR(UL/DL)	30 kbit/s

3. MME는 전용 베어러에 대한 EPS 베어러 ID를 할당한 다음 이를 EPS 베어러 QoS 및 TFT 정보와 함께 eNodeB로 향하는 베어러 수립 요청 메시지 내 세션 관리 요청에 실어서 단말기로 보낸다.
4. eNodeB는 EPS 베어러 QoS를 무선 베어러 QoS로 매핑시켜 나타낸 다음 RRC 연결 재구성 메시지를 단말기에 보낸다. 이때 MME에서 함께 보내 온 세션 관리 요청이 포함되어 단말기로 전달된다.
5. 단말기는 망에서 세션 관리 요청으로 보내온 새로운 QoS 설정값들과 EPS 베어러 ID를 저장한다. 한편 시그널링은 이 전용 베어러가 어떤 디폴트 베어러와 연계되어 있는가에 관한 정보를 포함하고 있는데, 이를 LBI(Linked EPS Bearer Identity; 연계된 EPS 베어러 식별)라고 한다. 단말기는 상향링크 TFT를 이용해서 애플리케이션 계층에서 오는 음성 트래픽 흐름을 식별하고 상향링크 트래픽을 적절한 무선 베어러와 짝지운다. 단말기는 이렇게 구성을 마친 다음 RRC 연결 재구성 완결 메시지를 eNodeB로 보낸다.
6. eNodeB는 베어러 수립 응답 메시지를 MME에 보내어 베어러가 활성화되었음을 확인한다. 이때 eNodeB는 요청되었던 EPS 베어러 QoS가 음성 미디어에 배정될 수 있으며 30 kbit/s GBR이 확보되었음을 표시한다.
7. 단말기는 EPS 베어러 ID를 포함한 세션 관리 응답을 eNodeB로 향하는 직접 전달 메시지를 통하여 MME로 보낸다.
8. eNodeB는 세션 관리 응답을 상향링크 NAS 전송 메시지 안에 넣어서 MME로 전달한다.
9. 무선 연결이 수립되면 MME는 베어러 생성 응답 메시지를 S/P-GW로 보내어 베어러가 활성화되었음을 확인한다.
10. 전용 베어러 수립이 PCRF에 의해서 시작되었던 것이므로 P-GW는 RAA 메시지를 PCRF에 보내어 해당 정책 규정이 성공적으로 설치되었음을 통보한다.

K의 단말기는 183 응답을 수신한 다음 PRACK 요청을 보내어 이 183의 수신을 확인한다. PRACK 요청은 SDP 정보를 포함하지 않는데 그것은 코덱이 선정되었으나 자원은 아직 수립되지 않고 있기 때문이다. 즉, 어떠한 SDP 선행조건도 바뀌지 않았다.

P-GW에서 시작된 전용 베어러(QCI1)가 준비되면 K의 단말기는 SIP UPDATE 요청을 J의 단말기로 보내어 이를 확인한다. 이때 SIP UPDATE 요청은 두 번째 SDP 제안을 포함하여 호출측의 자원이 확보되었음을 나타낸다.

```
m=audio 49152 RTP/AVP 97 98
a=sendrecv
a=rtpmap:97 AMR/8000/1
a=rtpmap:98 telephone-event/8000/1
```

```
a=curr:qos local sendrecv
a=curr:qos remote none
a=des:qos mandatory local sendrecv
a=des:qos mandatory remote sendrecv
```

위 예에서 달라진 점은 첫 번째 a=curr 줄이 'none'으로부터 'sendrecv'로 바뀐 것과 미디어 상태가 '비활성(inactive)'으로부터 'sendrecv'로 바뀐 것이다.

결과적으로 K의 단말기는 현지의 오디오 스트림에 대한 QoS 관련 자원이 변경되었음을 나타낸다. QoS 관련 자원이 성공적으로 송수신 양방향으로 확보되었다. 이제 J의 단말기가 전용 베어러를 수립했다고 가정하면 J의 단말기는 UPDATE 요청에 대한 200(OK) 응답을 보내고 즉시 신호음을 울릴 수 있는데, 그것은 양측 종단에서 모두 오디오 스트림에 충분한 자원을 양방향으로 확보한 것을 확인하였기 때문이다. J의 단말기는 신호음을 울리기 시작하면서 동시에 INVITE 요청에 대한 180(Ringing) 응답을 보낸다.

UPDATE에 대한 200(OK)는 두 번째 SDP 답신을 포함하여 오디오 스트림에 대한 SDP 정보를 다음과 같이 전달한다.

```
m=audio 49540 RTP/AVP 98 99
a=sendrecv
a=rtpmap:98 AMR/8000/1
a=rtpmap:99 telephone-event/8000/1
a=curr:qos local sendrecv
a=curr:qos remote sendrecv
a=des:qos mandatory local sendrecv
a=des:qos mandatory remote sendrecv
```

위 예에서 현재의 자원 예약 상태가 요구되었던 것과 일치함을 알 수 있으며, 즉 선행조건 처리가 성공적으로 이루어졌음을 알 수 있다.

5.5.5 과금

이 절에서는 사용자 K와 J의 통신서비스 사업자가 각각 어떻게 과금 절차를 실행하는지를 설명한다. 여기에서는 다음과 같이 가정한다. 양쪽의 통신서비스 사업자가 모두 IMS APN을 사용해서 VoLTE 서비스를 제공한다. 따라서 모든 과금 결정이 IMS 계층에서 이루어지고 EPC에서는 IMS APN에 대한 과금을 시행하지 않는다. 사용자 K는 후불제 가입자(오프라인 과금)이며 사용자 J는 선불제 가입자(온라인 과금)이다.

그림 5.17에 VoLTE 세션의 예를 나타내었다. 이 그림은 과금에 관련된 핵심적인 SIP 매개변

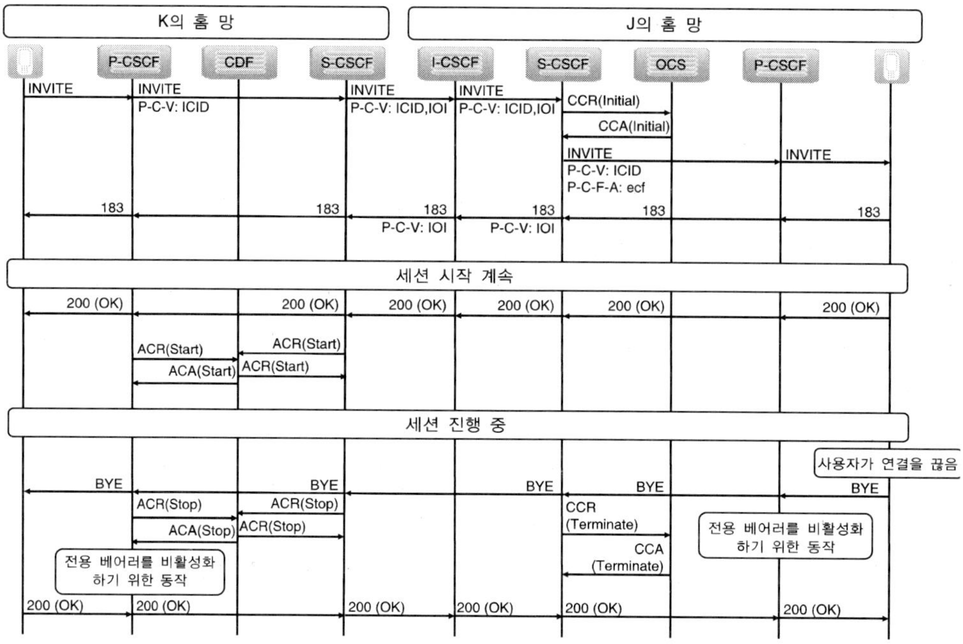

그림 5.17 VoLTE 과금

수를 강조하고 있으며 IMS 기능이 언제 온라인 과금 개체와 오프라인 과금 개체를 접촉하는지 보여주고 있다.

5.5.5.1 오프라인 과금

앞서 5.5.2절에서 IMS 시그널링이 다양한 IMS 개체를 경유하고 있음을 설명하였다.[8] 과금 면에서 보면 사실상 오프라인 과금이 가능한 각각의 개체들은 CTF(Charging Trigger Function; 과금 트리거 기능)을 가지고 있다. CTF는 과금 트리거 포인트(예: IMS 세션 시작, IMS 세션 변경, IMS 세션 종료, 메시지 송신, 이벤트 가입, 프레슨스 정보 발표)를 알고 있으며 오프라인 과금 시스템의 중심점인 CDF(Charging Data Function; 과금 데이터 기능)를 언제 접촉해야 되는지 결정할 수 있다. 과금 트리거 조건이 충족되면 CTF는 시그널링 메시지에서 과금 정보를 수집하고 Rf 인터페이스를 통해 오프라인 과금 정보를 CDF로 보낸다. 이때 다이아미터 ACR(Accounting Requests; 회계 요청) 요청을 사용한다.

이 다이아미터 ACR 요청에는 과금 시작을 트리거한 이벤트에 대한 많은 정보를 포함한다

8 이 예에서는 CSCF들만 나타나 있지만, 3.4.4.5절에 설명한 바와 같이 모든 IMS 개체가 오프라인 과금 정보를 생성할 수 있음을 주목하라.

(예: 요청의 유형-INVITE/MESSAGE/SUBSCRIBE, 호출자 주소, 피호출자 주소, 타임스탬프). CDF는 이 요청에 대한 확인으로 다이아미터 ACA(Accounting Answer; 회계 답신)를 사용한다. 오프라인 과금 시스템은 세션 기반 과금과 이벤트 기반 과금을 모두 지원해야 한다. IMS 기능은 CDF에 표시해 주어야 할 요청의 유형을 알고 있으며 이를 ACR 내 AVP(Accounting Record Type; 회계 기록 유형) 값으로 나타낸다(이벤트일 경우 'event'로, 세션일 경우 'start', 'interim' 또는 'stop'). IMS 세션에 관련된 ACR은 'start', 'interim' 또는 'stop'으로 불리며, 각각의 명칭대로 세션이 시작될 때, 세션 도중 또는 세션이 종료될 때 발신된다.[9] 세션에 관련되지 않은 ACR을 이벤트 ACR이라 한다. 이벤트 ACR은 CDF로 하여금 그에 대응하는 CDR(Charging Data Records; 과금 데이터 기록)을 생성하도록 하며, 세션 ACR은 CDF로 하여금 해당되는 CDR을 열어서 업데이트하고 닫도록 한다.

IMS 세션에 대해서 "세션 시작-변경-해지"와 같이 세 가지 단계를 감지할 수 있다. 세션 초기(INVITE를 확인하는 200 OK가 수신되었을 때)에 IMS 개체 내 CTF는 시그널링 트래픽을 감시하고 있다가 INVITE를 확인하는 200 OK가 수신될 때 작용하도록 설정된 트리거 포인트를 감지한다. 이때 트리거 조건이 충족되면 CTF는 시그널링 메시지로부터 필요한 정보(호출자 주소, 피호출자 주소, 타임스탬프, '오디오' SDP 미디어 구성요소)를 수집하고 과금이 가능한 감지된 이벤트에 적합한 과금 정보를 조합한다.

이 과금 정보 조합은 ACR(start) 요청으로 Rf 참조점을 통하여 CDF로 전달된다(그림 5.17 참조). ACR(start)는 CDF로 하여금 이 세션에 대한 CDR을 열도록 한다. 예를 들어 비디오 구성요소가 추가되어서 세션이 변경될 경우(RE-INVITE 또는 UPDATE를 수신) CTF는 이 이벤트를 다시 트리거하고 필요한 정보를 다시 수집한다(예: 호출자 주소, 피호출자 주소, 타임스탬프, '오디오 + 비디오' SDP 미디어 구성요소). 변경된 과금 정보도 CDF로 전달되는데 이 경우에는 ACR(interim) 요청이 사용된다. 마지막 단계로 세션이 종료될 경우(BYE를 수신) CTF는 ACR(stop) 요청을 구성함으로써 세션 종료를 표시한다(그림 5.17). 이 과금 이벤트를 근거로 해서 CDF는 예를 들어 호출자 정보, 피호출자 정보, 전체 세션 시간, 오디오 세션 시간, 비디오 세션 시간 등을 포함하는 단일 CDR을 생성할 수 있다.

예를 들어 SMS를 포함한 SIP 메시지를 보내는 것처럼 종단 사용자가 하나 뿐인 경우에는 단일 ACR/ACA(event)로 충분하다.

이제까지 과금 정보가 어떻게 IMS 개체로부터 CDF로 배달되는지 살펴보았다. 후속적으로 요금 청구 시스템에서 사용자에게 요금 청구서를 보내려면 그림 3.22에 보이는 바와 같이 몇 단계의 추가절차가 필요하다. 다음 단계는 CDR을 CDF로부터 CGF(Charging Gateway Func-

9 예외적으로 I-CSCF는 세션 수립 단계 중 INVITE 요청을 수신할 경우 ACR[이벤트]를 보낼 수 있다.

표 5.6 오프라인 과금 기능의 요약

오프라인 과금 기능	주요 절차
CTF(Charging Triggering Function; 과금 시작 기능)	SIP 시그널링 감시 시작 조건 감지 SIP 시그널링에서 정보를 추출해서 과금 정보를 조합 과금 정보를 CDF로 전달
CDF(Charging Data Function; 과금 데이터 기능)	CDR 구성 CDR을 CGF로 배달
CGF(Charging Gateway Function; 과금 게이트웨이 기능)	수신된 계좌정보에 대해서 상호 연계, 통합, 불필요한 필드를 제거하고 통신서비스 사업자 특정 정보를 추가 CDR 오류 처리 및 저장 CDR을 요금 청구 시스템으로 배달 CDR의 예비 처리
요금 청구 시스템(Billing System)	요금 청구서 생성

tion; 과금 게이트웨이 기능)로 전달하는 것이다. CGF가 필요한 이유는 다양한 IMS 개체들이 각각 다른 CDF로 과금 정보를 보낼 수 있기 때문에(예: 로밍 또는 구성 설정 등의 이유로) 어느 하나의 특정한 세션 혹은 비-세션 이벤트에 대해서 복수의 CDF가 발생할 수 있기 때문이다. CGF는 들어오는 CDR들을 검사하여 유효한 CDR을 통합하고 예비 처리(예: 불필요한 필드를 제거하고 통신서비스 사업자의 특정한 정보를 추가한다)를 실행한다. CGF는 각각의 CDR들을 미리 상호 연계해서 요금 청구 시스템으로 보낼 수 있다. 표 5.6은 여러 가지 과금 기능이 지원하는 주요 절차를 요약하고 있다.

5.5.5.2 온라인 과금

온라인 과금의 목적은 사용자가 IMS 서비스나 자원을 사용하기 전에 신용 관리를 수행하는 데 있으며 직접 지불과 단위 예약 두 가지 모델이 있다. 직접 지불, 혹은 직불에서는 특정 IMS 개체가 OCS(Online Charging System; 온라인 과금 시스템)를 접촉해서 서비스와 자원 사용을 허가해 줄 것을 요청한다. 만약 요청에 가격이 포함되지 않았으면 OCS는 내부 등급 기능을 사용해서 수신된 정보에 근거한 이벤트에 알맞는 요금표를 찾는다. OCS는 요금표와 가격을 결정한 다음 사용자의 계좌에 충분한 잔액이 남아 있는지 점검한다. 잔액이 충분할 경우 OCS는 사용자의 계좌에서 합당한 금액을 감하고 IMS 개체로부터 요청을 허용한다. 한편 단위 예약 모델에서는 OCS가 IMS 개체로부터 신용 관리 요청을 수신하고 만약 요청에 가격이 포함되지 않았으면 내부 등급 기능을 사용해서 IMS 개체에서 제공된 서비스 특정 정보에 의해 요구되는 서비스의 가격을 정한다. 그 다음 OCS는 사용자의 계좌로부터 적합한 금액을 공제하고 그에 상응하는 자원의 숫자를 IMS 개체로 보낸다. 여기에서 '상응하는 자원의 숫자'는 시간 또는 허용된 데이터 양 등을 말한다. 사용자가 허용된 자원을 모두 소비하였거나 혹은 서비스가 성공적으로 배달 또는 종료될 경우 IMS 개체는 소비된 자원의 수를 OCS로 통보한다. 마지막으로 OCS는 소비된 양을 사용자 계좌에서 공제한다. 만약 허용된 자원이 모두 소비되었다면 OCS는 서비스가 실행되고 있는 중에도 IMS 개체로부터 추가 요청을 받을 수 있다. 이 경우 OCS는 신용 인가를 다시 실행한다.

직불 모델은 IMS 개체 자체가 사용자가 요청한 서비스를 제공할 수 있다는 것을 알고 있을 경우에 적용할 수 있다. 예를 들어 게임 AS가 OCS에 신용관리 요청을 보내고 서비스 정보(예: 경주 게임)와 배달되어야 할 품목의 숫자(예: 2)를 통보하는 것이다. 이에 따라 OCS는 등급 기능을 사용해서 요금표를 정하고(예: 0.3 유로) 배달된 단위 수를 기반으로 가격을 계산하다(예: 0.6 유로). 마지막으로 OCS는 사용자의 계좌에서 0.6 유로를 공제하고 신용관리 답신에 2 단위가 허용된다는 것을 표시하여 AS에 통보한다. 이러한 3GPP의 온라인 과금 모델은 (3GPP TS 32.240)에 즉시 이벤트 과금(IEC, Immediate Event Charging)으로 명세되어 있다.

단위 예약 모델은 IMS 개체가 서비스 제공 여부를 미리 정할 수 없을 경우, 또는 특정 서비스에 요구되는 자원의 수를 사전에 알 수 없을 경우(예: 멀티미디어 세션의 지속 시간)에 적합하다. 단위 예약 모델은 일반적으로 세션에 적용되지만(3GPP 용어: 단위 예약 세션 과금), 세션과 관련되지 않은 요청에 대해서도 적용할 수 있다(3GPP 용어: 단위 예약 이벤트 과금).

Ro 참조점은 온라인 과금을 위해 규정되었으며, 온라인 과금을 수행할 수 있는 세 종류의 IMS 개체(AS, MRFC, IMS 게이트웨이 기능을 경유한 S-CSCF)와 OCS 사이의 신용 제어 요청과 응답이 Ro 참조점을 통해 전달된다. 이때 (RFC4006)에 규정되어 있는 신용 제어 요청 명령과 신용 제어 응답 명령이 사용된다. 한편 3GPP에서는 이 IETF 방법을 강화한 3GPP 신용 제어 AVP(Audio Video Profile; 오디오 비디오 프로파일)를 규정하여 (3GPP TS 32.299) 3GPP의 과금 요구사항을 충족시킬 수 있도록 하였다.

직접 지불 모델을 작동시키려면 IMS 개체가 OCS에 CCR(Credit Control Request; 신용 제어 요청) 유형 AVP에 'EVENT REQUEST' 값과 요청된 동작의 AVP에 'DIRECT DEBITING' 값을 사용한 신용 제어 요청을 보낸다. 예를 들어 IP-SM-GW(IP-Short Message-Gateway)가 사용자로부터 메시지를 보내겠다는 요청을 수신한 경우를 생각한다. 이때 IP-SM-GW는 사용자가 선불 사용자임을 알고 있기 때문에 OCS로부터 허가를 받아야 한다. 이를 위해 IP-SM-GW는 CCR 유형 AVP, 요청된 동작의 AVP 및 기타 필요한 AVP를 정확하게 설정하여 신용 제어 요청을 구성한 다음 OCS로 보낸다.

OCS는 이 요청을 수신하고 만약 서비스 가격에 대한 정보가 포함되어 있지 않을 경우에는 사용자 계좌를 참고하기 전에 우선등급 기능을 사용한다. 사용자 계좌에 충분한 잔고가 있으면 OCS는 신용 제어 응답으로 요청을 허가한다. 마지막으로 IP-SM-GW가 서비스를 허용하고 메시지를 목적지로 보낸다.

단위 예약 세션 과금을 작동시킬 경우에는 IMS 개체에서 신용 제어 요청의 CCR 유형 AVP에 'INITIAL REQUEST', 'UPDATE REQUEST', 'TERMINATION REQUEST'값을 설정해서 OCS로 보낸다. 각각의 값은 다음과 같이 설정한다.

- 'INITIAL REQUEST' 값은 IMS 개체가 최초의 서비스 배달 요청을 받았을 때 사용한다.
- 'UPDATE REQUEST' 값은 IMS 개체가 사용된 단위의 수를 보고하고 추가로 요청함을 표시할 때 사용한다.
- 'TERMINATION REQUEST' 값은 IMS 개체가 콘텐츠/서비스 배달이 완료되었음 혹은 최종적으로 할당되었던 자원이 모두 소비되었음을 보고할 때 사용한다.

단위 예약 이벤트 과금을 작동시킬 경우에는 IMS 개체에서 신용 제어 요청의 CCR 유형 AVP에 'INITIAL REQUEST', 'TERMINATION REQUEST'값을 설정해서 OCS로 보낸다. 각각의 값은 다음과 같이 설정한다.

- 'INITIAL REQUEST' 값은 IMS 개체가 최초의 서비스 배달 요청을 받았을 때 사용한다.
- 'TERMINATION REQUEST' 값은 IMS 개체가 콘텐츠/서비스 배달이 완료되었음을 보고할 때 사용한다.

5.5.5.3 VoLTE 과금

K의 P-CSCF는 INVITE 요청을 수신하면 새로운 ICID(IMS Charging Correlation Identifier; IMS 과금 연계 식별자)를 생성한다(그림 5.17 참조). ICID를 이용함으로써 다양한 IMS 요소들에서 생성된 세션/트랜잭션에 관련된 과금 데이터를 상호 연계시킬 수 있다. ICID는 다음 예와 같이 P-Charging-Vector 헤더에 포함되어 있다.

```
INVITE sip:jennifer@csp.com SIP/2.0
P-Charging-Vector: icid-value="AyretyU0dm+602IrT5tAFrbHLso
        =023551024"
```

K의 S-CSCF는 ICID를 저장하고 P-Charging-Vector 헤더에 발신 IOI(Inter Operator Identifier; 운영자간 식별자)를 더한다. IOI는 J의 통신서비스 사업자에게 발신측 통신서비스 사업자의 ID를 나타낸다.[10]

```
INVITE sip:jennifer@csp.com SIP/2.0
```

10 P-CSCF와 S-CSCF 간 IOI는 IMS 등록 절차 중에 교환된다. 5.4.8절 참조.

```
P-Charging-Vector: icid-value="AyretyU0dm+6O2IrT5tAFrbHLso
      =023551024"; orig-ioi=example.home1.fi
```

I-CSCF는 수신된 INVITE 메시지 내 과금 관련 정보를 변경하지 않으며, INVITE 요청을 S-CSCF로 전달한다. J의 통신서비스 사업자는 I-CSCF에 대한 과금 트리거 조건을 규정할 수도 있다. 만약 그러한 트리거 조건이 규정되면 I-CSCF는 CDF로 ACR(event)를 보내며, CDF는 즉시 I-CSCF CDR을 생성한다.

사용자 J가 등록할 때 S-CSCF는 J의 가입 데이터를 다운로드하는데 거기에는 J가 온라인 가입자라는 데이터가 포함되어 있다. 따라서 J를 담당하는 S-CSCF는 OCS와 상호작용을 해야 된다. 단위 예약 세션 과금을 실행하기 위해서 S-CSCF는 과금 제어 요청을 OCS에 보내는데, 이때 'INITIAL REQUEST' 값을 사용해서 S-CSCF가 최초의 서비스 배달 요청을 받은 것임을 표시한다. 과금 제어 요청을 수신한 OCS는 주어진 정보[즉, SDP 미디어 정보(음성)와 ICSI(MMTel)(IMS Communication Service Identifier(MMTel); IMS 서비스 ID(MMTel))]를 이용해서 이 요청을 허용할 것인지를 결정한다. 신용 제어 답신은 허용되는 서비스 단위의 수치(예: 10분)를 포함하며, S-CSCF는 이 정보를 근거로 하여 SIP 세션이 계속 진행되도록 허용할 수 있다. 신용 제어 조사를 마친 다음 S-CSCF는 수신된 P-Charging-Vector에 표시된 orig-ioi 매개변수를 저장한 다음 이를 제거하고 INVITE 요청을 P-CSCF로 보낸다.[11]

```
INVITE sip:[5555::1:2:3:4]:1600 SIP/2.0
P-Charging-Vector: icid-value="AyretyU0dm+6O2IrT5tAFrbHLso
      =023551024"
P-Charging-Function-Addresses: ecf=onlinechargingentity.example.com
```

J의 P-CSCF는 과금 정보를 저장한 다음 INVITE 요청을 단말기로 보내기 전에 모든 정보를 제거한다.

최초의 응답, 즉 183을 수신한 J의 P-CSCF는 INVITE 요청으로 수신한 것과 동일한 ICID 값을 포함한 P-Charging-Vector 헤더를 추가한다.

```
SIP/2.0 183 Session Progress
P-Charging-Vector: icid-value="AyretyU0dm+6O2IrT5tAFrbHLso
      =023551025"
```

J의 S-CSCF는 이 응답을 앞으로 전달하기 전에 착신측 IOI 정보를 추가한다. IOI 값은 사용자 K의 통신서비스 사업자에게 착신측 통신서비스 사업자의 ID를 나타낸다.

11 3GPP TS 24.299에 의하면 P-CSCF로 가는 INVITE 요청은 OCS 주소를 가진 P-Charging-Function-Addresses 헤더도 포함한다. 그러나 P-CSCF는 온라인 과금 능력이 없으므로 이 정보를 필요로 하지 않는다.

```
SIP/2.0 183 Session Progress
P-Charging-Vector: icid-value="AyretyU0dm+602IrT5tAFrbHLso
      =023551025"; term-ioi=csp.com
```

사용자 K를 담당하는 S-CSCF는 착신측 IOI 정보를 저장하고 제거하며, K의 P-CSCF는 응답에서 P-Charging-Vector 헤더를 제거한다.

궁극적으로 K의 S-CSCF는 INVITE 요청에 대한 200(OK) 응답을 수신한다. 이를 계기로 S-CSCF는 다이아미터 ACR(start) 명령을 CDF로 보낸다. CDF는 수신한 정보를 근거로 해서 S-CSCF CDR을 개설하고, ACR 명령을 통하여 요청에 대한 확답을 보낸다. 비슷한 방법으로 P-CSCF는 다이아미터 ACR(start) 명령을 CDF로 보낸다.

CDF는 수신한 정보를 근거로 해서 P-CSCF CDR을 개설하고 ACA 명령을 통하여 요청에 대한 확답을 보낸다. K의 등록 절차 중에 S-CSCF가 CDF의 주소를 배달하였으므로 S-CSCF와 P-CSCF는 단일 CDF를 사용한다(5.4.8절 참조).

J가 일단 세션을 끝낼 때 BYE 요청이 J의 S-CSCF로 하여금 CCR(termination) 명령을 OCS로 보내도록 트리거한다. 이때 CCR(termination)명령은 서비스가 성공적으로 종료되었음을 통보하는 한편 소비된 자원에 관한 정보도 함께 배달한다. OCS는 남아있는 자원을 기반으로 해서 J의 계좌를 업데이트한다.

K의 S-CSCF와 P-CSCF는 ACR(stop) 명령을 CDF로 보내며 CDF는 순차적으로 CDR을 닫은 다음 궁극적으로 그 정보를 CGF를 통해서 요금 시스템으로 전달한다. 한편 P-CSCF는 PCRF에 세션이 종료되었음을 통보하며, PCRF는 순차적으로 P-GW로부터 정책 규정을 제거한다. 마지막으로 P-GW는 IMS 사용자 평면 트래픽에 사용되었던 전용 베어러를 해지한다.

5.5.6 세션 해지

5.5.6.1 사용자가 주도하는 세션 해지

사용자가 대화를 마치고 종료 버튼을 누르면 단말기는 BYE 요청을 생성해서 여타의 요청들과 마찬가지 경로로 상대측 종단으로 보낸다(그림 5.18 참조). 이와 병행해서 PCRF는 전용 베어러 인가를 제거하며, 결과적으로 P-GW가 베어러 비활성화 절차를 시작한다.

다음 예에서 J가 먼저 세션을 마치고 J의 단말기기 BYE 요청을 보낸다고 가정한다.

```
BYE sip:[5555::a:b:c:d]:1400 SIP/2.0
Route:<sip:pcscf2.csp.com:1500;lr>
Route:<sip:scscf2.csp.com;lr>
Route:<sip:scscf1.example.com;lr>
Route:<sip:pcscf1.example.com;lr>
```

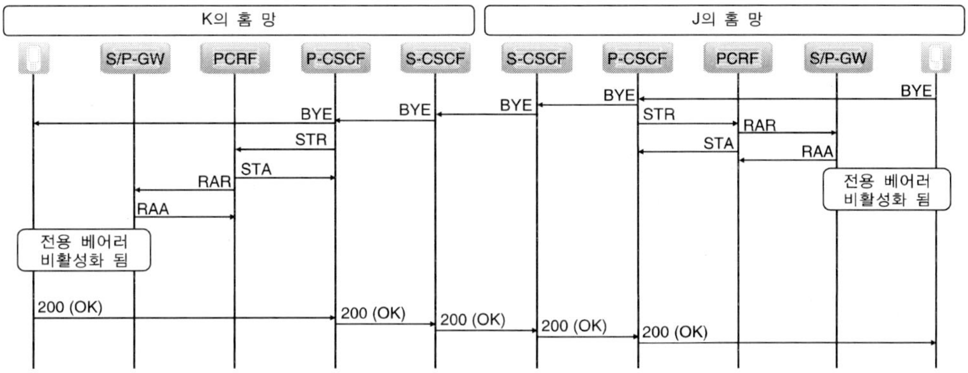

그림 5.18 단말기가 주도하는 세션 해지의 예

```
To:<sip:kristiina@example.com>;tag=171828
From:<sip:jennifer@csp.com>;tag=333333
```

K의 단말기는 일단 BYE 요청을 수신하면 J에게 200(OK) 응답을 보낸다. 경로 상에 있는 네 개의 CSCF 개체들은 세션에 관련된 모든 SIP Dialogue 상태와 정보를 제거한다. 경로 상 P-CSCF는 PCRF에 다이아미터 STR(Session Termination Request; 세션 종료 요청) 명령을 보내어 이전에 인가되었던 세션이 이제 종료되었음을 통보하고, 또 PCRF가 P-GW로 하여금 관련되어 있던 자원을 해지하도록 해서 SIP 세션 종료 후에 베어러가 오용되지 않도록 한다. PCRF는 STR 명령을 수신하고 세션 종료 답신 명령으로 확답을 보내는 한편 RAR(Re-Auth-Request) 명령을 P-GW에 보내어 이전에 설립하였던 정책 규정을 제거한다(5.5.4절 참조). P-GW는 확인된 정책 규정을 제거하고 베어러에 아무 정책 규정도 남아 있지 않은 것을 감지한 다음 전용 베어러(들)을 비활성화하기 시작한다. P-GW는 RAR 명령에 대한 확답으로 PCRF에 RAA(Re-Auth-Answer) 명령을 보내고 제거된 정책 규정에 관해 통보한다.

5.5.6.2 망에서 주도하는 세션 해지

CSCF 중 하나가 주도해서 세션을 해지해야 되는 상황이 있을 수 있다. 예를 들어 만약 J의 단말기가 무선 커버리지에서 벗어나게 되어 IMS 사용자 평면 트래픽을 전송하는 베어러를 분실하게 될 경우 J를 담당한 P-CSCF는 진행 중인 세션을 해지할 필요가 있다(그림 5.19).

이 경우 P-GW는 CCR 명령을 사용해서 PCRF에 상황을 보고한다. PCRF는 CCA(CC Answer) 명령으로 이를 확답하는 한편 P-CSCF에 ASR(Abort Session Request; 세션 중단 요청) 명령을 보내어 진행 중인 SIP 세션에 관련된 사용자 평면 베어러가 해지되었음을 통보한다. P-CSCF는 이에 대하여 ASA(Abort Session Answer; 세션 중단 응답) 명령으로 응답하는 한편

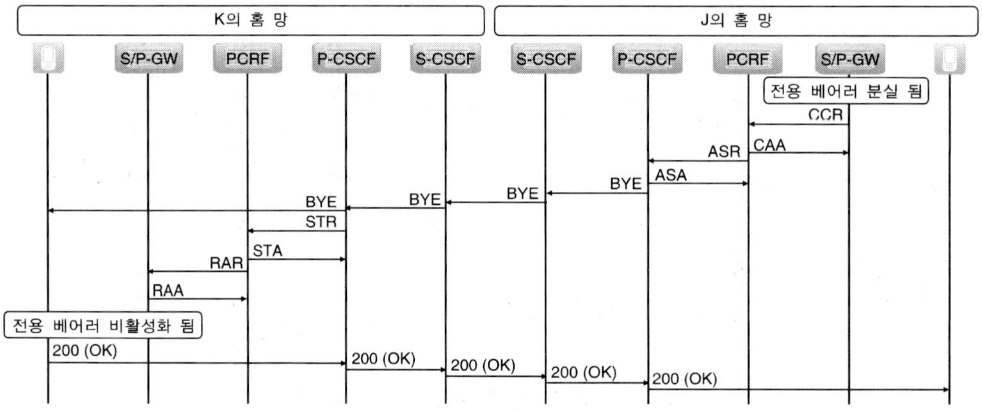

그림 5.19 망에서 주도하는 세션 해지의 예

J를 대신하여 BYE 요청을 보낸다.

```
BYE sip:[5555::a:b:c:d]:1400 SIP/2.0
Route: <sip:scscf2.csp.com;lr>
Route: <sip:scscf1.example.com;lr>
Route: <sip:pcscf1.example.com;lr>
To: <sip:kristiina@example.com>;tag=171828
From: <sip:jennifer@csp.com>;tag=333333
```

또 다른 예로 K의 S-CSCF가 임시 폐쇄되거나 혹은 K가 선불카드를 사용하였는데 잔액이 모자라게 되는 경우를 가정할 수 있다. 이러한 경우에는 K를 담당한 S-CSCF가 K의 단말기에 BYE 요청을 보내어 세션을 해지하며

```
BYE sip:[5555::a:b:c:d]:1400 SIP/2.0
Route: <sip:pcscf1.example.com;lr>
To: <sip:kristiina@example.com>;tag=171828
From: <sip:jennifer@csp.com>;tag=333333
```

한편 다음과 같은 또 하나의 BYE 요청을 J의 단말기로 보낸다.

```
BYE sip:[5555:1:2:3:4]:1600 SIP/2.0
Route: <sip:scscf2.csp.com;lr>
Route: <sip:pcscf2.csp.com;lr>
From: <sip:kristiina@example.com>;tag=171828
To: <sip:jennifer@csp.com>;tag=333333
```

P/S-CSCF는 정확한 Route 헤더를 포함한 BYE 요청을 생성하기 위해서 모든 SIP 대화를

수립할 때마다 수집한 라우팅 정보를 모두 확인하고 있어야 한다.

5.5.7 관련 표준

이 절에 관련된 규격들은 다음과 같다.

- 3GPP TS 23.203 – Policy and charging control architecture
- 3GPP TS 23.218 – IP multimedia(IM) session handling; IM call model
- 3GPP TS 23.228 – IP multimedia subsystem(IMS); stage 2
- 3GPP TS 24.173 – IMS multimedia telephony service and supplementary services
- 3GPP TS 24.229 – IP multimedia call control protocol based on session initiation protocol(SIP) and session description protocol(SDP); stage 3
- 3GPP TS 24.930 – Signalling flows for the session setup in the IP multimedia core network subsystem(IMS) based on session initiation protocol(SIP) and session description protocol(SDP); stage 3
- 3GPP TS 26.114 – IMS multimedia telephony; media handling and interaction
- 3GPP TS 29.212 – Policy and charging control over Gx reference point
- 3GPP TS 29.213 – Policy and charging control signalling flows and quality of service (QoS) parameter mapping
- 3GPP TS 29.214 – Policy and charging control over Rx reference point
- 3GPP TS 32.260 – Telecommunication management; charging management; IP multimedia subsystem(IMS) charging
- 3GPP TS 32.299 – Telecommunication management; charging management; diameter charging applications
- RFC2833 – RTP payload for DTMF digits, telephony tones and telephony signals
- RFC3261 – SIP: session initiation protocol
- RFC3262 – Reliability of provisional responses in the session initiation protocol(SIP)
- RFC3264 – An offer/answer model with SDP
- RFC3311 – The session initiation protocol(SIP) update method
- RFC3312 – Integration of resource management and session initiation protocol
- RFC3323 – A privacy mechanism for the session initiation protocol(SIP)
- RFC3325 – Private extensions to the session initiation protocol(SIP) for asserted identity within trusted networks
- RFC3455 – Private header(P-header) extensions to the session initiation protocol

(SIP) for the 3rd generation partnership project(3GPP)

- RFC3550 – RTP: a transport protocol for real-time applications
- RFC3551 – RTP profile for audio and video conferences with minimal control
- RFC3556 – SDP bandwidth modifiers for RTCP bandwidth
- RFC3840 – Indicating user agent capabilities in the session initiation protocol(SIP)
- RFC3841 – Caller preferences for the session initiation protocol(SIP)
- RFC4566 – SDP: session description protocol
- RFC4596 – Guidelines for usage of the session initiation protocol(SIP) caller preferences extension
- RFC5279 – A uniform resource name(URN) namespace for the 3rd generation partnership project 3GPP)
- http://www.3gpp.org/tb/Other/URN/URN.htm – URN values maintained by 3GPP.
- RFC6050 – A session initiation protocol(SIP) extension for the identification of services

5.6 음성 호 연속성

5.6.1 PS-PS 시스템 간의 핸드오버

이 절에서는 예를 들어 IMS VoIP가 가능한 단말기가 VoIP 호를 사용하는 도중에 PS 망에서 LTE와 HSPA 접속 사이를 이동할 경우를 논의한다. 끊김없는 핸드오버를 위해 망과 단말기는 반드시 PS 핸드오버(Packet Switched Handover; 패킷 교환 핸드오버)를 지원해야 한다. PS 핸드오버에서는 시스템 간 핸드오버가 구체적으로 이루어지기 전에 망에서 핸드오버 준비를 해야 된다.

3GPP에서는 시스템 간 이동성을 MME와 SGSN 간에 사용되는 인터페이스의 종류에 따라 Gn 기반 이동성과 S3 기반 이동성 두 가지로 나누어 명세하였다. 이 두 가지 모두 LTE와 3G 시스템 간의 양방향에 대하여 최적화된 시스템 간 PS 핸드오버를 지원한다. PS 핸드오버에서는 핸드오버 실행 이전에 이미 준비가 이루어지기 때문에 핸드오버 지연과 데이터 전송 중단 시간이 최소화 된다.

PS 핸드오버 절차는 CSFB 혹은 SRVCC에도 사용될 수 있다. CSFB에서 PS 핸드오버를 사용하면 접속을 바꾸는데 걸리는 시간이 최소화되기 때문에 결과적으로 음성 호 수립시간이 감소된다. CSFB에 대해서는 4.3.2절과 5.8절을 참조한다.

SRVCC의 경우 MME는 베어러 분할법을 사용한다. MME는 음성 미디어 베어러 정보를 MSC에 보내는 한편 나머지 모든 베어러의 정보는 SGSN으로 보낸다. 이때 MME와 SGSN 간의 시그널링에 PS 핸드오버를 사용하면 PS 베어러 핸드오버의 지연을 감소시킬 수 있다. SRVCC에 관한 상세한 설명은 5.6.2절을 참조한다.

PS-PS 핸드오버는 통상적으로 핸드오버 준비 단계와 실행 단계로 나누어 설명할 수 있다. 그림 5.20은 핸드오버 준비 과정의 예를 나타내고 있다. 그림에서 LTE 망의 eNodeB와 3G 망의 RNC(Radio Network Controller; 무선 망 제어기) 간 핸드오버 준비와 코어망 시그널링이 MME와 SGSN 간 S3 인터페이스를 경유하는 것을 나타내고 있다.

1. E-UTRAN으로부터 UTRAN으로 이동하는 PS-PS VoIP 핸드오버에서 IMS 시스널링 베어러와 VoIP 미디어 베어러는 타깃 접속망에 각각 상응하는 베어러를 수립함으로써 소스 접속망에서 타깃 접속망으로 옮겨진다. 핸드오버 준비 단계에서 타깃 SGSN은 각각의 EPS 베어러와 PDP Context 간에 1:1 대응을 시킨다. 또한 SGSN은 제8장의 그림 8.3과 같이 EPS 베어러의 QoS 매개변수 값과 PDP Context의 UTRAN QoS 매개변수 값을 대응시킨다. 타깃 RNC는 음성 호에 대한 자원을 할당하고 애플리케이션 매개변수를 SGSN으로 보내며, SGSN은 MME에 응답을 보낸다.
2. 핸드오버 실행에서 MME는 핸드오버 명령과 베어러 정보를 eNodeB로 보낸다. eNodeB는 단말기로 하여금 타깃 접속망으로 핸드오버할 것을 명령하며, 이로써 타깃 측에서 핸드오버 실행이 완료된다. 핸드오버가 성공적으로 완료된 다음 MME는 소스 측의 베어러들을 해지하기 시작한다.

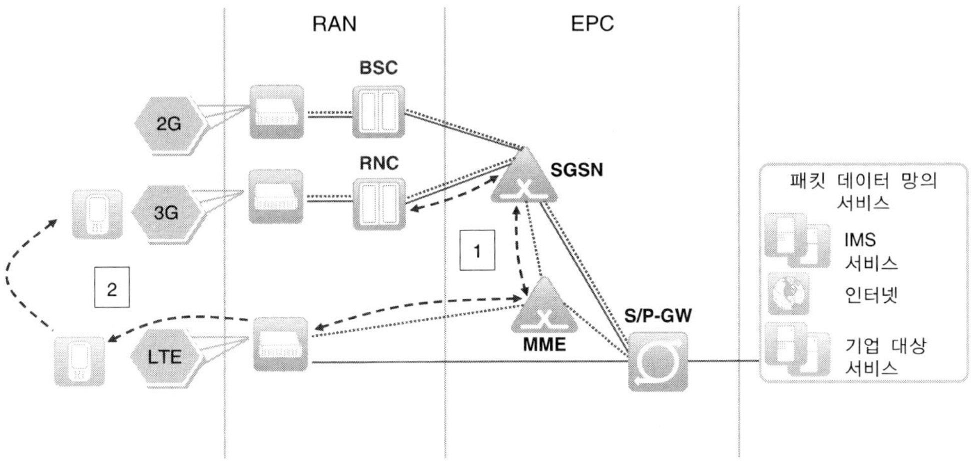

그림 5.20 E-UTRAN에서 UTRAN으로 이동하는 PS-PS 핸드오버

5.6.2 단일 무선 음성 호 연속성(Single Radio Voice Call Cotinuity, SRVCC)

VoLTE에서 세션 연속성을 지원하는 또 하나의 요소는 LTE에서 진행 중인 VoIP 음성 호 연결(EPS/IMS 도메인)을 더 이상 지원할 수 없게 될 경우 음성 호를 CS 도메인으로 전환하는 것이다. 이 절차는 SRVCC로 표준화되었으며 PS-CS 도메인 전환이라고도 한다. 음성 호 연속성에 대한 전반적인 특성은 3GPP 릴리스 7에 규정된 VCC(Voice Call Continuity; 음성 호 연속성) 원칙에 기반을 두고 있으며, 3GPP 릴리스 8에서는 접속망에 의해 트리거된 망 주도의 동작들을 지원하도록 강화되었다. 또한 3GPP 릴리스 8에는 UTRAN 또는 LTE에서 시작된 VoIP 세션에 대한 SRVCC가 규정되었으나 실제적으로 LTE에만 구현된 상태이다.

그림 5.21은 SRVCC 절차를 나타낸다. 단말기와 망 간 통신에서 음성부분은 LTE로부터 CS로 전환되고 나머지 부분은 PS 코어를 통하여 유지된다.

총체적으로 볼 때 도메인 전환은 음성 베어러를 EPS에서 CS 도메인으로 전환하는 것과 이와 병행하여 PS 핸드오버 절차 등을 통해 관련 PS 연결을 3G와 같은 전환 대상 접속기술로 전환하는 것으로 구성된다.

시스템 레벨에서 SRVCC를 지원하기 위해서는 망 구조에 새로운 기능이 요구된다. 우선 새로이 요구되는 상호연동 기능은 SRVCC enhanced MSC 서버에서 수행된다. SRVCC enhanced MSC 서버는 CS 도메인 전환에 요구되는 모든 절차를 수행하는데, 전환 대상 무선 접속 기술을 확인하고 접속 도메인 전환에 대한 준비를 한다. 더불어 EPS의 기능 향상이 필요한데, 즉 MME와 eNodeB(eNb)가 도메인 전환을 트리거하는 적절한 절차를 지원하고 궁극적으로 음성 연결 이외의 관계된 PS EPS 베어러들을 타깃 접속 도메인으로 옮긴다.

접속 도메인 전환을 지원하기 위해 SRVCC enhanced MSC 서버는 특정 GTP에 기반을 둔 Sv 인터페이스를 통하여 MME와 상호작용한다. Sv 인터페이스는 (3GPP TS 29.280)에 정의된

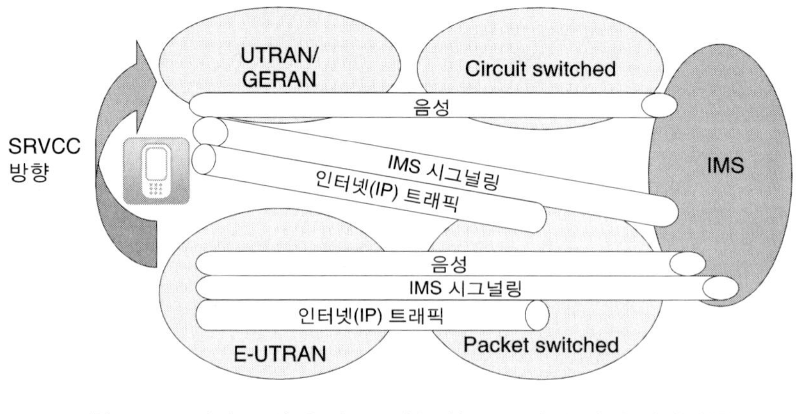

그림 5.21 단일 무선 음성 호 연속성(SRVCC)의 하이 레벨 원칙

바와 같이 MME에서 사용되며 전환 대상 CS 무선 망(GERAN/UTRAN)에서 SRVCC에 요구되는 무선 접속 자원을 확보할 것을 MSC 서버에 요청하는데 이용된다. SRVCC enhanced MSC 서버는 두 가지의 중요한 역할을 한다. 첫째, IuCS 또는 A 인터페이스를 제어하고 있는 경우 해당 인터페이스로 가는 자원을 확보하며, 전환 대상 무선 접속망이 다른 MSC 서버(MSC-B)에 의해서 제어되고 있는 경우에는 (3GPP TS 23.009)에 규정된 절차를 따라서 정상적 MSC 간-재배치(normal Inter-MSC relocation)를 수행한다. 둘째, SRVCC enhanced MSC 서버는 전환 대상 CS 무선 접속 자원이 확보된 다음 단말기를 대신하여 호를 수립한다. 이때 MME로부터 Sv 인터페이스를 통하여 전달된 특정 주소를 사용한다. 이 특정 주소는 가입자가 현재 사용하고 있는 SCC AS(Service Centralization and Service Continuity Application Server; 서비스 연속성 서버)와 관련되어 있으며 원래의 호 수립에 관여한다.

SRVCC 절차는 3GPP 릴리스 8 이후, 비상 호, 동시 다중 호(신호음 단계의 호에 대해서 활성 또는 대기), 비디오 호, CS 망에서 다시 LTE 망으로 되돌아가는 SRVCC 전환 등과 같은 기능을 지원할 수 있도록 점차적으로 개선되었다. 3GPP 릴리스 8 이상의 기능을 지원하기 위해서는 3GPP ICS 구조에서 정해진 추가 요구사항을 사용해야 한다. 이것은 특히 3GPP 릴리스 8 기반으로 구현된 상용 IMS 기반 VoLTE 망의 경우 단계적으로 발생할 수 있으며 이 책에서 더욱 상세하게 논의한다.

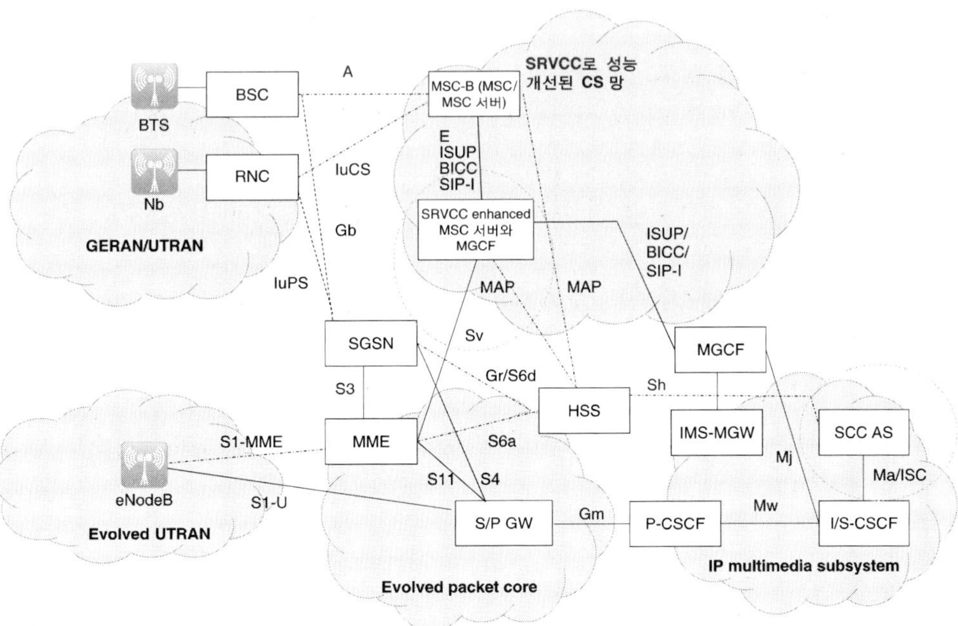

그림 5.22 SRVCC의 망 구조

그림 5.22는 SRVCC를 수행할 수 있는 3GPP 릴리스 8 기반의 망 구조를 나타낸다. 이 구조에서 다음과 같이 SRVCC 접속 도메인 전환 실행에 관련된 특정한 기능들을 강조해서 정리할 수 있다.

- SRVCC enhanced MSC 서버
  - 즉각적으로 도메인 전환을 할 수 있도록 전환 대상 무선 접속 측의 자원 준비 수행
  - 도메인 전환을 트리거하는데 이용되는 EPC를 향한 Sv 인터페이스 제공
  - MSC 간 핸드오버가 이루어질 경우 전환 대상 MSC(MSC-B)를 향한 CS 핸드오버 연결의 MSC(MSC-A) 지주점 역할
  - 도메인 전환이 이루어진 다음 세션의 원격측 업데이트
- SCC AS
  - 요구시, 도메인 전환 수행이 가능하도록 세션 수립 단계에서 세션의 지주점 역할
  - 도메인에서 도메인으로의 접속 전환을 수행
  - VoLTE 사용자에게 오는 착신호를 라우트하는 기본 절차인 착신 접속 도메인 선정을 수행
  - 도메인 전환 이후, 지속되도록 허용되지 않는 미디어를 제거
- MME
  - 이 세션을 위한 SRVCC의 가능 여부를 eNodeB에 표시
  - 도메인 전환의 대상이 되는 EPS 베어러를 발견하는 임무
  - Sv 인터페이스를 통해서 SRVCC enhanced MSC 서버를 불러내고 도메인 전환 절차를 완수하는데 충분한 정보를 제공
  - 예를 들면, PS 핸드오버를 사용하여 VoIP 베어러 이외의 베어러를 타깃 무선 접속 기술로 전환하기 위한 관련 절차 수행
  - 필요한 경우 EPS 베어러를 정지시키거나 또는 비활성화 처리
- E-UTRAN eNodeB
  - 타깃 측정을 목표로 SRVCC 특정 근접 셀 목록을 동적으로 생성할 수 있음
  - 도메인 전환이 필요한지 여부를 결정하는 책임
  - S1 인터페이스를 통해 MME를 불러내어 도메인 전환 절차를 시작하도록 함
  - MME를 불러내어 PS에서 CS로 이동하는 핸드오버와 병행해서 이루어지는 PS 핸드오버 또는 단순히 PS에서 CS로 이동하는 핸드오버를 시작하도록 함

5.6.2.1 SRVCC 실행

이 절에서는 사용자 K와 J의 예를 들어서 접속 도메인 전환 절차를 상세히 살펴본다.

이제 VoLTE 세션이 K와 J 사이에 성공적으로 수립되었고 K가 최근에 구입한 새로운 승용

차에 대해서 대화를 나누고 있다고 가정한다. K는 시내를 벗어나 교외로 운전 중이며 블루투스 헤드세트를 사용해서 통화를 하고 있다. 그런데 K가 지금 운전 중인 교외지역은 아직 K가 가입한 망의 LTE 커버리지가 미치지 않고 있으므로, 망은 K의 단말기로부터 수신한 측정 데이터에 근거해서 접속 도메인 전환이 필요하다고 판단하였다.

그림 5.23은 이러한 SRVCC 절차의 시작점을 보여주고 있다. 그림에서 긴 점선은 호 수립 단계의 SIP 경로를 나타낸다. 여기에서 서비스는 SCC AS와 보조 서비스(TAS)의 두 서비스를 표시하고 있으며, 물론 다른 서비스들도 이 세션에 적용될 수 있다. 굵은 선은 상대방 측으로 연결되는 VoLTE 세션의 사용자 평면(즉, 음성)의 경로를 나타내며, 이 예에서는 K와 J 사이에서 음성을 전달하는 경로를 보여준다. LTE 단말기는 인터넷 서비스에 (점선)연결된 다른 애플리케이션을 많이 가지고 있는데, 물론 이 애플리케이션들도 음성과 마찬가지로 접속 도메인 전환이 이루어진 뒤에도 지속되어야 한다.

그림 5.24에 나타난 시그널링 흐름을 따라서 접속 도메인 전환 절차가 시작되는 것을 살펴본다. 그림 5.24의 시그널링 흐름은 사용자 K가 LTE 무선 접속으로 수립한 호를 끊김없이 교외에서도 커버리지가 가능한 3G 무선 접속으로 전환하는데 요구되는 여러 가지 시그널링 절차를 설명하고 있다.

우선 PS에서 CS로 옮겨가는 이러한 접속 도메인 전환 절차는 eNodeB에서 단말기로부터 수신한 측정 보고를 기반으로 결정을 내려서 시작된다. 그 전제 조건은 단말기에서 IMS 세션이

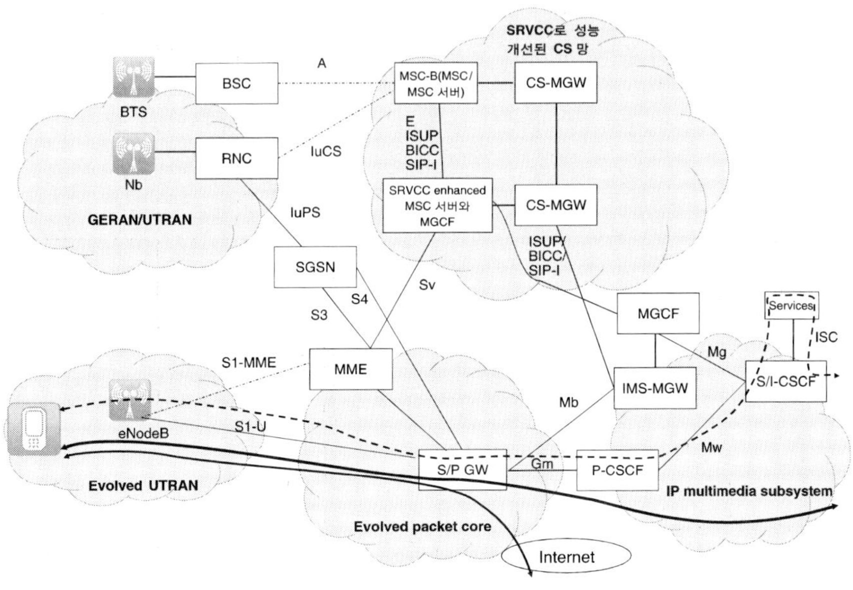

그림 5.23 SRVCC 이전의 초기 상태

진행되고 있으며 IMS APN에 대한 전용 EPS 베어러(GBR)를 사용하는 것이다. eNodeB는 미리 설정되어 있는 트리거 조건을 근거로 하여 접속 도메인 전환의 대상이 되는 EPS 베어러와 타

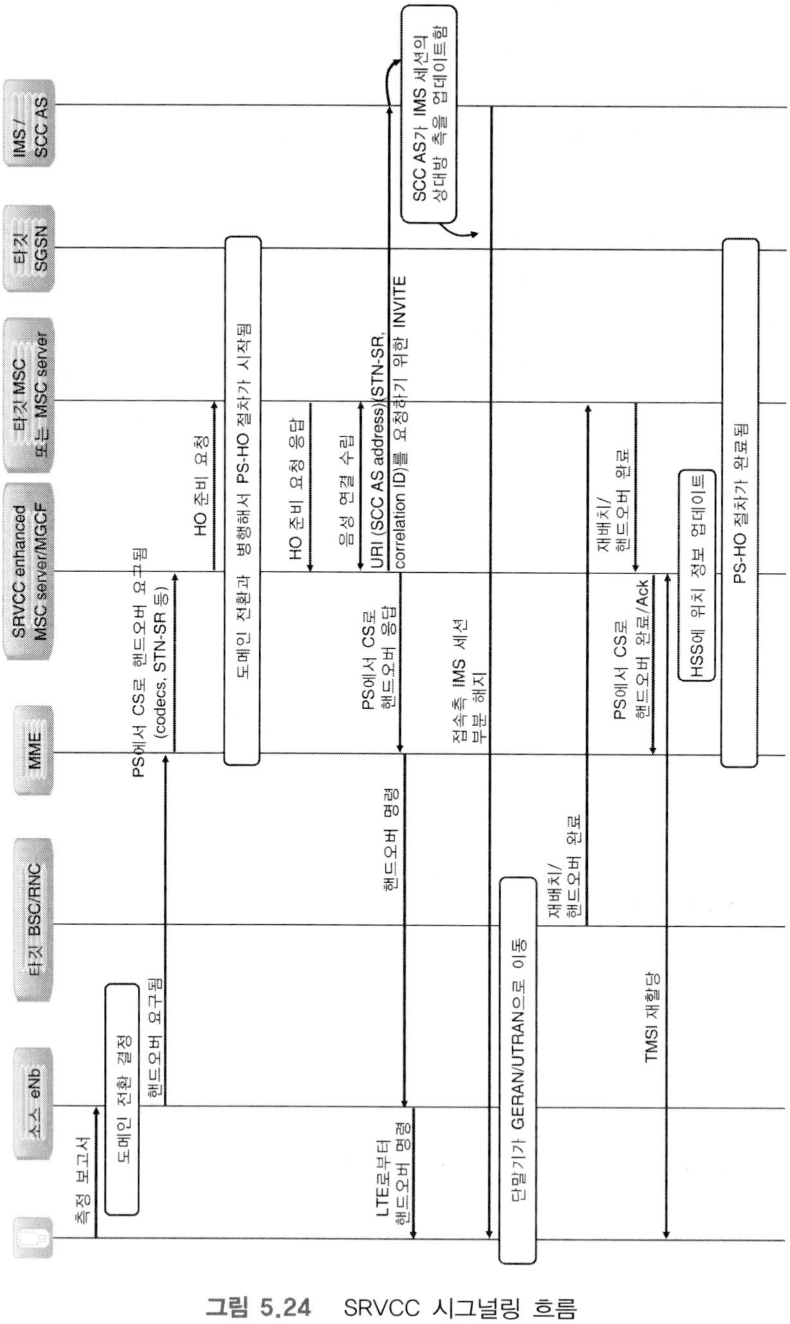

그림 5.24 SRVCC 시그널링 흐름

깃 무선 접속망으로 전환을 위해 정상적인 PS 이동이 필요한 EPS 베어러를 구분할 수 있다. SRVCC는 전형적으로 단말기에서 이벤트에 의해 트리거되는 측정(UE Event-Triggered Measurements)에 의해서 시작되는데, RSRP(Reference Symbol Received Power; 기준 심벌 수신 전력) 신호 레벨 혹은 RSRQ(Reference Signal Received Quality; 기준 신호 수신 품질) 신호 품질이 미리 정해 놓은 수준 아래로 내려 갈 경우에 트리거된다. eNodeB는 이러한 측정 보고서를 수신한 다음 SRVCC 절차를 시작한다. 한편 LTE에 합류되어 있는 단말기는 적어도 한 개 이상의 활성화된 디폴트 EPS 베어러 연결을 가지고 있으므로 MME측에서도 SRVCC 절차와 병행해서 GERAN/UTRAN으로 옮기는 PS 핸드오버를 수행한다(5.6.1절 참조).

MME는 어떤 EPS 베어러에 SRVCC를 적용해야 되며 어떤 EPS 베어러에 PS 핸드오버를 적용해야 할지 알기 위해 IMS APN을 사용하는 여러 EPS 베어러 중에서 음성 요소를 취급하는 베어러와 비음성 요소를 취급하는 베어러를 구분해야 한다. 이를 위해 (3GPP TS 23.203)에 규정된 3GPP PCC(Policy and Charging Control) 구조를 사용한다. 음성 세션이 수립될 때 P-CSCF가 PCRF에 음성 미디어를 위한 EPS 전용 베어러에 GBR과 QoS 등급 표시값 1(음성)인 QoS를 제공하도록 요청한다(미디어 자원 예약과 정책 제어에 관한 내용은 5.5.4절을 참조). SRVCC는 사용자가 QCI1인 전용 베어러를 가지고 있을 때에만 적용되므로 MME는 이를 바탕으로 여러 가지 활성 EPS 베어러 중에서 음성 요소를 갖고 있는 베어러를 골라 낼 수 있다.

타깃 무선 접속 기술이 GERAN인 경우 SRVCC가 실행된 이후에 데이터 연결이 계속되려면 GERAN의 DTM(Dual Transfer Mode; 이중 전달 모드)을 사용해야 한다. 그렇지 않을 경우 진행 중이던 비-GBR 베어러가 일시 중단될 것이며 또 단말기가 GERAN에 합류할 때 진행 중인 호가 있었다면 그 GBR 베어러는 해지될 것이다. 그러나 타깃 무선 접속 기술이 UTRAN인 경우에는 Multi-RAB(Multi-Radio Access Bearer; 다중-무선 접속 베어러)를 이용하여 데이터 연결이 계속되도록 할 수 있다.

MME는 타깃 망을 향하여 자원을 준비하기 시작하는데, 이때 도메인 전환이 요구되므로 통상적인 PS 도메인뿐만 아니라 CS 도메인도 포함한다. MME는 현지 망의 설정에 기반하여 Sv 인터페이스를 가진 SRVCC enhanced MSC 서버를 선택하고 타깃 PS 망, 즉 SGSN을 선택해서 S3 인터페이스를 통하여 접촉한다.

MME는 그 다음 표 5.7에 나타난 PS에서 CS로 전환하는 SRVCC 요청 메시지를 Sv 인터페이스를 통하여 SRVCC enhanced MSC 서버로 보낸다. 순차적으로 SRVCC enhanced MSC 서버는 도메인 전환에 필요한 CS 망 자원 예약을 트리거한다.

표 5.7에서 도메인 전환을 제대로 하는데 요구되는 'PS에서 CS로의 전환 요청' SRVCC 메시지를 상세히 설명하였다. 이 메시지는 (3GPP TS 29.280)에 명세되어 있다.

표 5.7 PS에서 CS로의 SRVCC 요청 메시지

매개변수	용도	매개변수 값/내용의 예
IMSI	• 도메인 전환을 수행하는 가입자를 식별한다. • 성공적인 도메인 전환이 완료된 후 SRVCC enhanced MSC 서버가 HSS에 위치 정보 업데이트할 때 사용한다.	• 가입자 ID(15자리 숫자). MCC(이동통신 국가부호), MNC(이동통신망 부호), MSIN(이동통신 가입자 ID 번호)을 포함
IMEI(International Mobile Equipment Identity)	• 사전의 인증없이 도메인 전환이 수행되었을 경우 혹은 단말기가 USIM을 가지고 있지 않을 경우에만 쓰인다. 즉, IMSI를 쓸 수 없다. • 비상 호에 대한 SRVCC인 경우에 적절하다.	• 16자리 숫자 ID로, 단말기 모델을 식별하는 8자리 숫자(Type Allocation Code, TAC), 6자리 숫자의 시리얼 번호(S/N), 2자리 숫자의 소프트웨어 버전(SV)로 구성됨
Sv 플래그	• 전환되는 세션이 비상호 인지의 여부를 표시해주며 가입자가 ICS 서비스를 사용할 경우에도 사용된다. • MME는 ICS 표시를 S6a 인터페이스를 통하여 HSS로부터 수신한다. ICS 표시는 Sv 플래그로 SRVCC enhanced MSC 서버에 제공된다.	• EmInd = 0/1 • ICS = 0/1
제어 평면을 위한 MME/SGSN Sv 주소	• MME가 이 도메인 전환을 처리하는데 사용하는 TEID(Tunnel Endpoint Identifier; 터널 종단점 ID) 값을 포함한다. TEID는 도메인 전환에 관계하는 망 요소에서 GTP 메시지를 수신, 발신하는데 필요하다.	• 고유한 식별 값(예: 123)
C-MSISDN	• 종단 사용자를 고유하게 식별하는 주소를 포함하며 SCC AS에서 연계 관련 작업에 사용된다. • 사전에 인증되지 않은 비상 호 또는 USIM이 없는 단말기를 사용하는 경우 이 매개변수는 존재하지 않는다.	• +3585012345678
STN-SR	• SRVCC를 위한 세션 전환 번호를 포함한다. MME는 이 매개변수를 HSS로부터 S6a 인터페이스를 통하여 수신한다. STN-SR은 주어진 가입자의 모든 세션의 지주점으로 사용된 SCC AS를 고유하게 식별한다.	• +45850987654321
MM context for E-UTRAN SRVCC	• 도메인 전환을 수행하기 위해 타깃측에서 필요로 하는 소스측 정보를 포함한다.	• 이동 단말기의 등급 표시 부호(2/3)과 (3GPP TS 24.008)에 명세된 지원되는 코덱 목록

표 5.7 PS에서 CS로의 SRVCC 요청 메시지(계속)

매개변수	용도	매개변수 값/내용의 예
MM context for E-UTRAN SRVCC	• 이 매개변수는 도메인 전환이 E-UTRAN에서 UTRAN/GERAN으로 이루어지는 경우에만 교환된다. 즉 E-UTRAN 상 VoIP 세션에 대한 SRVCC가 수행될 경우에만 교환되는 매개변수이다. • 이동 단말기의 등급 표시, 지원되는 코덱 목록, 보안 매개변수 등을 포함한다.	• (3GPP TS 33.401)과 (3GPP TS 24.301)에 규정된 보안 매개변수 부호(CKSRVCC, IKSRVCC 및 eKSI)
MM context for UTRAN SRVCC	• 도메인 전환을 수행하기 위해 타깃측에서 필요로 하는 소스측 정보를 포함한다. • 이 매개변수는 도메인 전환이 UTRAN에서 UTRAN/GERAN으로 이루어지는 경우에만 교환된다. 즉 UTRAN 상 VoIP 세션에 대한 SRVCC가 수행될 경우에만 교환되는 매개변수이다. • 이동 단말기의 등급 표시, 지원되는 코덱 목록, 보안 매개변수 등을 포함한다.	• 이동 단말기의 등급 표시 부호(2/3)과 (3GPP TS 24.008)에 명세된 지원되는 코덱 목록 • (3GPP TS 33.102)와 (3GPP TS 24.008)에 규정된 보안 매개변수 부호(CK'CS, IK'CS, KSI'CS, Kc', CKSN'CS)
Source to target transparent container	• 이 매개변수는 소스 eNodeB/NodeB로부터 코어망을 그대로 경유 통과하여 타깃 NodeB/BTS로 전달된다. • 타깃 무선 접속망에 전환된 호를 위하여 충분한 무선 자원을 수립하는데 필요한 중요한 정보를 포함한다.	• 타깃 무선 접속망이 GERAN일 경우 이 컨테이너에는 (3GPP TS 48.008)에 규정된 바와 같은 새로운 BSS 정보 요소(IE)를 위한 구 BSS를 포함한다. • 타깃 무선 접속 망이 UTRAN 일 경우 이 컨테이너는(3GPP TS 25.413)에 규정된 바와 같이 소스 RNC로부터 경로를 그대로 거쳐 타깃 RNC로 전달되는 컨테이너를 포함한다.
Target RNC ID	• 타깃 RNC를 식별하는 매개변수	• (3GPP TS 29.002) 규정
Target cell ID	• 타깃 셀을 식별하는 매개변수	• (3GPP TS 24.008) 규정
Source (SAI, Service Area Identifier)	• 소스 서비스 지역 ID(3G 셀)을 식별하는 매개변수이며 HSPA로부터 시작되는 SRVCC에만 해당된다.	• (3GPP TS 24.008) 규정

다음 단계에서 SRVCC enhanced MSC 서버가 현지의 구성 데이터(무선 접속 망 구성)를 근거로 해서 타깃 RNC 또는 BSC의 소속을 확인하며 그 결과로 SRVCC enhanced MSC 서버가 핸드오버가 실행될 타깃 MSC/MSC 서버 망 요소의 ID를 얻게 된다. 이에는 두 가지 대안이

있다. 우선 타깃 CS 무선 접속을 제어하는 MSC 서버가 SRVCC enhanced MSC 서버 역할도 맡고 있을 경우 MSC 서버가 RNC 또는 BSC에 보내는 자원을 준비한다. 그러나 만약 SRVCC 절차를 위해 MSC 간 재배치가 필요한 경우 SRVCC enhanced MSC 서버는 타깃 RNC 또는 BSC를 제어하는 MSC/MSC 서버를 접촉한다. 이때 통상적인 MSC 간 핸드오버 경우처럼 MAP (Mobile Application Part) 기반의 e-인터페이스를 사용하여 접촉한다.

전환에 필요한 자원이 타깃 CS 망의 무선 접속망(UTRAN 또는 GERAN)으로부터 예약되었을 경우, SRVCC enhanced MSC 서버는 STN-SR(Session Transfer Number for SRVCC; SRVCC를 위한 세션 전환 번호)을 사용하여 IMS 구조 내에서 지주점 역할을 하고 있는 기능으로 호를 라우트한다. 여기서 지주점 역할을 하는 기능은, 즉 IMS 세션 수립 단계 동안 최초로 IMS 세션의 지주점 역할을 하였던 SCC AS이다. 이 주소는 특정 사용자를 위한 (예의 사용자 K) 세션의 지주점 역할을 하였던 홈 IMS 망의 망 요소를 고유하게 식별한다. 앞에서 설명한 바와 같이 MME는 이 주소를 LTE 합류 단계에서 HSS로부터 얻어지며 Sv 인터페이스를 통해 SRVCC enhanced MSC 서버로 전달한다. STN-SR 주소 배정은 시스템 레벨에서 IMS 설정(초기 필터 기준)에 맞추어 정렬되어야 한다. 이는 앞에서 설명된 바와 같이 처음에 호를 수립할 때 HSS의 가입 데이터에 저장되어 있는 초기 필터 기준(iFC)을 사용하여 SCC AS를 선정하였기 때문이다.

한편 SRVCC enhanced MSC 서버는 도메인 전환의 대상인 사용자(K)를 식별하는 C-MSISDN(Correlation Mobile Subscriber Number; 상호 연계 이동 가입자 번호)를 사용한다. C-MSISDN 번호는 MME로부터 PS-CS 핸드오버 메시지를 통해 수신한다.

SCC AS는 C-MSISDN 주소를 사용하여 SRVCC enhanced MSC 서버로부터 MGCF(Media Gateway Control Function; 미디어 게이트웨이 제어 기능)를 통해 들어오는 세션을 이미 진행 중으로 SCC AS의 지주점에 걸려있는 IMS 세션과 연관 짓는다. 이와 더불어 SCC AS는 즉시 상대측 IMS 세션을 새로운 IP 주소와 포트번호로 업데이트하여 상대측 IMS 세션(즉, J의 단말기)이 그 시점부터 RTP와 RTCP 세션에 사용하도록 한다. 이어서 SCC AS는 도메인 전환을 수행하는 단말기(사용자 K의 단말기)로 향하는 SIP 시그널링 연결을 해지한다.

위에서 SCC AS가 상대측으로 전달한 IP 주소와 포트번호는 MGW에 귀속된다. 한편 SRVCC enhanced MSC 서버가 STN-SR 주소를 사용해서 라우트한 특정 세션 전환 호의 SDP 제안으로 보낸 IP 주소와 포트번호는 SCC AS에 귀속한다.

다음 예는 SRVCC enhanced MSC 서버가 보낸 INVITE의 내용을 보여준다. 예에는 통합된 MGCF의 기능도 포함되어 있다(3GPP TS 29.163). 그래서 명료한 설명을 위해 이를 간략하게 나타내었으며 관계된 매개변수들만 보여준다. VoLTE의 맥락에서 본 SIP에 대한 상세한 설명은 5.5절을 참조한다.

```
INVITE tel:+358040987654321 SIP/2.0
P-Charging-Vector: icid-value="GseadArs+6OLdwdoiDKLoo=0412300";
orig-ioi= example.home1.fi
P-Asserted-Identity: tel:+358501234567

...
Content-Type: application/sdp
Content-Length: (. . .)

m=audio 49100 RTP/AVP 97
c=IN IP6 5555::aaa:bbb:ccc:eee
a=rtpmap:97 AMR/8000/1
a=rtpmap:99 telephone-event/8000/1
```

위 메시지의 구체적인 내용은 정상적인 SIP 세션 수립과 비슷하지만 다음과 같은 예외사항을 포함한다.

- INVITE 요청의 요청 URI는 라우트할 수 있는 E.164 주소를 사용한 SCC AS의 주소를 포함한다. 이 주소는 SRVCC enhanced MSC 서버가 MME를 경유해서 HSS로부터 검색한 것이다.
- SRVCC enhanced MSC 서버가 P-Charging-Vector 헤더의 내용을 채워 넣으며 이는 처음에 세션을 위해 생성된 것과 다른 내용이다. 이 헤더는 과금 후처리 시스템에서 과금 정보를 상호 연계하는데 사용된다. 따라서 세션 전환 호를 올바른 세션과 상호 연계할 수 있도록 SRVCC는 이러한 새로운 값과 오래된 값을 모두 과금 후처리 시스템으로 전달해야 한다.
- P-Asserted-Identifier 헤더는 SRVCC enhanced MSC 서버가 MME를 경유해서 HSS로부터 수신한 C-MSISDN 주소를 포함한다. 이 헤더는 도메인 전환을 수행한 사용자(예의 사용자 K)의 MSISDN을 식별한다.
- SDP는 SRVCC enhanced MSC 서버에 의해 생성되고, 주어진 세션 전환 호를 위해 MGW에 예약된 미디어 설명 제안을 포함한다.
  - c-attribute는 MGW의 IP 주소를 포함한다.
  - m-attribute는 MGW의 RTP 미디어의 IP 포트번호를 포함한다.
  - 각각의 음성 코덱은 우선순위에 따라 목록에 수록된다. 우선순위는 PS-CS 핸드오버 요청으로 MME로부터 수신된 지원되는 코덱 목록에 근거해서 정해진다.

MGCF가 통합되어 있는 SRVCC enhanced MSC 서버는 합류해 있는 IMS 도메인으로부터 궁극적으로 200 OK(INVITE) 메시지를 수신하게 된다.

SRVCC enhanced MSC 서버와 MGCF가 통합되어 있지 않은 경우라면 ISDN ISUP 또는 BICC(Bearer Independent Call Control; 베어러에 독립적인 호 제어)와 같은 CS 망의 망대망 인터페이스(Network to Network Interface, NNI) 프로토콜에 의해서 분리형 MGCF를 경유함으로써 세션 전환 호를 IMS/SCC AS로 라우트할 수 있다. 물론 이것은 구현되어 있는 장비의 역량에 따라 정해진다.

SRVCC 절차가 준비 단계와 실제적인 도메인 전환 단계로 구성되어 있다는 것은 매우 중요한 부분이다. 어떤 경우에는 준비 과정이 이루어지고 도메인 전환에 필요한 베어러 자원이 타깃 CS 망에 예약되었으나 단말기가 다시 양호한 LTE 커버리지로 돌아가거나 또는 eNodeB가 핸드오버 요청을 취소하여서 막상 도메인 전환 자체는 수행되지 않을 수도 있다. 그러나 일단 도메인 전환 단계가 시작되었고 SRVCC enhanced MSC 서버가 SCC AS를 접촉하였다면 단말기는 CS 무선 접속으로 옮겨 간다. 한편 역방향 SRVCC는 CS로부터 LTE 무선 접속으로 되돌아가는 도메인 전환 기능이며 3GPP 릴리스 11에 명세되어 있다.

마지막으로 살펴보는 경우는 SCC AS를 향한 세션 전환 호가 SRVCC enhanced MSC 서버에 의해서 수립되었고 EPS로부터 아무런 취소 요청이 없을 때이다. SRVCC enhanced MSC 서버는 MME로 SRVCC PS-CS 완결 통보 메시지를 보내어 요구된 절차가 완료되었음을 확인하며, 이와 더불어 타깃 RNC 또는 BSC로부터 단말기가 성공적으로 UTRAN 또는 GERAN으로 옮겨졌다는 핸드오버 완결 신호를 수신할 준비를 한다. 핸드오버 완결 신호는 경우에 따라서 MSC-B/MSC 서버-B를 경유할 수도 있다.

SRVCC PS-CS 완결 통보 메시지는 표 5.8에 작성된 정보 목록을 포함한다.

SRVCC enhanced MSC 서버는 핸드오버 완결 신호를 수신한 다음 CS 무선 접속망을 통해 단말기의 새로운 TMSI(Temporary Mobile Subscriber Identity; 임시 이동 가입자 ID)를 재배정할 수 있으며, 또한 HSS에 위치 업데이트를 수행해서 이제부터는 착신 CS 호와 SMS가 SRVCC enhanced MSC 서버를 경유하여 가입자에게 전달된다는 사항을 통보한다. 한편 가입자(예의 사용자 K)의 단말기가 IMSI/EPS 복합 합류 절차에 의해서 LTE에 합류되어 EPS를 위

표 5.8 SRVCC PS-CS 완결 통보 메시지

매개변수 명칭	목적	매개변수 값/내용의 예
IMSI	도메인 전환을 수행하는 가입자를 식별한다. SRVCC enhanced MSC 서버는 이 매개변수를 MME에 사용해서 해당 가입자를 식별한다.	가입 ID(15자리 수). MCC, MNC, MSIN을 포함한다.
Private extension	이 매개변수는 선택사항이며 망 요소 간 장비 제조업체 특정의 정보를 전달하는데 사용된다.	특별히 정해져 있지 않다.

한 CSFB를 사용할 수 있었다면 SRVCC enhanced MSC 서버에 의해 수행되는 위치 업데이트 절차가 해당 가입자를 위한 SGs 조합을 제공하고 있는 MSC 서버의 VLR 주소를 대치할 것이다.

그림 5.25는 도메인 전환이 성공적으로 완결되었을 때 호 제어 시그널링, 사용자 평면(음성) 연결 및 인터넷 기반 애플리케이션들이 어떻게 연결되는지를 나타낸다.

그림에서 긴 점선은 도메인 전환 이후에 CS 도메인을 거쳐서 서빙 IMS 도메인(SCC AS)으로 가는 호 제어 시그널링 연결을 나타낸다. 여기에서 살펴보는 예의 경우 시그널링 연결은 CS 무선 접속 망(3G)을 제어하는 MSC-B(MSC 서버)를 경유한 다음 순차적으로 SRVCC enhanced MSC 서버와 분리형 MGCF를 거쳐 서빙 IMS 도메인의 SCC AS로 라우트된다. SCC AS는 위에 설명한 것처럼 원격 상대방에게 최소한의 영향을 미치면서 도메인 간 이동성을 수행하였다. 그림에서 굵은 선은 사용자 평면(음성) 연결을 나타내며, 음성이 CS 접속(MGW)을 거쳐서 라우트되어 상대방에게 전달되는 것을 알 수 있다. 마지막으로 그림에서 점선은 도메인 전환 이후에 UTRAN 무선 접속과 패킷 도메인을 거쳐 다양한 인터넷 애플리케이션으로 계속되는 IP 트래픽을 나타낸다. 점선은 단말기가 순차적으로 NodeB(Nb), RNC, SGSN, S/P GW를 지나 인터넷으로 연결됨을 보인다.

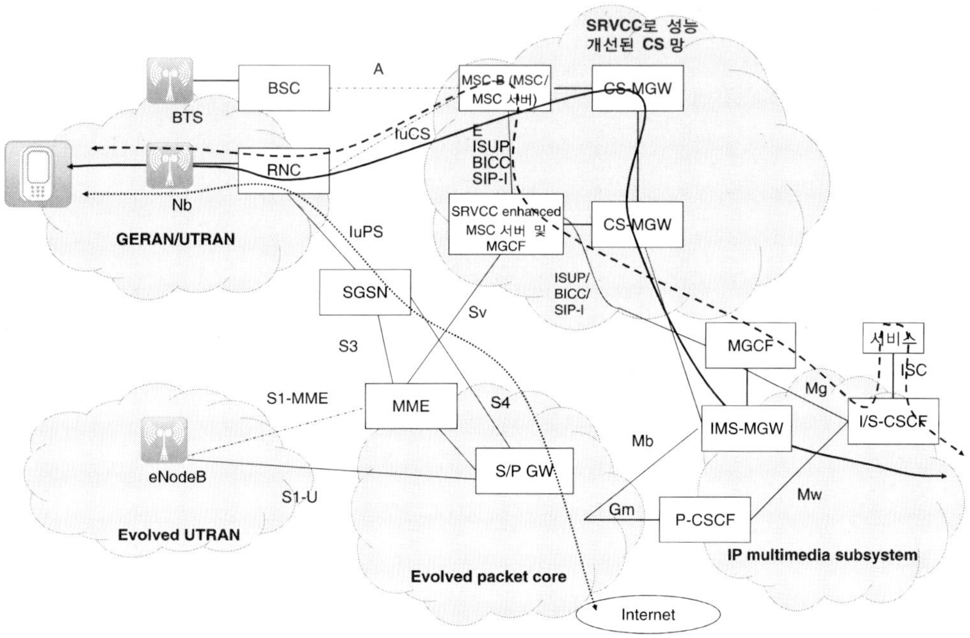

그림 5.25 SRVCC가 실행된 이후의 시그널링 및 미디어의 경로

앞의 예와 같이 진행 중인 VoLTE 호의 도메인 전환은 다소 복잡한 절차이다. 더욱이 이 절차의 성능은 그에 관여하는 망 요소와 단말기가 진행 중인 호 연결에 미치는 영향을 최소한으로 줄이면서 상호작용할 수 있는 방법에 의해 정해진다. (3GPP TS 25.913)에서는 음성 연결에서 최대 공백을 300 ms로 규정하며 이 이상의 지연이 발생하면 종단 사용자 경험이 저하될 것으로 예측한다.

5.6.2.2 SRVCC 기능의 진화

SRVCC에 대한 표준화 작업은 넓고 다양한 기술분야에 대한 요구사양이 많아서 3GPP의 표준화 프로세스에서 몇 단계로 나누어지게 되었다.

앞에서 설명한 기본적인 기능은 3GPP 릴리스 8에서 완결되었으나 그 이후 많은 부분들이 3GPP 릴리스 9, 10, 11에 도입되었다.

3GPP 릴리스 9에는 (3GPP TS 23.292)에 규정되어 있는 'ICS enhanced MSC 서버' 기능으로부터 유도된 'MSC 서버가 보조하는 mid-call 기능'(3GPP TS23.237)* 이 소개되었다. 이를 위해 SRVCC enhanced MSC 서버에 새로운 SIP 인터페이스 i2가 도입되었다. i2 인터페이스를 통해 SRVCC enhanced MSC 서버와 SCC AS간에 세션 상태 정보를 교환할 수 있게 되었다(종래의 ISUP으로는 불가능함). SRVCC enhanced MSC 서버는 현재 진행 중인 세션에 대한 세션 정보를 SCC AS로부터 수신함으로써 종단 사용자가 두 개의 진행 중인 세션(활성 세션과 대기 상태 세션)을 가지고 있었다는 것을 알 수 있다. 한편 i2 인터페이스를 사용함으로써 SRVCC가 이루어지기 전에 해당 단말기에 의해서 IMS에 수립되었던 컨퍼런스 세션을 제어할 수 있다.

표 5.9는 각각의 3GPP 릴리스에 규정된 SRVCC의 종단 대 종단 기능을 보여준다.

한편 그림 5.26은 3GPP 릴리스 10의 망 구조를 나타내었다. 3GPP 릴리스 10에는 이 절 앞부분에서 논의한 3GPP 릴리스 8에 규정되었던 도메인 전환 방법(5.6.2절, 그림 5.22)에 대한 개선점을 포함하고 있다.

GSMA VoLTE(IR.92) 프로파일은 3GPP 릴리스 8을 베이스라인으로 할 것을 필수로 한다. 이것은 초기 단계에서 대부분의 망들이 이 필수 요구사항을 준수할 수 있을 것임을 시사한다. 한편 이들 망은 정상적으로 계속되는 망 기술의 진화를 통해 최신 3GPP 베이스라인으로 성능이 개선될 것이다.

---

* 역자주 MSC 서버가 보조하는 mid-call 기능(3GPP TS 23.237)은 ICS 역량이 없는 단말기에서 세션이 진행되고 있는 도중에 서비스 제공을 유지하면서 PS-CS 접속 전환을 가능하게 하는 MSC 서버, SCC AS 및 단말기의 기능이다(비활성 세션 또는 컨퍼런스 서비스를 사용하는 세션).

표 5.9 각 3GPP 릴리스에 규정된 SRVCC의 능력

3GPP 릴리스	종단 대 종단 능력	비고
3GPP 릴리스 8	• 도메인 전환은 오직 단일 활성 음성 세션에만 지원된다. • 대기 중인 세션 또는 경보 신호 단계의 세션은 해지되고 활성 세션만 CS 도메인으로 전환된다.	• 3GPP 릴리스 8은 GSMA VoLTE 프로파일에서 베이스라인으로 선정되었으며 따라서 적어도 모든 VoLTE 망에서 지원될 것으로 예상된다.
3GPP 릴리스 9	• 3GPP 릴리스 8에 비할 때 • 대기 중인 세션과 IMS 기반의 일회용 컨퍼런스 세션도 전환된다. • 비상 세션도 전환될 수 있다.	• 이러한 기능을 지원할 수 있도록 SRVCC enhanced MSC 서버에 MaM(mid-call assisted MSC Server; mid-call 보조 MSC 서버) 기능이 추가되어야 한다. • MaM 이외에도 EATF(Emergency Access Transfer Function; 비상 접속 전환 기능)이 새로 도입되었다. EATF는 비상 세션의 지주점으로 사용되며, E-STN-SR(Emergency Session Transfer Number for SRVCC; SRVCC를 위한 비상 세션 전환번호)를 사용해서 SRVCC enhanced MSC 서버로부터 세션 전환 호를 받아들인다.
3GPP 릴리스 10	• 로밍 시나리오에서 생길 수 있는 음성 경로상의 공백을 감소시키기 위해 도메인 전환(SRVCC) 망 구조를 최적화 한다. • 이를 위해 세션은 항상 서빙 망에 지주점을 잡는다. • 경보 단계에서의 접속 도메인 전환 지원을 포함한다.	• 망 구조-서빙 망에서 작동하는 새로운 기능 두 가지가 도입되었다: ATCF(Access Transfer Control Function; 접속 전달 제어 기능)과 ATGW(Access Transfer Gateway; 접속 전달 게이트웨이). • ATCF는 SIP 세션의 지주점 역할을 하고, ATGW는 세션이 시작될 때 이루어진 음성 연결(RTP/RTCP)의 지주점 역할을 한다. • SRVCC enhanced MSC 서버는 세션 전환 호를 ATCF로 직접 수립하며, ATCF는 AGCW를 제어해서 음성 경로를 SRVCC enhanced MSC 서버에 의해 확보된 MGW로 전환한다. 이렇게 함으로써 다른 쪽의 연결을 이전 예에서 한 것처럼 업데이트하지 않아도 된다.
3GPP 릴리스 11	• GERAN/UTRAN으로부터 E-UTRAN으로 전환되는 역방향 SRVCC를 지원한다. • 비디오 호에 대한 SRVCC를 지원한다.	• VoLTE 단말기로부터 발신된 CS 호가 IMS를 통하여 라우트되도록 요구된다. 이는 역방향 SRVCC를 수행하려면 SCC AS가 이러한 호에 대해서 알고 있어야 하기 때문이다. • SRVCC enhanced MSC 서버도 CS 비디오 전화의 도메인 전환을 지원할 수 있다(3GPP 3G-324M에서 LTE로). • 3GPP 릴리스 10 이후 망 구조에는 주요 개선점이 더 이상 도입되지 않았다.

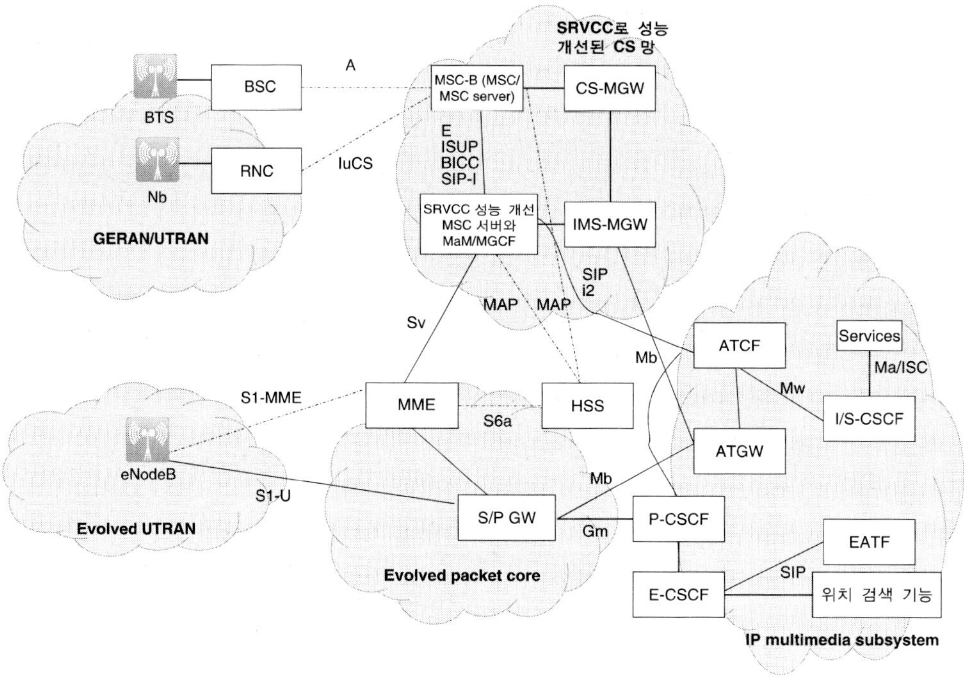

그림 5.26 3GPP 릴리스 10의 SRVCC 구조

5.6.3 요약

이 절에서는 이동성 관리에 관한 시나리오를 예를 들어 설명하였으며 이것은 단말기가 서로 다른 3GPP 무선 접속 망 기술 사이에서 이동할 경우의 VoLTE 세션에 적용할 수 있다.

첫 부분은 LTE/E-UTRAN과 3G/UTRAN 간 패킷 교환 도메인 내에서 이동성에 대해 설명하고 있다. 이러한 이동성은 레거시 3G 무선 접속 기술이 음성 대화 트래픽 등급(Conversational Traffic Class), ROHC 등의 기능을 포함한 VoIP를 지원하도록 업그레이드될 경우에도 마찬가지로 지원될 수 있다.

두 번째 부분은 PS 도메인(LTE/EUTRAN)과 CS 도메인 간의 이동성에 대해 설명하고 있다. 이러한 이동성은 통신망 사업자로 하여금 기존의 다른 무선 접속 기술에 최소한의 영향을 미치면서 LTE를 구현할 수 있도록 한다. 그러나 도메인 전환 절차(SRVCC)의 복잡성을 고려하면 아마도 LTE의 구현 단계의 초기에는 이러한 기능이 포함되지 않을 수도 있을 것이다. 도메인 전환 기능은 3GPP 릴리스 10 규격을 베이스라인으로 목표하고 있으나 초기 구현은 이미 3GPP 릴리스 8을 베이스라인으로 하고 있기도 하다.

5.7 IMS 비상 세션(IMS Emergency Session)

IMS 비상 세션에는 사용자가 접속, EPC 및 IMS의 각 도메인에서 특별히 취급되도록 해주는 특별한 절차가 요구된다.[12] 사용자가 비상 세션을 원하는 것을 단말기가 감지한 이후부터 이루어지는 IMS 비상 세션의 절차는 다음과 같다(그림 5.27 참조).

- 단말기에서 비상을 표시해서 RRC 연결 수립 절차를 시작한다.
- 단말기가 비상을 표시해서 PDN 연결을 요청한다.
- MME가 비상 구성 데이터를 근거로 비상 APN을 선택하고 PDN GW에 디폴트 베어러를 요청한다. 이 절차는 IMS APN으로 향하여 이미 존재하는 PDN 연결과 병행하여 이루어진다.

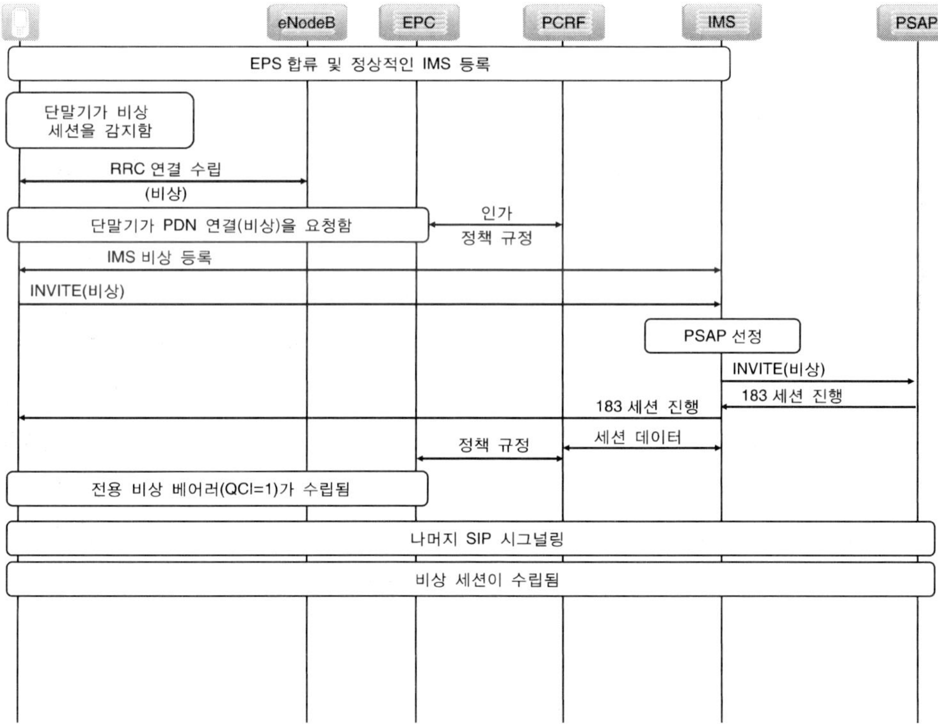

그림 5.27 VoLTE 비상 세션

12 핀란드의 예를 들면 2010년 1년 동안 3,954,569개의 비상 호가 발신되었으며(http://www.112.fi/documents/Tilastoja_tammijoulu_2011.pdf), 이것은 인구 1인당 1년에 0.74개의 비상 호가 있었음을 의미한다.

- 단말기가 수신된 IP 주소와 P-CSCF 주소를 사용해서 IMS 비상 등록을 실행한다. 비상 등록은 이미 존재하는 정상적인 등록과 병행해서 이루어진다.
- 단말기가 IMS에 비상 세션 요청을 보낸다.
- IMS는 비상 세션을 PSAP(Public Safety Answering Point; 공공 안전 대응센터)으로 라우트하고 세션 정보를 PCRF에 전달한다.
- PCRF가 정책 규정을 생성해서 P-GW로 전달한다.
- P-GW가 전용 비상 베어러를 수립한다.

위에서는 단말기가 이미 정상적으로 망에 등록되어 있는 가장 전형적인 경우를 설명하였다. E-CSCF와 LRF 등의 상세한 IMS 기능 구성은 그림 3.17에 나타나 있다(그림은 PSAP에 도달할 수 있는 세 가지 다른 방법을 보여준다). 비상 서비스는 가입이 요구되지 않는 서비스이며 서빙 망에서 제공된다(따라서 가입자가 로밍 중이라면 로밍 IMS 망에서 제공된다). 또한 비상 서비스는 USIM이나 ISIM이 유효하지 않아도 되며 사업자 간 로밍 합의가 없어도 제공될 수 있다.

5.7.1 비상 세션을 위한 PDN 연결 수립

단말기는 비상 세션을 위한 초기 합류를 할 수도 있고 혹은 비상 세션을 위한 PDN 연결을 요청할 수도 있다.

단말기가 이미 MME에 합류되어 있을 경우 'PDN 연결 요청 NAS 메시지'를 MME로 보내어 비상 세션을 위한 새로운 PDN 연결을 요청한다. MME는 'MME 비상 구성 데이터'[비상 APN, P-GW ID, APN AMBR, QoS 프로파일(ARP와 QCI 포함)]를 갖추고 있다. 'MME 비상 구성 데이터'에 포함되어 있는 비상 APN은 P-GW를 선정하는데 사용되는데, 때로는 이미 비상 APN을 위한 P-GW가 설정되어 있을 수도 있다. MME는 세션 생성 요청을 S/P-GW로 보낸다.

MME는 eNodeB로 베어러 수립 요청을 보내는데, 이때 비상 베어러 서비스 ARP 값을 포함해서 보냄으로써 E-UTRAN에 이것이 비상 서비스를 위한 것임을 표시해 준다. 무선 베어러가 수립되면 단말기는 이제 비상 PDN 연결을 사용하여 SIP 시그널링을 수행할 수 있다.

5.7.2 비상 등록

단말기에 유효한 USIM/ISIM이 장착되어 있고 EPC에서는 EPS 합류 혹은 추적 지역 업데이트의 한 부분으로 비상 기능을 지원하고 있는 것을 표시하고 있을 경우 가입자가 911 또는 112와 같은 통용 비상번호를 누르면 단말기는 IMS 비상 등록을 실행해야 한다.

비상 등록 절차는 5.4절에서 논의한 바와 같은 정상적인 IMS 등록 절차를 따르나 다음과 같은 예외사항을 포함한다.

단말기는 등록 요청을 구성할 때 Contact 헤더에 'SOS' 매개변수를 포함시켜서 이 등록이 비상 목적 등록임을 나타낸다. 이때 Contact 헤더에는 MMTel이나 IP로 전송되는 SMS를 위한 기능 태그가 포함되지 않는다. 새로운 IP 주소를 사용하는 이 비상 등록 요청은 다음 예와 같다.

```
REGISTER sip:ims.mnc005.mcc244.3gppnetwork.org SIP/2.0
Via: SIP/2.0/UDP [5555::1:1:1:1]:1600; branch=0uete
Max-Forwards: 70
P-Access-Network-Info: 3GPP-E-UTRAN-TDD; utran-cell-id-3gpp=
244051F3F5F7
From: <sip:kristiina@example.com>;tag=3442f
To: <sip:kristiina@example.com >
Contact: <sip: [5555::1:1:1:1]:1600>;
expires=600000;
sos;
+sip.instance="<urn:gsma:imei:90420156-025763-0>";
Call-ID: herhe4636hdhfh3466
Authorization: Digest username="private_user1@example.com",
realm="ims.mnc005.mcc244.3gppnetwork.org", nonce="",
uri="sip:ims.mnc005.mcc244.3gppnetwork.org",response=""
Security-Client: ipsec-3gpp; alg=hmac-sha-1-96; spi-c=1111;
spi-s:=2222; port-c=9999; port-s=1600
Require: sec-agree
Proxy-Require: sec-agree
Supported: path
CSeq: 10 REGISTER
Content-Length: 0
Content-Length: 0
```

이 요청은 S-CSCF로 라우트된다. 단말기는 보안 질문을 수신하고 5.4절에 설명한 바와 같이 보안 질문에 응답한다. S-CSCF는 유효한 응답을 포함한 두 번째 등록 메시지를 수신하면 등록을 수락하는데 이때 Expire 헤더의 등록 시간 값을 지역적인 규제에 맞추어 비상 세션에 특정된 값으로 설정한다. 등록 시간 값은 대체로 정상적인 등록에 비해 훨씬 짧게 정해질 것으로 예상된다. 비상 등록은 비상 세션 동안은 활성화되어 있어야 하며 세션이 완료된 뒤 어느 정도의 시간 내에는 PSAP로부터 다시 비상 세션 발신자에게 연결할 수 있도록 해야 한다. 더욱이 비상 세션은 P-CSCF로부터 일반 S-CSCF가 아닌 비상 세션 전용의 E-CSCF로 라우트되기 때문에 S-CSCF가 Service-Route 헤더를 설정할 수 없다.[13] 200 OK 응답은 다음과 같다.

```
SIP/2.0 200 OK
Via: SIP/2.0/UDP icscf1.example.com;branch=3icte
Via: SIP/2.0/UDP pcscf1.example.com;branch=2pcte
Via: SIP/2.0/UDP [5555::1:1:1:1]:1600;branch=1uete
From: <sip:kristiina@example.com>;tag=89797
To: <sip:kristiina@example.com>;tag=sgdewe3
P-Associated-URI: <sip:kristiina@example.com>, <tel:+358501234567>
P-Charging-Function-Addresses: ccf=chargingentity.example.com
P-Charging-Vector: orig-ioi: "Type1 example.com"; term-ioi:
"Type 1 example.com"
Path: <sip:term@pcscf1.home.fi;lr>
Contact: <sip: [5555::1:1:1:1]:1600 >;
expires=1000;
sos;
+sip.instance="<urn:gsma:imei:90420156-025763-0>";
Call-ID: herhe4636hdhfh3466
13 If a communication service provider desires to route a non roaming
emergency session via S-CSCF then the
S-CSCF adds a Service-Route header.
CSeq: 11 REGISTER
Content-Length: 0
```

비상 세션 등록은 정상적인 등록과는 달리 단말기와 P-CSCF가 등록 이벤트 패키지에 가입하지 않는다(5.4.10절 참조). 또한 단말기나 망은 등록 해지를 실행할 수 없다(5.4.12절 참조). 즉, 비상 세션은 등록 시간 타이머가 끝날 때 까지(위의 예에서는 1,000초) 계속하여 활성화되어 지속된다. 다만 등록 시간 타이머가 끝나갈 무렵에도 비상 통신이 계속되고 있거나 혹은 비상 세션을 시작하는 도중일 경우에는 단말기에서 사용자 주도 비상 재등록을 실행할 수 있다.

5.7.3 비상 세션

등록 절차를 마친 단말기는 비상 INVITE 메시지를 구성한다(이때 요구되는 SDP 정보는 여기에 나타내지 않는다. 5.5.1절의 SDP 설명을 참조하라).

---

13 만약 통신서비스 사업자가 로밍이 아닌 비상 세션을 S-CSCF를 통해서 라우트하기를 원할 경우에는 S-CSCF가 Service-Route 헤더를 설정하여 넣는다.

```
INVITE urn:service:sos SIP/2.0
Via: SIP/2.0/UDP [5555::1:1:1:1]:1600; branch=abc123
Max-Forwards:70
Route: <sip:[5555::55:66:77:88]:9000;lr>
P-Access-Network-Info:3GPP-E-UTRAN-TDD;utran-cell-id-
3gpp=2440051F3F5F7
P-Preferred-Identity: <tel:+358501234567>
P-Preferred-Identity: <sip:kristiina@example.com>
Privacy: none
From: <sip:kristiina@example.com>;tag=171828
To: urn:service:sos
Call-ID: cb03a0s09a2sdfglkj490333
Cseq: 127 INVITE
Require: sec-agree
Proxy-Require: sec-agree
Supported: precondition, 100rel, 199
Security-Verify: ipsec-3gpp; alg=hmac-sha-1-96; spi-c=98765432;
spi-s=87654321; port-c=8642; port-s=9000
Contact: <sip:5555::1:1:1:1]:1600;
Allow: INVITE, ACK, CANCEL, BYE, PRACK, UPDATE, REFER, MESSAGE,
OPTIONS
Accept:application/sdp, application/3gpp-ims+xml
Content-Type: application/sdp
Content-Length: (. . .)
```

위에 나타낸 비상 INVITE 요청은 사실상 정상적인 INVITE 요청과 매우 비슷하나 다음과 같은 차이점을 가진다.

- 요청-URI와 To 헤더가 비상 서비스 URN(Uniform Resource Name)을 포함한다. 단말기는 사용자가 다이얼한 번호(예: 112 혹은 911)를 해석해서 비상 서비스 URN를 구한다.
- P-Preferred-Identity 헤더가 사용자 K가 IMS에 등록한 공공 사용자_ID(각각 하나의 SIP URI와 Tel URI)[14]를 포함한다.
- Route 헤더가 단지 P-CSCF 주소만을 포함한다.
- MMTel 서비스에 관련된 정보가 들어 있지 않다(Accept-Contact 헤더와 P-Preferred-Service 헤더가 존재하지 않으며 Contact 헤더가 MMTel ICSI를 포함하지 않는다).

14 P-Preferred-Identity는 비상 세션에서는 필수사항이지만 정상 세션에서는 선택사항이다.

P-CSCF는 이 요청이 도착하면 동일한 IMS망에서 E-CSCF를 선정하여 이 요청을 보낸다. E-CSCF는 단말기에서 제공한 위치 정보(P-Access-Network-Info 헤더에 포함되어 있음)와 비상의 유형(만약 제공되었을 경우 SOS 화재 또는 SOS 경찰 등)을 이용해서 PSAP 주소를 확정한다. 만약 더욱 정확한 위치 또는 망에서 제공되는 정보가 요구될 경우 E-CSCF는 LRF 기능(3.4.4.4절 참조)를 이용해서 위치 정보를 구하거나 혹은 구체적인 PSAP를 선정한다. 이제 비상 INVITE 요청은 PSAP로 라우트되고 정상적인 세션 수립 원칙에 의해 세션이 수립된다.

만약 PSAP에서 사용자로부터 더욱 정확한 위치 정보 혹은 업데이트된 위치 정보가 요청되면 PSAP은 LRF로 위치 확인 요청을 보낸다. LRF는 OMA(Open Mobile Alliance)에서 규정한 SUPL(Secure User Plane Location; 보안 사용자 평면 위치) 표준 혹은 3GPP에 서 규정한 제어 평면 해법을 사용해서 위치 정보를 구한다.

5.7.3.1 관련 표준

- 3GPP TS 23.167 – IP multimedia subsystem(IMS) emergency sessions
- 3GPP TS 23.401 – General packet radio service(GPRS) enhancements for evolved universal terrestrial radio access network(E-UTRAN) access
- 3GPP TS 24.229 – IP multimedia call control protocol based on session initiation protocol(SIP) and session description protocol(SDP); stage 3
- 3GPP TS 29.212 – Policy and charging control over Gx reference point
- 3GPP TS 29.214 – Policy and charging control over Rx reference point
- RFC5031 – A uniform resource name(URN) for services

5.8 EPS 호에 대한 CSFB 사용 사례

EPS 호에 대한 CSFB는 단말기가 계속해서 LTE 무선 접속을 유지할 수 있도록 하는 한편 기존의 CS 코어망 서비스를 재사용할 수 있도록 한다. CSFB는 3GPP 릴리스 8에서 처음 도입되었고 3GPP 릴리스 9에서 성능이 더욱 개선되었다. CSFB의 시스템 전반에 관한 기능은 3GPP 릴리스 9 기술 규격(3GPP TS 23.272)에 수록되어 있다.

CSFB는 마켓의 필요성에 기반하여 별도로 구현될 수 있는 다중의 기능(이용 사례)으로 나누어져 규정되었다. 이러한 기능은 다음과 같이 각각의 3GPP 릴리스에 포함되어 있다.

- LTE 상 단말기 발신 SMS(3GPP 릴리스 8)
- LTE 상 단말기 착신 SMS(3GPP 릴리스 8)
- 단말기 발신 CS 음성 및 비디오 전화 호(3GPP 릴리스 8)

- 단말기 발신 비상 호(3GPP 릴리스 8)
- 단말기 발신 우선 취급 호(3GPP 릴리스 10)
- 단말기 착신 CS 음성 및 비디오 전화 호(3GPP 릴리스 8)
- 단말기 발신의 호와 독립적인 보조 서비스 절차(3GPP 릴리스 8)
- 망 주도 USSD(Network Initiated Unstructured Supplementary Service Data; 비구조화 보조 서비스 데이터)(3GPP 릴리스 8)
- 단말기 착신 위치 요청(MT-LR)(3GPP 릴리스 8)

CSFB 구현 초기에는 음성 전화 기능이 없는 데이터 전용 디바이스(태블릿, 동글 등)를 사용하는 경우에 초점을 두었기 때문에 초기의 이용사례는 SMS에 집중되어 있었다. 특히 구체적으로 단말기를 설정하거나 (디바이스 관리) 또는 데이터 서비스 요금에 대한 정보를 배달(로밍 요금을 미리 공지하는)할 수 있는 그러한 SMS를 망으로부터 단말기로 전달하는 방법에 중점을 두었다.

단말기 발신 SMS 및 단말기 착신 SMS 능력은 이용사례의 한 부분이 되었고 궁극적으로 3GPP에서 IP로 전송되는 SMS를 표준화 하였다. 5.9.2.2절에서 기술된 바와 같이 본래의 IMS 기반 VoIP를 지원하는 단말기라면 모두 IP로 전송되는 SMS를 지원할 것이 예상된다. 그러나 한편으로는 CSFB를 지원하는 LTE 상의 SMS도 이와 병행해서 장기간 사용될 것으로 예상된다.

한편 현재의 이동통신망의 음성 서비스와 비슷한 서비스를 지원하기 위해서는 단말기 발신 및 착신 음성 전화 호의 그러한 사용 사례가 지원되어야 한다. 즉, 전화 클라이언트가 설치된 음성 중심의 단말기(단말기의 형태에 따름)가 LTE 무선 접속에 수용되어 있더라도 필요한 경우가 생기면 GERAN, UTRAN 또는 CDMA 1x 등의 기존 무선 접속 망으로 전환되어서 실제로 발신 호나 착신호를 완수할 수 있어야 한다. 사실상 그러한 음성 중심의 단말기는 만약 코어망에서 음성이 가능한 서비스(예: CSFB를 통한)를 지원하지 않는다면 애초에 LTE 무선 접속 망에 수용되기조차 불가능하다. 대부분의 망은 LTE에 수용된 단말기에 음성 서비스를 제공할 수 있도록 CSFB를 구현할 것임을 예상할 수 있다. 따라서 실제적으로 수립된 호에 관련된 음성 경로는 LTE를 통하지 않고 오히려 항상 레거시 무선 접속 기술을 통해 이루어지게 된다. 호가 성공적으로 완료된 다음 단말기는 LTE 커버리지가 충분할 경우에는 LTE로 되돌아와 수용되거나 계속해서 2G/3G 셀에 수용된다. 이것은 LTE 커버리지가 가능해질 경우 언제든지 LTE의 이점을 되살려 사용할 수 있다는 점에서 매우 중요하다.

나머지 이용사례들은 호와 관계없는 경우들로서 예를 들면 위치 정보 검색 등이며 그러한 기능이 요구되는 실제 상황에 맞추어 구현된다. 특히 USSD는 중요한 애플리케이션들을 다수 포함하는데 애플리케이션들이 본래의 IP 기술로 구현되지 않는 한 그 중요성을 계속 유지하게 될 것이다. 그 일례로 선불 서비스 애플리케이션을 재구현하는 것을 생각할 수 있다.

장기적으로 볼 때 CSFB의 역할은 IMS 기반의 VoLTE가 도입되고 IMS가 가능한 단말기의 보급이 증가함에 따라 점차적으로 줄어들 것이다. 그런데 IMS 기반의 VoLTE 역시 단계적으로 도입될 것이다. 즉, 첫 단계에서 IMS 기반의 VoIP은 가입자가 홈 망-홈 PLMN 내에 위치할 경우에만 지원될 것이며 가입자가 다른 LTE 망으로 로밍할 경우 만약 IMS 로밍 구조가 구현되어 있지 않았다면, 순수한 CS 음성이나 CSFB가 지원될 것이다. 더욱이 만약 정부에서 요구하는 규제에 따른 IMS 기반의 비상 호나 우선 취급 서비스가 아직 지원되지 않는다면 IMS 상용 서비스 초기에는 해당 통신서비스 사업자가 CSFB를 대신 사용할 수 있다. 이와 같이 망과 단말기의 기술적인 능력과 한계 그리고 영업 전략에 맞추어 IMS VoIP를 점진적으로 도입할 수 있다. 망과 서비스의 궁극적인 목표는 비상 호, 멀티미디어 우선 취급 서비스, 로밍 등을 모두 IMS 기반으로 지원하는 것이다.

이 절 나머지 부분에서 CSFB가 구조적으로 구현되어 있을 때 종단 사용자에 대한 사용 예를 더욱 자세히 설명한다. 또한 3GPP2 마켓에서는 사실상 CSFB가 별로 중요한 역할을 하리라고 예상하지 않으며, 여기서는 3GPP 기반의 구조와 해법을 중점적으로 살펴본다.

5.8.1 EPS를 위한 CSFB의 구조

LTE 망에 CSFB 능력을 구현하려면 기존의 CS 망과 EPS 두 부분을 모두 변경해야 한다. 가장 크게 바뀌는 것은 MME와 CS 망의 MSC/MSC 서버 간에 SGs 인터페이스(3GPP TS 29.118)를 도입하는 것이라고 볼 수 있다. 여기에서 MME는 CSFB 기능이 가능한 LTE 사용자를 담당하는 MME를 말한다. 한편 CS망에 필요한 변경의 정도는 중첩된 구현 방법을 사용하는지의 여부에 따른다.

CSFB의 기능은 단말기, E-UTRAN 및 관련된 CS 도메인이 모두 이를 지원해야만 가능하다. 이는 즉 HSS/HLR에는 특별히 CSFB를 위한 가입자 레벨의 정보가 필요하지 않다는 것을 의미한다. 그러나 경우에 따라서는 MME는 단말기로부터의 IMSI/EPS 복합 합류 요청을 거절하도록 설정될 수도 있다. 음성 중심 LTE 스마트폰으로부터 IMSI/EPS 복합 합류 요청이 거절되고, 이때 IMS 음성 서비스가 불가능한 상태라면 단말기는 일반적으로 3G/2G 망이나 CDMA 망에 수용된다.

그림 5.28은 CSFB를 제공하는 일반적인 3GPP 망을 보여준다.

그림 5.28의 구조에서 SGs 인터페이스가 EPS에 의해 지원되는 E-UTRAN 지역이라기보다는 오히려 같은 지역에 GERAN/UTRAN 서비스를 제공하는 모든 MSC/MSC 서버 망 요소에 구현되어 있는 것을 알 수 있다. 또한 SGs 인터페이스를 (3GPP TS 23.236)에 규정된 바와 같은 MSC/MSC 서버 풀에 구현할 수도 있다.

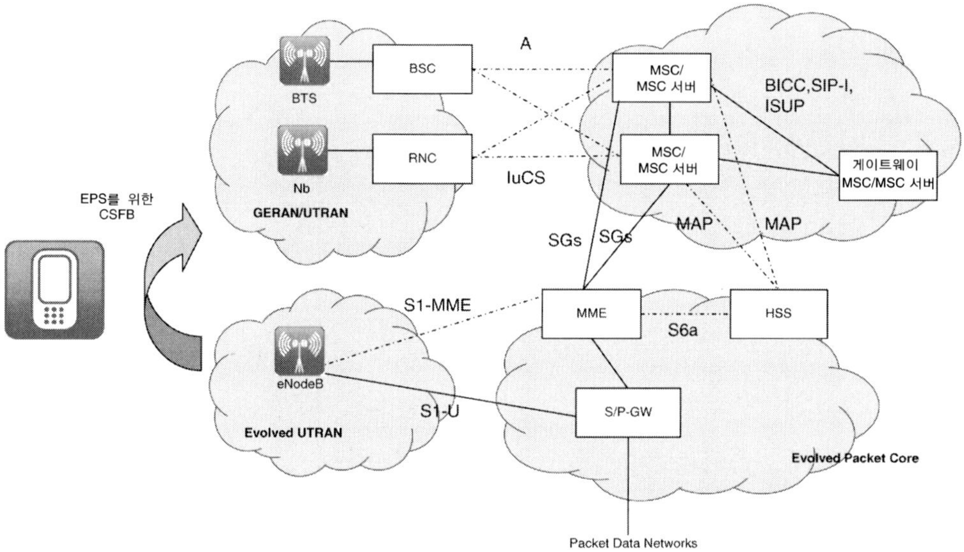

그림 5.28 CSFB 구조

이 경우 CSFB가 실행된 다음 TMSI의 망 자원 ID(Network Resource Identifier, NRI)와 같은 풀 체계를 이용해서 시그널링 메시지를 풀에 속한 MSC/MSC 서버로 정확하게 라우트할 수 있다. 그림 5.29는 이와 같은 망 구조가 구현된 것을 나타낸다.

SGs 인터페이스는 각각의 MME와 MSC/MSC 서버를 지점 대 지점으로 연결하도록 구성한다. 따라서 특정한 MME 하나가 다수의 MSC/MSC 서버로 연결되는 경우도 있고 또 MSC/MSC 서버가 다수의 MME로 연결되는 망을 설계할 수도 있다. 단일 MME가 복수의 MSC/MSC 서버로 연결되어 있는 경우 MSC/MSC 서버를 선정해야 된다. MME는 MME가 담당하는 추적 지역, 단말기로부터 수신한 구 LAI, MSC/MSC 서버가 담당하는 위치 지역을 매핑하고 그 결과에 의해서 MSC/MSC 서버를 선정할 수 있다. 한편 단일 추적지역 내에 있는 단말기를 위한 CSFB 기능은 적어도 하나의 MSC/MSC 서버에 의해 처리된다고 디폴트로 가정할 수 있다. 그러나 망에서 높은 신뢰도가 요구되는 경우에 대해서는 (3GPP TS 23.272)에 명세된 규정에 의하면 MME가 추적지역의 위치 매핑을 실행할 때 MSC/MSC 서버의 구성 목록의 '풀'에서 다수의 MSC/MSC 서버를 선정할 수 있도록 허용된다. MME는 (3GPP TS 23.236)에 규정된 원칙을 따라야 하는데, 이 규정은 전통적인 CS와 PS 풀 기능의 기본이기도 하다. 이 규정에 의하면 각각의 단말기가 IMSI/EPS 복합 합류 절차를 실행할 때 특정한 IMSI 해시 기능(hash functionality)을 수행하고 그 결과로 해당 단말기를 담당하도록 배정된 MSC/MSC 서버의 ID가 얻어진다.

한편 처음에 구현되는 CSFB는 소비자들에게 단지 데이터 중심의 디바이스만이 제공될 수

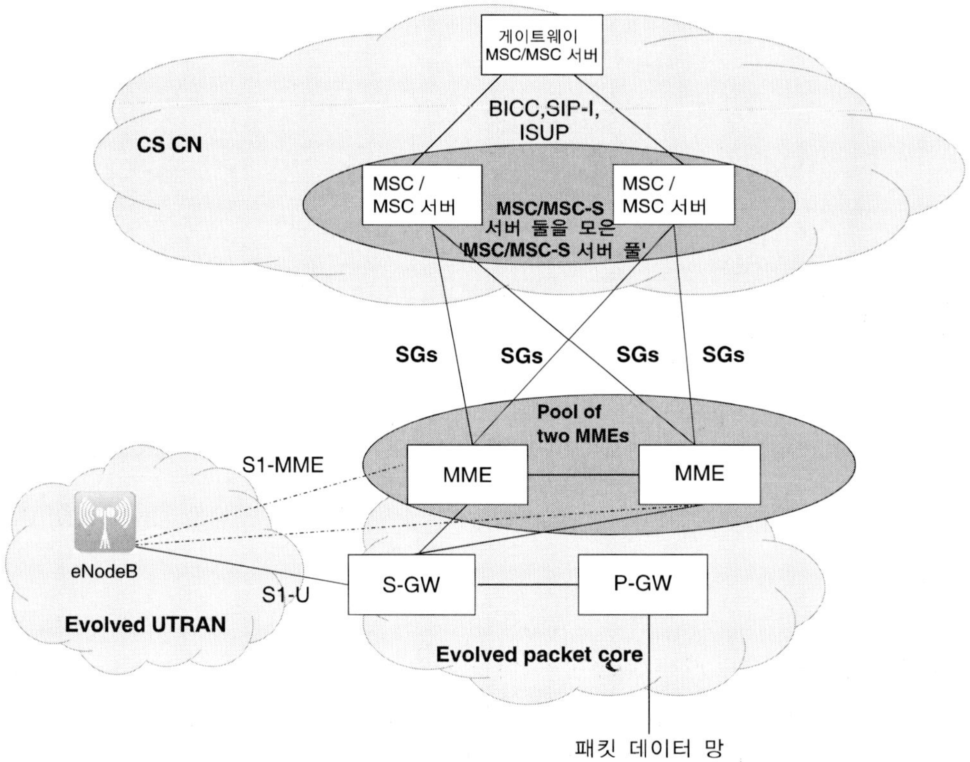

그림 5.29 CSFB와 망 기능을 모은 풀(Pool)

있는 실정을 감안할 때, LTE로 전송되는 SMS(SGs)만을 지원하게 될 가능성이 크다. 이 경우 만약 음성 호나 다른 사용 사례가 요구되지 않는다면 다른 망 요소에 요구사항을 추가할 필요 없이 MME가 다수의 MSC/MSC 서버에 연결되는 망 구성을 그대로 사용할 수 있다. 즉, E-UTRAN으로부터 GERAN/UTRAN/CDMA2000 1X 무선 접속으로의 전환이 사실상 실행되지 않기 때문에 몇몇 MSC/MSC 서버 층으로 데이터 중심의 디바이스가 단지 SMS만을 위한 IMSI/EPS 복합 EPS 합류를 실행하는 것을 쉽게 지원할 수 있다는 것을 의미한다.

그러나 한편 CSFB가 요구되는 사용 예(특히 단말기 착신호)의 경우 이러한 망 구현에는 소위 MTRR(Mobile Terminating Roaming Retry; 이동 단말기 착신 로밍 재시도) 기능이 요구된다. MTRR은 (3GPP TS 23.018)의 일부로 명세되었고 (3GPP TS 23.272)에서 다시 정의되었다. 원래 MTRR 절차는 기존의 CS 이동통신 단말기가 2G와 3G 무선 접속 기술 간을 이동할 때 도달 불능 상태가 될 경우 착신호가 실패하던가 또는 음성 메일 시스템으로의 전환이 실패하는 것과 같은 문제점을 해결하기 위해 표준화 되었다. MTRR을 CSFB 경우에 재사용하려면 홈 PLMN의 HLR과 게이트웨이 MSC/MSC 서버에서 MTRR 기능을 지원해야 되며, 이것은 로밍 사용자가 특정한 EPS 내에서 로밍 중 CSFB를 사용하는 망에도 마찬가지로 요구된다. MTRR 절차는 5.8.9.1절에 자세히 설명한다.

궁극적으로 MTRR을 구현하고 사용하는 데에서 발생하는 복잡성(호 수립 시간이 더욱 길어지는 데에서 생기는 사용자 경험에 대한 부정적인 영향, 홈 PLMN의 망 요소에 미치는 영향 등)을 줄이기 위해 3GPP 릴리스 10에서 MTRF(Mobile Terminating Roaming Forwarding; 이동 단말기 로밍 전달) 절차가 새로 제안되었다. 이 제안에 따르면 CSFB 절차 도중에 서빙 MSC/MSC 서버가 바뀌게 되는 경우 호를 홈 PLMN으로부터 다시 라우트해야 될 필요를 없애준다. 이 제안에 따른 변경사항 대부분은 서빙 PLMN에 요구되고 있다. 더욱 자세한 설명은 5.8.9.2절을 참조한다.

그림 5.29는 MSC/MSC 서버 망 요소의 고장에 대해 강한 복구력을 가진 망의 구성(즉, 풀 구성)을 보여준다. 그림은 또한 복수의 MME로 구성된 'MME 풀'도 보여준다. 'MME 풀'은 S1-flex(풀)이라고 하며, 단일 추적 지역을 담당하도록 설정하여 EPS에 발생할 수 있는 고장 상황으로부터 복구력을 증가시킨다.

5.8.2 SGs 인터페이스

(3GPP TS 29.118) 표준에 명세되어 있는 SGs 인터페이스는 이동통신망에서 널리 사용되고 있는 Gs 인터페이스의 상위 레벨 기본 원리를 기반으로 규정되어 있다. Gs 인터페이스는 PS 데이터와 CS 음성이 가능한 단말기에 대한 페이징을 관장하는데 사용되며 (3GPP TS 29.018)에 규정되어 있다.

그러나 SGs 인터페이스의 기본적인 원리가 비록 Gs 인터페이스로부터 시작되었다고 하더라도 사실상 SGs 인터페이스의 설계 원칙에는 다른 점이 많이 있다. SGs 인터페이스는 우선 전통적으로 사용되어 온 SS7 프로토콜 계층을 사용하지 않고 원조의 SCTP(Stream Control TransmissionProtocol; 스트림 제어 송신 프로토콜)에 기반을 둔다(Gs 인터페이스는 SS7 프로토콜의 라우팅 원칙에 기반하고 있다). 즉, SGs 인터페이스가 MME와 MSC/MSC 서버 간에 항상 직접적으로 수립된다는 것을 의미한다.

그림 5.30은 SGs 참조점의 프로토콜 스택을 보여준다.

그림 5.30의 제일 위에 보이는 SGsAP는 SGs의 애플리케이션 부분을 나타내며 사실상 SGs 인터페이스로 전달되는 프로토콜의 실제적인 적재 부하로써 메시지 신택스와 정보요소(Information Element, IE) 구조를 포함하고 있다. SGsAP는 SCTP 계층으로 전송된다. SCTP는 백본 망에 고장이 발생할 경우에 대비하여 멀티 호밍(multi-homing)을 지원하거나 또는 망 요소의 실제 역량에 따라서는 단지 싱글 호밍(single homing)만을 지원하기도 한다. 이러한 SCTP 조합은 망에 미리 설정되어 있으며, 망 관리 시스템을 통해 문제되는 망 요소를 설정된

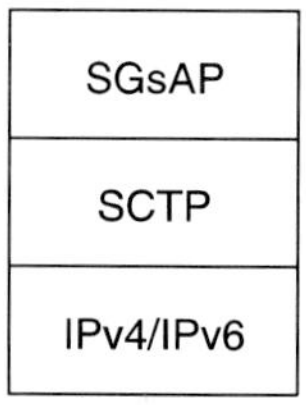

그림 5.30 SGs 참조점의 프로토콜 스택

대로 작동시킨다. IP 연결이 고장날 경우에 대해 망 레벨의 복구력을 높이기 위해 멀티 호밍 방식이 추천된다. 한편 SGs는 IPv4와 IPv6를 모두 지원하며, 망 요소의 실제 역량에 따라 유연하게 구현될 수 있다.

SGs 인터페이스의 메시지 신텍스는 구체적인 메시지 정의와 필수 및 선택 정보요소를 포함하는 TLV(Tag Length Value; 태그 길이 값) 부호화에 기반을 둔다. 이때 정보요소도 같은 종류의 TLV 구조를 가진다.

SGsAP에 관련된 메시지는 MME와 MSC/MSC 서버 간 실행되는 몇 가지 표준 절차에 사용된다. 절차에 따라서는 단순한 SGsAP 메시지 하나를 교환하기도 하고 복수의 SGsAP 메시지 배열을 교환되도록 구성하기도 한다. SGs 프로토콜은 다음과 같은 절차를 정의하고 있다.

- 경고 및 단말기 작동 표시
- EPS 이탈 및 IMSI 이탈
- 하향링크 단위 데이터 및 상향링크 단위 데이터
- 위치 업데이트
- 페이징
- MM 정보
- 리셋 및 상태

위에 열거한 절차에 대한 구체적인 부호화는 이 책의 범주를 벗어나며, 이 장 뒷부분에서 실제적인 호 흐름을 살펴볼 때 관계되는 절차를 참고로 한다. 표 5.10은 SGsAP 메시지를 요약해서 나타내었다. SGs 인터페이스에 대한 프로토콜 레벨의 상세한 내용은 (3GPP TS 29.118)을 참조한다.

5.8.3 대기 모드 시그널링 감축과 EPS를 위한 CSFB

초기의 LTE 구현은 전반적인 커버리지를 제공하지 못하고 부분적으로 서로 떨어져 있는 일부 지역에 대해서만 제공할 것이므로 LTE의 ISR(Idle-mode Signalling Reduction; 대기 모드

표 5.10 SGsAP 메시지

SGsAP 메시지	목적
SGsAP-alert-ack	MME에 의해서 사용됨. MSC/MSC 서버로 경보 절차 시작을 확답해 보낼 때 사용한다.
SGsAP-alert-reject	MME에 의해서 사용됨. MSC/MSC 서버에 대한 경보 절차 시작을 거절한다.
SGsAP-alert-request	MSC/MSC 서버에 의해서 사용됨. MME로부터 경보 절차를 요청할 때 사용한다. 경보 요청은 EPS에 합류되어 있는 단말기의 이동성 상태가 MME와 MSC/MSC 서버 간에 논리적으로 나누어져 있기 때문에 필요하다. 즉, MSC/MSC 서버(VLR)가 SGs 인터페이스를 통해서 단말기(EPS에 합류되어 있는)에 도달할 수 있는지의 여부를 항상 정확히 알고 있지 못하므로 VLR은 MME에 그 상태에 대한 정보를 요청해야 한다.
SGsAP-downlink-unitdata	MSC/MSC 서버에 의해서 사용됨. 하향링크 SMS에 관련된 정보를 그대로 EPS로 전달할 때 사용한다.
SGsAP-EPS-detach-ack	MSC/MSC 서버에 의해서 사용됨. MME나 단말기 주도에 의해서 단말기가 EPS에서 성공적으로 이탈하였음을 확답할 때 사용한다. 이 절차 이후 단말기는 SGs 연합을 갖고 있지 않는 것으로 간주된다.
SGsAP-EPS-detach-indication	MME에 의해서 사용됨. 이 이벤트에 앞서 수립되었던 SGs 연합을 닫기 위해 MSC/MSC 서버로 절차를 시작하는데 사용한다.
SGsAP-IMSI-detach-ack	MSC/MSC 서버에 의해서 사용됨. MME나 단말기 주도에 의해서 IMSI(단말기)가 EPS로부터 성공적으로 이탈하였음을 확답하는데 사용한다.
SGsAP-IMSI-detach-indication	MME에 의해서 사용됨. 이 이벤트에 앞서 수립되었던 SGs 연합을 닫기 위해 MSC/MSC 서버로 IMSI 이탈 절차를 시작하는데 사용한다.
SGsAP-location-update-accept	MSC/MSC 서버에 의해서 사용됨. MME가 요청한 특정 IMSI의 위치 업데이트가 VLR에서 성공적으로 수행된 것을 확답하는데 사용한다. 이 절차는 IMSI/EPS 복합 합류 절차에 의해서 트리거되며, SGs 연합을 수립한다. 이 절차 다음에는 IMSI(단말기)가 SGs 연합을 가진다.
SGsAP-location-update-reject	MSC/MSC 서버에 의해서 사용됨. 위치 MME에 대한 업데이트 절차를 거절할 때 사용한다. 그 결과로 IMSI(단말기)는 SGs를 수립하지 못한 것으로 간주된다.
SGsAP-location-update-request	MME에 의해서 사용됨. MSC/MSC 서버로 위치 업데이트 절차를 시작할 때 사용한다. CSFB의 기능을 사용하기 전에 반드시 이 절차를 성공적으로 실행해야만 한다. SGs 인터페이스는 A/IuCS 인터페이스의 주기적 위치 업데이트 절차와 비슷한 절차를 사용하지 않는다.
SGsAP-MM-information-request	MSC/MSC 서버에 의해서 사용됨. EPS에 합류되어 있는 단말기로 이동성 관리 계층 정보를 전달하는데 사용한다. 이 정보에는 코어망으로부터 단말기의 동기화를 위한 NITZ(Network Information Time Zone; 망 정보 시간대) 정보를 포함한다.

표 5.10 SGsAP 메시지(계속)

SGsAP 메시지	목적
SGsAP-paging-reject	MME에 의해서 사용됨. MSC/MSC 서버로부터의 페이징 요청을 거절하는데 사용한다. 결과적으로 EPS에 합류된 단말기를 향하는 착신호, SMS, LCS, USSD는 완료되지 못한다.
SGsAP-paging-request	MSC/MSC 서버에 의해서 사용됨. EPS에 합류된 단말기를 향하는 착신호, SMS, LCS, USSD를 위한 페이징을 요청하는데 사용한다. 단말기는 이 요청에 관한 통보를 MME로부터 받게 된다. 만약 단말기가 EPS 대기 모드에 있어서 RRC 연결이 존재하지 않을 경우에는 MME가 RRC 연결을 수립한다.
SGsAP-reset-ack	MME 또는 MSC/MSC 서버에 의해서 사용됨. 상대방의 망 요소가 주도하여 시작되었던 리셋 절차의 성공적인 결과를 확답하는데 사용한다.
SGsAP-reset-indication	MME 또는 MSC/MSC 서버에 의해서 사용됨. SGs 인터페이스의 상대방 측으로 어느 특정 망 요소가 재시동하였고 SGs 연합 데이터가 분실되었음을 통보하는데 사용한다. 이 절차의 결과로 단말기는 위치 업데이트 절차에 의해서 SGs 연합이 다시 수립될 때까지 아무런 착신 요청(페이징)을 받지 못한다. 이러한 위치 업데이트 절차는 예를 들어 EPS에 합류된 단말기가 주기적 추적 지역 업데이트를 수행할 때 트리거될 수 있다.
SGsAP-service-request	MME에 의해서 사용됨. MSC/MSC 서버로부터의 SGs를 통한 페이징 요청에 대한 응답으로 사용된다. MME가 단말기에 대한 무선 시그널링 연결을 성공적으로 수립했으며 착신 요청이 진행될 수 있다는 것을 통보한다. 이 메시지는 명칭이 다르지만 페이징 요청에 대한 확답과 비슷하다.
SGsAP-status	MME 또는 MSC/MSC 서버에 의해서 사용됨. 수신된 메시지에서 프로토콜 신텍스 오류를 발견하였을 경우에 사용한다. 오류의 예는 수신자가 인식할 수 없으며 무시된 미상의 메시지, 필수적인 정보 요소가 결여된 메시지, 구문적 혹은 의미적으로 부정확한 정보 요소가 수신되었을 경우이다.
SGsAP-TMSI-reallocation-complete	MME에 의해서 사용됨. SGs 인터페이스를 통한 TMSI 재배정이 성공적으로 수행되었음을 MSC/MSC 서버에 표시해 주는데 사용한다.
SGsAP-UE-activity-indication	MME에 의해서 사용됨. EPS에 합류된 단말기가 SGs 인터페이스를 통한 재배정 내에서 어떤 작동을 수행하였으며, 예를 들어 단문을 수신할 수 있음을 MSC/MSC 서버에 표시할 때 사용한다.
SGsAP-UE-unreachable	MME에 의해서 사용됨. SGs를 통한 페이징 요청의 결과 EPS가 타깃 단말기에 도달할 수 없었음을 MSC/MSC 서버에 표시하는데 사용한다. 이 절차의 결과로 MSC/MSC 서버에서 경보 절차가 트리거될 수 있다. 이 경보 절차는 뒤잇는 작동에 대한 표시를 MME로부터 MSC/MSC 서버로 배달되기 위해 시작된다.
SGsAP-uplink-unitdata	MME에 의해서 사용됨. 상향링크 단문에 관련된 정보(예: 단문의 실제 내용)를 MSC/MSC 서버로 그대로 전달하는데 사용한다.
SGsAP-release-request	MSC/MSC 서버(VLR)에 의해서 사용됨. VLR과 단말기 간에 더 이상의 NAS 메시지가 전달되지 않을 것임을 MME에 통보하는데 사용한다.

시그널링 감축) 기능이 요구될 수 있다. 이 기능은 단말기로 하여금 대기 모드로 서로 다른 3GPP 무선 접속(2G/3G/LTE) 간을 이동하면서 서빙 SGSN과 MME 망 요소에 병행해서 등록하도록 한다. HSS 측면에서 보면 이것은 3GPP 기반의 무선 기술 간 이동성을 지원하기 위해 HSS에서 생성하는 시그널링의 양이 망 레벨에서 ISR을 사용하지 않았을 경우에 비해 감소된 것이다.

단말기가 ISR을 사용하려면 서비스를 제공하고 있는 2G/3G 망, LTE 망과 HSS가 모두 ISR 기능을 지원해야 된다. 한편 망은 필요에 따라 ISR의 사용을 활성화할 수도 있고 불가능하게 통제할 수도 있다.

ISR을 VoLTE와 CSFB에 사용할 때 부정적인 부작용이 발생할 수 있다는 단점이 있다. CSFB의 경우 만약 LTE에 IMSI/EPS 복합 합류되어 있고 대기 모드 중인 단말기의 CSFB를 위해 ISR이 지원된다면, MME가 서빙 MSC/MSC 서버로부터 SGs 인터페이스를 통해 페이징 요청을 수신할 경우 그 요청을 eNodeB뿐만 아니라 SGSN으로도 전달해야 한다. 이것은 MME가 어떤 무선 접속 기술을 통해서 해당 단말기에 도달할 수 있는지를 결정할 수 없기 때문이다.

5.8.4 EPS를 위한 CSFB의 관점에서 본 대기 모드 단말기와 활성 모드 단말기

CS 도메인 내의 단말기를 위해 CS 서비스를 제공하는 서빙 MSC/MSC 서버는 LTE에 합류된 단말기 PS 도메인의 EMM-ECM(EPS Mobility Management EPS Connection Management; EPS 이동성 관리-EPS 연결 관리) 상태를 상세히 알지 못한다. 그러한 정보는 MME 혹은 SGSN 망 요소만이 알고 있으며 CS 도메인으로는 제공되지 않는다. 이러한 이유 때문에 3GPP는 특별한 비-EPS 경보 절차를 규정하고 있다. 이 절차는 EMM-ECM 상태의 변화와 같은 EPS 내 이벤트에 대한 정보가 필요할 경우 어느 때나 MSC/MSC 서버(VLR)가 시작할 수 있으며 그러한 요청을 SGs 인터페이스를 통하여 EPS로 보낸다.

이 절차는 특히 SMS 이용 사례(SGs를 통하여 전송되는 SMS)에서 궁극적으로 단말기가 다시 EPS를 통하여 연결되었음을 SMSC(SMS Center; SMS 센터)로 통보하는데 사용된다.

호가 일단 CS 도메인을 경유하여 수립된 다음 MSC/MSC 서버는 자연스럽게 현재 단말기의 상태를 알게 된다. 이점이 중요한 까닭은 CSFB에 관련된 3GPP의 규격에서 EPS와 단말기의 다양한 기능이 CSFB 절차를 따른 전환에 관련된 '단말기 상태'에 따라 정의되기 때문이다. 한편 SGs를 통해 전송되는 SMS에 대해서는 단말기 상태가 별다른 의미를 갖지 않는다.

이 절의 범주에서 단말기가 코어망으로 데이터를 전달하고 있을 경우 그 단말기는 활성 모드에 있는 것으로 간주한다. 만약 데이터 전달을 진행하고 있지 않거나 코어망을 향한 무선 연결이 없을 경우 단말기는 대기 모드에 있는 것으로 간주한다.

활성 모드에 있는 단말기는 EPS와 무선 자원이 연결되어 있다. 따라서 망은 그 단말기에 항상 도달할 수 있는 것으로 간주하고 있어서 페이징이 요구되지 않는다. 접속망 전환이 실행될 경우 단말기는 RRC 해지 절차와 함께 2G/3G로 방향이 전환되거나 또는 PS 핸드오버 절차(3GPP TS 23.401)를 따라 전환될 수 있다(4.2.3절 참조). 이러한 경우 단말기가 CS 망으로부터 들어오는 착신호를 받게 되면 CSFB가 망으로 하여금 전환이 시작되기 전에 호출자를 식별할 수 있는 방법을 제공하도록 한다. 이를 위해 MSC/MSC 서버가 SGs인터페이스를 통해 단말기로 보내는 페이징 메시지에 발신번호 표시(CLI, calling line identity) 매개변수를 포함하여 전달한다. 피호출자가 만약 이 호를 수신하고 싶지 않을 경우 이 매개변수에 근거해서 전환이 이루어지지 않도록 방지할 수 있다.

단말기가 대기 모드에 있을 경우 발신 및 착신 CS 호에 대해서 서빙 MME는 S1 인터페이스를 통해 타깃 단말기에 도달할 수 있도록 페이징을 실행해야 한다. 페이징 절차의 결과에 따라서 페이징을 수행한 MSC/MSC 서버로 전환이 실행되거나 또는 거부된다.

다음 절에서 대기 모드의 단말기 발신 호로부터 2G로 전환하는 CSFB의 시나리오와 활성 모드의 단말기 착신호를 PS 핸드오버 절차를 통해 3G로 전환하여 진행 중인 데이터 전달을 3G로 옮기는 시나리오를 예로 들어 살펴본다.

5.8.5 CSFB 합류

CSFB를 사용하려면 전제 조건으로 단말기가 CS 코어망과 서빙 EPS에 성공적으로 IMSI/

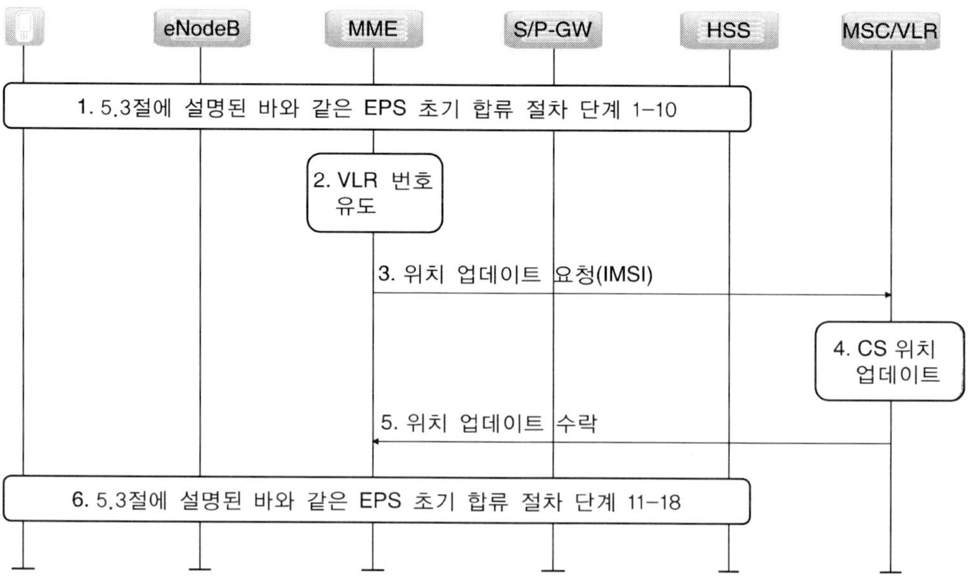

그림 5.31 서빙 EPS와 CS 코어망으로의 IMSI/EPS 복합 합류

EPS 복합 합류되어 있어야 한다. IMSI/EPS 복합 합류는 그림 5.31에 보이는 바와 같이 통상적인 EPS 초기 합류(5.3절 참조)에 CS 합류에 특정한 추가사항을 더한 것이다.

1. 단말기가 5.3절에 설명한 바와 같이 합류 절차를 시작한다. 합류 요청 메시지는 IMSI/EPS 복합 합류를 위한 것임을 표시하며 MME는 단말기를 위해 LAI(Location Area Identity; 위치 지역 식별)를 배정한다.
2. MME가 배정된 LAI와 IMSI 해시 기능에 근거해서 VLR 번호를 유도해 낸다.
3. MME가 위치 업데이트 요청 메시지(LAI, IMSI, MME 명칭, 위치 업데이트 유형)를 MSC/VLR로 보낸다.
4. MSC/VLR이 CS의 가입 정보를 확인하고 CS 도메인에서 위치 업데이트 절차를 수행한다.
5. MSC/VLR이 위치 업데이트 수락을 MME로 보낸다.
6. 5.3절에 설명된 바와 같이 EPS 합류 절차 단계 11-18을 실행하여 EPS 합류를 완결한다.

5.8.6 CSFB를 사용하는 단말기 발신 호

대기 모드 또는 활성 모드에 대한 단말기로부터 발신된 음성 호(정상 호, 비상 호, 우선 취급 호)를 2G 또는 3G 무선 접속망으로 옮기고 피호출 목적지에 적합한 방식으로 음성 호를 수립하는 절차는 다음과 같이 몇 가지 단계로 구성된다.

그림 5.32는 대기 모드에서 어떻게 단말기 발신 호를 수립하는지를 나타내었다.

단말기가 (3GPP TS 24.301)에 정의된 바와 같이 NAS 연결을 통하여 확장 서비스 요청을 서빙 MME로 보내면 이로 인해서 CSFB 절차가 트리거된다. 이때 확장 서비스 요청 메시지는 표 5.11과 같이 CSFB가 요청되고 있다는 것을 나타낸다.

다음은 S1 확장 서비스 요청 메시지와 관련된 부분을 발췌한 것이다(id-TAI와 id-EUTRAN-CGI 매개변수 제외).

```
S1AP-PDU: initiatingMessage (0)
  initiatingMessage
   procedureCode: id-uplinkNASTransport (13)
   criticality: ignore (1)
   value
     UplinkNASTransport
       Item 1: id-NAS-PDU
         ProtocolIE-Field
           id: id-NAS-PDU (26)
           criticality: reject (0)
```

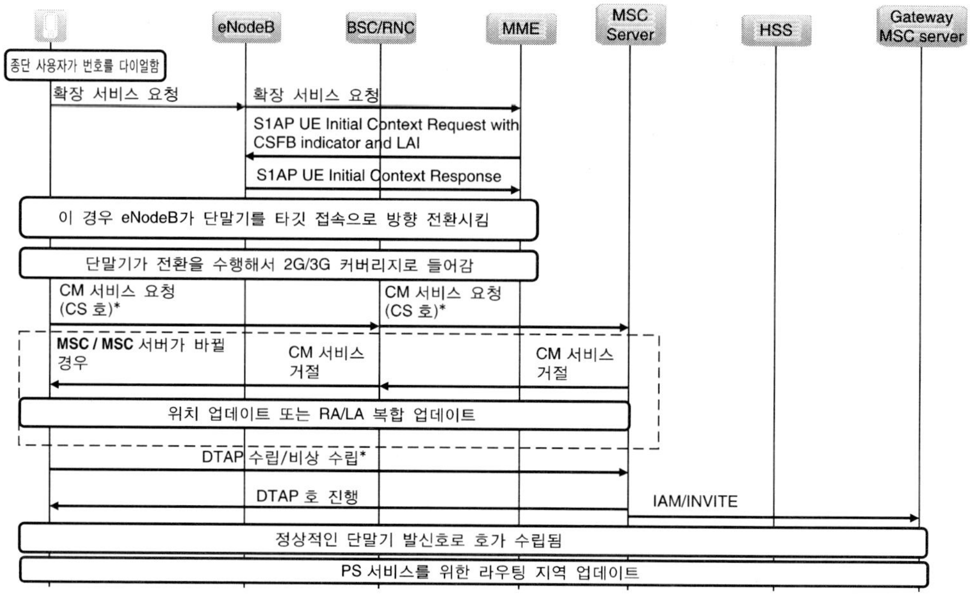

그림 5.32 CSFB를 사용하는 단말기 발신 호

표 5.11 확장 서비스 요청의 내용

매개변수 명칭	목적	매개변수 값/내용의 예
확장 서비스 요청 메시지 ID	이 메시지가 확장 서비스 요청임을 표시한다.	값=0x4C이 확장 서비스 요청을 표시한다.
서비스 유형	확장 서비스 요청이 EPS를 위한 단말기 발신 전환에 기인해서 보내졌다는 것을 나타내어 준다.	값=0x00이 단말기 발신 호에 관련된 CSFB 요청을 표시한다.

```
value
  NAS-PDU: XYZ
  Non-Access-Stratum (NAS) PDU
    0010. . . .=Security header type: Integrity protected
             and ciphered (2)
  . . . .0111=Protocol discriminator: EPS mobility
 management messages (7)
   Message authentication code: XYZ
```

* 역자주 CM(Connection Management; 연결 관리)
DTAP(Direct Transfer Application Part; 직접 전달 애플리케이션 부분)

```
            0000. . . .=Security header type: Plain NAS message, not
                    security protected (0)
            . . .. 0111 = Protocol discriminator: EPS mobility
          management messages (7)
            NAS EPS Mobility Management Message Type: Extended
          service request (0x4c)
0. . .  . . . = Type of security context flag (TSC): Native security
        context (for KSIasme) (0)
              .000 . . .. = NAS key set identifier: (0)
              . . .. 0000 = Service type: Mobile originating CS
          fallback or 1xCS fallback (0)
              Mobile identity - M-TMSI - TMSI/P-TMSI (0x1234567)
                Length: 5
                1111 . . .. = Unused
                . . .. 0. . . = Odd/even indication: Even number of
              identity digits
                . . ..100 = Mobile Identity Type: TMSI/P-TMSI (4)
                TMSI/P-TMSI: 0xc1234567
```

그 다음에 MME는 단말기가 CSFB 절차를 시작할 것을 요청하였다는 것을 서빙 eNodeB에 알리기 위해 S1-AP INITIAL CONTEXT SETUP REQUEST 절차를 서빙 eNodeB로 보낸다. 만약 단말기가 활성 모드인 경우라면 EPS가 단말기로 변경을 트리거한다. S1-AP INITIAL CONTEXT SETUP REQUEST 메시지에서 CSFB와 관련된 부분을 표 5.12에 나타내었으며 그 예는 다음과 같다.

```
S1AP-PDU: initiatingMessage (0)
  initiatingMessage
    procedureCode: id-initialContextSetup (9)
    criticality: reject (0)
    value
      Item 1: id-CSFallbackIndicator
```

표 5.12 S1AP initial context 수립 요청의 내용

매개변수 명칭	목적	매개변수 값/내용의 예
CSFB 표시	단말기가 정상적인 CSFB 또는 우선 취급 호에 관계된 CSFB 시작을 요청한 것을 표시한다.	'CSFB' 또는 'CSFB with High Priority'

```
ProtocolIE-Field
  id: id-CSFallbackIndicator (108)
  criticality: reject (0)
  value
    CSFallbackIndicator: cs-fallback-required (0)
```

eNodeB는 S1-AP INITIAL CONTEXT SETUP 응답 메시지를 서빙 MME로 보내어 응답하며, 이는 E-UTRAN 관점에서 CSFB를 트리거한 것에 대한 확답으로 간주할 수 있다.

단말기는 타깃 2G/3G 무선 접속망으로 옮겨진 다음 GERAN/UTRAN을 통해서 CM 서비스 요청 메시지를 MSC/MSC 서버로 보내어 통상적인 발신 호 수립 절차를 시작한다. 주어진 무선 접속망을 담당하는 MSC/MSC 서버는 CM 서비스 요청을 수락하거나 거절할 수 있다. CM 서비스 요청이 수락되면 발신 호 수립 절차가 정상적으로 계속되지만 만약 요청이 거절된다면 단말기는 위치 업데이트 절차를 수행해야 된다. 위치 업데이트 절차 수행에 의해서 호 수립 시간이 길어지는데 단말기에서 MSC/MSC 서버로 보내는 위치 업데이트 내 FoR(Follow on Request; 후속 요청) 비트를 사용하면 그 영향을 줄일 수 있다. FoR 비트는 현재 무선 접속망과의 연결을 앞으로 이루어질 호에 대비해서 계속 유지할 것을 CS 코어망에 통보한다. 단말기는 또한 위치 업데이트 메시지에 CSMO(CS Mobile Originating; CS 단말기 발신) 플래그를 포함하여 그 메시지가 현재 진행 중인 CSFB 절차와 관련된 것임을 표시할 수 있다. 한편 CSMO 플래그는 코어망에서도 통계를 목적으로 사용될 수 있다.

한편 단말기의 위치 업데이트 절차가 MSC/MSC 서버에서 거절될 수도 있으며 이때 단말기는 호 수립이 실패한 것으로 간주한다.

예로 든 시나리오에서 단말기는 단말기 발신 호를 수행하기 전에 위치 업데이트를 실행하지 않는다. 이것은 단말기가 EPS에 연결되어 있는 동안 단말기를 담당하던 MSC/MSC 서버가 맡고 있는 위치 지역이 변경되지 않았기 때문이다.

표 5.13은 (3GPP TS 24.008)에 규정된 호 수립에 관련된 CM 서비스 요청 메시지의 내용을 설명한다.

다음은 CM 서비스 요청 메시지와 관련된 부분을 발췌한 것이다. 이때 GERAN으로 CSFB 전환이 수행되었으며 CM 서비스 요청 메시지는 A 인터페이스 상의 DTAP(Direct Transfer Application Part; 직접 전달 애플리케이션 부분) 메시지 내에 포함되어서 수신되었다.

```
GSM A-I/F DTAP - CM Service Request
    Protocol Discriminator: Mobility Management
        messages
    0000 . . .. = Skip Indicator: 0
    . . .. 0101 = Protocol discriminator: Mobility Management
```

표 5.13 CM 서비스 요청의 메시지 내용

매개변수 명칭	목적	매개변수 값/내용의 예
CM 서비스 유형	단말기가 요구하는 서비스의 유형을 표시한다.	값=1(단말기 발신 호 또는 패킷 모드 수립)
암호화 키 배열 숫자	단말기가 사용하도록 제시되는 암호화 키	
이동 단말국 등급 2	아래와 같은 단말기 특성에 관한 중요한 정보를 포함한다. • 단말기의 제작 Revision 레벨 • 지원되는 암호화 알고리듬(A5/1, A5/2, A5/3) • 광대역 음성 지원 여부	(3GPP TS 24.008)에 규정된 바에 따른다.
이동 단말기 ID	단말기를 사용하고 있는 가입의 ID를 포함한다. CSFB의 경우 TMSI를 사용하는 것이 이득이며 이는 특히 다중 포인트 Iu/A-기반의 풀 구조의 망에서 유용하다. TMSI는 풀 구조에 포함되어 있는 각각의 MSC/MSC 서버를 식별해주는 NRI(Network Resource Identifier; 망 자원 ID) 값을 포함하고 있다.	(3GPP TS 24.008)에 규정된 TMSI 또는 IMSI

```
    messages (5)
00. . ... = Sequence number: 0
..10 0100 = DTAP Mobility Management Message Type: CM
    Service Request (0x24)

Ciphering Key Sequence Number
0. . . . . . . = Spare bit(s): 0
.000 . . .. = Ciphering Key Sequence Number: 0

CM Service Type
. . . .. 0001 = Service Type: (1) Mobile originating call
    establishment or packet mode connection establishment
Mobile Station Classmark 2
Length: 3
        ...
```

망에서 CM 서비스 요청이 처리된 다음 단말기는 SETUP 메시지를 MSC/MSC 서버로 보내어 MSC/MSC 서버가 호 제어 절차를 시작해서 호를 착신측으로 라우트할 수 있도록 한다. SETUP 메시지는 단말기와 MSC/MSC 서버 간 메시지이므로 GERAN/UTRAN 망을 경유해서 전달된다.

표 5.14는 호 수립의 관점에서 볼 때 중요한 SETUP 메시지의 매개변수 몇 가지를 나타낸다.

표 5.14 Setup 메시지

매개변수 명칭	목적	매개변수 값/내용의 예
베어러 역량, 하부 계층과의 호환성, 상부 계층과의 호환성	망으로부터 요청된 서비스를 표시한다.	음성, G3 팩시밀리, 3G-324M 비디오 전화 등
피호출측 BCD 숫자	피호출측 주소를 표시한다.	피호출측의 E.164 주소
지원되는 코덱 목록	UMTS를 지원하는 단말기에서 지원되는 코덱의 목록을 포함한다.	광대역 AMR(WB-AMR)과 협대역 AMR(NB-AMR)

다음은 SETUP 메시지와 관련된 부분을 발췌한 것이다. 이때 GERAN으로 CSFB 전환이 수행되었으며, SETUP 메시지는 A 인터페이스 상 DTAP 메시지 내에 포함되어 수신되었다.

```
GSM A-I/F DTAP - Setup
    Protocol Discriminator: Call Control; call related SS messages
    0. . . . . . . = TI flag: allocated by sender
    .000 . . . .. = TIO: 0
    . . . .. 0011 = Protocol discriminator: Call Control;
        call related SS messages (3)
    01. . ... = Sequence number: 1
    ..00 0101 = DTAP Call Control Message Type: Setup (0x05)
    Bearer Capability 1 <Contains information about nature of call;
        Speech, video
    etc.>

    Called Party BCD Number - (04012345678)
    Element ID: 94
    Length: 7
    1. . . . . . . . . . . . . = Extension: No Extension
    .000 . . . .. = Type of number: unknown (0x00)
    . . . .. 0001 = Numbering plan identification: ISDN/Telephony
        Numbering (Rec ITU-T E.164) (0x01)
    BCD Digits: 04012345678

    Supported Codec List
    Element ID: 64
    Length: 8
    System Identification (SysID): UMTS (0x04)
    Bitmap Length: 2
```

```
Codec Bitmap for SysID 1
<Supported codecs for UMTS>

System Identification (SysID): GSM (0x00)
Bitmap Length: 2
Codec Bitmap for SysID 2
<Supported codecs for GERAN>
```

예에서 모든 서비스가 기존의 CS 망에서 정상적으로 취급된 것과 마찬가지로 수행되며 여기에는 모든 보조 서비스, 지능망에 기반을 둔 최종 사용자 서비스 및 과금 활동 등이 포함된다. 또한 예에 나타나 있는 바와 같이 호 라우팅도 기존의 NNI를 사용하며, 여기에는 ISUP, BICC 또는 원조 SIP 등이 포함된다.

호의 연결이 단절된 다음 단말기는 단말기 발신 호의 경우와 마찬가지로 (3GPP TS 23.221)에 정의된 규칙과 서빙 무선 접속망으로부터 받은 지시사항을 근거로 해서 대기 모드 이동을 수행한다. 한편 이 절차는 MSC/MSC 서버가 가입자의 단말기가 CSFB로 전환하였다는 것을 서빙 BSC/RNC로 통보할 수 있도록 개선되었다.

이와 같이 해서 BSC/RNC에서 이 단말기가 나중에 다시 최적화된 방법으로 LTE로 전환되어 돌아갈 수 있다는 것을 알 수 있다. 또한 구현된 시스템의 실제 역량에 따라 단말기를 다시 LTE로 되돌려 전환시키기 전에 모든 활성 PS 연결을 해지해야 되는 경우도 가능하다.

이러한 체계에 의해서 단말기는 커버리지가 가능하다면 가능한 한 빨리 LTE 무선 접속을 선택하여 LTE 종단 사용자 경험을 다시 제공할 수 있도록 작동한다.

5.8.7 CSFB를 사용하는 단말기 착신호

망에서 본 관점으로는 단말기 착신호는 발신 호에 비해 다소 복잡한 절차를 포함하고 있다. 단말기 착신호의 경우 단말기는 서빙 MSC/MSC 서버에 간접적으로 합류되어 있다. 즉, MSC/MSC 서버의 VLR과 MME 간에 SGs 연합이 존재하고 있으며 단말기를 페이징할 때는 전환 절차가 트리거될 수 있도록 EPS를 향한 SGs 인터페이스를 통해야 한다.

예로 든 시나리오에서 단말기 착신 CS 호가 LTE에 합류되어 있고 활성 모드에 있으며 EPS를 통한 PS 연결을 가지고 있는 단말기로 라우트되는 것을 가정한다. 따라서 CSFB 절차에 덧붙여서 PS 핸드오버가 적용되어서 단말기를 타깃 접속망으로 가능한 한 빨리 옮겨서 호 수립을 완결하도록 한다.

그림 5.33은 CSFB를 사용하는 단말기 착신호를 나타내는데 전환이 실행되는 도중 MSC/MSC 서버가 바뀌지 않는 것을 보여준다.

예에서 게이트웨이 MSC/MSC 서버가 발신측 망으로부터 들어오는 호 요청(IAM 또는 INVITE)

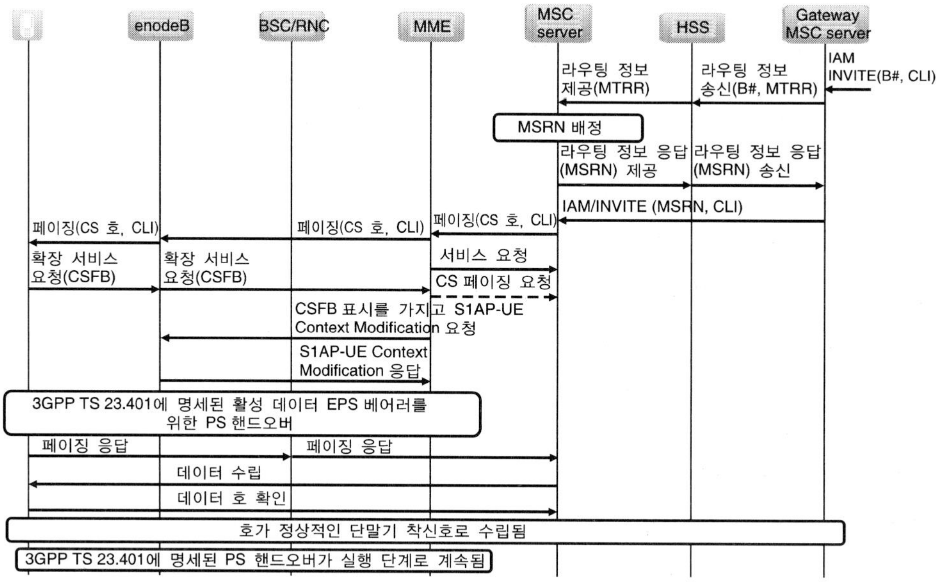

그림 5.33 CSFB를 사용하는 단말기 착신호

메시지를 수신할 때 호 수립이 시작된다. 이 메시지에는 요청의 속성에 관한 정보가 포함되어 있다[TMR(Transport Medium Requirement; 전송 미디엄 요구사항), USI(User Service Information; 사용자 서비스 정보), 호출자 ID, 피호출 가입자의 MSISDN 등].

게이트웨이 MSC/MSC 서버는 (3GPP TS 23.018)에 명세된 바와 같이 HLR(HSS) 조회를 실행해서 피호출 가입자를 위한 SGs 연합을 갖고 있는 방문 MSC/MSC 서버로부터 MSRN(Mobile Station Roaming Number; 이동 단말국 로밍번호)를 검색한다. 이 절차는 게이트웨이 MSC/MSC 서버로부터 HLR(HSS)로 가는 SRI(Send Routing Information; 라우팅 정보 송신) 메시지를 사용하여 방문 MSC/MSC 서버의 VLR에 MSRN을 요청한다. 이때 PRN(Provide Roaming Number; 로밍번호 제공) 절차가 사용된다(HLR과 VLR 간에서). 이 예에서 MTRR 절차를 사용할 수 있는 역량이 SRI 메시지와 PRN 메시지에 표시되어 그 역량이 게이트웨이 MSC/MSC 서버와 방문 MSC/MSC 서버에 어떻게 통보되었는지를 표시해 준다. 이러한 표시가 없으면 방문 MSC/MSC 서버는 MTRR 절차를 시작하지 않는다.

한편 게이트웨이 MSC/MSC 서버와 HLR(HSS)이 각각 나머지 망 요소와 다른 망에 위치할 수 있다는 점은 그림에 나타나지 않고 있다. 그러한 경우는 피호출자가 방문 망에 IMSI/EPS 복합 합류를 하여 로밍 중일 때 생길 수 있다.

호가 게이트웨이 MSC/MSC 서버로부터 방문 MSC/MSC 서버로 라우트된 이후에는 방문 MSC/MSC 서버에 의해서 방문 착신 서비스가 제공된다. 이러한 서비스의 일례로 호출자가

표 5.15 SGsAP-페이징-요청(SGsAP-paging-request)의 내용

매개변수 명칭	목적	매개변수 값/내용의 예
IMSI	이 페이징 메시지가 연관된 가입의 IMSI	가입 ID(15자리 숫자). mcc, mnc, MSIN을 포함한다.
TMSI	방문 MSC/MSC 서버(VLR)가 가입자를 위하여 배정한 TMSI	TMSI(CS 코어망이 풀 구성을 사용하면 망 자원 ID를 포함할 수 있다)
Calling Line Identity	호출자가 CLI(Calling Line Identity; 발신번호 표시) 사용을 제한하지 않았을 경우 방문 MSC/MSC 서버가 보내는 매개변수 단말기가 활성 모드일 경우 MME는 CLI를 페이징 요청의 일부로 S1 인터페이스를 통해 단말기로 보낸다. 이 정보는 피호출 가입자가 앞으로 발생 가능한 접속망 전환을 거절하는 데 사용될 수 있다.	호출측의 E.164 주소
Service indicator	페이징 절차의 이유를 식별하는 매개변수이며 CS 호 또는 SMS의 두 가지 이유가 있다.	CS 호 또는 SMS
LAI(Location Area Identifier)	방문 MSC/MSC 서버가 현재 담당하고 있는 위치 지역에 관한 정보를 포함한다. 상이한 위치 지역으로 접속망 전환이 발생할 경우 단말기는 입력되는 호를 수신하기에 앞서 위치 업데이트 절차를 수행해야 한다.	(3GPP TS 24.008)에 부호화되어 있는 바와 같은 위치 지역

CLI 제한 서비스를 요청했을 경우 호출자의 ID를 차단하는 것이 있다. 또한 피호출자가 통화 중일 경우 방문 MSC/MSC 서버가 호 전달과 같은 (조건부)호 전달 서비스를 수행할 수도 있다(이 경우 물론 그러한 서비스에 대한 주문이 설정되어 있어야 한다).

페이징 절차에서 MSC/MSC 서버(VLR)로부터 MME로 SGsAP-PAGING-REQUEST(SGsAP-페이징-요청) 메시지를 보낸다. 표 5.15는 페이징 요청에 포함된 주요 매개변수를 나타낸다.

다음은 SGsAP-PAGING-REQUEST 메시지와 관련된 부분을 발췌한 것이다.

```
SGSAP Message Type: SGsAP-PAGING-REQUEST (0x01)
IMSI - IMSI (234123456789012)
  Element ID: 1
  Length: 8
  0010 . . .. = Identity Digit 1: 2
  . . .. 1. . . = Odd/even indication: Odd number of identity digits
  . . ..001 = Mobile Identity Type: IMSI (1)
  BCD Digits: 234123456789012
```

```
VLR name - VLR1.MSS1.MNC01.MCC234.3GPPNETWORK.ORG
   Element ID: 2
   Length: 38
   VLR name: VLR1.MSS1.MNC01.MCC234.3GPPNETWORK.ORG
Service indicator - CS call indicator
   Element ID: 32
   Length: 1
   Service indicator: CS call indicator (1)
TMSI - (0x200001)
   Element ID: 3
   Length: 4
   TMSI/P-TMSI: 0x00200001
Calling Party BCD Number - CLI - (358401234567)
   Element ID: 28
   Length: 8
   0. . . . . . = Extension: Extended
   .001 . . .. = Type of number: International Number (0x01)
   . . .. 0001 = Numbering plan identification: ISDN/Telephony
        Numbering (Rec ITU-T E.164) (0x01)
   1. . . . . . = Extension: No Extension
   .00. . .. = Presentation indicator: Presentation allowed (0x00)
   . . .0 00.. = Spare bit(s): 0
   . . ...11 = Screening indicator: Network provided (0x03)
   BCD Digits: 358401234567
Location Area Identification (LAI)
   Element ID: 4
   Length: 5
   Location Area Identification (LAI) - 234/1/1000
   Mobile Country Code (MCC): United Kingdom of Great
        Britain and Northern Ireland (234)
   Mobile Network Code (MNC): Unknown (1)
   Location Area Code (LAC): 0x0064 (100)
Global CN-Id
   Element ID: 11
   Length: 5
   Mobile Country Code (MCC): United Kingdom of Great
        Britain and Northern Ireland (234)
   Mobile Network Code (MNC): Unknown (1)
```

```
    CN_ID: 100
  eMLPP Priority
    Element ID: 6
    Length: 1
    0000 0. . . = Spare bit(s): 0x00
    . . . ..111 = eMLPP Priority: Call priority level A (0x07)
```

단말기가 페이징을 수신한 다음에 MME는 SGsAP-SERVICE-REQUEST 메시지를 사용하여 방문 MSC/MSC 서버로 답신을 보내어 페이징 절차가 시작된 것을 확답하며 단말기로의 NAS 연결이 성공적으로 수립된 것을 통보한다. 한편 이러한 경우 방문 MSC/MSC 서버는 '무응답시 호 전달 타이머'를 시작할 수 있고 호출자에게 가청 표시음을 제공할 수 있다.

표 5.16에서 SGsAP-SERVICE-REQUEST 메시지에 포함된 주요 매개변수를 나타내었으며 다음은 SGsAP-SERVICE-REQUEST 메시지와 관련된 부분을 발췌한 것이다.

표 5.16 SGsAP-Service-Request의 내용

매개변수 명칭	목적	매개변수 값/내용의 예
IMSI	이 메시지에 관계된 가입을 식별한다.	IMSI
Service indicator	페이징 절차의 이유를 식별한다.	CS 호 또는 SMS
IMEISV	이 매개변수는 IMEI와 현재 페이지되고 있는 단말기의 소프트웨어 버전을 포함한다.	ID(16자리 숫자). 단말기 모델을 식별하는 8자리의 TAC(Type Allocation Code; 형식 배정 부호), 6자리의 SN(Serial Number; 시리얼 번호), 2자리의 S(Software Version; 소프트웨어 버전)
UE time zone	MME에서 인지하고 있는 '단말기의 시간대'. MSC/MSC 서버와 MME가 취급하고 있는 시간대가 다를 경우 이 단말기 시간대 값은 MSC/MSC 서버의 시간대와 다를 수 있다.	(3GPP TS 24.008)에 규정된 바와 같다.
Mobile station classmark 2	단말기 특성에 관한 중요한 정보를 포함한다.	(3GPP TS 24.008)에 규정된 바와 같다.
Tracking area identifier	MME에서 가장 최근에 식별했던 추적 지역 ID	(3GPP TS 24.401)에 규정된 바와 같다.
E-UTRAN cell global identity	MME에서 가장 최근에 식별했던 LTE셀 ID (단말기를 담당하고 있는)	(3GPP TS 24.401)에 규정된 바와 같다.
UE EMM mode	MSC/MSC 서버가 SGs 인터페이스를 통해서 페이징을 시작했을 때 단말기의 EMM(EPS Mobility Management) 모드	EMM-connected(EMM-연결) 또는 EMM-idle(EMM-대기)

```
SGSAP Message Type: SGsAP-SERVICE-REQUEST (0x06)
IMSI - IMSI (234123456789012)
  Element ID: 1
  Length: 8
  0010 . . .. = Identity Digit 1: 2
  . . .. 1. . . = Odd/even indication: Odd number of identity digits
  . . ..001 = Mobile Identity Type: IMSI (1)
  BCD Digits: 234123456789012
Service indicator - CS call indicator
  Element ID: 32
  Length: 1
  Service indicator: CS call indicator (1)
Tracking area identity
  Element ID: 35
  Length: 5
  Mobile Country Code (MCC): United Kingdom
      of Great Britain and Northern Ireland (234)
  Mobile Network Code (MNC): Unknown (1)
    Tracking area code(TAC): 0x0064
UE EMM mode
  Element ID: 37
  Length: 1
  UE EMM mode: EMM-CONNECTED (0)
```

단말기는 입력되어 들어오는 CS 호를 위한 페이징 요청을 수신하면 서빙 MME로 향하는 확장 서비스 요청 메시지를 이용하여 페이징 요청에 응답한다.* 이 메시지에는 또한 입력되어 들어오고 있는 CS 호를 피호출자가 이미 페이징 단계에서 수락했는지 또는 거절했는지를 나타내는 표시를 포함한다.

피호출 가입자는 이를 이용해서 접속망 전환이 이루어지지 않도록 결정할 수 있다(피호출 가입자가 LTE를 통해 진행 중인 데이터 세션을 갖고 있으며 이 데이터 세션이 방해되지 않기를 바라는 경우). 피호출자 가입자가 입력되어 들어오는 호를 거절하면 MME는 이를 MSC/MSC 서버에 통보한다. 이때 MME는 SGs-PAGING-REJECT 메시지 내 SGs Cause 값에 '단말기 착신 CSFB 호가 사용자에 의해 거절됨'(mobile terminating CS fallback call rejected by the user)을 표시하여 보낸다.

* 역자주 페이징 요청에 대한 최종적인 응답은 페이징 응답(paging response)이다(그림 5.33 참조)

표 5.17 S1 AP 확장 서비스 요청의 내용

매개변수 명칭	목적	매개변수 값/내용의 예
확장 서비스 요청 메시지 ID	이 메시지가 확장 서비스 요청임을 나타낸다.	값=0x4C가 확장 서비스 요청을 표시한다.
서비스 유형	확장 서비스 요청이 이동 단말기에 의한 EPS를 위한 이동 단말기가 주도한 전환에 기인해서 수행되었음을 나타낸다.	값=0x01이 이동 단말기 착신호에 관련된 CSFB 요청을 표시한다.

표 5.17은 피호출 가입자가 입력되어 들어오는 호를 수락했을 경우에 대해 (3GPP TS 24.301)에 규정된 바와 같은 확장 서비스 요청 메시지의 주요 매개변수를 설명한다.

다음은 S1 AP 확장 서비스 요청 메시지와 관련된 부분을 발췌한 것이다.

```
S1AP-PDU: initiatingMessage (0)
  initiatingMessage
    procedureCode: id-uplinkNASTransport (13)
    criticality: ignore (1)
    value
      UplinkNASTransport
        . . .
        Item 1: id-NAS-PDU
          ProtocolIE-Field
          id: id-NAS-PDU (26)
          criticality: reject (0)
          value
            Non-Access-Stratum (NAS)PDU
              0010 . . .. = Security header type: Integrity
                  protected and ciphered (2)
              . . .. 0111 = Protocol discriminator: EPS mobility
                  management messages (7)
              ...
              0000 . . .. = Security header type:Plain NAS
                  message,not security protected (0)
              . . .. 0111 = Protocol discriminator: EPS mobility
                  management messages (7)
              NAS EPS Mobility Management Message Type: Extended
                  service request (0x4c)
              ...
```

```
. . . .. 0001 = Service type: Mobile terminating CS
    fallback or 1xCS fallback (1)
CSFB response
1011 . . . .. = Element ID
. . . .. 0. . . = Spare bit(s): 0x00
. . . ...01 = CSFB response: CS fallback accepted
    by the UE (1)
```

단말기는 전환을 수행하는 동안 활성 모드에 있다. 즉, MME가 현재 eNodeB로 이루어져 있는 EPS 연결을 구성할 필요가 있다는 것을 의미한다. 이를 위해 MME가 S1AP UE context modification request(S1AP 단말기 내역 변경 요청) 메시지를 eNodeB로 보냄으로써 그 과정이 시작된다. 메시지 내용은 접속망 전환이 곧 수행될 것임을 eNodeB에 표시해 주는 식별표를 포함하며 (3GPP TS 36.413)의 규정에 따라 부호화 된다. eNodeB는S1AP UE context modification response(S1AP 단말기 내역 변경 응답) 메시지를 MME로 보내어 요청에 대해 확답한다.

이와 같이 MME와 eNodeB 간 시그널링 메시지 교환이 완결된 다음, EPS가 활성 EPS 베어러 연결을 타깃 무선 접속 망(2G/3G)으로 옮기기 시작한다. 이 예에서는 3G 무선 접속 기술로 PS 핸드오버가 실행되는 것으로 가정한다. PS 핸드오버 절차는 5.6.1절에서 살펴보았다. 통상적인 PS 핸드오버 절차에 덧붙여 eNodeB는 타깃 RNC에 CSFB가 이루어졌다는 것을 통보한다. 이때 eNodeB에서 보내는 컨테이너는 소스 RNC를 그대로 경유하여 타깃 RNC로 전달된다. 우선 취급 호의 경우에도 역시 마찬가지 방법을 사용하여 타깃 RNC로 통보한다.

타깃 무선 접속 망(예에서는 UTRAN)으로 접속망 전환이 수행된 다음 단말기는 페이징 응답을 RNC를 통하여 방문 MSC/MSC 서버로 보내어 응답한다. 전환 절차 도중 위치 지역이 변경되었다면 단말기는 방문 MSC/MSC 서버로 위치 업데이트를 수행해야만 한다. 한편 이때 방문 MSC/MSC 서버도 역시 변경될 수 있다. 이 예에서는 위치 지역과 방문 MSC/MSC 서버가 모두 변경되지 않은 동일한 것으로 가정하였다.

단말기로부터 페이징 응답을 수신한 다음 방문 MSC/MSC 서버는 단말기로 SETUP(수립) 메시지를 보낸다. SETUP 메시지는 단말기가 호의 속성에 대해 충분히 알 수 있는 정보를 포함한다. 한편 피호출자에게 호출자 ID를 통보할 수 있도록 CLI를 제공한다. 표 5.18에 (3GPP TS 24.008)에 규정된 SETUP 메시지의 주요 매개변수를 나타낸다.

다음은 SETUP 메시지와 관련된 부분을 발췌한 것이다.

```
GSM A-I/F DTAP - Setup

   Protocol Discriminator: Call Control; call related SS messages
0. . . . . . . = TI flag: allocated by sender
```

표 5.18 Setup 메시지의 내용

매개변수 명칭	목적	매개변수 값/내용의 예
베어러 역량, 하부 계층 호환성 및 상부 계층 호환성	망으로부터 요청된 서비스를 표시한다.	음성, G3 팩시밀리, 3G-324M 비디오 전화 등
호출 측 BCD 번호	호출자의 CLI를 표시한다.	호출측의 E.164 주소

```
.000 . . .. = TIO: 0
. . .. 0011 = Protocol discriminator: Call Control;
          call related SS messages (3)
00. . ... = Sequence number: 0
..00 0101 = DTAP Call Control Message Type: Setup (0x05)
Bearer Capability 1 <Contains information about nature of
          call: Speech, Video, etc.>
...
Calling Party BCD Number - (358040123456)
   Element ID: 92
   Length: 8
0. . . . . . . = Extension: Extended
.001 . . . .. = Type of number: International Number (0x01)
. . .. 0001 = Numbering plan identification: ISDN/Telephony
          Numbering (Rec ITU-T E.164) (0x01)
1. . . . . . . = Extension: No Extension
.00. . .. = Presentation indicator: Presentation allowed (0x00)
. . .0 00.. = Spare bit(s): 0
. . ...11 = Screening indicator: Network provided (0x03)
BCD Digits: 358040123456
```

단말기는 SETUP 메시지에 대해 CALL CONFIRMED 메시지를 보내어 응답하며 이때 지원하는 음성 코덱의 목록도 함께 표시해 보낸다. 방문 MSC/MSC 서버는 이 목록을 사용해서 호에 적합한 음성 코덱을 선택한다.

마침내 호출 가입자와 피호출 가입자간 호가 완전히 수립된다. 두 사용자가 통화를 마치고 호의 연결이 단절된 다음 단말기는 단말기 발신 호의 경우와 마찬가지로 (3GPP TS 23.221) 규정과 서빙 무선 접속망으로부터 수신한 지시사항을 근거로 해서 대기 모드 이동을 수행한다. 한편 이 절차는 MSC/MSC 서버가 가입자의 단말기가 CSFB로 전환하였다는 것을 서빙 BSC/RNC로 통보할 수 있도록 개선되었다. 이렇게 함으로써 BSC/RNC에서 이 단말기가 나중에 다시 최적화된 방법으로 LTE로 전환되어 돌아갈 수 있다는 것을 인식할 수 있게 해준다. 한편 구현된 시스템의 실제 역량에 따라서 모든 활성 PS 연결을 해지하기 전에는 단말기를 다시 LTE로 되돌려 전환시킬 수 없는 경우도 있을 수 있다.

앞 절(CSFB를 사용하는 단말기 발신 호)에서 언급한 바와 마찬가지로 CSFB를 사용하는 단말기 착신호의 경우에도 이러한 체계에 의해 단말기는 커버리지가 가능하다면 가능한 한 빨리 LTE 무선 접속을 선택하여 LTE 종단 사용자 경험을 다시 제공할 수 있도록 작동한다.

5.8.8 호와 무관한 CSFB 절차

기본적인 음성 및 비디오 전화에 사용되는 LTE로부터 2G/3G로의 CSFB 절차에 더해서 3GPP는 다음과 같은 실제 CSFB 구현에서 요구될 수 있는 호에 관계되지 않는 CSFB 절차를 표준화하였다.

- 단말기가 주도하는 호와 무관한 보조 서비스 절차
- 망이 주도하는 호와 무관한 보조 서비스 절차
- MO-LR(Mobile Originating Location Request; 단말기 발신 위치 요청) 절차
- MT-LR(Mobile Terminating Location Request; 단말기 착신 위치 요청) 절차

이러한 절차들은 모두 동일한 작동 모드에 기반하고 있다. 즉, 단말기가 LTE로부터 2G/3G로 접속망 전환을 수행한 다음 기존 CS 패킷 코어망을 통해 절차가 수행된다. 모든 절차가 수행된 뒤 단말기는 만약 LTE 커버리지가 다시 충분하게 존재한다면 (3GPP TS 23.221)에 정의된 대기 모드 이동 원칙에 의해서 LTE로 재합류할 수 있다.

단말기 및 망이 주도하는 호와 무관한 보조 서비스에 대한 절차는 다음 두 가지 경우에 적용될 수 있다. 첫째는 단말기가 종래의 사용자 환경 인터페이스를 통해서 보조 서비스 설정을 제어하기 원할 경우, 둘째는 망이 단말기로 보조 서비스에 관련된 특정한 정보를 보내야 할 경우이다. 첫 번째 경우에는 보조 서비스를 활성화하거나 비활성화할 경우와 보조 서비스의 상태를 문의하는 경우 등이 있으며, 그 절차는 (3GPP TS 24.010)에 규정되어 있다. 한편 Ut/XCAP 인터페이스 기반의 서비스 설정 기능을 갖고 있는 단말기는 우선적으로 그 기능을 사용해야 된다.

단말기의 능력에 기반을 둔 MO-LR 절차의 경우에는 접속망 전환이 수행되거나 혹은 단말기의 현 위치를 검색하는 대신 EPC 절차를 사용할 수 있다. 단말기는 IMSI/EPS 합류 단계에서 EPC로부터 제공되었던 LCS(Location Control Services; 위치 제어 서비스) 지원 식별표의 내용을 점검하여 EPC에서 EPC-MO-LR 절차를 지원하는지의 여부를 확인할 수 있다. 만약 LCS 지원 식별표가 망에서 단지 CS-MO-LR 절차만을 지원하는 것을 나타내면 단말기는 2G/3G 접속으로 전환하여 위치를 검색한다. 만약 EPC-MO-LR 절차가 지원되거나 혹은 단말기에서

IMS 기반의 음성통신 세션이 진행 중이면 단말기는 접속망 전환 절차를 피해야 된다.

한편 GMLC(Gateway Mobile Location Center; 게이트웨이 이동 단말기 위치 센터)가 서빙 이동통신망으로부터 가입자의 현 위치를 검색해 달라는 요청을 받을 경우 MT-LR 절차가 트리거된다. 단말기가 IMSI/EPS 복합 합류를 수행하였고 EPS를 통하여 CS 도메인에 등록을 하였으면 HLR(HSS)은 특정 가입자를 위한 SGs 연합을 갖고 있는 MSC/MSC 서버를 가리키고 있는 VLR 주소를 갖고 있다. 이 SGs 연합은 앞장에서 설명한 바와 같이 SGs-AP-페이징-요청을 보내어 페이징을 수행하는데, 이때 페이징이 MT-LR 절차에 기인한 것임을 나타내 주는 LCS 식별표를 요청 메시지에 포함한다. LCS 식별표에 관한 자세한 설명은 (3GPP TS 29.118)을 참조한다.

이 절 앞부분에서 논의한 모든 단말기 착신 절차들에서 단말기가 LTE로부터 2G/3G로 접속망 전환을 수행할 때 만약 방문 MSC/MSC 서버가 원래의 페이징을 수행한 것과 다른 MSC/MSC 서버일 경우에는 그 절차가 실패한다. 이는 단말기 착신 절차를 새로운 MSC/MSC 서버로 다시 라우트해 줄 수 있는 절차가 3GPP에서 아직 표준화되지 않았기 때문이다. 다음 장에서 유사한 절차에 대해 설명한다.

현재의 이동통신망에서는 외부 애플리케이션이 MAP ATI(Mobile Application Part Any Time Interrogation; MAP 상시 문의) 절차를 사용해서 사용자의 현 위치를 문의할 수 있다. 이 ATI 절차는 HLR(HSS)에 대해 사용되며, 순차적으로 HLR(HSS)는 MAP PSI(Mobile Application Part Provide Subscription Information; MAP 가입자 정보 제공) 절차를 사용해서 이를 서빙 VLR에 문의한다. 3GPP에서는 원래 사용자가 활성 SGs 연합을 갖고 있을 경우에 PSI 지원을 정의하지 않았으나 최근에 이 상황을 향상시키고자 하는 제안이 있었다. 이 책에서는 더 이상의 자세한 설명을 생략하고 있으나 이러한 이슈는 만약 망에 그러한 애플리케이션이 존재한다면 CSFB 구현을 계획할 때 고려해야 하는 사항이다.

5.8.9 이동 단말기 착신 로밍 재시도와 전달

단말기 착신호에 대해 LTE로부터 2G/3G로 접속망 전환이 수행될 경우, 만약 타깃 무선 접속망이 처음에 EPS를 향한 SGs 인터페이스를 통하여 페이징을 실행하였던 MSC/MSC 서버와는 다른 MSC/MSC 서버에 의해서 제어되고 있다면 단말기는 5.8.7절에 설명된 바와 같이 새로운 MSC/MSC 서버로 위치 업데이트를 실행해야 한다.

이때 위치 업데이트는 현재 진행 중인 전환 절차에 위치 업데이트 절차가 시작되었음을 새로운 MSC/MSC 서버(2G/3G 무선 접속망을 제어하고 있는)에 표시해주는 CSMT(Circuit Switched fallback Mobile Terminated call; CSFB 단말기 착신 호) 플래그를 포함할 수 있다. CSMT 플래그는 새로운 MSC/MSC 서버가 단말기에 대한 기존의 시그널링 연결을 계속해서 유지하도록 하여 게이트웨이 MSC/MSC 서버로부터 앞으로 곧 도착할 것으로 예상되는 호에 대비하도록 한다. 만약 단말기 또는 새로운 MSC/MSC 서버가 CSMT를 지원하지 않는 경우에는 새로운 페이징 절차가 시작되어야 하며 결과적으로 CSMT 플래그를 사용할 때에 비해 호 수립 시간이 길게 걸리게 된다.

위치 업데이트가 적절하게 수행된 다음 피호출자의 HLR(HSS)는 MAP CANCEL LOCATION 메시지를 사용해서 구MSC/MSC 서버로부터 가입을 취소한다. 이 경우 CS 망(서빙 PLMN과 홈 PLMN)에서 어떤 종류의 절차를 지원하는지에 따라 다음과 같은 이벤트가 발생한다.

5.8.9.1 이동 단말기 착신 로밍 재시도(MTRR)

(3GPP TS 23.018)과 (3GPP TS 23.272)에 정의된 바와 같이 MTRR(Mobile Terminating Roaming Retry) 절차가 양 종단에서 지원될 경우 구MSC/MSC 서버는 게이트웨이 MSC/MSC 서버로 MAP RCH(Resume Call Handling; 호 처리 재개) 메시지를 보낸다. 이 메시지는 구 MSC/MSC 서버가 게이트웨이 MSC/MSC 서버로부터 MTRR 절차를 요청했다는 것을 표시한다. MTRR의 전제 조건은 게이트웨이 MSC/MSC 서버에서 MTRR을 지원한다는 것을 HLR(HSS)를 통해 구MSC/MSC 서버에게 표시해 주어야 한다는 것이다. 이 절차는 5.8.7절에서 설명하였다. 한편 MAP RCH 메시지는 HLR(HSS)로부터 MAP CANCEL LOCATION 메시지를 수신함으로써 트리거된다.

(3GPP TS 23.018)과 (3GPP TS 23.272)에 기술된 바와 같이 게이트웨이 MSC/MSC 서버가 MTRR 절차를 시작하기로 결정하면 MSRN을 검색하기 위해 HLR(HSS)에 대해 새로운 HLR 문의를 다시 실행한다. 이것은 동일한 게이트웨이 MSC/MSC 서버가 주어진 호에 관해서 수행하는 두 번째 HLR 문의이다. 게이트웨이 MSC/MSC 서버는 또한 게이트웨이 BCSM(Basic Call State Model; 기본 호 상태 모델)에서 시작되어 진행 중인 지능망 대화를 일단 해지하고 새로운 HLR 문의 결과에 근거해서 다시 수립한다.

이 절차의 결과로서 호가 게이트웨이 MSC/MSC 서버로부터 재라우트되어 새로운 MSC/MSC 서버(단말기가 접속망 전환을 수행하였던 타깃 2G/3G 무선 접속망을 제어하는)로 옮겨진다.

그림 5.34는 MTRR 절차가 실행되는 것을 요약해서 나타내었다.

이 절차를 위해서는 홈 PLMN과 서빙 PLMN(만약 홈 PLMN과 다를 경우) 모두 MTRR 절차와 구MSC/MSC 서버로부터 게이트웨이 MSC/MSC 서버로 RCH 메시지를 전달할 수 있는 기능이 포함된 MAP 버전을 지원해야 한다. 이는 PLMN-간 MAP 인터페이스에 대한 새로운 요구사항일 수 있다. 한편 접속망 전환이 수행되었던 타깃 2G/3G 무선 접속망을 제어하는 (새로운) 타깃 MSC/MSC 서버에는 MTRR 절차를 위한 어떠한 지원도 요구되지 않는다.

표 5.19는 MAP RCH 메시지의 내용을 요약한 것이다.

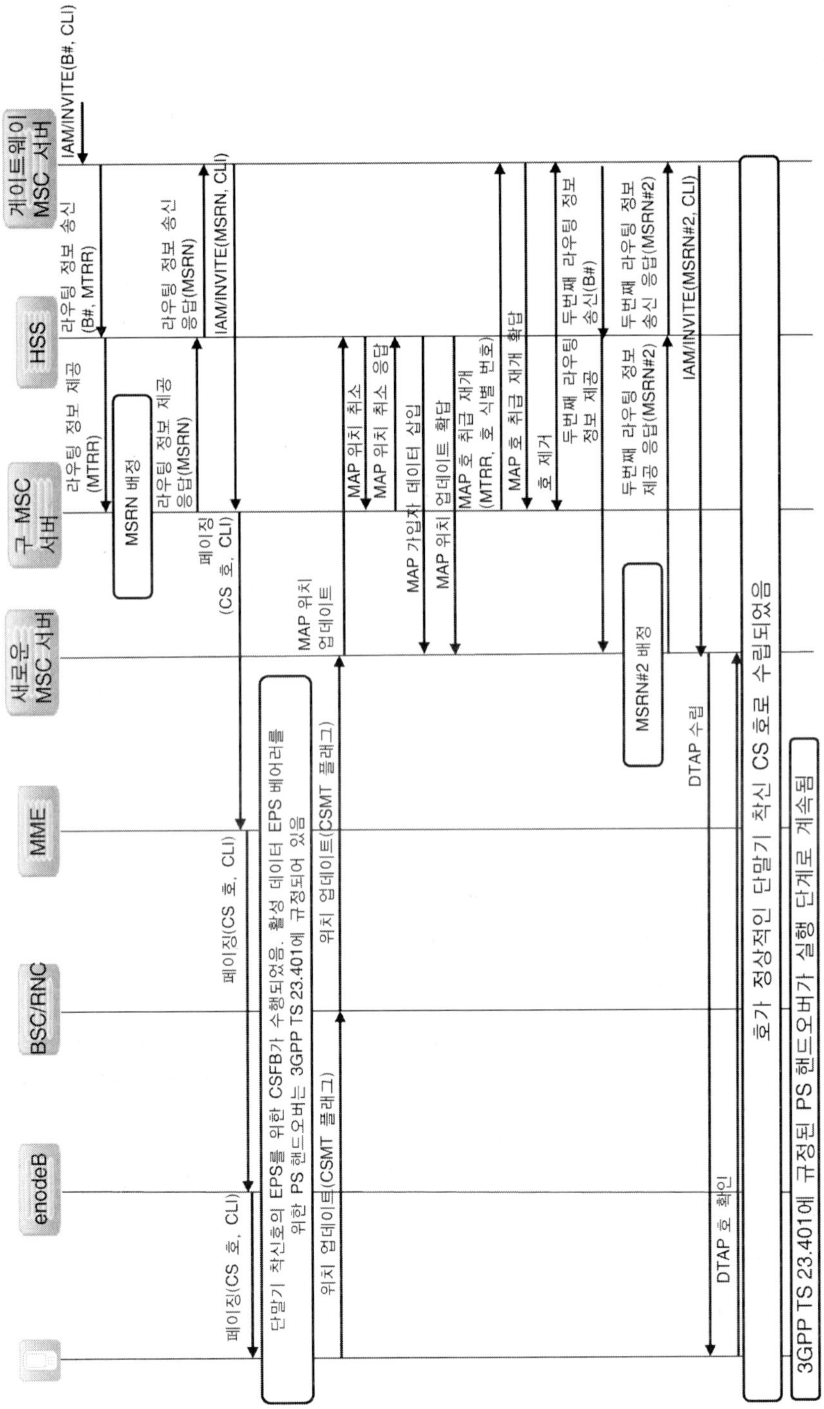

그림 5.34 MTRR 절차를 사용하는 이동 단말기 착신호

표 5.19 MAP 호 취급 재개의 내용

매개변수 명칭	목적	매개변수 값/내용의 예
Call reference	취급하고 있는 호를 식별한다.	최고 8 옥테트 길이의 스트링
All information sent	방문 MSC(VMSC)로부터 모든 매개변수가 게이트웨이 MSC로 송신되었음을 표시한다.	매개변수의 존재 자체로 조건이 만족됨
MT roaming retry	MAP 호 취급 재개 메시지를 보낸 이유가 단말기 착신 로밍 재시작 절차가 시작되었기 때문임을 표시한다.	매개변수의 존재 자체로 조건이 만족됨

MTRR 절차가 CS 망의 광범위한 지원을 필요로 하기 때문에 3GPP는 릴리스 10의 일부로서 이동 단말기 착신 로밍 전달이라고 불리우는 새로운 체계를 표준화하였다. 이 체계는 단지 서빙 PLMN만의 지원을 필요로 하고 게이트웨이 MSC/MSC 서버에는 영향을 미치지 않는다는 의미에서 더욱 최적화되었다고 말할 수 있다. 또한 이 절차에서 MTRR와는 달리 호가 더 이상 홈 PLMN으로부터 서빙 PLMN으로 재라우트되지 않는다. 따라서 다음에 설명하는 것처럼 호가 서빙 PLMN 내에서 재라우트될 수 있기 때문에 호 수립 지연 시간이 짧아진다.

5.8.9.2 이동 단말기 로밍 전달(MTRF)

MTRF(Mobile Terminating Roaming Forwarding) 절차를 위한 트리거링 이벤트는 위에서 설명한 MTRR의 트리거링 이벤트와 동일하며 (3GPP TS 23.018)에 기술되어 있다.

타깃 2G/3G 무선 접속망을 제어하는 새로운 MSC/MSC 서버는 접속망 전환 절차를 수행한 단말기로부터 위치 업데이트 절차를 수신한 다음과 단말기가 위에서 설명한 바와 같이 위치 업데이트 절차에 CSMT 플래그를 표시했을 경우에 구MSC/MSC 서버에 대해 MTRF 능력을 가지고 있음을 표시한다. 이를 위하여 새로운 MSC/MSC 서버는 MAP SEND IDENTIFICATION 메시지의 한 부분에 MTRF 능력을 표시하여 EPS를 향한 SGs 인터페이스를 통하여 페이징을 수행하였던 구MSC/MSC 서버로 보낸다.

이 단계 다음 새로운 MSC/MSC 서버는 HLR(HSS)에 대한 위치 업데이트를 정상적으로 수행하며, 순차적으로 HLR(HSS)는 MTRR의 경우와 마찬가지로 구MSC/MSC 서버로부터 가입을 취소한다. MTRF를 지원하고 있는 구MSC/MSC 서버는 MAP PRN(MAP Provide Roaming Number; MAP 로밍번호 제공) 메시지를 새로운 MSC/MSC 서버로 보낸다. MAP PRN 메시지는 MTRF 절차 특유의 새로운 기능이다. 이렇게 해서 새로운 MSC/MSC 서버가 MSRN을 배정하고(게이트웨이 MSC/MSC 서버가 수행하는 정상적인 HLR 문의의 경우와 같음), 그것을 구MSC/MSC 서버에 보내는 응답으로 제공한다. 구MSC/MSC 서버는 이 번호를 사용해서 호를 직접적으로 새로운 MSC/MSC 서버로 라우트한다. 이렇게 함으로써 호 수립 지연 시간이 최적화되고, MTRR 절차와는 달리 게이트웨이 MSC/MSC 서버를 통한 재라우트를 지원할 필요가 없어진다.

그림 5.35는 MTRF 절차가 실행되는 것을 요약한 것이다.

MTRF 절차를 위해서는 구MSC/MSC 서버와 서빙 PLMN에 위치한 새로운 MSC/MSC 서버 모두 MTRF 절차를 지원해야 한다. 이것이 MTRR와 다른 점이다(MTRR에서는 SGs 인터페이스를 갖고 있는 구MSC/MSC 서버와 호 수립 과정에 관련된 게이트웨이 MSC/MSC 서버의 망 요소가 MTRR 절차를 지원해야 된다).

단말기가 새로운 MSC/MSC 서버에 위치 업데이트를 수행하는 동안에 IMSI와 TMSI 중 어느 것을 사용하는지에 따라 HLR(HSS)의 지원이 요구되기도 하고 요구되지 않기도 하다. 단말기가 TMSI를 사용할 경우 MTRF를 위한 HLR(HSS) 지원이 필요없으며 새로운 MSC/MSC 서버는 TMSI를 근거로 해서 구MSC/MSC 서버의 주소를 알 수 있다. 그러나 단말기가 IMSI를 사용하면 새로운 MSC/MSC 서버는 HLR(HSS)로 보내지게 될 MAP UPDATE LOCATION 메시지에 MTRF에 대한 요청을 표시해 준다. HLR(HSS)는 그림 5.35와 같이 이 매개변수를 구 MSC/MSC 서버로 보내어 MAP PRN를 새로운 MSC/MSC 서버로 보내도록 한다. 따라서 최적의 경우는 단말기가 항상 TMSI를 사용해서 새로운 MSC/MSC 서버에 대한 위치 업데이트 절차를 수행하는 것이며, 이때 HLR(HSS)의 어떤 지원도 요구되지 않을 수 있다.

한편 홈 PLMN에서 MTRF를 사용하지 않도록 억제하는 체계가 표준화되어 있으며 앞으로 구현될 것으로 보인다.

5.8.9.3 MTRR 절차와 MTRF 절차의 공존

MTRR과 MTRF 절차가 각각 독립적이고 단계적으로 다른 망에 도입될 수 있다는 사실을 고려할 때 이 두 절차가 홈 PLMN과 서빙 PLMN 모두에서 동일한 호에 대해 동시에 사용이 가능한 경우를 생각할 수 있다.

이 경우 어느 절차를 사용할지의 선택은 서빙 PLMN 망 요소의 능력과 현지의 망 운용 관리 구성에 근거하게 될 것이다.

5.8.10 요약

이 절에서 EPS를 위한 CSFB 기능을 설명하고 있다. CSFB 기능은 사업자로 하여금 LTE 데이터 서비스에 음성과 SMS를 제공하기 위해 기존의 CS 코어망 인프라 구조를 재사용할 수 있게 해준다.

초기의 CSFB는 SMS를 위해 구현될 것으로 기대되고 있으나, 궁극적으로는 음성, 비디오

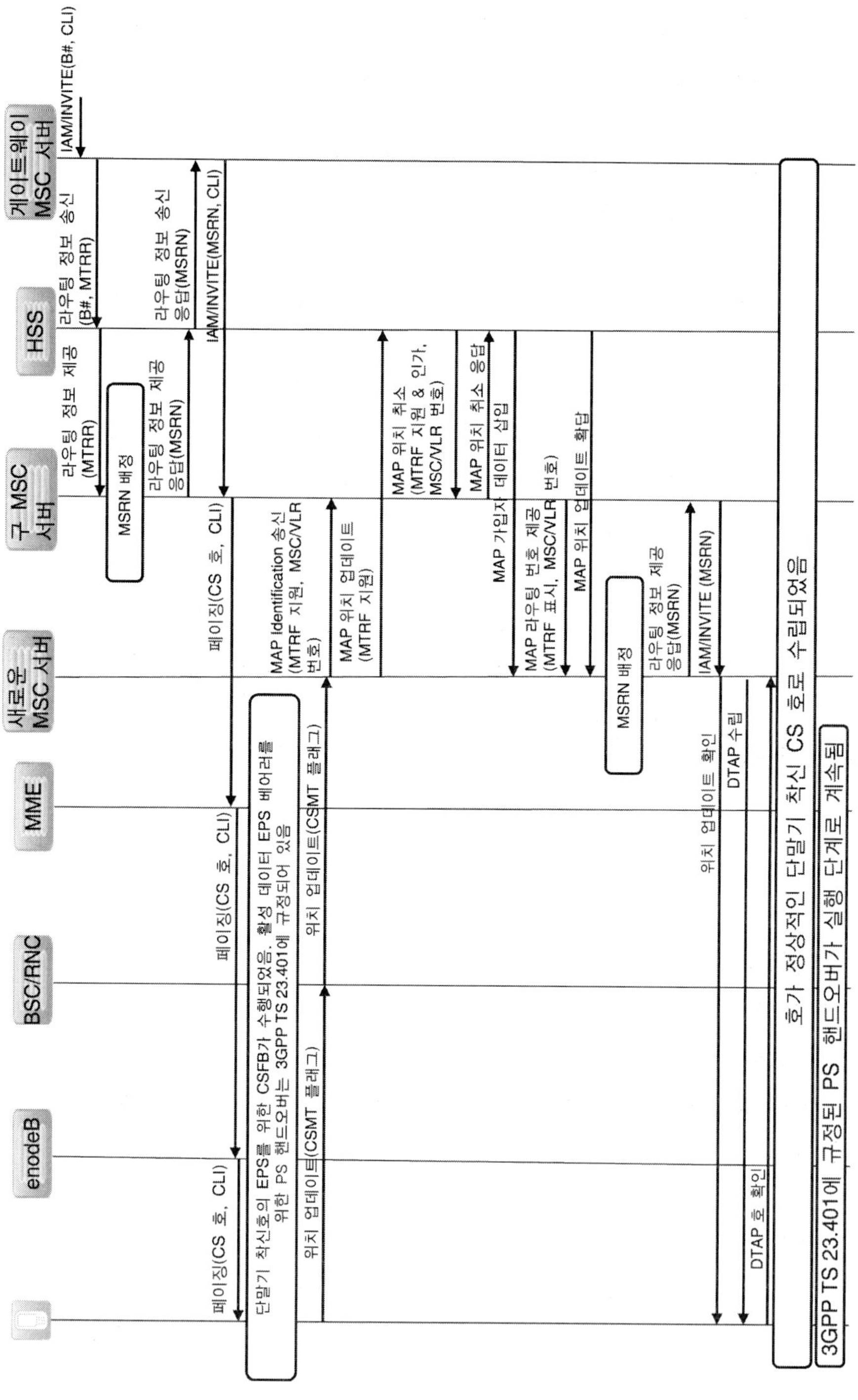

그림 5.35 MTRF 절차를 사용하는 이동 단말기 착신호

전화는 물론 기타 다른 사용 사례도 CSFB를 사용하게 될 것이다. CSFB는 사업자로 하여금 점진적으로 IMS 기반 VoIP으로 바꿀 수 있도록 해서 원래의 IMS 기반 VoIP에서는 가능하지 않을 수도 있는 비상 호, 로밍, 우선 취급 호 등을 병행해서 지원할 수 있다. 따라서 CSFB는 동일한 단말기에서도 IMS 기반 VoIP과 병행해서 사용될 것으로 기대된다. 또 한편 어떤 경우에 있어서는 음성과 기타 다른 서비스들이 IP에 기반을 두더라도 SMS는 SGs/LTE의 CSFB 절차를 사용함으로써 구현되는 선택적인 방법도 생각할 수 있다. 장기적으로 볼 때에는 자연적으로 IMS 기반 VoIP이 유일하게 사용되는 기술이지만 그러한 상황까지 과도기는 상당히 오래 걸릴 것이다.

이 절에서는 CSFB의 예를 들어 기본적인 호 흐름도를 설명하였으며, 더불어 EPS 측에서 사용되어 접속망 전환을 수행하고 활성 PS 연결을 타깃 무선 접속망(2G/3G)으로 옮기는 대체 기술도 설명하였다.

마지막으로 종단 대 종단 성능을 개선할 수 있는 무선 접속에 관한 기능에 대한 설명은 4.2.3절을 참조한다.

5.9 VoLTE 메시징

메시징 서비스는 오래전부터 이동통신망에서 사용되어 왔으며 사업자의 수입에 지대한 공헌을 하고 있다. 핀란드의 경우 자료(FICORA)에 따르면 2010년 1월부터 6월까지 6개월 동안 19억 개의 SMS를 사용했고(인구당 년 700개) MMS는 같은 기간에 1,700만개가 사용되었다. 핀란드를 예로 든 이유는 저자가 핀란드에 있기 때문이기도 하지만 핀란드가 세계에서 이동통신 보급률이 가장 높고 기존의 고정 접속 전화 감소율이 가장 높은 나라 중 하나이기 때문이다.

SMS 보급 이후 보충 기술이 소개되었지만 아직도 일반 개인이나 회사 모두 메시징 서비스가 VoLTE의 필수 서비스 중 하나라고 생각한다. RCS의 일환으로 소개된 인스턴트 메시징, Skype, MS 메신저와 같은 인터넷 기반 서비스, 구글 talk, 애플 iMessage, What's App 서비스와 같은 단말기 메시징 애플리케이션 모두 사용자의 메시지 사용에 매우 큰 영향을 끼친 것으로 알려져 있다.

아마 이러한 서비스가 점차적으로 보다 많은 SMS나 MMS 영역을 잠식하겠지만 그러기까지는 시간이 걸릴 것이고 그 속도도 시장마다 다를 것이다. 또한 순수 IP 기반 메시징 서비스로 전환을 늦추는 문제가 있는데 그것은 SMS를 사용하는 다른 서비스들이다. 예를 들면 SMS로 버스표나 음료수 한 병을 살 수 있고 그 비용은 사용자의 이동통신 통신료 기반으로 정산하여 지불할 수 있다. 이것은 인터넷 서비스 제공 사업자에 의해서 쉽사리 대체될 수 없는 강한 기능들인데 그 이유는 인스턴트 메시징과 기타 IP 기반의 메시징 애플리케이션들이 가입자에 친근

하고 강하게 지역적으로 연결되어 신뢰할 수 있는 유료 서비스라기보다는 무료 서비스로 인식되어져 왔기 때문이다.

위와 같은 분석에는 SMS와 MMS 외에 USSD도 포함되어 있다. USSD는 현재 폭넓게 사용되고 있는데 주로 선불 가입자가 로밍 중에 홈 망에 다이얼-인을 요청하거나 단말기 인터페이스 없이 홈 망의 서비스를 제어하는 것과 같은 부가서비스를 제공한다.

5.9.1 원조 IMS 메시징

원조 IMS 메시징 형태에는 순간 메시징과 세션 기반 메시징이 있다. 메시징이라는 서비스는 궁극적으로 A에서 B로 메시지를 보내는 각종 서비스를 말하기 때문에 다 같은 서비스라고 생각되기 쉽지만 각 서비스 형태마다 그 특성이 다르므로 제공하는 서비스도 서로 달라진다. 한편 이러한 서비스들 위에 각종 애플리케이션이 구현되면서 메시징에 여러 가지 형태가 있다는 사실이 가려지기도 한다.

5.9.1.1 순간 메시징 (Immediate Messaging)

순간 메시징 혹은 페이지-모드 메시징은 바로 IMS의 기본 구조에 채택된 사용자에게 친숙한 인스턴트 메시징의 패러다임이다. 이 메시징은 SIP MESSAGE Method를 통해서 실시간으로 동등 계층의 사용자간에 메시지를 보낸다. 그림 5.36은 전형적인 메시징 흐름을 나타낸다. 순간 메시징에서는 단말기가 MESSAGE 요청을 생성하고 원하는 내용을 - 주로 문자 또는 음성이나 이미지 같은 멀티미디어 토막(snippet)으로 - 채우고 수신인 주소로 Request-URI을 구성한다. 이 요청은 5.5.2절에서 설명한 INVITE와 비슷한 방식으로 IMS 하부 구조를 통해서 수신자 단말기로 라우트되거나 또는 망에 저장된다. 물론 이 메시지에 대한 응답이 있을 경우에는 두 사용자간에 순간 메시지를 주고받는 대화가 이루어진다. 그러나 세션 기반 메시징과는 달리 세션의 전후 관계는 두 사용자의 머릿속에만 존재한다. 프로토콜 세션은 관여하지 않으며 각각의 순간 메시지는 독립적인 트랜잭션이 되며 그 이전에 있었던 요청과는 무관하다.

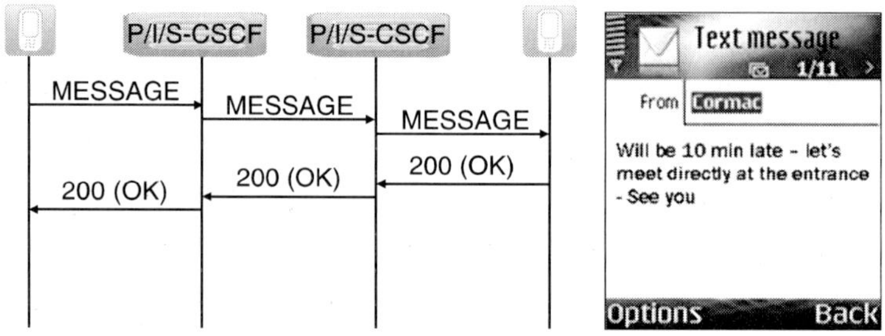

그림 5.36 순간 메시징의 흐름도

5.9.1.2 세션 기반 메시징(Session-Based Messaging)

세션 기반 메시징에서 사용자는 주된 미디어 요소가 짧은 문자 메시지로 구성되는 세션에 참가한다. 다른 세션과 같이 메시지 세션의 지속 시간도 잘 정의되어 있다. 참여자가 세션을 오픈하면 메시지 세션이 시작되고 참가자가 세션을 닫으면 메시지 세션이 종료된다. 참가자 간에 SIP과 SDP를 사용해서 세션이 성립된 후 미디어가 직접 동등 계층간, 즉 P2P(Peer to Peer) 사용자 간에 흐르게 된다. 그림 5.37은 메시지 세션에서 전형적인 메시지 흐름을 나타낸다. 세션 기반 메시징은 P2P일 수 있는데, 이 경우는 일반 음성 호의 경험을 거의 그대로 재현한다. 통상적인 세션 초청을 수신하지만 음성 호와 유일하게 다른 점은 메시지 세션의 미디어가 '문자'라는 점이다. 그렇지만 또 다른 미디어 세션을 메시지 세션과 통합할 수 있기 때문에 이것이 메시지 세션의 한계라고 할 수는 없다. 예를 들어 문자 사이드 채널을 가진 비디오 호가 청각 장애인에게 유용한 가치있는 애플리케이션이 되듯이 이러한 통합 기능을 통해 여러 가지 실용적인 애플리케이션이 가능해진다. 세션 내에서 실제적으로 메시지를 전달하는 프로토콜을 MSRP(Message Session Relay Protocol; 메시지 세션 중계 프로토콜)라고 한다(RFC4975). MSRP는 TCP 상부 계층이며 MIMEs(Multipurpose Internet Mail Extensions; 다목적 인터넷 메일 확장)의 캡슐에 들어있는 데이터를 전달할 수 있다.

프로토콜에는 메시지 전체를 작은 조각으로 나누어 보내고 또 수신측에서는 자동적으로 다시 조합하는 기능이 포함되어 있기 때문에 메시지의 크기는 임의일 수 있다. 세션 기반 메시징은 컨퍼런싱 서비스와 자연스럽게 어울리며 컨퍼런싱 기능성을 이용하여 다자간 채팅 컨퍼런스로 변환할 수도 있다. 이러한 운용 방식으로 세션 기반 메시징은 현재의 음성 컨퍼런스와 비슷한 애플리케이션들을 가능하게 한다.

이러한 운용 형태에서 세션 기반 메시징은 현재의 음성 컨퍼런스와 비슷한 애플리케이션을

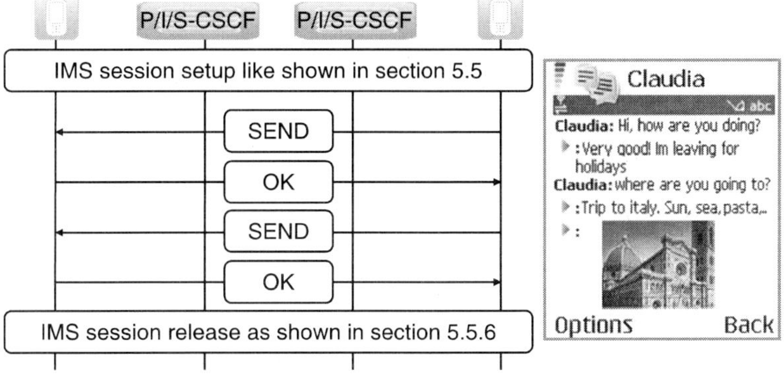

그림 5.37 세션 기반 메시징의 흐름도

가능하게 해준다. 서비스 제공 사업자는 전형적으로 참가자 수가 제한된 개인 채트와 서비스 제공 사업자가 유지하고 있는 공공 채트 두 가지 모두 사용자들에게 제안할 수 있다. 이러한 맥락에서 방은 선형석으로 'MSRP 스위치'라고 불리우는 부가기능을 지원하여 참가자 간 메시지를 전달한다.

5.9.2 SMS 상호연동

SMS는 과거에 엄청난 성공을 거두었으며 이는 LTE 시대에도 계속될 것이다. SMS를 이용하여 가능한 여러 가지 다른 서비스가 전 세계적으로 개발되어 왔으며 이러한 서비스를 계속 유지하는 것은 LTE 시대에서도 매우 중요하다. 3GPP는 LTE 접속망의 단말기로 SMS를 전송하기 위해 SGs 인터페이스를 통해 전송되는 SMS와 IP로 전송되는 SMS의 두 가지 해법을 표준화하였다. 그 외에도 3GPP에서는 SMS와 IMS 순간 메시징 간 변환을 실행하는 AS 기능을 정의하였다.

위의 두 가지 SMS 방법은 각각 전혀 다른 전송 프로토콜(SGsAP/S1AP 프로토콜과 SIP 프로토콜)을 사용하고 있지만 실제로 단문 적재 부하를 전달하는 데에는 두 방법 모두 RP (Relay layer Protocol; 중계 계층 프로토콜)의 공통 데이터 모델을 사용한다는 점이 매우 중요하다. 그림 5.38에 이를 나타내었다.

CP-데이터 메시지는 SM-CP(Short Message-Control Protocol; 단문-제어 프로토콜)을 사용해서 전달되며 CM 계층이 SM-RP(Short Message-Relay Protocol; 단문-중계 프로토콜)과 TPDU(Transfer Protocol Data Unit; 전달 프로토콜 데이터 단위)와 같은 상위 계층 프로토콜을 교환하는데 사용된다. RP-데이터 메시지는 SM-RL(Short Message- Relay Layer; 단문-

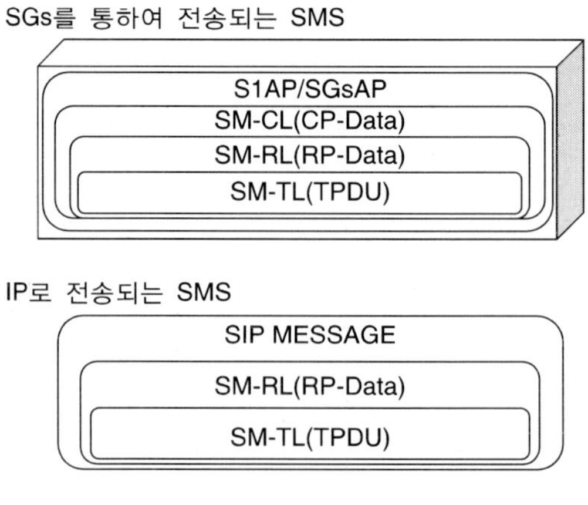

그림 5.38 SGs/IP로 전송되는 SMS의 프로토콜 계층

중계 계층)에서 사용되는 SM-RP를 사용해서 전달된다. 단문의 실제 애플리케이션 부분은 SM-TL(Short Message-Transfer Layer; 단문-전달 계층)의 부분인 TPDU로 송신된다.

단문을 위한 프로토콜 계층의 자세한 구조는 (3GPP TS 23.040)과 (3GPP TS 24.011) 규격에서 살펴 볼 수 있다.

예를 들면 SGs를 통해 전송되는 SMS인 경우 CM 계층은 SGs 인터페이스에서 전송된 프로토콜 내용의 일부분이다. 이와 같은 경우 CP-DATA, CP-ACK, CP-ERROR 메시지는 NAS 메시지 컨테이너 내에 끼워 넣어진다.

NAS 메시지 컨테이너 내에 들어 있는 CP-DATA 메시지는 표 5.20에 설명된 바와 같은 매개변수를 가진다. 주어진 가입자를 담당하는 MSC 서버는 CP-ACK 메시지로 CP-DATA를 확답하며 만약 그 절차 중에 어떠한 오류가 발생했을 경우에는 CP-ERROR 메시지를 사용해서 단말기에 오류를 통보한다.

CP-DATA 메시지의 예는 다음과 같다.

```
GSM A-I/F DTAP - CP-DATA
    Protocol Discriminator: SMS messages
    DTAP Short Message Service Message Type: CP-DATA (0x01)
    CP-User Data
    Extraneous Data
```

CP-USER-DATA에는 아래와 같이 정의된 캡슐화 된 RP-DATA 메시지를 포함하고 있는 중계 프로토콜 데이터를 포함한다. RP-DATA는 첫 번째 공통 메시지의 정의이며 IP로 전송되는 SMS에서 SIP MESSAGE 캡슐에 넣어져 사용되기도 한다.

RP-DATA 외에도 RP-ACK, RP-ERROR, RP-SMMA 메시지 등이 (3GPP TS 24.011)에 정의되어 있다. RP-ACK 메시지는 RP-DATA를 성공적으로 받았다는 확답에 사용되며, RP-

표 5.20 CP-DATA의 내용

매개변수 명칭	목적	매개변수 값/내용의 예
Protocol discriminator	CP-DATA에 포함되어 전달되는 프로토콜을 설명한다.	값 'SMS messages' - 전달되는 내용물이 SMS인 것을 나타낸다.
Transaction identifier	메시징에 연관된 양 종단간의 트랜잭션을 식별한다.	3GPP TS 24.007에 부호화되어 있는 값이다.
Message type	이 메시지의 실제적인 목적이다.	CP-DATA, CP-ACK 또는 CP-ERROR
CP-USER-DATA	RP-DATA 컨테이너를 포함한다.	RP-DATA의 내용은 표 5.21을 참조하라.

ERROR는 RP-DATA가 성공적으로 처리되지 못했다는 것을 동등 계층 프로토콜 개체에 통보하는데 사용된다. RP-SMMA 메시지는 단말기가 새로운 단문을 더 수신할 수 있다는 것을 SMSC에 통보하는데 사용된다.

표 5.21에 RP-DATA 내에 부호화되어 있는 정보에 대한 설명을 나타내며, RP-DATA 메시지의 한 예는 다음과 같다.

```
GSM A-I/F RP - RP-DATA (MS to Network)
  Message Type RP-DATA (MS to Network)
  RP-Message Reference
    RP-Message Reference: 0x01 (1)
  RP-Origination Address
    Length: 0
  RP-Destination Address - (358401234567)
    Length: 7
    1. . . . . . .. = Extension: No Extension
    .001 . . . .. = Type of number: International Number (0x01)
    . . . .. 0001 = Numbering plan identification: ISDN/Telephony
        Numbering (Rec ITU-T E.164) (0x01)
    BCD Digits: 358401234567
  RP-User Data
  Length: 16
  TPDU (not displayed)
```

TPDU 컨테이너는 단말기와 SMSC 간 경로를 그대로 통과하여 전달된다. TPDU는 유형에

표 5.21 RP-DATA의 내용

매개변수 명칭	목적	매개변수 값/내용의 예
RP-message-type	메시지의 유형을 포함한다.	메시지 유형의 값은 RP-data, RP-ack, RP-error
RP-message reference	RP-data의 내용을 특정 메시지 트랜잭션에 조합시키는 일련번호를 포함한다.	0에서 255 사이의 번호
RP-originator address	이동 단말기 착신 트랜잭션의 경우 이 매개변수는 발신측 SMSC의 주소를 나타낸다.	E.164 주소
RP-destination address	이동 단말기 발신 트랜잭션의 경우 이 매개변수는 수신측 SMSC의 주소를 나타낸다.	E.164 주소
RP-user data	TPDU 컨테이너를 포함한다.	TPDU의 내용은 표 5.22를 참조하라

따라 아래의 프로토콜 메시지 중 하나를 포함할 수 있다(표 5.22에 의해서).

이 절에서는 표 5.22에 나타나 있는 SMS-DELIVER(SMS-배달)과 SMS-SUBMIT(SMS-제출)과 같은 중요한 메시지들과 그에 대한 확답 메시지를 살펴본다.

단말기에서 단문을 발신하는 경우 표 5.23과 같이 단말기가 SMS- SUBMIT를 부호화한다.

단말기가 단문을 수신하는 경우 발신측 SMSC가 SMS-DELIVER 메시지를 표 5.24와 같이 부호화하여 단말기로 보낸다.

SMS-deliver 메시지에 대한 응답으로 SMS-deliver-rerport 메시지를 CP-ack 메시지 캡슐 안에 넣어 SMSC로 전달된다.

표 5.22 TPDU의 내용

매개변수 명칭	목적
SMS-deliver(SMS-배달)	SMSC로부터 단문을 단말기로 전달하는데 사용한다.
SMS-submit(SMS-제출)	단말기로부터 단문을 SMSC로 전달하는데 사용한다.
SMS-deliver-report	오류 혹은 긍정적인 확답 표시를 SMS-deliver 메시지에 대한 응답으로 전달하는데 사용한다.
SMS-submit-report	오류 혹은 긍정적인 확답 표시를 SMS-submit 메시지에 대한 응답으로 전달하는데 사용한다.
SMS-status-report	SMSC로부터 단말기로 보내는 상태 보고서
SMS-command	단말기로부터 SMSC로 가는 명령어

표 5.23 SMS-submit의 내용

매개변수 명칭	목적	매개변수 값/내용의 예
SMS flags	발신자가 단문 취급에 관해 변경하고자 설정하는 플래그들을 포함한다.	단말기가 요청할 수 있는 기능들: 상태 보고서; 메시지와 동일한 답신 경로
TP-destination-address	단 문자 메시지의 수신자 MSISDN 주소를 포함한다.	MSISDN 주소
TP-protocol-identifier	사용된 프로토콜의 ID를 포함한다.	문자로 구성된 단문은 매개변수 값 0으로 부호화 된다.
TP-data coding scheme	전달 내용물의 부호화에 관한 정보를 포함한다.	문자로 구성된 단문은 매개변수 값 0으로 부호화 된다(7비트 길이).
TP-user data	단문의 전송물을 나타내는 문자 표기를 포함한다.	실제 문자

표 5.24 SMS-deliver의 내용

매개변수 명칭	목적	매개변수 값/내용의 예
SMS flags	발신자가 단문 취급에 관해 변경하고자 설정하는 플래그들을 포함한다.	단말기가 요청할 수 있는 기능들: 상태 보고서;메시지와 동일한 답신 경로
TP-originating-address	짧은 문자 메시지의 발신자 MSISDN 주소를 포함한다.	MSISDN 주소
TP-protocol-identifier	사용된 프로토콜의 ID를 포함한다.	문자로 구성된 단문은 매개변수 값 0으로 부호화 된다
TP-data coding scheme	전달 내용물의 부호화에 관한 정보를 포함한다.	문자로 구성된 단문은 매개변수 값 0으로 부호화 된다(7비트 길이).
TP-service-centre-time-stamp	SMSC가 설정하는 타임스탬프를 포함한다. 타임스탬프는 단말기로 메시지를 보낸 시간을 표시한다.	매개변수 값은 연도, 월, 날자, 시, 분, 초와 시간대 정보를 포함한다.
TP-user data	단문의 전송물을 나타내는 문자 표기를 포함한다.	실제 문자

SMS-submit의 일부분으로 부호화된 TPDU 컨테이너의 예는 다음과 같다.

```
GSM SMS TPDU (GSM 03.40) SMS-SUBMIT
  0. . . . . . . = TP-RP: TP Reply Path parameter is not set in this SMS
SUBMIT/DELIVER
  .0. . . . .= TP-UDHI: The TP UD field contains only the short message
  ..0. . . . . . = TP-SRR: A status report is not requested
  . . .0 0. . . = TP-VPF: TP-VP field not present (0)
  . . . . . .0.. = TP-RD: Instruct SC to accept duplicates
  . . . . . .01 = TP-MTI: SMS-SUBMIT (1)
TP-MR: 18
TP-Destination-Address - (358509876543)
  Length: 12 address digits
  1. . . . . . : No extension
  .001 . . .. : Type of number: (1) International
  . . .. 0001 : Numbering plan: (1) ISDN/telephone (E.164/E.163)
  TP-DA Digits: 358509876543
TP-PID: 0
  00. . . . . .: defines formatting for subsequent bits
```

```
  ..0. . . . . .: no telematic interworking, but SME-to-SME protocol
  . . .0 0000 : the SM-AL protocol being used between the SME
  and the MS (0)
TP-DCS: 0
  00. . . . . . = Coding Group Bits: General Data Coding
      indication (0)
  Special case, GSM 7 bit default alphabet
TP-User-Data-Length: (3) depends on Data-Coding-Scheme
TP-User-Data
  SMS text: Hello World!
```

5.9.2.1 SGs를 통하여 전송되는 SMS

SMS는 LTE가 가능한 모든 종류의 단말기에서 사용할 수 있게 된다. 첫 번째 단말기 종류로는 기존의 CS를 전혀 사용할 수 없는 LTE USB 혹은 집적 데이터 모뎀과 같은 종류이다. 이러한 단말기에는 EPS 기능성을 위한 전체적인 CSFB가 요구되지 않으며 단지 SMS를 위한 기능이 요구될 것이다. 사용자의 관점에서 본다면 PC에서 단문을 보내고 받을 수 있는 애플리케이션을 상품화하는 판매자나 통신서비스 사업자가 있을 것이다. 그외 사용자가 참여되지 않는 사용 사례를 생각할 수 있는데 예를 들면 단말기 설정을 단문으로 보내는 것이 있다. 이는 통신서비스 사업자가 기존의 UTRAN/GERAN USB 데이터 모뎀을 원격 설정하던 것과 같은 방법으로 LTE에서도 USB 데이터 모뎀을 원격 설정할 수 있다는 것을 말한다.

LTE 단말기가 음성과 기타 다른 CS 서비스를 사용할 능력이 있을 경우에는 단문의 사용자 환경 인터페이스는 단말기가 UTRAN/GERAN에 합류했을 때와 똑같을 것이다. 따라서 LTE를 구 SMS를 위한 또 하나의 다른 전송 방법으로 생각할 수 있다.

LTE의 초기 구현에서 LTE 로밍 기능이 소개될 때 통신서비스 사업자가 SMS를 제공하려면 로밍 고객에 대해서 로밍 데이터 서비스의 가격을 통보해 주고 또 서비스 가격이 미리 설정된 한계를 넘을 경우 그것을 통보해 주어야 한다는 이전과 동일한 요구사항(정부 규제)에 직면하게 될 것이다. 이러한 것은 '로밍 사용자의 요금 쇼크 방지'로 알려져 있으며 현재 유럽 연합(European Union)에서 의무화 되어 있다.

LTE에서 단문을 현재의 이동통신망에서 짧은 문자를 배달하는 것과 비슷한 방식으로 배달하기 위해 단말기와 서빙 MSC/MSC 서버 망 요소간에 이에 관련된 모든 시그널링 인터페이스들이 새로이 변경되었다.

단말기와 eNodeB 간의 LTE-Uu 인터페이스에서 단문은 (3GPP TS 24.301)에 정의된 NAS 프로토콜 내에서 그대로 전달된다. 이 인터페이스는 단말기와 MME 간의 인터페이스이다. MME는 그 내용을 (3GPP TS 29.118)에 정의된 바와 같이 SGs 인터페이스를 지원하는 서빙

MSC/MSC 서버로 전달한다. 이러한 구조적인 모델은 (3GPP TS 24.011) 규격에 S1 모드에서 CS 서비스로 설명되어 있으며 이는 단말기가 S1 인터페이스를 통해 CS SMS로 연결되어 있음을 나타낸다. 단문의 내용은 단일 메시시 혹은 사슬처럼 연결된 복수 메시지의 적재 부하로 전송될 수 있으며 이는 이동 단말기 발신 단문과 이동 단말기 착신 단문에 모두 지원된다.

적재 부하가 LTE에 합류된 단말기와 서빙 MME 간 NAS 시그널링으로 그대로 통과되어 전달되기 때문에 eNodeB에 SGs를 통해 전송되는 SMS를 지원하기 위한 별도의 기능성이 특별히 요구되지 않는다.

현재 통신업계에서 LTE 시그널링(NAS) 안에서의 SMS 전달에 대한 부분은 3GPP 릴리스 8에서 충분히 표준화 되었으며 뒤잇는 3GPP 릴리스에는 더 이상의 개선이 요구되지 않는다.

다음 절에서 SGs를 통해 전송되는 SMS(3GPP TS 23.272)의 기능을 사용하여 단문의 적재 부하를 어떻게 CS 도메인을 통해 전달할 수 있는지를 설명한다.

이러한 절차의 전제 조건은 5.8.5절에 설명된 바와 같이 LTE 단말기가 성공적으로 IMSI/EPS 복합 합류를 성공적으로 수행하였다는 것이다.

이동 단말기 발신 단문 : 이동 단말기 발신 단문의 전달은 단말기에서 EPC로 단말기에서 트리거된 서비스 요청을 보냄으로써 시작된다. 이 이벤트에 뒤이어 단말기는 MME로 상향링크 NAS 전송 메시지를 보낸다. 이 메시지는 MSC/MSC 서버로 향하는 SGs 인터페이스의 상향링크 단위데이터(Unitdata) 메시지로 매핑된다. 이 상향링크 메시지는 단문의 실제 내용을 포함하고 있다.

서빙 CS망 요소, 즉 MSC/MSC 서버는 이동 단말기 발신 단문을 단말기로부터 UTRAN/GERAN 무선 접속을 통해 수신되는 메시지의 경우와 유사한 방식으로 필요한 임무를 수행한다. 예를 들어 요구되는 지능 망 서비스와 과금이 이 시점에서 수행될 수 있다.

궁극적으로 메시지가 MAP 인터페이스를 통해 가입자 SMSC로 전달되며, 이로써 단문의 배송이 정상적인 방식으로 완료된다(발신 단말기에 대하여).

그림 5.39는 LTE 무선 접속에서 SGs를 통해 전송되는 SMS를 사용한 발신 SMS 전달의 메시지 흐름을 나타낸다.

각각 주요 인터페이스의 상향링크 및 하향링크 시그널링 메시지는 NAS 메시지 컨테이너를 포함하는데 바로 그 안에 실제로 전송되는 단문의 적재 부하가 들어 있다. 다음 예에서 주요 메시지 중 하나인 SGsAP-uplink-unitdata를 보이는데 이 상향링크 메시지는 EPS와 CS 도메인 간 SGs 인터페이스 안에서 실제 단문의 전송물을 교환하는데 사용된다. 한편 하향링크 메시지, SGsAP-downlinkg-unitdata의 내용은 상향링크 메시지와 비슷하기 때문에 따로 나타내지 않는다.

다른 인터페이스는 독자가 살펴보도록 남겨 두었는데 그 이유는 MME가 실제 내용물은 건드

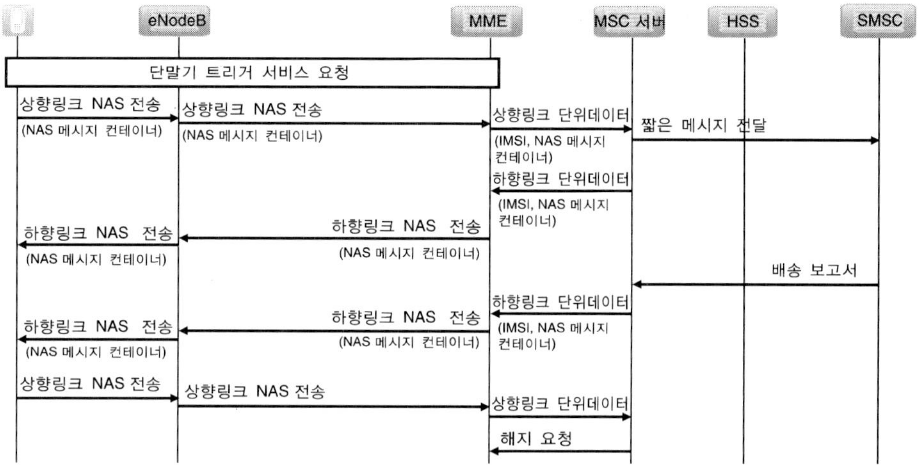

그림 5.39 SGs를 통하여 전송되는 이동 단말기 발신 단문

리지 않고 단지 SGs와 S1 인터페이스 간 매개변수 레벨의 변환만을 수행하기 때문이다.

단말기에서 CS 도메인으로 단문을 전달하는데 사용되는 SGsAP-uplink-unitdata 메시지의 실제 메시지 내용을 표 5.25에 나타내었다.

다음은 SGsAP-uplink-unitdata 메시지의 일례를 나타낸 것이다.

```
SGSAP Message Type: SGsAP-UPLINK-UNITDATA (0x08)
IMSI - IMSI (234051234567890)
    Element ID: 1
    Length: 8
    0010 . . .. = Identity Digit 1: 2
    . . .. 1. . . = Odd/even indication: Odd number of identity
        digits
    . . ...001 = Mobile Identity Type: IMSI (1)
    BCD Digits: 234051234567890
NAS message container
    Element ID: 22
    Length: 2
    GSM A-I/F DTAP - CP-ACK
        Protocol Discriminator: SMS messages
            1. . . . . . .. = TI flag: allocated by receiver
            .000 . . . .. = TIO: 0
            . . . .. 1001 = Protocol discriminator: SMS messages (9)
```

표 5.25 SGsAP-uplink-unitdata의 내용

매개변수 명칭	목적	매개변수 값/내용의 예
IMSI	가입자의 IMSI	기입 ID(15자리 수). mcc, mnc, MSIN을 포함한다.
NAS message container	실제 메시지를 포함한 실제 단문 서비스의 전송물을 포함한다.	(3GPP TS 24.011)에 규정된 바에 따라 부호화된 바이트 스트링이다.
IMEISV	IMEI와 소프트웨어 버전을 포함한다.	16자리 수로 구성된 식별표. 단말기 모델을 식별하는 8자리 숫자(Type Allocation Code, TAC), 6자리 숫자의 시리얼 번호(S/N), 2자리 숫자의 소프트웨어 버전(SV)로 구성된다.
UE time zone	가입자 단말기의 현재 시간대를 포함한다. 만약 서빙 LTE가 다른 시간대에 위치하고 있을 경우 서빙 CS 도메인 시간대의 값과 다른 값일 수 있다.	GMT와 현재 시간의 차이를 표시한다.
Mobile station classmark 2	단말기 착신 SMS의 지원 여부, A5/1 알고리듬의 지원 여부 등 이동 단말국 등급 정보를 포함한다.	(3GPP TS 24.008)에 규정된 바에 따라 부호화된 정보 구조이다.
TAI	만약 MME에 있을 경우, 단말기의 현 추적 지역 ID 세트를 포함한다.	mcc, mnc, 서빙 TAI의 추적 지역 부호를 포함한다.
E-CGI	만약 MME에 있을 경우, 단말기의 현 E-Cell Global Identity(진화된 범용 셀 식별자, 즉 E-UTRAN의 글로벌 셀 ID)를 포함한다.	mcc, mnc, 서빙 LTE 셀의 셀 ID를 포함한다.

```
        DTAP Short Message Service Message Type: CP-ACK (0x04)
        Message Elements
Tracking area identity
    Element ID: 35
    Length: 5
    Mobile Country Code (MCC): United Kingdom of Great
Britain and Northern Ireland (234)
    Mobile Network Code (MNC): Unknown (100)
    Tracking area code(TAC): 0x0064
```

이어서 표 5.26에 CS 도메인에서 단말기로 단문의 전송물을 전달하는데 사용되는 SGsAP-

표 5.26 SGsAP-downlink-unitdata의 내용

매개변수 명칭	목적	매개변수 값/내용의 예
IMSI	가입자의 IMSI	가입 ID(15자리 수). mcc, mnc, MSIN을 포함한다.
NAS message container	실제 메시지를 포함한 실제 단문 서비스의 전송물을 포함한다.	(3GPP TS 24.011)에 규정된 바에 따라 부호화된 바이트 스트링이다.

downlink-unitdata 메시지의 내용을 다시 한 번 설명하고 있다.

다음 부분에서는 이동 단말기 착신 단문 전달을 논의한다.

이동 단말기 착신 단문 : 이동 단말기 착신 단문의 전달은 이동 단말기 발신의 경우에 비해 다소 복잡한 절차를 가진다. 단말기는 MME에 의해 서빙 MSC/MSC 서버에 간접적으로 합류되어 있기 때문에 착신의 경우에는 발송자의 SMSC가 MAP 인터페이스를 사용하여 담당하고 있는 수신인과 SGs 연합을 갖는 특정한 서빙 MSC/MSC 서버로 단문을 라우트한다. 이 절차는 현재 이동통신망에서 단문을 취급하는 것과 동일한 방식으로 취급된다.

만약 가입자가 UTRAN/GERAN 무선 접속을 통해 등록되었다면 SGs 연합을 갖는 서빙 MSC/MSC 서버는 이동 단말기 착신 단문을 위해 요구되는 서비스 실행 임무를 현재의 방식과 비슷한 방식으로 수행할 것이다. 이러한 임무 뒤에 MSC/MSC 서버가 SGs 인터페이스를 통해 페이징을 수행하고, 성공적으로 페이징이 이루어진 다음 단문을 하향링크 단위 데이터 메시지 안에 넣어 SGs 인터페이스를 통하여 MME로 배송한다. MME는 순차적으로그 전송물을 하향링크 NAS 전송 메시지와 함께 단말기로 전달한다.

마지막으로 단말기에서 발신자의 SMSC로 배송 보고서가 교환되고 수신인 단말기로 절차 완료가 확답되면 그로써 단문의 배송이 완료된다.

그림 5.40은 LTE 무선 접속에서 SGs를 통해 전송되는 SMS를 사용하는 착신 단문의 메시지 흐름을 보여준다.

위에서 설명한 것과 같이 이동 단말기 착신 단문 배송은 LTE 접속을 통한 단말기 페이징으

표 5.27 SGsAP-paging-request의 내용

매개변수 명칭	목적	매개변수 값/내용의 예
IMSI	가입자의 IMSI	가입 ID(15자리 수) mcc, mnc, MSIN을 포함한다.
Service indicator	EPS로부터 요청되고 있는 서비스 유형을 표시한다. 가능한 값은 CS 호, SMS 표시 등을 포함한다.	SMS 표시=0x02

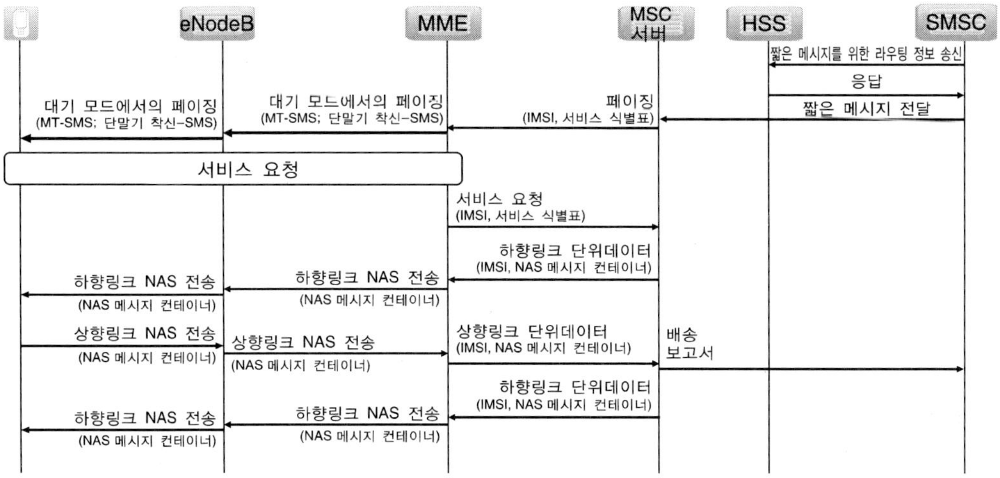

그림 5.40 SGs를 통하여 전송되는 이동 단말기 착신 단문

로 시작된다. 이 페이징은 CS 망이 요청하며, CS 망은 이를 위하여 표 5.27에 요약해 보인 것과 같이 부호화된 SGs-paging-request 메시지를 보낸다.

다음은 SGsAP-PAGING-REQUEST 메시지의 일례를 나타낸 것이다.

```
SGSAP Message Type: SGsAP-PAGING-REQUEST (0x01)
IMSI - IMSI (234051234567890)
    Element ID: 1
    Length: 8
    0010 . . .. = Identity Digit 1: 2
    . . .. 1. . . = Odd/even indication: Odd number of identity
        digits
    . . ...001 = Mobile Identity Type: IMSI (1)
    BCD Digits: 234051234567890
Service indicator - SMS indicator
    Element ID: 32
    Length: 1
    Service indicator: SMS indicator (2)
VLR name - VLR01.MSS02.MNC001.MCC234.3GPPNETWORK.ORG
    Element ID: 2
    Length: 41
    VLR name: VLR01.MSS02.MNC001.MCC234.3GPPNETWORK.ORG
Global CN-Id
    Element ID: 11
```

```
        Length: 5
        Mobile Country Code (MCC): United Kingdom of
          Great Britain and Northern Ireland (234)
        Mobile Network Code (MNC): Unknown (100)
        CN_ID: 100
    Location Area Identification (LAI)
        Element ID: 4
        Length: 5
        Location Area Identification (LAI) - 234/100/1000
            Mobile Country Code (MCC): United Kingdom of Great
                Britain and Northern Ireland (234)
            Mobile Network Code (MNC): Unknown (100)
                Location Area Code (LAC): 0x03e8 (1000)
    TMSI - (0x20000)
        Element ID: 3
        Length: 4
        TMSI/P-TMSI: 0x00020000
```

MME는 서빙 CS 도메인으로부터 SGsAP-PAGING-REQUEST를 받은 다음 표 5.28에 규정된 내용과 함께 SGsAP-SERVICE-REQUEST 메시지를 보냄으로써 요청에 대한 확답을 한다. 다음은 SGsAP-SERVICE-REQUEST 메시지의 일례를 나타낸 것이다.

```
SGSAP Message Type: SGsAP-SERVICE-REQUEST (0x06)
IMSI - IMSI (234051234567890)
    Element ID: 1
    Length: 8
    0010 . . .. = Identity Digit 1: 2
    . . .. 1. . . = Odd/even indication: Odd number of
    identity digits
```

표 5.28 SGsAP-service-request의 내용

매개변수 명칭	목적	매개변수 값/내용의 예
IMSI	가입자의 IMSI	가입 ID(15자리 수) mcc, mnc, MSIN을 포함한다.
Service indicator	EPS로부터 요청되고 있는 서비스 유형을 표시한다. 가능한 값은 CS 호, SMS 표시 등을 포함한다.	SMS 표시=0x02

```
        . . ...001 = Mobile Identity Type: IMSI (1)
   BCD Digits: 234051234567890
     Service indicator - SMS indicator
         Element ID: 32
         Length: 1
         Service indicator: SMS indicator (2)
     Tracking area identity
         Element ID: 35
         Length: 5
         Mobile Country Code (MCC): United Kingdom
             of Great Britain and Northern Ireland (234)
         Mobile Network Code (MNC): Unknown (100)
         Tracking area code(TAC): 0x0064
```

한편, SGsAP-uplink-unitdata 메시지와 SGs-downlink-unitdata 메시지의 내용은 모두 앞 절에서 보인 것과 동일하다. 앞 절의 경우와 마찬가지로 다른 인터페이스는 독자가 살펴보도록 남겨 두었는데 그 이유는 MME가 실제 내용물은 건드리지 않고 단지 SGs와 S1 인터페이스 간 매개변수 레벨의 변환만을 수행하기 때문이다.

5.9.2.2 IP로 전송되는 SMS

IP로 전송되는 SMS는 우선적으로 IMS 기반 VoIP을 사용하는 단말기에서 사용될 것을 목적으로 하지만 이동통신이 아닌 다른 IP CAN(예를 들어 WLAN과 WiMAX)에 연결된 단말기에 SMS의 기능을 제공하기도 한다. IP로 전송되는 SMS 방법은 매우 간단하다. 실제 SMS 자체는 특수 콘텐츠 유형으로 SIP 메시지 Method에 첨부되며, 이 방법으로 단말기가 이를 IMS 망을 통해 SMS를 송수신할 수 있다. 이런 형태의 상호연동을 이용한다면 IMS에 연결된 사용자에게 기존의 모든 종류의 부가가치 SMS 서비스 제공이 가능해진다. 그림 5.41은 IP로 전송되는 SMS의 발신 흐름의 예를 보여준다.

우선 단계 1에서 단말기는 SIP 메시지를 작성하고 발송한다. 메시지 요청에 들어 있는 주요 필드는 SMS 서비스 센터를 가리키는 Request-URI(수신인 주소는 실제의 단문 안에 포함)와 전송물 자체가 실제 단문인 것을 표시하고 있는 Content-Type이다. 이 SIP 메시지는 초기 필터 기준(4.5.5절 참조)에 의해서 IP-SM-GW로 라우트된다. 단계 8에서 IP-SM-GW가 실제의 단문을 추출해서 앞으로 전달한다. 단계 9~14는 선택사항으로써 단문 전송 보고서 절차이다.

그림 5.42는 IP로 전송되는 SMS의 착신 흐름을 나타낸다. 단계 1에서 IP-SM-GW가 SMS 서비스 센터로부터 SMS를 받고, 단계 2에서 IP-SM-GW가 SIP 메시지를 작성하여 보낸다. SIP 메시지 요청의 주요 필드는 (i) 등록된 공공 사용자_ID를 가리키는 Request-URI, (ii) IP

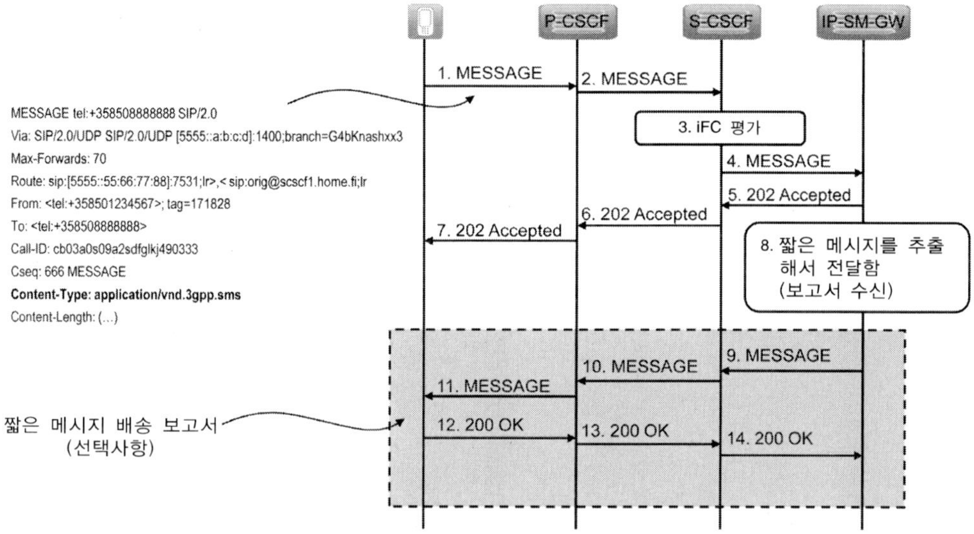

그림 5.41 IP로 전송되는 SMS의 발신 예

로 전송되는 SMS를 수신할 수 있는 능력이 등록된 단말기로만 이 요청이 전달될 수 있다고 표시한 Accept-Contact, (iii) 이 요청이 단지 한 단말기로만 전달되어야 된다는 의미를 가진

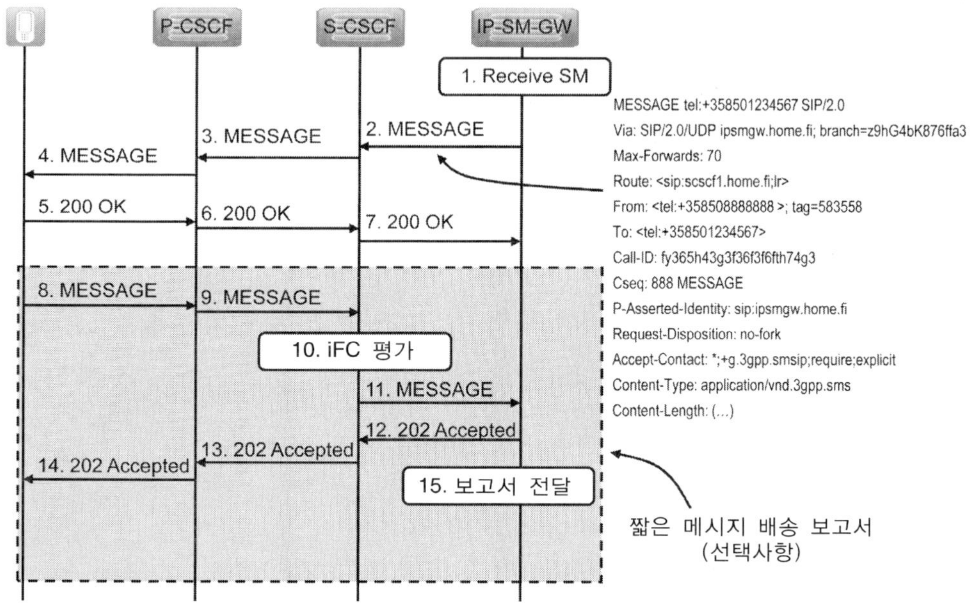

그림 5.42 IP로 전송되는 SMS의 착신 예

'no-fork' 값으로 설정된 Request-Disposition, (iv) 메시지를 담은 전송물이 실제 단문라고 표시하고 있는 Content-Type(3GPP TS 24.341) 등이다. 단계 8~15는 선택사항으로써 단문 전송 보고서 절차이다.

5.9.11절에 설명된 기존의 문자 기반 SIP 메시징의 프로토콜과 IP로 전송되는 SMS의 프로토콜의 차이점을 구체적인 예를 들어 분석하고자 한다. 먼저 사용자 K의 VoLTE가 가능한 단말기 (+358501234567)로부터 VoLTE가 가능하고 IMS에 가입된 단말기(+358405556667)를 갖고 있는 친구에게 단문, 'Will be 10min late-let's meet directly at the entrance-See you'를 IP로 전송되는 SMS로 보낸다. 사용자 K의 단말기의 SIP 메시지는 다음과 같다.

```
MESSAGE tel:+358508888888 SIP/2.0
Via: SIP/2.0/UDP [5555::a:b:c:d]:1400; branch=abc123
Max-Forwards: 70
Route: <sip:[5555::55:66:77:88]:7531;lr>,<sip:orig@scscf1.home.fi;lr>
P-Access-Network-Info:3GPP-E-UTRAN-TDD;utran-cell-id-
3gpp=2440051F3F5F7
From: <tel:+358501234567>; tag=583558
To: <tel:+358508888888>
Call-ID: fy365h43g3f36f3f6fth74g3
Cseq: 888 MESSAGE
Require: sec-agree
Proxy-Require: sec-agree
Security-Verify: ipsec-3gpp; alg=hmac-sha-1-96; spi-c=98765432;
   spi-s=87654321; port-c=8642; port-s=7531
Content-Type: application/vnd.3gpp.sms
Content-Length: ...
GSM A-I/F RP - RP-DATA (MS to Network)
   Message Type RP-DATA (MS to Network)
   RP-Message Reference
       RP-Message Reference: 0x03 (3)
   RP-Origination Address
       Length: 0
   RP-Destination Address - (358508888888)
       Length: 7
       1... .... = Extension: No Extension
       .001 .... = Type of number: International Number (0x01)
       .... 0001 = Numbering plan identification: ISDN/Telephony
         Numbering (Rec ITU-T E.164) (0x01)
```

```
    BCD Digits: 358508888888
  RP-User Data
    Length: 160
    TPDU (not displayed)
GSM SMS TPDU (GSM 03.40) SMS-SUBMIT
    0... .... = TP-RP: TP Reply Path parameter is not set
    in this SMS SUBMIT/DELIVER
    .1.. .... = TP-UDHI: The beginning of the TP UD field
      contains a Header in addition to the short message
    ..0. .... = TP-SRR: A status report is not requested
    ...0 1... = TP-VPF: TP-VP field present - enhanced format (1)
    .... .0.. = TP-RD: Instruct SC to accept duplicates
    .... ..01 = TP-MTI: SMS-SUBMIT (1)
  TP-MR: 3
  TP-Destination-Address - (358405556667)
    Length: 12 address digits
    1... .... : No extension
    .001 .... : Type of number: (1) International
    .... 0001 : Numbering plan: (1) ISDN/telephone (E.164/E.163)
    TP-DA Digits: 358405556667
  TP-PID: 0
    00.. .... : defines formatting for subsequent bits
    ..0. .... : no telematic interworking, but SME-to-SME protocol
    ...0 0000 : the SM-AL protocol being used
      between the SME and the MS (0)
  TP-DCS: 0
    00.. .... = Coding Group Bits: General Data Coding
      indication (0)
    Special case, GSM 7 bit default alphabet
  TP-Validity-Period
    0... .... : No extension
    .0.. .... : Not single shot SM
    ..00 0... : Reserved
    .... .010 : Validity Period Format: relative
    255 seconds
  TP-User-Data-Length: (160) depends on Data-Coding-Scheme
  TP-User-Data
```

```
User-Data Header
User Data Header Length (5)
IE: Concatenated short messages, 8-bit reference
  number (SMS Control)
    Information Element Identifier: 0
    Length: 3
    Message identifier: 2
    Message parts: 2
    Message part number: 1
    10.. .... : Fill bits
  SMS-text: Will be 10min late - let's meet directly
    at the entrance - See you
```

이제 수신인이 'Ok. I'll wait for you at the entrance'라고 응답을 보낼 때의 SIP 메시지는 다음과 같다.

```
MESSAGE tel:+358401112223 SIP/2.0
Via: SIP/2.0/UDP [5555::d:c:b:a]:1357;branch=z9hG4bKna
Max-Forwards: 70
Route: <sip:[6666::33:44:55:66]:6701;lr>,
   <sip:orig@scscf1.home1.net;lr>
P-Access-Network-Info:3GPP-E-UTRAN-TDD;utran-cell-id-3gpp=2449145353
From: <tel:+358405556667>; tag=171828
To: <tel:+358401112223>
Call-ID: cb03a0s09a2sdfglkj55555
Cseq: 666 MESSAGE
Require: sec-agree
Proxy-Require: sec-agree
Security-Verify: ipsec-3gpp; alg=hmac-sha-1-96;
spi-c=2345456; spi-s=345346346; port-c=2342; port-s=6701
Content-Type: application/vnd.3gpp.sms
Content-Length: ...
   GSM A-I/F RP - RP-DATA (MS to Network)
     Message Type RP-DATA (MS to Network)
     RP-Message Reference
       RP-Message Reference: 0x03 (3)
     RP-Origination Address
       Length: 0
```

```
  RP-Destination Address - (358401112223)
    Length: 7
    1. . . . . . .. = Extension: No Extension
    .001 .... = Type of number: International Number (0x01)
    .... 0001 = Numbering plan identification: ISDN/Telephony
    Numbering (Rec ITU-T E.164) (0x01)
    BCD Digits: 358401112223
  RP-User Data
    Length: 160
    TPDU (not displayed)
GSM SMS TPDU (GSM 03.40) SMS-SUBMIT
  0... ..... = TP-RP: TP Reply Path parameter
    is not set in this SMS SUBMIT/DELIVER
  .1... ... .. = TP-UDHI: The beginning of the TP UD field
    contains a Header in addition to the short message
  ..0... ... .. = TP-SRR: A status report is not requested
  ...0 1... = TP-VPF: TP-VP field present - enhanced format (1)
  ... .0.. = TP-RD: Instruct SC to accept duplicates
  ... ..01 = TP-MTI: SMS-SUBMIT (1)
TP-MR: 3
TP-Destination-Address - (358501234567)
  Length: 12 address digits
  1... ... .: No extension
  .001 .... : Type of number: (1) International
  .... 0001 : Numbering plan: (1) ISDN/telephone (E.164/E.163)
  TP-DA Digits: 358501234567
TP-PID: 0
  00... ... : defines formatting for subsequent bits
  ..0... .. : no telematic interworking, but SME-to-SME protocol
  ...0 0000 : the SM-AL protocol being used between the SME
    and the MS (0)
TP-DCS: 0
  00... ... = Coding Group Bits: General DataCoding indication (0)
  Special case, GSM 7 bit default alphabet
TP-Validity-Period
  0... .... : No extension
  .0.. .... : Not single shot SM
```

```
  ..00 0... : Reserved
  ... .010 : Validity Period Format: relative
  255 seconds
TP-User-Data-Length: (160) depends on Data-Coding-Scheme
TP-User-Data
  User-Data Header
    User Data Header Length (5)
    IE: Concatenated short messages, 8-bit reference
      number (SMS Control)
        Information Element Identifier: 0
        Length: 3
        Message identifier: 2
        Message parts: 2
        Message part number: 1
    10... ...: Fill bits
SMS-text: Ok. I'll wait for you at the entrance
```

이와 동일한 예가 다음 절에서도 반복되는데 그때는 짧은 문자를 발신하는 사용자가 CS 단말기를 사용하고 있기 때문에 IMS 가입자로의 전환이 수행되는 경우를 살펴본다.

5.9.2.3 SMS와 SIP 메시징의 상호연동

3GPP에서는 SGs를 통해 전송되는 SMS와 IP로 전송되는 SMS 외에도 SMS와 원조 SIP 기반 메시징(5.9.1절 참조) 간 상호연동을 명세하고 있다. 이것은 SMS가 전반적으로 SIP 기반 요청으로 전환된다는 것을 뜻하며 따라서 SMS 스택을 구현하는 데에 IMS 단말기가 더 이상 요구되지 않는다는 것을 의미한다.

이것은 IP로 전송되는 SMS 기능에서 한 걸음 더 진화한 것으로 볼 수 있다. 앞에서 살펴본 예에 계속해서 사용자가 CS 전화(+358503333333)를 사용하여 동일한 단문, 'Will be 10minutes late-let's meet directly at the entrance-See you'를 친구에게 (+358405556667) 보낸 경우를 가정한다. 수신인이 IMS 사용자이므로 착신 SMS는 이 수신인을 담당하는 IP-SM-GW로 라우트되고, IP-SM-GW는 단문을 다음 예와 같은 SIP 메시지로 변환한다.[15]

```
MESSAGE tel:+ 358405556667 SIP/2.0
Via: SIP/2.0/UDP ipsmgw.home1.net; branch=z9hGSttg4egs
```

15 여기에서는 단순화된 상호연동 절차를 보인다. 만일 수신인 단말기가 OMA 인스턴트 메시징 해법을 지원하는 기종이면 (3GPP TS 29.311)에 정의된 바와 같이 추가 SIP 헤더(Accept-Contact와 Request-Disposition)가 나타난다.

```
Max-Forwards: 70
Route: <sip: scscf1.home1.net;lr>
From: <tel:+358503333333>; tag=54365
To: <tel:+358405556667>
Call-ID: ghreh56346363
Cseq: 785 MESSAGE
P-Asserted-Identity: tel:+358503333333
Content-Type: plain/text
Content-Length: 67
Will be 10min late - let's meet directly at the entrance - See you
```

IP로 전송되는 SMS를 전달하는 메시지 요청(그림 5.42)과 비교할 때 주요한 차이점들은 실제 메시지는 문자 포맷에 포함되어 있고 요청에는 그 요청이 호출측 발신자로부터 오는 것이라는 것과 Accept-Contact와 Request-Disposition 헤더는 아직 설정되지 않았다는 내용을 표시한다. 수신인이 이 요청을 받을 때는 원래의 요청이 SMS이었다는 것을 알 수 없을 것이다. IMS 사용자가 이 메시지에 'Ok. I'll wait for you at the entrance'라고 응답한다고 가정하자. 이렇게 하기 위해 우선 단말기가 메시지 요청을 생성한 다음 원하는 내용을 적어 넣고 Request-URI를 수신인 주소로 채워 넣는다. 메시지는 다음과 같이 작성된다.

```
MESSAGE tel:+358503333333 SIP/2.0
Via: SIP/2.0/UDP [5555::d:c:b:a]:1357;branch=bj64636
Max-Forwards: 70
Route:<sip:[6666::33:44:55:66]:6701;lr>,sip:orig@scscf1.home1.net;lr
P-Access-Network-Info:3GPP-E-UTRAN-TDD;utran-cell-id-3gpp=2449145353
From: <tel:+358405556667>; tag=34563
To: <tel:+358503333333>
Call-ID: gh54353whwrhw
Cseq: 512 MESSAGE
Require: sec-agree
Proxy-Require: sec-agree
Security-Verify: ipsec-3gpp; alg=hmac-sha-1-96;
spi-c=2345456; spi-s=345346346; port-c=2342; port-s=6701
Content-Type: plain/text
Content-Length: 38
Ok. I'll wait for you at the entrance
```

메시지가 사용자의 홈 망 IP-SM-GW로 라우트되면 수신인이 IMS 가입자가 아닌 것을 알게 되고, 따라서 이 요청을 단문으로 변환하여 SMS 센터를 통해 수신인에게 보내진다. GSM 사용자는 이것을 통상적인 SMS로 수신하게 되며 다른 SMS와 차이점은 없다.

5.9.3 멀티미디어 메시징 서비스

사용자가 LTE에 합류할 경우 MMS 통보를 전달하는 데에는 두 가지 방법이 있다. SGs를 통해 전송되는 SMS를 사용하거나 혹은 IP로 전송되는 SMS를 사용하는 방법이다. 이 예는 그림 5.43과 같다. 단말기가 일단 통보를 받으면 비-IMS APN(예: MMS APN)을 사용한 현재의 절차에 따라 실제의 MMS를 검색하기 시작할 것이다. 발신 MMS는 비-IMS APN을 사용하여 MMS 중계/서버로 보내어진다.

5.9.4 IMS에서의 USSD 시뮬레이션

여기에서는 최근에 3GPP 릴리스 11의 표준화 주제 중 하나가 된 IMS 기반 망 구조에서의 USSD(Unstructured Supplementary Services Data; 비구조화 보조 서비스 데이터) 지원에 대해 논의한다. 현재 1단계 요구사항은 서빙 IMS 도메인으로부터 보조 서비스를 제어하기 위한 USSD 기반 절차를 지원하기 위한 것으로 이미 (3GPP TS 22.173)에 기록되어 있다.

그외에는 MI-USSD(Mobile Initiated-USSD; 단말기 주도-USSD)만이 이 범주에 포함되어 있다. 즉, 현재 사용되고 있는 특별한 기능성을 사용하고 있는 사례와 USSD 2단계의 일부로 소개되는 NI-USSD(Network Initiated-USSD; 망 주도-USSD)가 제외되었다는 것을 의미한다. 따라서 현재 CS 기반 USSD의 동일 기능이 모두 성취되지 않는다.

LTE에 합류한 단말기는 이 책 앞에서 설명한 바와 같이 3GPP 릴리스 8 이상으로부터 EPS 절차를 위한 CSFB를 사용함으로써 이미 USSD를 사용할 수 있다. 그러나 (3GPP TS 24.008)에 정의된 절차 대신에 SIP 시그널링 프로토콜을 사용하는 IMS 구조 내에서 동일한 성능을 구현

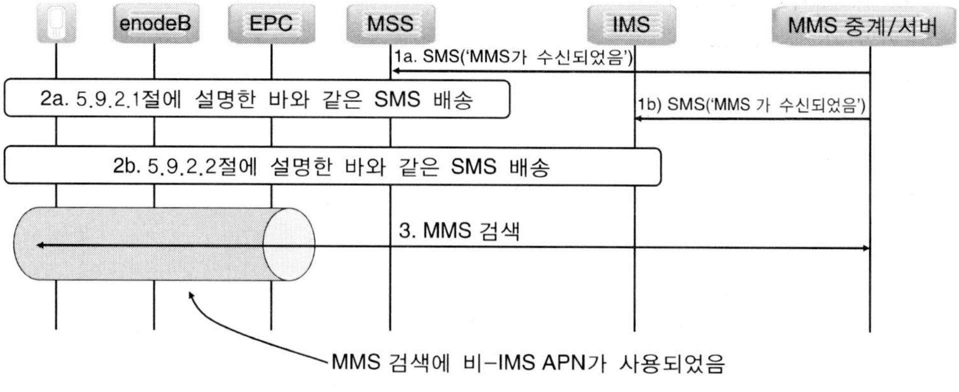

그림 5.43 착신 MMS의 예

하기 위해서는 3GPP 릴리스 11에 정의된 USSI(Unstructured Supplementary Service Data Simulation in IMS; IMS에서의 비구조화 보조 서비스 데이터 시뮬레이션) 역량이 요구된다.

이 책을 저술하는 시점에서 3GPP의 작업이 아직 진행 중인 관계로 프로토콜 레벨에서 요구되는 변화에 대한 세부사항은 아직 정확히 알려지지 않았으나 SIP 메시지 혹은 정보 요청 중 하나를 선택하여 SIP와 MAP 인터페이스 간 프로토콜 레벨 전이를 수행하는 IMS AS와 SIP 사이에서 USSD 적재 부하를 그대로 전달하는데 사용하게 될 것으로 보인다. USSD의 속성에 의해 SIP 대화는 단말기와 AS간에 성립된다. IP로 전송되는 SMS가 IMS 기반 USSD를 기존 CS USSD 애플리케이션에 연결할 경우 결국 이 AS가 IP-SM-GW와 유사하게 작동될 것이라고 생각된다.

초기 VoLTE 구현은 이러한 기능을 갖지 않고 이루어질 것으로 추정되나 USSD 성능이 요구되는 경우에는 EPS를 위한 CSFB가 CS망으로부터 사용될 것이다. 그러나 궁극적으로 이 기능은 LTE 단말기에 포함된 기능으로써 가능해질 것이다.

5.9.5 요약

앞에서 설명된 바와 같이 현재의 이동통신망에서 사용되는 것과 유사한 여러 가지 다른 기술로의 역방향 호환성은 VoLTE가 구현될 때 매우 중요한 점이라고 생각된다.

여러 가지 다른 기술이 도입되어 오고 있는데 그러한 기술들은 SGs를 통해 전송되는 SMS 혹은 USSD 사용 사례에 대한 EPS를 위한 CSFB를 재사용하고 있으며, 한편으로는 USSD와 IP로 전송되는 SMS와 같은 원조 IP 기반 기술들이 나타나기도 한다.

이러한 서비스는 음성과 비디오 전화의 경우 메시지 서비스와 함께 원조 IP 기반 기술을 사용하도록 전환될 것으로 예상되나, 그러기 위해 걸리는 시간이 기술마다 다르기 때문에 오랫동안 같은 망에서 병행되어 함께 사용될 것이다.

6 IMS-집중서비스

3GPP(3GPP TS 23.292)에 명세된 IMS-집중서비스(IMS Centralized Service, ICS) 구조는 접속 기술에 구애받지 않고 IMS-기반서비스를 이용함으로써 풍부한 전화 서비스를 제공하는 데 목적을 두고 있다. 이 책에서 다루고 있는 이용 가능한 IMS 기반 서비스는 주로 TAS에서 제공되는 MMTel 서비스이다. 그외에도 IMS가 제공하는 다른 서비스의 예를 들면, OMA(Open Mobile Alliance) 프레슨스 서버를 통한 프레슨스 서비스, XDMS/XML 문서 관리 서버를 통한 다양한 서비스 설정 관련 서비스, OMA 인스턴트 메시징 서버를 통한 인스턴트 메시징 등이 있다. 이러한 서비스들은 GSMA에서 주도하고 있는 RCS(Rich Communication Services)의 범위에 속한다.

IMS에 관련된 미래의 3GPP 표준화는 현재의 ICS 기반 IMS 구조에 기초할 것으로 예상된다. 실제적인 예를 몇 가지 들면 3GPP(3GPP TS 23.237)에서 규정한 멀티미디어 세션 연속성, 단말기를 통한 더욱 유연한 개개인 멀티미디어 스트림 제어, 3GPP(3GPP TS 23.216)에 규정된 GERAN으로부터 E-UTRAN으로의 역방향-SRVCC가 있다.

ICS 기반 IMS 망의 구조는 ICS 기반의 망에서 제공되는 서비스를 이용하는 LTE 가입자를 위해 발신과 착신 세션의 라우팅에 대한 원리를 정의하고 있다. ICS 구조에서는 발신 및 착신 호 모두 접속 기술의 종류에 관계없이 IMS를 경유해서 라우트된다. 이것은 단말기가 발신 도메인을 선택하는 것과 망이 착신 도메인을 선택하는 것 모든 경우 해당 세션에 적합한 도메인 기술이 선택되도록 하는 것을 의미한다. 또한 사용 단말기의 접속 도메인 용량과 음성, 비디오, 기타 미디어 종류를 설명하는 세션 요청 내용이 그 선택 과정에서 부가적으로 고려되어야 한다.

그림 6.1에서는 고정 및 이동통신 CS 접속과 고정 및 이동통신 광대역 접속에 대해 독립적으로 동일한 서비스를 제공하는 ICS 기반 IMS 구조의 상위 레벨 원칙을 나타낸다. 이러한 방법을 통하면 모든 접속 방식에 대해서 한 번에 서비스를 설치할 수 있으므로 사업자는 새로운 서비스 도입 비용과 설비비용을 절감할 수 있다.

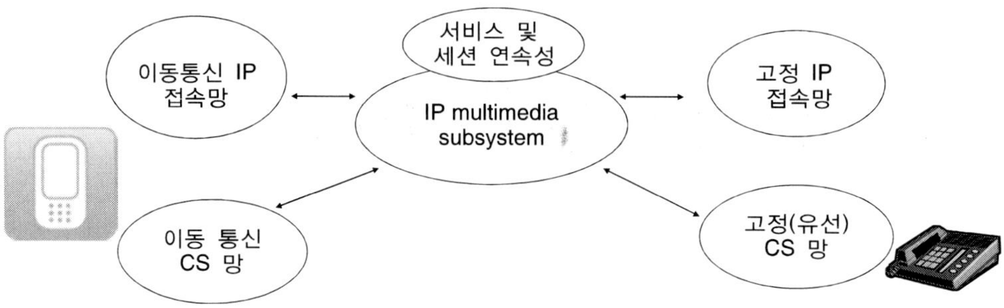

그림 6.1 IMS-집중서비스의 하이레벨 원칙

ICS 기반 IMS 구조의 가장 중요한 기능 하나가 접속망과 무관한(어떤 접속망도 다 쓸 수 있는) 서비스 수행 가능성이므로, 이 장에서는 사용 단말기 유형에 따른 서비스 실행과 사용자 경험에 관한 서비스 일관성에 대해 설명하고자 한다.

IMS 서비스 사용자 경험 요소에서 서비스 일관성은 단말기 성능과 서비스 자체에 좌우된다. 첫 번째 경우 단말기가 일단 PS 연결을 통해서 SIP/Gm 기반의 세션 제어 프로토콜을 사용하여 세션을 수립했더라도 만약 IP 기반의 접속망에서 충분한 성능을 지원하지 못한다면 CS 접속망을 음성이나 비디오 연결의 베어러로 사용할 수 있다. 이러한 접근 방식의 이점은 이러한 종류의 단말기가 음성통신 연결에는 기존의 CS 베어러를 사용하는 한편 ICS 기반 IMS 구조에 의해서 제공되는 최대의 서비스 세트를 강화할 수 있다는 것이다. 또 다른 경우는 단말기가 CS 호 제어를 사용하거나 현재의 접속망을 통해 SIP/Gm 기반 세션 제어를 사용하는 것이다. 이러한 종류의 단말기는 항상 현재 사용되고 있는 접속 기술의 성능에 의해서 제한된다. 단말기가 이동통신 CS 접속망을 이용할 경우 서비스의 성능은 CS 호 제어 프로토콜(3GPP TS 24.008)에 의해서 지원되는 수준으로 제한된다. 그러나 GSM(IR.92) 기반의 VoLTE에 관련된 MMTel 서비스는 현재 쓰이고 있는 CS 코어망 서비스들과 매우 비슷하기 때문에 VoLTE에 대해서는 위와 같은 제약점이 문제되지 않는다.

위의 예에서 살펴 본 첫 번째 경우의 단말기는 ICS enhanced 단말기(3GPP TS 24.292에 정의된)라고도 한다. 이러한 유형의 단말기는 VoIP이 불가능한 접속망(2G/3G)에서 로밍하고 있을 경우까지 포함하더라도 항상 SIP/Gm 시그널링을 사용하여 세션을 수립하기 때문에 망에서 제공하는 모든 서비스 능력을 최대한 이용할 수 있다. 또한 이러한 방식으로 문자 숫자식 URI도 사용할 수 있으며 기존의 CS 호 제어 프로토콜(3GPP TS 24.008)로는 처리할 수 없었던 풍부한 콘텐츠를 세션 수립의 한 부분을 사용해서 나타낼 수 있다.

ICS enhanced 단말기로부터 IMS 도메인을 향하는 SIP/Gm을 위한 PS 연결성이 수립되지 않을 경우를 위해 3GPP에서 I1이라고 불리우는 인터페이스를 추가로 정의하였다(3GPP TS

24.294). I1 인터페이스는 단말기와 IMS 도메인 간의 세션 제어를 위한 통신을 가능하게 해주며 USSD(Unstructured Supplementary Service Data; 비구조화 보조 서비스 데이터) 형태로 전송된다. 단말기가 병행해서 IMS 도메인과 PS 연결성을 계속 유지하지 못할 경우 원조 SIP/Gm과 I1 간 전환을 가능하게 하는 것도 I1 인터페이스의 속성이다.

비 ICS enhanced 단말기도 오늘날 이동통신망에서 제공할 수 있는 기존 전화 서비스의 사용자 경험을 충분히 제공할 수 있다. 즉 최종 사용자가 ICS 성능 개선된 IMS 망에 대해 지속적으로 세션 제어 시그널링 인터페이스를 요구하지 않으면서 IP 기반 접속망이나 CS 접속망에서 로밍할 때에도 일관성 있는 서비스 경험을 가질 수 있다는 것을 의미한다. VoLTE 도입의 첫 단계에서는 비 ICS enhanced 단말기를 ICS 성능 개선된 IMS 구조에 사용하게 될 것이라고 예상되는데 그 근거는 GSMA VoLTE 프로파일(IR.92)이 ICS enhanced 단말기에서만 쓸 수 있는 고등 서비스 성능을 요구하고 있지 않기 때문이다.

그림 6.2는 상위 레벨에서 ICS enhanced 단말기와 비 ICS enhanced 단말기의 주된 차이점을 보이고 있다. 그외에 ICS 성능 개선된 IMS 구조에서 사용할 수 있는 세 번째 단말기 종류는

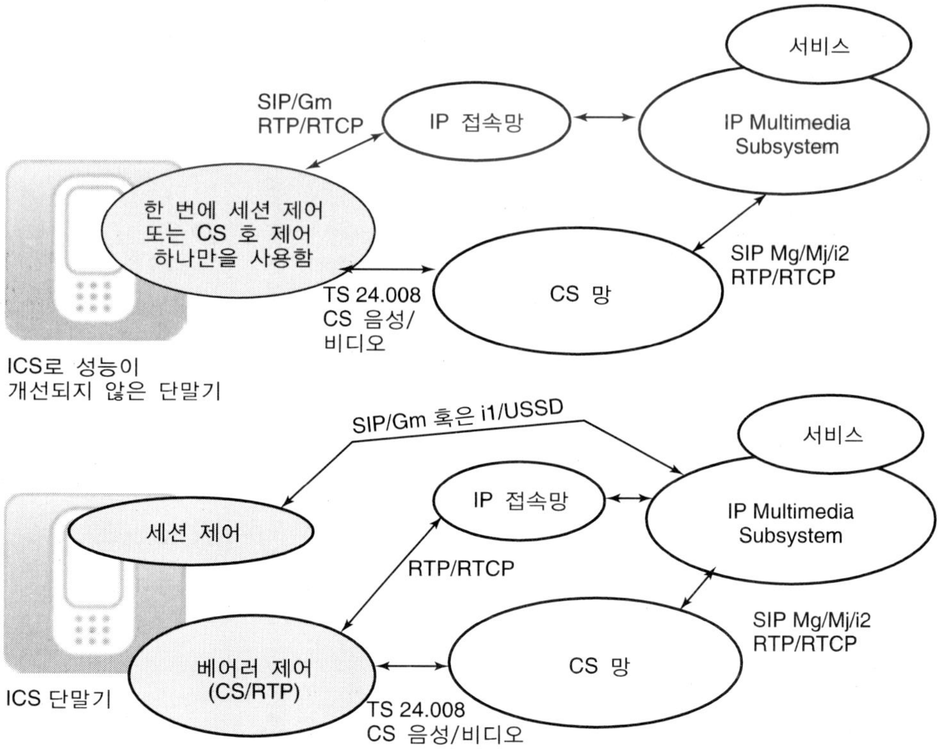

그림 6.2 ICS enhanced 단말기와 ICS로 성능이 개선되지 않은 단말기의 차이점

지금까지 수십 억대 이상 판매된 원조 CS 단말기들이다. 이러한 단말기는 원조 SIP/Gm 인터페이스가 없고 VoIP도 지원하지 못하므로 그로부터 지원될 수 있는 서비스 일관성은 당연히 다른 기종에 비해 가장 낮을 수밖에 없다.

ICS 서비스의 역량을 설명하기 위해 표 6.1은 각각 다른 단말 기종에 대한 서비스 성능을 요약하였다. 전반적인 MMTel 서비스에는 음성이나 비디오 외에도 같은 IMS 세션의 일부분으로 다른 미디어(예: 채트)를 사용할 수 있는 성능이 포함된다. 코어망에서 제공되는 서비스 기능성 또한 현재의 CS 망에서 가능한 것보다 훨씬 풍부하다.

CS와 동급인 MMTel 서비스는 전반적인 MMTel 서비스의 부분 집합으로 현재 이동통신 CS 망에서 가능한 서비스 세트와 동급이다. MMTel 서비스 성능과 그에 관련된 망 구조에 관한 자세한 내용은 4.6절을 참조한다.

3GPP에서는 ICS를 지원하기 위해 IMS 구조에서 몇 가지를 강화하고 있다. ICS 구조의 주요 기능 중 하나는 서비스 집중화/중심화와 SCC AS(Service Centralization and Service Continuity Application Server; 서비스 연속성 서버)이다. SCC AS는 IMS의 모든 세션, 즉 도메인 전환 혹은 세션 전환 과정을 계속해서 관리하고 현 도메인과 세션 전환 자체를 실행하기도 한다. 자세한 내용은 5.6절을 참고한다. SCC AS는 도메인 전환의 대상이 되는 세션 혹은 세션 전환 절차 등 IMS 내의 모든 세션을 추적하며 필요할 경우 실제로 도메인 및 세션 전환 절차를 수행하기도 한다.

표 6.1 다른 종류의 단말기와 IMS 집중화 서비스 역량

사용하는 접속 기술	ICS enhanced 단말기 (미래의 단말기)	비 ICS enhanced 단말기 (VoLTE 단말기)	레거시 단말기 (현재의 단말기)
2G CS 접속–동시에 PS 데이터 서비스가 지원되지 않음 (듀얼 전달 모드)	CS 음성과 CS와 동급인 MMTel 서비스	CS 음성과 CS와 동급인 MMTel 서비스	CS 음성과 CS와 동급인 MMTel 서비스
3G CS 접속–동시 PS 데이터 서비스 가능(Multi RAB)	CS 음성과 전반적인 MMTel 서비스	CS 음성과 CS와 동급인 MMTel 서비스	CS 음성과 CS와 동급인 MMTel 서비스
3G PS 접속	VoIP와 전반적인 MMTel 서비스	IP 음성과 CS와 동급인 MMTel 서비스	적용되지 않음
LTE PS 접속	VoIP와 전반적인 MMTel 서비스	IP 음성과 CS와 동급인 MMTel 서비스	적용되지 않음
대체 PS 접속 (WLAN, WiMAX)	VoIP와 전반적인 MMTel 서비스	IP 음성과 CS와 동급인 MMTel 서비스	적용되지 않음

WLAN = Wireless Local Area Network
WiMAX = Worldwide Interoperability for Microwave Access

ICS 구조의 일부로서 정의된 또다른 구조적인 성능 개선은 ICS enhanced MSC 서버로 명명된다. 이는 원래 3GPP 릴리스 4에서 2G/3G CS 단말기 서비스를 지원하기 위해 규정된 서버 기능을 확장한 것이다. ICS enhanced MSC 서버는 IMS가 가능하지 않은 단말기를 대신해서 IMS 등록을 수행할 수 있다(서빙 ICS 구조에 대해). 따라서 TAS나 SCC AS와 같은 ICS 서비스 망 요소들이 단말기와의 연결 가능성을 알 수 있도록 한다. TAS나 SCC AS와 같은 ICS 서비스 망 요소들은 구조상 그러한 정보를 알 수 있는 기능을 갖지 않는다.

예를 들어 ICS 구조를 사용할 경우 전형적으로 지능망 기반의 자동 유도 기능을 사용하여 호가 IMS를 경유해서 라우트되도록 강제한다. 그러나 ICS enhanced MSC 서버를 사용하면 그렇게 할 필요없이 모든 호가 IMS 기반 라우팅 원칙에 의해 즉시 라우팅되기 때문에 발신호와 착신호의 라우팅을 최적화한다.

그 외에도 ICS enhanced MSC 서버는 (3GPP TS 24.010)에 규정된 단말기로부터 수신한 서비스 관리에 관한 보조 서비스를 (3GPP TS 24.623)과 (3GPP TS 24.173)에 규정된 XCAP (XML configuration access protocol; XML 구성 접속 프로토콜) 기반의 보조 서비스 제어 프로토콜로 변환할 수 있다.

그림 6.3은 ICS enhanced MSC 서버 기능을 사용하여 레거시 CS 단말기가 ICS 서버에 접속 가능하게 하는 ICS 구조를 나타낸다. 이 그림을 주의 깊게 보면 같은 ICS enhanced MSC 서버

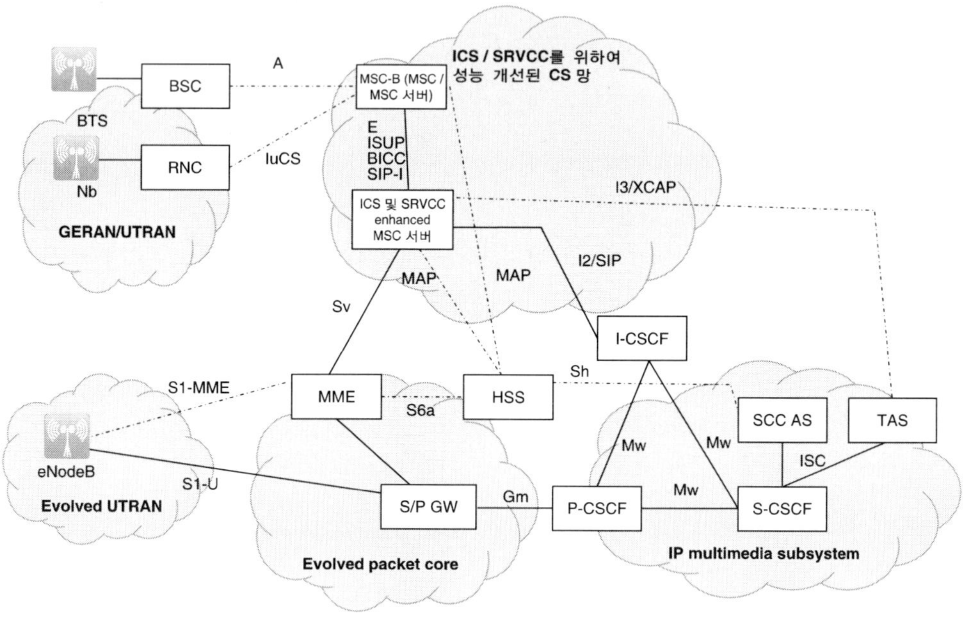

그림 6.3 IMS-집중서비스의 구조

가 5.6절에서 설명한 SRVCC 역량도 성능 개선된 것을 알 수 있다.

그림 6.3은 3GPP 릴리스 9 이상에서 표준화 된 진행 중인 호 도중 서비스(mid-call services)를 위한 도메인 전환을 망 레벨에서 지원하는 기능을 향한 SRVCC의 진화를 보여준다. 이 경우 SRVCC enhanced MSC 서버도 ICS enhanced MSC 서버와 동시에 비슷한 역할을 하며 서빙 IMS 도메인과는 i2 기반 SIP 인터페이스를 사용한다. SRVCC의 단계적인 진화에 관한 자세한 내용은 5.6절을 참조한다.

본 장에서 설명한 바와 같이 ICS enhanced MSC 서버 구조를 가지고 운용 사업자는 집중화 된 전화 서비스와 접속망 유형에 구애되지 않고 기존 접속망을 재사용할 수 있는 가능성을 갖게 된다. ICS enhanced IMS 구조가 VoLTE의 기반으로 받아들여져 왔지만 MMTel 서비스가 현재의 CS 서비스에 맞추어져 있기 때문에 ICS 성능 개선 단말기의 작동은 VoLTE에서 필수가 아니다. 예를 들면, 실제 단말기는 IMS 도메인 밖으로도 로밍할 수 있으며 현재 가능한 CS 호 제어를 통해 IMS 기반 서비스에 연결될 수도 있다.

한편 이 장에서는 SIP/Gm 능력이나 본래의 VoIP을 지원하지 않는 레거시 단말기를 위해 ICSenhanced IMS 구조에 의해서 지원되는 서비스 지원 역량도 소개하였다. 이러한 접근방법은 ETSI TISPAN에서 고정 CS 접속으로부터 특정 고정 AGCF(Access Gateway Control Function; 접속 게이트웨이 제어 기능)을 통해 IMS로 접속하는 것을 표준화 한 것과 유사하다. 이동통신 CS 접속일 경우 그러한 기능이 바로 ICS enhanced MSC 서버라고 한다.

마지막으로 ICS 성능 개선된 IMS 구조를 사용함으로써 통신서비스 사업자는 ICS enhanced 단말기에 대해 기존 CS 망으로는 불가능했던 새로운 서비스들을 도입할 수 있다. 그것이 언제 가능하며 어떠한 서비스가 될 것인가는 자연히 SIP 서브레트(SIP servlets)와 IMS 구조를 통한 다른 관련 기술 개발과 같은 IP 기반 기술의 혁신에 따라 결정될 것이다.

7 VoLTE 무선 성능

본 장에서는 종단 사용자를 위한 음질과 운영자의 망 규모 산정의 핵심요소가 되는 무선 커버리지, 무선 용량, 양 종단 간 지연성에 대해서 논의한다.

7.1 커버리지

LTE는 낮은 지연도와 빠른 데이터 속도를 위해서 설계되었지만 양호한 무선 커버리지를 제공하기 위해서는 몇 가지 최적화 단계가 필요하다. AMR 음성 패킷은 매 20 ms마다 도착하며 1 ms TTI(Transmission Time Interval; 송신시간 간격)로 송신될 수 있다. 따라서 단말기 전력 증폭기가 짧은 동안만 송신하기 때문에 상향링크 커버리지에 문제점이 제기된다.

커버리지 최적화 해법은 단말기로 하여금 지속적으로 송신하도록 한다. 이를 위한 LTE의 해법으로 TTI 결속(TTI Bundling)을 사용하여 동일한 데이터를 네 개의 연속된 TTI에서 반복하는 방법이 있다. 다른 해법은 물리계층 재송신을 사용하는 것으로 이것도 유효 송신시간을 증가시킨다. 이 두 해법을 함께 사용하면 LTE 커버리지가 음성 서비스에서도 경쟁력을 가질 수 있다. TTI 결속과 재송신을 그림 7.1에 나타내었다.

TTI 결속 방법을 위해서는 단말기의 지원이 필요하다. 만약 단말기 지원이 되지 않을 경우에는 단말기 지원을 특별히 필요로 하지 않는 MAC(Medium Access Control; 매체 접속 제어) 분할을 사용하면 된다. MAC 분할에서는 음성 패킷을 작게 분할하므로 스케줄러가 여러 개의 TTI를 사용하여 송신할 수 있도록 만들어 준다.

TTI 결속과 재송신의 eNodeB 감도치는 표 7.1에 나타나 있다. eNodeB의 감도는 다음과 같이 계산할 수 있다.

$$\text{eNodeB\_감도(dBm)} = -174 + 10\log_{10}(\text{대역폭}) + \text{잡음 지수(Noise Figure)} + \text{SNR}$$

eNodeB 수신기의 잡음 지수는 2dB로 추정하는데 여기에는 음성이 두 개의 자원 블럭(re-

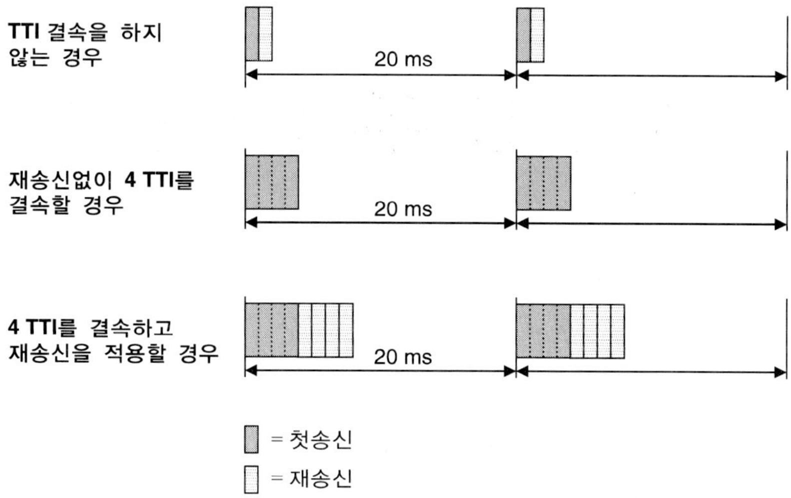

그림 7.1 상향링크 커버리지를 개선하기 위한 TTI 결속과 재송신
(John Wiley & Sons, Ltd.로부터 복제 허락)

표 7.1 TTI 결속을 사용할 때의 상향링크 VoIP 감도

결속된 TTI의 수	1	4
송신 대역	360 kHz(2개의 자원 블록)	360 kHz(2개의 자원 블록)
재송신 횟수	6	3
요구되는 SNR	−4.2 dB	−8.0 dB
수신기 감도	−120.6 dBm	−124.4 dBm

source bloc)을 사용하고 다른 방해 여분은 포함하지 않은 것이다. TTI 결속은 상향링크 음성 커버리지를 4dB까지 증진시킬 수 있다.

WCDMA의 NodeB의 감도는 Eb/No=4.5dB로 추정해서 −126.6dBm으로 본다. LTE에서 WCDMA와 비슷한 음성 커버리지를 얻기 위해서는 TTI 결속을 적용해서 충분한 횟수의 재송신을 해야 한다.

7.2 용량

하향링크 음성 용량 시뮬레이션과 상향링크 음성 용량 시뮬레이션은 각각 그림 7.2와 그림 7.3과 같다. 이 시뮬레이션은 음성 트래픽만 사용하는 3섹터 매크로 셀 배치 환경에서 실행하였다. 패킷 결속 없는 동적 스케줄링, 패킷 결속을 사용하는 동적 스케줄링, 반 영속적 스케줄

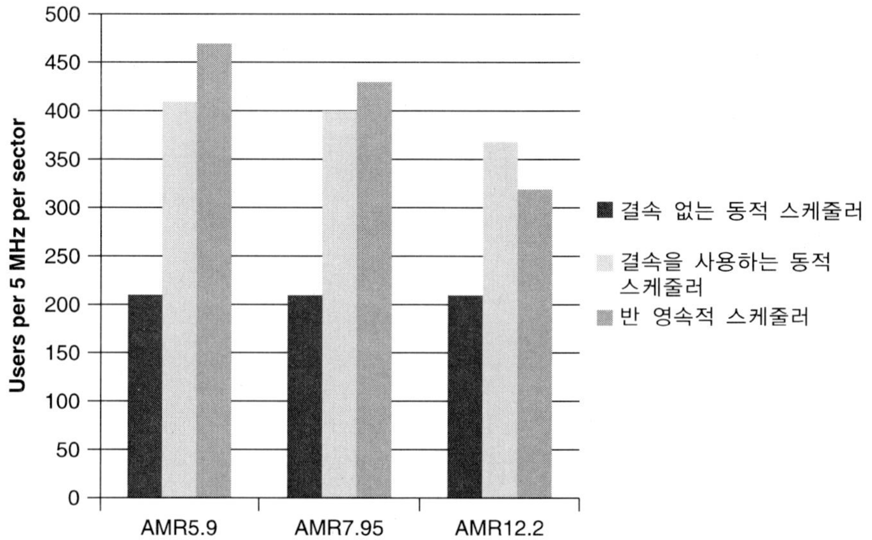

그림 7.2 섹터당 5 MHz에서의 하향링크 음성 용량

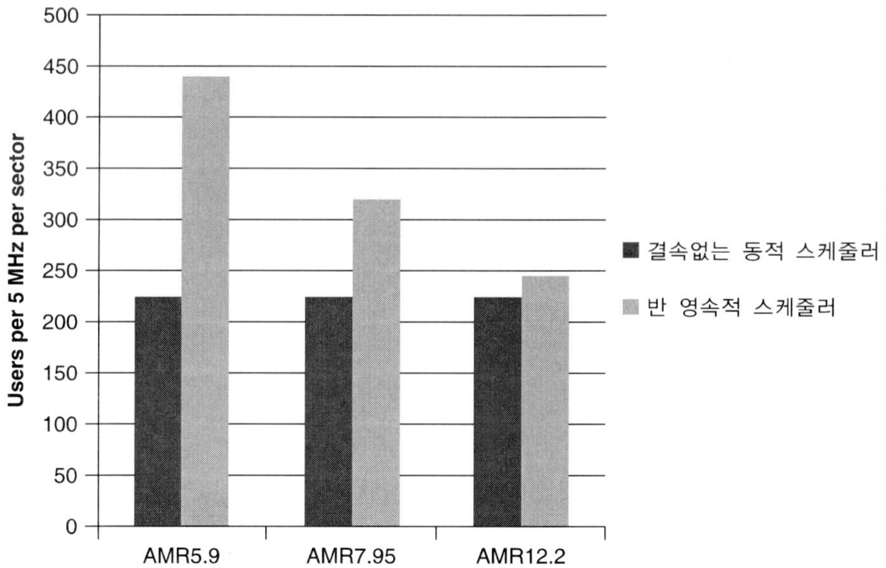

그림 7.3 섹터당 5MHz에서의 상향링크 음성 용량

링과 같은 세 가지 경우가 제시된다. 음성 데이터 속도로는 AMR 12.2 kbps, 7.95 kbps, 5.9 kbps를 사용하였다. 보다 낮은 데이터 속도로 인해 패킷 결속과 반영속적 스케줄링은 보다 큰 용량을 갖게 된다. 패킷 결속없이 동적 스케줄링을 사용할 경우에는 용량이 제어 채널에 제한

되기 때문에 음성 AMR 데이터 속도를 낮추어도 용량은 증가되지 않는다.

상향, 하향링크에서 모두 AMR 12.2 kbps를 사용할 경우 섹터당 5 MHz에 대한 최고 상향링크 용량은 동시 음성 사용자가 200명 이상이 된다. 이 용량은 광대역 AMR(WB-AMR) 12.65 kbps와 유사하다. AMR 5.9 kbps로 속도를 낮출 경우 섹터당 5 MHz당 동시 음성 사용자 수가 400 이상 허용된다. 이러한 용량 시뮬레이션은 IP 강력한 헤더 압축(ROHC)을 사용한 경우이다. 강력한 헤더 압축은 VoIP 용량을 최고화하는데 필수 기능이다.

만일 IP 헤더를 그대로 다 보낸다면 헤더의 크기가 12 kbps 음성 패킷의 크기보다도 커서 송신량의 50% 이상을 IP 헤더에 소비하게 된다. 헤더 압축은 eNodeB와 단말기에서 실행된다.

그림 7.4는 음성 스펙트럼 효율성의 진화를 보여준다. 효율성은 매크로 셀 망의 섹터당 매 MHz당 동시 음성 사용자 최대치로 표시한다. 그림에 나타난 GSM 계산에는 재사용률의 영향이 포함되어 있다. 고정된 음성 코덱 속도, 즉 EFR(Enhanced Full Rate; 확장된 완전 비율)을 사용한 초기 GSM은 MHz 당 사용자가 4명이다. 가장 최신의 GSM은 AMR 코덱 적응, DFCA (Dynamic Frequency and Channel Allocation; 동적 주파수 및 채널 배정), 단말기의 SAIC (Single Antenna Interference Cancellation; 단일 안테나 간섭 제거) 사용을 통해서 효율을 3배 이상, 즉 MHz 당 10명 이상으로 증가시킨다. AMR 5.9 kbps의 3G HSPA 음성 해법은 용량을 MHz 당 40명 이상으로 증가시키는 것이다. LTE는 그로부터 2배로 증가하여 MHz당 80명 이상으로 되어서 초기 GSM에 비해서 20배 이상이다.

이러한 LTE의 높은 음성 효율성으로 인하여 훨씬 좁은 스펙트럼에서 음성 트래픽을 수용할 수 있게 되므로 데이터 트래픽이 증가될 때 여유있게 스펙트럼을 운용할 수 있게 한다.

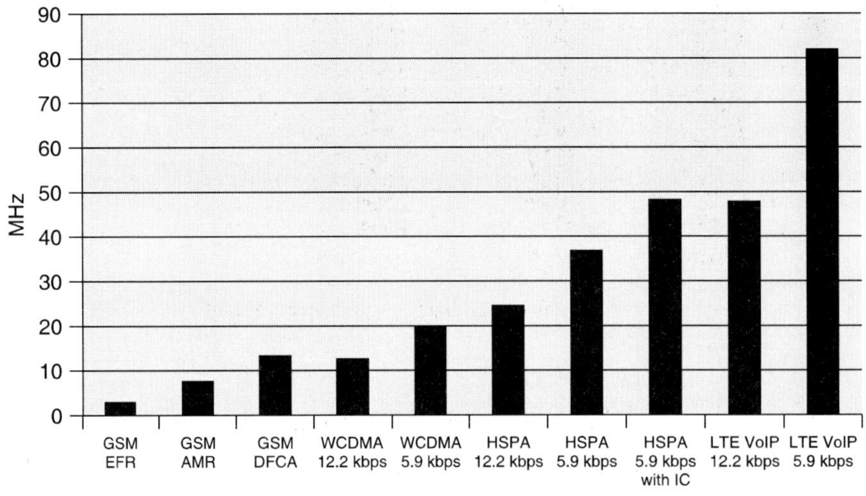

그림 7.4 음성 스펙트럼 효율성의 진화(John Wiley & Sons, Ltd.로부터 복제 허락)

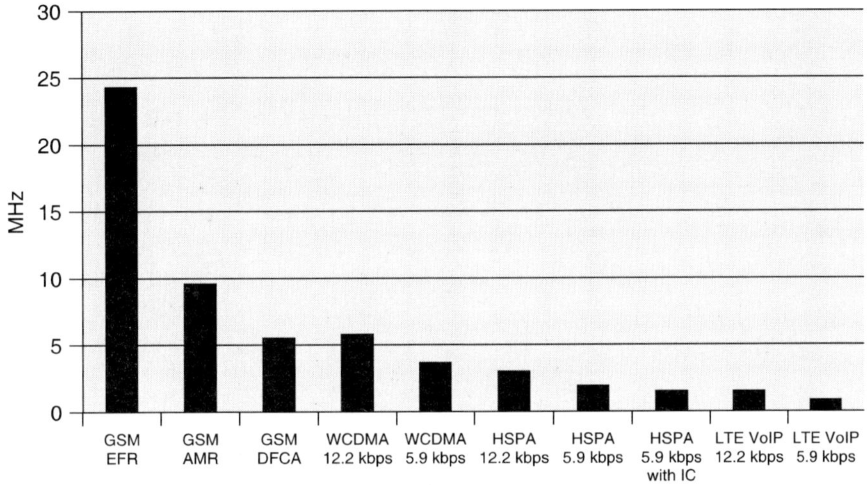

그림 7.5 섹터당 1,500명의 가입자를 지원하는데 요구되는 스펙트럼(가입자당 40 mErl) (John Wiley & Sons, Ltd.로부터 복제 허락)

이러한 높은 효율성을 이용해서 음성 트래픽을 좁은 스펙트럼에 끼워 넣을 수 있다. 그림 7.5는 섹터당 가입자 1,500명과 가입자당 40 mErl의 트래픽을 가정할 때 필요한 스펙트럼을 계산해 나타내었다. GSM EFR이 25 MHz의 스펙트럼을 필요로 할 때 LTE에서는 2 MHz에서 가능하다. 따라서 LTE는 데이터 사용에 더 많은 스펙트럼을 남겨 둘 수 있다.

7.3 지연

여기에서는 LTE 음성의 종단 대 종단 지연시간 예상 수치를 살펴본다. 지연도는 현 CS망에서 통상적으로 지원되는 200 ms보다 짧을 것으로 기대된다. 종단 대 종단 지연시간 예상 수치는 다음과 같은 가정하에 계산하였다. 음성 부호화 지연은 프레임 사이즈 20 ms, 전초 시간(look ahead) 5 ms, 처리시간 5 ms을 포함하여 30 ms으로 가정한다. 수신측에서는 복호화에 필요한 처리시간 5 ms을 가정한다. 용량 시뮬레이션은 상향링크와 하향링크에 대해서 각각 최대 50 ms의 무선 인터페이스 지연을 가정하는데 여기에는 스케줄링 지연과 패킷 초기 재송신과 HARQ(Hybrid Automatic Repeat Request; 하이브리드 자동 재송신 요청)에 필요한 재송신 시간을 포함한다.

이에 더해서 단말기에서 5 ms, eNodeB에서 5 ms, SAE 게이트웨이에서 1 ms의 처리 지연을 각각 가정한다. 전송 지연은 10 ms로 가정하는데 이것은 사실상 망 구성에 따라 크게 좌우된다. 그림 7.6에 종단간 지연 시간 예상 수치를 나타내었다.

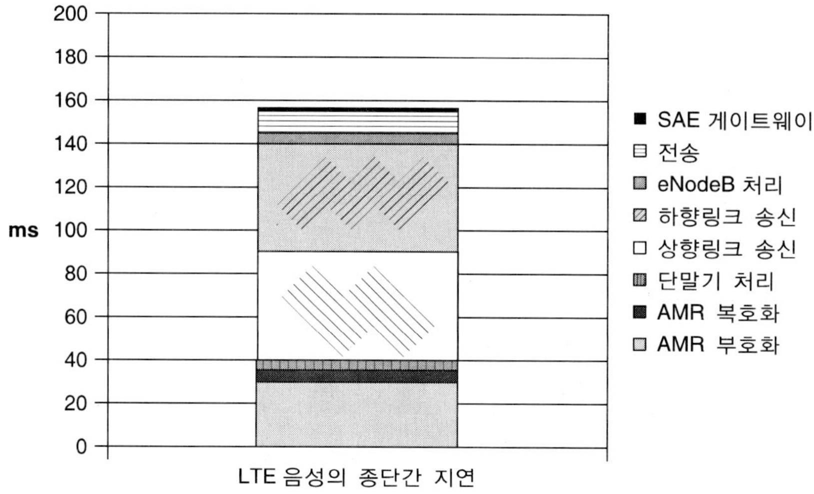

그림 7.6 LTE 음성의 종단간 지연시간 예상 수치(John Wiley & Sons, Ltd.로부터 복제 허락)

이러한 가정하에 총 지연시간은 약 160 ms으로 LTE VoIP이 기존 CS 음성 호에 비해 효율성이 높으면서 종단 대 종단 지연도 짧은 음성 호를 제공하는 것을 알 수 있다.

7.4 요약

LTE 무선 규격들은 기존 CS 음성 서비스에 비해 지연도와 망 커버리지 측면에서 유사하거나 더 나은 음질을 제공할 수 있도록 설계되었다. 패킷 스케줄링 알고리듬은 부하가 많을 때에도 충분한 음질을 지원할 수 있도록 음성 연결을 우선적으로 할 수 있다. LTE의 음성 스펙트럼 효율성은 2G나 3G 시스템에 비해 월등하게 높다. 따라서 LTE는 적은 스펙트럼을 사용하면서 양질의 음성을 전달할 수 있으며 월등한 스펙트럼 효율성을 지님으로써 계속 증가하는 데이터 트래픽에 스펙트럼을 더 많이 할애할 수 있다(Holma, H., Toskla, A. "LTE for UMTS", 2nd edition, 2011 참조).

8
HSPA VoIP

앞에서 VoLTE가 어떻게 작동하는지를 설명하였다. VoLTE는 이동통신 VoIP가 처음으로 도약할 기술을 위한 견인차이다. 그러나 HSPA 접속망을 이용하는 VoHSPA 또한 VoIP의 구현에 박차를 가할 수 있다. VoLTE와 VoHSPA 두 기술이 복합되어 전국적인 IP 망에 의해서 신속하고 경제적으로 VoIP를 구현할 수 있다(통합된 VoIP 경험을 제공하기 위해 LTE가 모든 곳에 다 구현될 필요는 없다). HSPA에 VoIP가 구현될 때도 기존 CS 망의 영향을 최소화하기 위해 SRVCC 대신에 LTE에서 HSPA로의 PS 핸드오버가 사용될 수 있다(5.6.1절 참조). 또한 VoHSPA 역시 기존 음성 구현에 비해 WCDMA/HSPA 망에서 음성 용량을 증가시킨다(7.2절 참조). 더욱이 VoHSPA는 CS 음성(주로 GSM에서)으로부터 IP 기반의 음성으로 진화하는 과정에서 사업자로 하여금 GSM 주파수의 일부를 LTE로 도입할 수 있게 해준다.

VoLTE에서 요구되는 것과 똑같은 IMS의 기능(5장 참조)이 VoHSPA를 제공하는데 사용될 수 있다. VoHSPA의 효과적인 구현을 위해서 다음과 같은 무선 및 패킷 코어 역량이 필수로 요구된다.

- ROHC(Robust Header Compression; 강력한 헤더 압축). 압축되지 않은 IP 헤더의 사이즈는 음성 적재 부하의 사이즈에 비해 훨씬 크기 때문에 시스템 용량을 악화시키지 않기 위해서는 ROHC를 사용할 필요가 있다. IPv4를 사용할 경우 압축되지 않은 IP 헤더로 인해 이미 음성 용량이 반으로 떨어질 수 있으며 IPv6에서는 헤더 사이즈가 훨씬 더 크다.
- HSDPA와 HSUPA 사용. VoIP은 릴리스 99 WCDMA에서도 운용될 수 있지만 용량을 늘이고 전력 소모를 줄이기 위해서는 HSDPA와 HSUPA가 사용되어야 한다. 잠재력을 모두 충족시키기 위해서는 VoIP와 필요한 시그널링 트래픽을 모두 함께 HSDPA와 HSUPA에서 운용해야 만족스러운 용량에 도달할 수 있다. 모든 트래픽을 HSDPA와 HSUPA에 걸어야 오버헤드를 최소화할 수 있는데 그것은 음성 패킷 사이에서는 지속적인 DCH(Dedicated Traffic Channel; 전용 트래픽 채널)가 유지될 필요가 없기 때문이다.

- 릴리스 7 이상의 HSPA 규격에 더해진 기능 중 특히 CPC(Continuous Packet Connectivity; 지속적 패킷 연결)은 Cell_DCH 상태에 있는 단말기가 비연속적으로 수신과 송신을 할 수 있도록 한다. 이러한 비연속적 송수신 기능은 패킷이 20ms 간격으로 정기적으로 도착하는 음성 서비스에 특히 도움이 되며 지속적인 송수신이 요구되는 릴리스 99 기반의 음성 구현에 비해 단말기 통화 시간을 현저하게 개선할 수 있다. CPC의 원리는 그림 8.1에 나타내었다. 또 다른 측면에서의 발전은 HSDPA 채널에 대한 이퀄라이저 수신기로 릴리스 99 DCH와 비교할 때 하향링크 성능이 개선되었다. VoIP에서 HS-SCCH-less 운용을 하면 패킷 도착시간 간격이 일정해지기 때문에 HSDPA 시그널링 오버헤드가 줄어든다.
- 패킷 결속과 VoIP 최적화 스케줄러도 VoHSPA 용량을 더욱 증가시킬 수 있는 망 기능에 포함된다. VoIP 최적화 스케줄러는 VoHSPA 패킷이 코어망과 무선 접속망에서 백그라운드 데이터로 취급되지 않고 적합한 QoS 등급으로 취급될 때 사용될 수 있다. VoHSPA와 그에 관련된 시그널링이 모두 스케줄러에서 적절하게 취급될 수 있는 PS 무선 RAB(즉, PS Conversational RAB, PS Interactive RAB)에 매핑되어야 한다.
- VoHSPA를 사용하면 그림 8.2에서 보는 바와 같이 릴리스 99 기반 CS보다 큰 용량이 허용될 뿐만 아니라 단말기 통화시간 관점에서도 큰 혜택이 있다. 그림 8.2에서와 같이 릴리스 99 DCH와 전력 절약 기능(주로 CPC)을 갖춘 HSPA의 음성 서비스 전력 소모를 비교하면 2011년 기술 요소를 기반으로 분석할 때 80%가 향상될 것으로 예상된다. 한편 이러한 혜택은 CS 음성을 HSPA에 매핑할 수 있게 한 릴리스 8에 명세된 매핑 기능을 사용하면 CS 음성에서도 얻을 수 있다(Holma, H., Toskala, A., "WCDMA for UMTS", 5th edition,

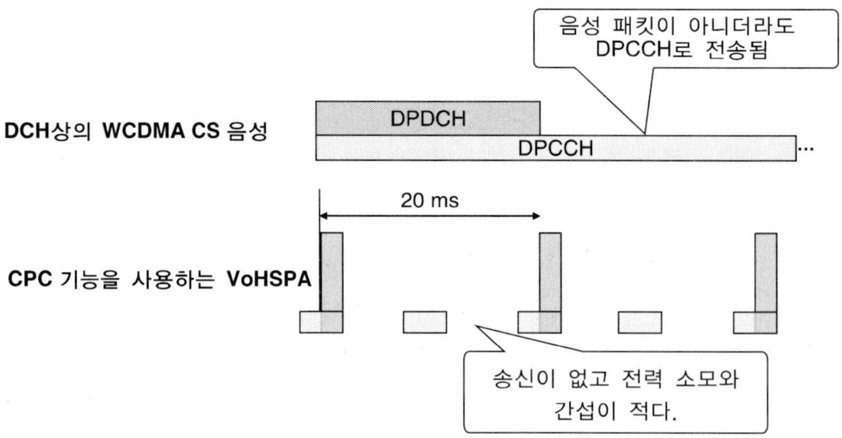

그림 8.1 HSPA CPC(지속적 패킷 연결)의 원리(DPDCH=dedicated physical data channel; DPCCH=dedicated physical control channel)

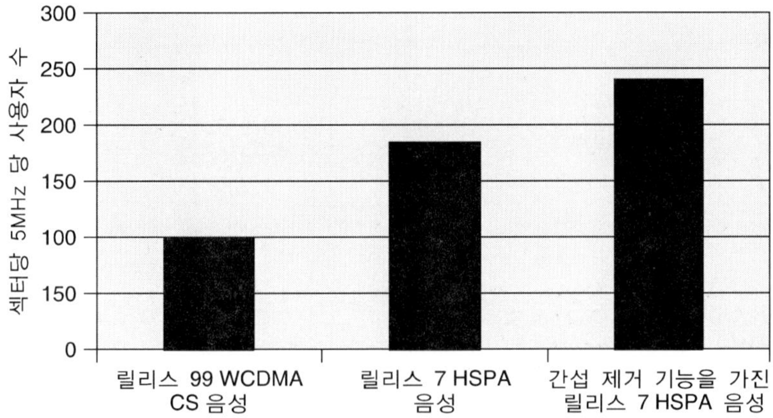

그림 8.2 용량면에서 본 VoHSPA의 이점–WCDMA DCH 상의 CS 음성과 비교 (IC=interference cancellation; 간섭 제거)

2010 참조).

코어망과 HSPA 무선 구조 간 인터페이스는 Iu 인터페이스에 기반을 둔다(참고: LTE에서는 S1 인터페이스이다). 코어망에서 볼 때에는 무선 매개변수 중에서 적합한 QoS 매개변수를 정하는 것이 특히 중요하다. LTE에서는 이것이 QCI(Quality Class Identifier; 품질 등급 표시)를 기초로 하여 정해지는데, HSPA 망에서는 그림 8.3에 나타난 바와 같은 특정한 QoS 매개변수가 사용된다.

LTE	HSPA				
QCI	트래픽 등급	트래픽 처리 우선순위	시그널링 표식기	소스 통계 설명	
1	음성 대화식	-	-	음성	음성
2	음성 대화식	-	-	-	
3	음성 대화식	-	-	-	
4	스트리밍	-	-	-	
5	인터액티브	1	Yes	-	IMS
6	인터액티브	1	No	-	
7	인터액티브	2	No	-	
8	인터액티브	3	No	-	
9	백그라운드	-	-	-	

그림 8.3 VoIP 서비스를 위한 LTE와 HSPA의 QoS 매개변수의 매핑

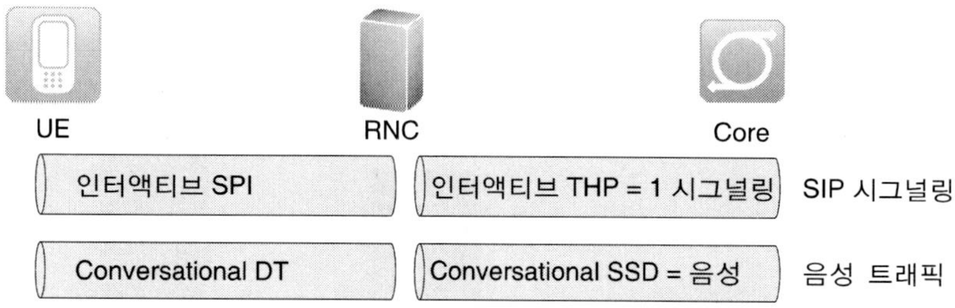

SPI = 스케줄링 우선순위 정보(Scheduling priority information)
DT = 폐기 시간(Discard timer)
THP = 트래픽 처리 우선순위(Traffic handling priority)
SSD = 소스 통계 설명(Source statistics descriptor)

그림 8.4 패킷 코어로부터 HSPA 무선망으로의 QoS 매개변수

그림 8.3에서 제시된 바와 같이 서비스를 제공하고 있는 SGSN은 Iu 인터페이스를 통해 QoS 정보를 포함한 베어러 레벨의 정보를 RNC에 제공하는 것을 나타낸다. VoHSPA의 경우에 MBR을 갖는 IMS 시그널링에 대해서 THP = 1 인 인터액티브 트래픽 등급이 사용되며 GBR을 갖는 음성 미디어에 대해서는 음성 대화식(Conversational) 트래픽 등급이 사용된다. 순차적으로, RNC에서는 이를 스케줄링 우선순위 표식기, 폐기 시간 및 GBR 정보로 변환한 다음 Iub 인터페이스를 통하여 NodeB로 보낸다(평면형 HSPA 구조에서 RNC 기능이 NodeB에 함께 존재하지 않을 경우). NodeB에서 HSPA 스케줄러는 이 매개변수를 고려해서 HSPA 상에서 음성 트래픽에 알맞는 스케줄링이 되도록 한다. 매개변수 매핑은 그림 8.4에 나타나 있다.

VoHSPA를 함께 운용하면 용량면에서 이득이 되는 한편 동시에 사용자가 활성 음성 연결을 가지고 HSPA와 LTE 망 간을 이동하는 경우 시스템 간 핸드오버가 PS 도메인 내에서 수행되기 때문에 복잡성과 시스템 간 핸드오버 시간을 줄일 수 있게 되는 이득이 있다. 최근 소개된 HSPA의 기술 개선으로 새로운 단계로 올라 설 수 있게 되었는데, 이는 예를 들어 HSPA 전력 절약 기능을 사용해서 VoHSPA에서의 음성 전력 소모를 줄이고 제어 시그널링의 오버헤드를 줄여서 용량을 늘리는 것 등의 HSPA 기술 개발이 있다.

참고문헌

IR.65 IMS Roaming and Interworking Guidelines.
IR.92 IMS Profile for Voice and SMS.
GSMA http://www.gsmworld.com/newsroom/press-releases/2010/4634.htm(accessed January 21 2011).
RFC2401 Security Architecture for the Internet Protocol.
RFC2486 The Network Access Identifier.
RFC2617 HTTP Authentication: Basic and Digest Access Authentication.
RFC2833 RTP Payload for DTMF Digits, Telephony Tones and Telephony Signals.
RFC3261 SIP: Session Initiation Protocol.
RFC3262 Reliability of Provisional Responses in the Session Initiation Protocol(SIP).
RFC3264 An Offer/Answer Model with SDP.
RFC3265 Session Initiation Protocol(SIP)-Specific Event Notification.
RFC3310 Hypertext Transfer Protocol(HTTP) Digest Authentication Using Authentication and Key Agreement(AKA).
RFC3311 The Session Initiation Protocol(SIP) UPDATE Method.
RFC3312 Integration of Resource Management and Session Initiation Protocol.
RFC3323 A Privacy Mechanism for the Session Initiation Protocol(SIP).
RFC3325 Private Extensions to the Session Initiation Protocol(SIP) for Asserted Identity within Trusted Networks.
RFC3327 Session Initiation Protocol(SIP) Extension Header Field for Registering NonAdjacent Contacts.
RFC3329 Security Mechanism Agreement for the Session Initiation Protocol(SIP).
RFC3455 Private Header(P-Header) Extensions to the Session Initiation Protocol(SIP) for the 3rd-Generation Partnership Project(3GPP).
RFC3550 RTP: A Transport Protocol for Real-time Applications.
RFC3551 RTP Profile for Audio and Video Conferences with Minimal Control.
RFC3556 SDP Bandwidth Modifiers for RTCP Bandwidth.
RFC3608 Session Initiation Protocol(SIP) Extension Header Field for Service Route Discovery during Registration.
RFC3680 A Session Initiation Protocol(SIP) Event Package for Registrations.
RFC3840 Indicating User Agent Capabilities in the Session Initiation Protocol(SIP).
RFC3841 Caller Preferences for the Session Initiation Protocol(SIP).
RFC3842 A Message Summary and Message Waiting Indication Event Package for the Session

Initiation Protocol(SIP).
RFC3986 Uniform Resource Identifier(URI): Generic Syntax.
RFC4006 Diameter Credit-Control Application.
RFC4566 SDP: Session Description Protocol.
RFC4585 Extended RTP Profile for Real-time Transport Control Protocol(RTCP)-Based Feedback (RTP/AVPF).
RFC4596 Guidelines for Usage of the Session Initiation Protocol(SIP) Caller Preferences Extension.
RFC4745 Common Policy: A Document Format for Expressing Privacy Preferences.
RFC4867 RTP Payload Format and File Storage Format for the Adaptive Multi-Rate(AMR) and Adaptive Multi-Rate Wideband(AMR-WB) Audio Codecs.
RFC4975 The Message Session Relay Protocol(MSRP).
RFC5031 A Uniform Resource Name(URN) for Emergency and Other Well-Known Services.
RFC5279 A Uniform Resource Name(URN) Namespace for the 3rd Generation Partnership Project (3GPP).
RFC6050 A Session Initiation Protocol(SIP) Extension for the Identification of Services.
3GPP TR 23.815 Charging Implications of IMS Architecture.
3GPP TR 23.882 3GPP System Architecture Evolution(SAE): Report on Technical Options and Conclusions.
3GPP TR 23.893 Feasibility Study on Multimedia Session Continuity.
3GPP TS 22.101 Service Principles.
3GPP TS 22.173 IP Multimedia Core Network Subsystem(IMS) Multimedia Telephony Service and Supplementary Services.
3GPP TS 22.228 Service Requirements for the IP Multimedia Core Network Subsystem.
3GPP TS 23.002 Network Architecture.
3GPP TS 23.003 Technical Specification Group Core Network; Numbering, Addressing and Identification.
3GPP TS 23.009 Handover Procedures.
3GPP TS 23.018 Basic Call Handling; Technical Realization.
3GPP TS 23.040 Technical Realization of the Short Message Service(SMS).
3GPP TS 23.167 IP Multimedia Subsystem(IMS) Emergency Sessions.
3GPP TS 23.203 Policy and Charging Control Architecture.
3GPP TS 23.204 Support of Short Message Service(SMS) Over Generic 3GPP Internet Protocol(IP) Access.
3GPP TS 23.207 End-to-End QoS Concept and Architecture.
3GPP TS 23.221 Architectural Requirements.
3GPP TS 23.228 IP Multimedia(IM) Subsystem; Stage 2.
3GPP TS 23.236 Intra-domain Connection of Radio Access Network(RAN) Nodes to Multiple Core Network(CN) Nodes.
3GPP TS 23.237 IP Multimedia Subsystem(IMS) Service Continuity.
3GPP TS 23.272 Circuit Switched(CS) Fallback in Evolved Packet System(EPS).
3GPP TS 23.292 IP Multimedia Subsystem(IMS) Centralized Services.
3GPP TS 23.334 IP Multimedia Subsystem(IMS) Application Level Gateway(IMS-ALG)－IMS Access

Gateway(IMS-AGW) Interface: Procedures Descriptions.
3GPP TS 23.401 General Packet Radio Service(GPRS) Enhancements for Evolved Universal Terrestrial Radio Access Network(E-UTRAN) Access.
3GPP TS 23.402 Architecture Enhancements for non-3GPP Accesses.
3GPP TS 24.008 Mobile Radio Interface Layer 3 Specification; Core Network Protocols.
3GPP TS 24.010 Mobile Radio Interface Layer 3; Supplementary Services Specification; General Aspects.
3GPP TS 24.011 Point-to-Point(PP) Short Message Service(SMS) Support on Mobile Radio Interface.
3GPP TS 24.173 IMS Multimedia Telephony Service and Supplementary Services; Stage 3.
3GPP TS 24.229 IP Multimedia Call Control Based on SIP and SDP; Stage 3.
3GPP TS 24.292 IP Multimedia(IM) Core Network(CN) Subsystem Centralized Services(ICS); Stage 3.
3GPP TS 24.294 IP Multimedia Subsystem(IMS) Centralized Services(ICS) Protocol Via I1 Interface.
3GPP TS 24.301 Non-Access-Stratum(NAS) Protocol for Evolved Packet System(EPS); Stage 3.
3GPP TS 24.341 Support of SMS Over IP Networks; Stage 3.
3GPP TS 24.623 Extensible Markup Language(XML) Configuration Access Protocol(XCAP) Over the Ut interface for Manipulating Supplementary Services.
3GPP TS 24.930 Signalling Flows for the Session Setup in the IP Multimedia Core Network Subsystem(IMS) Based on Session Initiation Protocol(SIP) and Session Description Protocol(SDP); Stage 3.
3GPP TS 25.413 UTRAN Iu interface Radio Access Network Application Part(RANAP) Signalling.
3GPP TS 26.114 IP Multimedia Subsystem(IMS); Multimedia Telephony; Media Handling and Interaction.
3GPP TS 29.002 Mobile Application Part(MAP) Specification.
3GPP TS 29.018 General Packet Radio Service(GPRS); Serving GPRS Support Node(SGSN)－Visitors Location Register(VLR); Gs Interface Layer 3 Specification.
3GPP TS 29.118 Mobility Management Entity(MME)－Visitor Location Register(VLR) SGs Interface Specification.
3GPP TS 29.163 Interworking Between the IP Multimedia(IM) Core Network(CN) Subsystem and Circuit Switched(CS) Networks.
3GPP TS 29.212 Policy and Charging Control Over Gx Reference Point.
3GPP TS 29.213 Policy and Charging Control Signalling Flows and Quality of Service(QoS) Parameter Mapping.
3GPP TS 29.214 Policy and Charging Control Over Rx Reference Point.
3GPP TS 29.228 IP Multimedia(IM) Subsystem Cx and Dx Interfaces; Signaling Flows and Message Contents.
3GPP TS 29.229 Cx and Dx Interfaces Based on the Diameter Protocol; Protocol Details.
3GPP TS 29.272 Evolved Packet System(EPS); Mobility Management Entity(MME) and Serving GPRS Support Node(SGSN) Related Interfaces Based on Diameter Protocol.
3GPP TS 29.280 Evolved Packet System(EPS); 3GPP Sv Interface(MME to MSC, and SGSN to MSC) for SRVCC.
3GPP TS 29.329 Sh Interface Based on the Diameter Protocol.
3GPP TS 29.334 IMS Application Level Gateway(IMS-ALG)－IMS Access Gateway(IMS-AGW); Iq

Interface; Stage 3.

3GPP TS 32.240 Telecommunication Management; Charging Management; Charging Architecture and Principles.

3GPP TS 32.260 Telecommunication Management; Charging Management; IP Multimedia Subsystem (IMS) Charging.

3GPP TS 32.295 Charging Management; Charging Data Record(CDR) Transfer.

3GPP TS 32.299 Telecommunication Management; Charging Management; Diameter Charging Applications.

3GPP TS 33.102 3G Security; Security Architecture.

3GPP TS 33.203 3G Security; Access Security for IP-based Services.

3GPP TS 33.210 3G Security; Network Domain Security(NDS); IP Network Layer Security.

3GPP TS 33.220 3G Security; Generic Authentication Architecture(GAA); Generic Bootstrapping Architecture, 3GPP.

3GPP TS 33.401 3GPP System Architecture Evolution(SAE); Security Architecture.

3GPP TS 36.306 User Equipment(UE) Radio Access Capabilities.

3GPP TS 36.331 Radio Resource Control(RRC); Protocol Specification.

3GPP TS 36.413 Evolved Universal Terrestrial Radio Access Network(E-UTRAN); S1 Application Protocol(S1AP).

3GPP TS 48.008 Mobile Switching Centre - Base Station System(MSC-BSS) Interface; Layer 3 Specification.

Holma, H. and Toskala, A.(eds)(2010) WCDMA for UMTS, 5th edn, John Wiley & Sons, Inc., New York.

NGMN http://www.ngmn.org/news/partnernews/newssingle0/article/ngmn-alliance-delivers-operatorssagreement-to-ensure-roaming-for-voice-over-lte-357.html?tx_ttnews[backPid]=3&cHash=7e3a47d38d(accessed January 21 2011).

번역 참고 문헌

정보 통신 용어 사전 http://www.tta.or.kr/index.jsp TTA 한국 정보 통신 기술 협회

찾아보기

[역자 소개]

박용서 Ph.D., 가천대학교 공과대학 전기공학과 교수

위규진 Ph.D., 한국정보통신기술협회(TTA) 표준화본부 본부장

나관영 M.Sc.A., 이동통신 기술, 표준 및 전략 컨설턴트

정가 25,000원

LTE 음성통신

2013년 12월 20일 초판 인쇄
2013년 12월 30일 초판 발행

저 자 : Miika poikselkä · Harri Holma · Jukka Hongisto
Juha Kallio · Antti Toskala
역 자 : 박용서 · 위규진 · 나관영
발행자 : 우명찬 · 송 준
발행처 : 홍릉과학출판사
주 소 : ㊥142-885 서울시 강북구 인수봉로 50길 10
등 록 : 1976년 10월 21일 제5-66호
전 화 : 999-2274~5, 903-7037
팩 스 : 905-6729
ISBN : 979-11-5600-014-3

역자와의 협의하에 인지생략

hongpub@hongpub.co.kr
www.hongpub.co.kr